品牌營銷學

（第二版）

郭洪 ○ 主編

再版前言

　　目前，國際市場上企業之間的競爭已經從產品競爭、資本競爭演變為品牌競爭，品牌成了企業贏得市場競爭的法寶；同時，隨著國民收入水平的不斷提高，品牌消費的意識和趨勢越來越明顯；企業要掌握自己未來的命運，獲得持續生存與發展的能力，就必須以品牌為中心展開營銷活動，這已成為品牌經濟時代的企業經營法則。可見，品牌營銷學是一門伴隨著市場經濟的發展而出現的、以品牌為研究對象的現代市場營銷學。

　　為了適應牌營銷實踐和高等院校教學的需要，我們修訂了「品牌營銷學」教程。本書內容分為兩大部分：一是品牌知識篇，包括1～4章。該篇深入研究品牌的內涵、分類、相關範疇；並從品牌與消費者、品牌與企業的關係出發，全面闡述品牌的作用機理，使讀者樹立品牌意識；第四章分析了品牌營銷戰略與品牌組織管理的基本問題，起著承上啟下的作用。二是品牌管理篇，包括5～12章。本篇圍繞單一品牌營銷管理的內容，結合國內外品牌營銷實例，系統闡釋相關理論與方法，具體包括品牌識別、品牌定位、品牌推廣、品牌維護、品牌創新、品牌增值、品牌延伸、品牌國際化。此外，考慮教學需要，每章均有小結、復習思考題、綜合案例及案例討論題。

　　在編寫和修訂過程中，我們參閱和採納了國內外已出版和已發表的、有關品牌營銷方面的相關資料。在此，我們謹向每一位作者、譯者致以誠摯的謝意。

編者

目 錄

1	**第一章　界定品牌**
1	第一節　品牌及其分類
10	第二節　品牌與產品、名牌、商標之間的關係
16	第三節　品牌文化與品牌形象
27	**第二章　品牌關係**
27	第一節　品牌與消費者
36	第二節　品牌忠誠
52	**第三章　品牌資產價值**
52	第一節　品牌與企業
58	第二節　品牌資產價值的構成
62	第三節　品牌資產價值的評估
71	**第四章　品牌營銷戰略與管理**
71	第一節　品牌營銷戰略
81	第二節　品牌管理組織
93	**第五章　品牌識別**
93	第一節　品牌識別及其元素
110	第二節　品牌識別系統及其制定
114	第三節　品牌識別的動態管理及其誤區
121	**第六章　品牌定位**
121	第一節　品牌定位及其原則
128	第二節　品牌定位分析工具
134	第三節　品牌定位決策程序
137	第四節　品牌定位策略
144	**第七章　品牌推廣**
144	第一節　品牌推廣的意義
149	第二節　品牌推廣的方式

164		第三節　品牌推廣計劃的制訂
172	**第八章**	**品牌維護**
172		第一節　品牌診斷
179		第二節　品牌維護
186		第三節　品牌危機
194	**第九章**	**品牌創新**
194		第一節　品牌老化
201		第二節　品牌創新
206		第三節　品牌創新維度
219	**第十章**	**品牌增值**
219		第一節　品牌附加價值
223		第二節　品牌增值及其分類
227		第三節　實現品牌增值的途徑
238	**第十一章**	**品牌延伸**
238		第一節　品牌延伸與形象轉移
241		第二節　品牌延伸的動因與潛在危險
247		第三節　品牌延伸的策略及基本原則
252		第四節　品牌延伸與品牌認可策略的對比
254		第五節　品牌延伸的步驟
259	**第十二章**	**品牌國際化**
259		第一節　品牌國際化趨勢
262		第二節　品牌國際化障礙
268		第三節　品牌國際化策略

第一章　界定品牌

品牌是市場經濟發展過程中一個極為普遍、極為重要的經濟現象，也是品牌營銷學中最重要的範疇。搞清楚品牌及與其相關的一些基本概念之間的關係，是我們學習品牌營銷有關知識的基礎。

第一節　品牌及其分類

一、品牌的內涵

儘管品牌實踐很早以前就已經開始，但是直到20世紀50年代美國著名廣告大師、奧美廣告創建者大衛·奧格威（D. Ogiwey）才第一次給出了較為科學的品牌概念[①]，而中國直到20世紀90年代才引入了這個概念。一直以來，國內外許多學者從不同的角度對品牌進行了界定，並深刻地揭示出品牌內涵。綜合眾多觀點，我們把品牌定義為：品牌是品牌主（以企業為主）使自己產品和服務同競爭者產品和服務區分開來的各種符號的集合，它既是與品牌有關的各種經營管理活動的成果，也是社會對這些活動評價的結果。與其他類型的組織比較，品牌對於具有企業性質的這類組織而言意義更為重大，因此本書主要以企業為研究對象。以下詳盡分析品牌含義。

（一）品牌是企業使自己產品和服務與競爭者產品和服務區分開來的符號集，這是品牌最基本的功能

任何品牌都需要一組標示自身個性的特殊符號與其他競爭者的產品和服務區別開來。眾多名稱如海爾、長虹等名稱以及蘋果被吃掉一部分的蘋果、奔馳的飛馳車輪、耐克的鉤狀圖形等圖標（Logo），長期以來給購買者帶來最直觀的視覺衝擊，已經潛移默化地成為這些品牌產品密不可分的一個組成部分。一個成功的符號能夠強化消費者的認同感，能夠給消費者留下美好而深刻的印象，從而為品牌成功奠定良好的基礎。正因為如此，美國市場營銷協會（American Marketing Association，簡稱 AMA）在其1960年出版的《營銷術語辭典》與著名營銷專家菲利普·科特勒（Philip Kotler）都將品牌定義為：品牌（Brand）是一種名稱、術語、標記、符號或

[①] 品牌是一種錯綜複雜的象徵，它是品牌的屬性、名稱、包裝、價格、歷史、聲譽、廣告風格的無形組合。品牌同時也因消費者對其使用的印象及自身的經驗而有所區別。

設計，或是它們的組合運用，其目的是借以辨認某個銷售者或某群銷售者的產品或服務，並使之同競爭對手的產品和服務區別開來。[1]

(二) 品牌是企業經營管理活動的結果，是企業文化的公開展示

品牌代表企業給予消費者品質、服務、價格和便利性等方面的承諾和保證，這些承諾體現在企業日常經營管理所進行的具體活動之中。你在購買海爾洗衣機、在中國工商銀行存款時，從來不用擔心自己可能做出了存在風險的選擇，因為這些知名品牌是卓越品質、優質服務和良好信譽的綜合象徵。難怪旁氏化妝品公司的廣告說，「你可以在所有的時候愚弄某些人，你可以在某些時候愚弄所有的人。可是，你不可能愚弄每個人達123年之久。」事實上，企業唯有通過文化才能夠真正將每一個員工聚集在一起，實現對消費者的承諾。文化像包圍著地球的大氣層一般每時每刻都在影響著員工的行為，並向社會公開展示自己組織的精神風貌。可口可樂公司認為，「我們賣的不是商品，我們賣的是一種文化，是一種美國精神。」

(三) 品牌是一種無形資產和資源，能夠提高產品與服務的附加價值

對組織尤其是企業來說，品牌是其擁有的最具價值的無形資產。可口可樂前總裁羅伯特·伍德魯夫（Robert Woodruff）曾假設：萬一發生不測，公司全部有形資產化為灰燼，只憑「可口可樂」品牌，公司就能夠東山再起。原因是可口可樂品牌價值遠超出其有形資產的全部價值。然而，我們應當認識到，品牌的價值不是由企業決定的，而是由市場決定的，並且，市場消費者對企業品牌的評價決定其品牌資產價值的高低。早在2010年微軟公司的Windows視窗市場價值就已高達2,000多億美元；而一個有名無實的品牌（只是通過法律程序註冊的一個名稱、商標、圖案等），對於消費者而言是沒有意義的，對於產品而言也只是次要的，甚至是累贅。

以上僅僅分析了品牌的基本含義。事實上，有關品牌的界定可謂眾說紛紜。我們認為這些爭論（見表1-1）更能夠豐富和加深人們對品牌內涵的理解。

表1-1　　　　　　　　品牌的不同解釋[2]

輸入視角
　標示（即符號，分為文字標示和抽象標示）
　法律工具（確保有法律效力的所有權聲明，如註冊商標）
　公司（公司員工及其文化）
　速記法（使消費者記住品牌名稱及其特徵的藝術形式，因此品牌的標示、定位等要求簡潔清晰，便於記憶）
　風險減弱器（能夠降低企業和消費者的風險）
　定位（即品牌定位，包括價格定位、功能定位和表意定位）
　個性（即作為個體的品牌）

---

[1] [美]菲利普·科特勒，洪瑞雲，梁紹明，等. 市場營銷管理（亞洲版）[M]. 梅清豪，譯. 2版. 北京：中國人民大學出版社，2001：422.

[2] [英]萊斯利·德·徹納東尼. 品牌制勝——從品牌展望到品牌評估[M]. 蔡曉煦，等，譯. 北京：中信出版社，2002：24.

表1-1(續)

> 價值鏈（品牌資產價值的創造過程）
> 展望（品牌使命或遠景）
> 附加價值（為消費者提供的其樂於接受的額外收益，尤其是情感價值）
> 本體（即品牌識別系統，Brand Identity）
>
> **輸出視角**
> 印象（即品牌形象）
> 關係（品牌與消費者之間關係的總稱），集中表現為品牌忠誠度的高低
>
> **時間視角**
> 演進的實體（即品牌成長歷史）

說明：括弧是本書作者另加的解釋。

二、品牌的構成要素

通過上一個問題，我們瞭解到品牌包含許多信息，下面進一步地分析品牌的構成要素。

（一）顯性要素

顯性要素是品牌外在的、可見的，能夠給消費者感官帶來直接刺激的那些東西，如為產品設計的各式各樣的包裝。

1. 品牌名稱

這是形成品牌的第一步，也是建立品牌的基礎。品牌名稱，即文字標示在品牌體系中起到提綱挈領的作用，是品牌傳播和消費者品牌記憶的主要依據之一。它是產品同質性和一貫性的保證，是一種象徵貨真價實的符號；同時也是品牌內容的概括和體現，它不但概括了產品特性，而且體現著企業的經營觀念與文化。比如當你拿起安利牙膏（Amway Glister）時，會確信它就是真正的安利牙膏，而當你再次使用該產品時，又會充滿信心，因為它的品質不會發生改變。此外，隨著電子商務的不斷發展，品牌域名（URLs）已成為一種非常重要的品牌名稱形式。

2. 視覺標示

這是品牌用以激發視覺感知的一系列識別物，給人以更直觀、更具體的形象記憶，幫助消費者更有效地識別品牌產品。視覺標示，即圖標，是一種抽象的標示。它包括：①標示物。它是品牌中可以被識別，但不是用語言表達的各式圖形符號。②標示字。它是品牌中標註的文字部分，通常是名稱、口號及廣告語等，如「海爾兄弟」，飛利浦「讓我們做得更好」。③標示色。它是用以體現自我個性以區別於其他產品或服務的色彩體系。④標示包裝。它是顯示產品個性的具體包裝物，可口可樂不斷創新的包裝物成為其「抓眼球」的利器，俗歌（Google）藍、紅、黃、綠的組合色極具個性。

（二）隱性要素

這是品牌的內在因素，不能被直接感知，存在於品牌的整個形成過程中，是品牌的核心部分。

1. 品牌承諾

承諾方是品牌的擁有者，接受方則是消費者。身為消費者，一個品牌對我們而言是一種保證，因為它始終如一地履行著自己的諾言，如「好空調格力造」。好的品牌承諾會使消費者在購買品牌時有十足的信心。產品本身不可能永遠保持不變，事實上許多優秀的品牌產品都是隨著消費者需求的變化和科技的進步而不斷更新的，但仍受消費者鍾情，那是因為企業經營者灌注在產品中的承諾始終保持不變。一家企業是否有優越的技術，對產品質量和服務質量是否有很高的要求，對保護生態環境是否足夠重視以及是否具有社會責任感，這些經營理念在很大程度上決定著消費者對品牌的情感。

2. 品牌個性

如果品牌缺乏獨特的個性，它就不可能成為真正的品牌。個性是強勢品牌必須具備的條件之一，即如何通過某種對顧客有利的方式表明自己的特色。品牌個性將轉化為目標顧客群心目中將該品牌區別於其他品牌的一種認知。組織創造了品牌的個性，而這種個性帶來的相關暗示滿足了不同人群的需要，從而使品牌和消費者之間建立起更加良好的關係。通常，相對於死氣沉沉的產品而言，大多數消費者更願意與那些有特色、有情感的品牌打交道。所以，制定品牌營銷戰略的重要目標之一就是要確認、發展、維護和加強品牌所具有的個性。

3. 品牌體驗

品牌體驗是建立品牌忠誠的基礎。體驗營銷提出者伯德‧施密特（Bernd H. Schmitt）博士認為，消費者消費時是理性和感性兼具的，他們在消費時經常會進行理性的選擇，但有時也有對狂想、感情和歡樂的追求。消費者是品牌的最後擁有者，品牌是消費者經驗的總和。在品牌的整個成長過程中，消費者一直扮演著「把關人」的角色，他們對品牌的肯定、滿意、信任等正面情感歸屬，能夠使品牌經久不衰；相反，他們對品牌的否定、厭惡、懷疑等負面感知，必然使品牌受挫甚至夭折。假定某人在某家全球連鎖快餐店進餐時，發現漢堡包中的蔬菜夾有一條菜蟲，而且事後得到店家不誠實的各種保證，那麼他就會對該品牌失去信任，感到厭惡，就永遠不會光顧該品牌的所有店鋪。因此，顧客情感是脆弱的，企業應當認真對待每一位顧客的體驗。

三、品牌的分類

研究品牌分類的目的在於指導企業認清自己品牌的類別，進而實施有效的品牌管理。

（一）大眾品牌與貴族品牌

按品牌產品使用對象的不同，品牌分為大眾品牌與貴族品牌。

1. 大眾品牌

大眾品牌是指品牌產品面向所有消費者或者普通收入水平消費者的品牌。大眾品牌分為兩類：一類是面向所有消費者的大眾品牌，如洗衣粉、牙膏、口香糖、礦泉水、可樂等的品牌。這類品牌產品的基本特徵是滿足消費者的實用性和共同性的

需要，如人的健康與基本生活需要等；在與顧客溝通方面，這類品牌比較注重功能性利益宣傳，如洗得乾淨、防菌防蛀、口感清新等。作為大眾品牌，最富有的人與最貧窮的人購買的東西本質上是一樣的，就像美國總統與街頭流浪漢喝的可口可樂都是同質的東西一樣。另一類是面向中低收入者的大眾品牌。這類品牌大多採用選擇該類產品中最大的消費群體作為目標市場顧客，而放棄某些顧客群的市場策略。如國產轎車中的奧拓、奇瑞、吉利品牌，美國的福特汽車品牌，德國的大眾汽車品牌等，通過提供性價比很高的產品來滿足工薪階層的購車需求，而不是將高收入者作為自己的目標市場。一般來說，這類品牌定價合理、實用價值高、功能性指標完全達到甚至超過消費者預期，因而大眾品牌並不是低檔次的代名詞，它只是強調面向大眾而已。質量上乘、服務周到、購買方便、不斷創新的大眾品牌完全能夠成為強勢品牌。因此，高價並不是大眾品牌的特性。

2. 貴族品牌

貴族品牌亦稱奢侈品品牌。奢侈品是市場上價格與質量關係比值最高的產品，奢侈品行業是一個高邊際收益的行業。我們不能僅僅將奢侈品看成是「定價高於大眾消費品」的商品，它還包含更多的寓意。首先，奢侈品的內在特徵如豪華是消費者能夠看得見的，而品牌標示則把這些東西外在化。其次，奢侈品是創意、靈感和美的化身，是最佳的藝術表現形式，同時也要求購買者具備較強的支付能力和鑒賞能力。最後，奢侈品是貴族階層的標誌，使上層社會的人士同社會上的蕓蕓眾生分離開來，為擁有它的主人帶來榮耀與顯貴。正因為如此，貴族品牌目標市場僅限於上流社會和社會精英，因而其銷售量一般較小。如轎車行業中奢侈品的佼佼者——勞斯萊斯，有史以來僅生產了十多萬輛；其全部設計力求將車的實用功能和部件巧妙地掩蓋起來：豪華的皮革、溫馨的燈光、低噪音的引擎，給人的感覺像是坐在豪華的客廳裡。

3. 區別大眾品牌與貴族品牌的意義

無論是大眾品牌還是貴族品牌，都有名牌和非名牌、強勢品牌和弱勢品牌之分。雖然名牌產品存在溢價，比其他同行業品牌賣得貴些，但仍然有一個合理的價格範圍——如果價位高得離譜，其就會失去顧客。因此，名牌並不是昂貴的品牌，不是奢侈品品牌，只能是能夠獲得一部分溢價的品牌。

企業應當明瞭貴族品牌的特質。貴族品牌的高價主要不是來自於產品的質量特徵（技術指標或材質等），而是來自於奢侈品的美學和藝術價值。因為貴族品牌購買者的真正購買目的不是指向品牌產品的實用性功能，而是品牌所象徵的社會地位與品位，如凱迪拉克的顧客購買的不是其交通工具的功能，而是它象徵的尊貴地位。但是，大眾品牌購買者更關注產品的實用價值或時尚性價值。因此，對於大眾品牌和貴族品牌，企業應當採取不同的品牌營銷策略。貴族品牌要強化消費者（包括普通大眾）的品牌意識，同時要設置障礙阻止普通大眾接近，為貴族品牌創造一種社會優越感和距離感，讓普通人夢寐以求卻又只能為少數人所享用。而大眾品牌則完全相反，它是鼓勵大眾消費，並創造各種便利條件，讓消費者接觸、購買和使用產品。

總之，區別大眾品牌與貴族品牌的目的是提醒企業弄清楚自己要創大眾品牌還

是要搞貴族品牌，因為大眾品牌和貴族品牌是兩類完全不同的品牌。因此，任何跨越兩者界限的舉動，即將貴族品牌向下延伸或者將大眾品牌向上延伸，是注定要失敗的。美國福特汽車公司深諳個中奧妙，它確信「福特」（Ford）不可能在奢侈汽車市場上為消費者所接受，因為公司歷史上最著名的是屬於普通老百姓的T型大眾名牌車。所以，為了打入奢侈汽車這一極具誘惑力的市場，1990年福特公司花費25億美元收購「捷豹」（Jaguar）這一貴族品牌，又投入20億美元改造並提高產品的生產技術與質量。表面上看，該公司付出的代價很高，當時也遭到一些人的非議，可事實證明福特公司因此而進入了奢侈汽車市場，並取得了不俗的業績。

（二）功能性品牌、情感性品牌與體驗性品牌

按品牌提供給消費者的核心價值的不同，品牌可分為功能性品牌、情感性品牌與體驗性品牌。

1. 功能性品牌

功能性品牌以獨特的產品功效方面的優越性來顯示品牌產品的價值，並使其獨特性與該品牌建立起強有力的聯繫。如高科技產品大多以功能性的方式建立品牌，一旦這種獨特的功能為目標市場所感知和認同，那麼這個品牌的功能性特色就確立下來，並為企業今後的發展帶來源源不斷的利潤。典型的功能性品牌有英特爾公司的奔騰芯片，這種芯片以其卓越的品質引領現代電腦科技潮流，且不斷地以更新換代產品演繹品牌的領先地位。國內市場也不乏優秀的功能性品牌，如海爾洗衣機、長虹彩電、格蘭仕微波爐、達克寧等。

2. 情感性品牌

情感性品牌試圖通過品牌與消費者感情方面的交流來樹立品牌在消費者心目中的地位。它強調的是品牌的情感性利益點；而功能性品牌則強調品牌的功能性利益點。如娃哈哈純淨水就是以情取勝，從「我的眼裡只有你」「愛你就是愛自己」到「愛的就是你，不用再懷疑」，都顯示出一個典型的情感性品牌形象。現在，情感性品牌越來越受到企業的追捧，因為產品功能的創新總是有限的，且持續性不強。幾乎所有的家用產品都可以訴之感情，因為它滿足了消費者廣泛的心理需要。當然，人的情感是複雜的，因而情感性品牌的類別也是多種多樣的。例如一些品牌可以表達對他人的愛慕（如情侶戒指）、尊敬與孝敬（如養生堂的龜鱉丸）、關愛（如寶潔的舒膚佳）；還有展現個性和表達自我的情感性品牌，如萬寶路的「男人的世界」、喜來登的男人紳士風度、百事流行鞋的「酷和自由」個性。

3. 體驗性品牌

體驗性品牌通過讓消費者獲得身臨其境的、獨特的消費或購物體驗而使消費者產生一種體驗性聯想，從而在消費者心裡建立起品牌形象和地位。體驗性品牌最典型的例子發生在服務性行業，如旅遊觀光的體驗、商場超市或專賣店的購物體驗、娛樂休閒場所的活動體驗、教育業中的免費試聽活動。所有這些行業的服務提供者，都可以通過讓消費者充分體驗品牌魅力而獲得肯定，並向潛在的消費者推薦。體驗性品牌其他較為集中的行業是時裝、化妝品、藥品、汽車和餐飲等。

最後需要注意的是，品牌的這種分類不是對立的，是可以兼容的。一個品牌可

以同時具有其中的兩種或者全部三種利益點，只是可能有不同的側重點。

(三) 產品品牌與共有品牌

通常，按照產品與品牌名稱之間的關係，品牌可劃分成產品品牌與共有品牌。

1. 產品品牌

產品品牌是這樣一種品牌：該品牌名稱只與特定的某種產品或者某類產品發生關係，消費者能將產品的某些特徵，如口味、外觀、觸覺和使用體驗等與品牌本身聯繫起來。簡單地說，產品品牌就是以產品而聞名的品牌。像萬寶路香菸、康師傅方便面都享有很高的市場聲譽，但是與產品相對應的製造商美國菲利浦·莫里斯公司（Philip Morris）和中國頂新集團則未必家喻戶曉。幾乎所有的品牌，一開始均表現為產品品牌，如海爾的電冰箱、長虹的 21 英吋（53.34 厘米）彩電、娃哈哈 AD 鈣奶等原產品，即最早使用某品牌名稱的品牌產品。但是，大多數公司在其長期發展過程中會揚棄原產品品牌的概念，轉而選擇共有品牌策略或者產品品牌與共有品牌組合應用的策略。

產品品牌策略可分為兩種模式：一種是寶潔模式，又稱「一品一牌」模式，即每一種產品皆對應於自身獨立的品牌名稱，或者我們可以理解為公司推出每一種新產品都同時賦予其一種新的品牌名稱。寶潔（P&G）在同類產品中推出多種品牌，目的是吸引更多的顧客，獲取更高的市場佔有率。如該公司在中國洗髮水市場上先後推出了海飛絲、飄柔、潘婷、沙宣、伊卡璐等品牌，在洗衣粉市場上推出了汰漬、碧浪等品牌。另一種是菲利浦·莫里斯模式，又稱「一類一牌」模式，即企業在不同產品類別中使用不同的品牌，也就是每一類產品對應於各自獨立的品牌名。如該公司在菸草市場上採用「萬寶路」（Marlboro），在食品市場上採用「卡夫」（Karft），在啤酒市場上推出的是「米勒」（Miller），在飲料市場上推出的是「Tang」果珍。該公司之所以採取這種模式，主要因為香菸、餅乾和啤酒等產品在消費者心智中存在很大的差別。

2. 共有品牌

共有品牌是指一個品牌名稱同時被用在多種密切相關或者關聯度不高的產品上，這樣的品牌為企業的多種產品所共有，而不是像產品品牌那樣只與其中某種產品聯繫在一起。簡單地說，共有品牌就是以企業名稱聞名為特徵的品牌，故也稱為企業品牌。國內某些著名的品牌如海爾、方正、聯想、TCL 等屬於此類；國際上一些著名的品牌如通用電氣（GE）、西門子（Siemens）、松下（Panasonic）也屬於此類。通常，共有品牌所支持的產品系列在工藝、技術、營銷價格、目標市場等方面應當存在一定的相關性。

共有品牌是由原產品及其延伸而形成的產品「共同體」。如海爾品牌由電冰箱起家，逐步延伸至各種家用電器，其後又向電子行業進軍，如海爾電腦、手機等。但是，企業必須注意的是，將共有品牌擴展到某些無關的領域可能出現品牌危機，逐漸使品牌成為一種沒有明確特徵和核心競爭力的標籤，因為品牌延伸要受到原產品和核心產品的類別限制。正如消費者在選擇品牌延伸產品的聯想過程大致經歷了這樣的通道：品牌延伸產品→品牌名稱→品牌原產品→相關性判斷→接受或拒絕嘗試

性購買。因此，企業將品牌延伸為共有品牌，需要謹慎對待採用品牌名稱的各種產品之間的相關性。海爾公司對此道頗有心得。該公司除了經營電器和電子類產品外，還涉足制藥業（海爾藥業）、銀行業（2001年控股的青島商業銀行）和保險業（海爾紐約人壽保險有限公司）等行業。海爾集團在後面這些產業裡一開始就採取了不動聲色的策略，因為這些產業與電器製造業需要的核心競爭力相距甚遠，與「海爾」這個品牌難以兼容。

3. 產品品牌與共有品牌的聯繫

產品品牌與共有品牌並不是矛盾的，這裡有四種可供企業選擇的策略：只有共有品牌沒有產品品牌；只有產品品牌沒有共有品牌；共有品牌與產品品牌共同使用、共拓市場；某些產品用產品品牌，某些產品則選用產品品牌與共有品牌的某種組合。上述四種策略在不同的企業都有應用。

事實上，如果產品品牌與強大的共有品牌相聯繫，既可以從共有品牌強有力的形象和認同中獲益，又可保持自己的個性，而產品品牌反過來又會增強共有品牌的可信度。目前通用汽車公司、寶潔公司、聯合利華公司等無不採用這種組合模式，如聯合利華推介完產品後，總是要顯示一下公司標誌和「有家就有聯合利華」的字樣。可見，產品品牌與共有品牌可以同時使用、相互支持。

最後，我們應當注意到這一種分類對於企業選擇品牌發展戰略具有重要的意義，尤其是在品牌命名、設計和推廣方面意義重大。在現代品牌林立的市場環境中，新生企業如何集中宣傳力量，在某方面有所突破，更應該在這方面多加考慮。

（四）廠家品牌與商家品牌

從經銷商銷售的商品品牌歸屬關係看，品牌有廠家品牌和商家品牌之分。

1. 廠家品牌

廠家品牌，也稱製造商品牌，是生產製造企業擁有的，並在其推出的各種產品上打上的相應的品牌標示。長期以來，品牌建設一直是廠家思考的問題，也成為品牌研究者關注的主要問題。在中國，廠家品牌的發展經歷了一個從無到有，從成長到成熟的過程。從無品牌生產到有品牌生產，再到以創品牌為核心的品牌營銷，由此確定了廠家品牌在中國一統天下的格局。國家近年來推選和授予的「中國馳名商標」絕大部分是有形產品的廠家品牌。但是，從國外品牌的發展狀況看，隨著中國商家實力與地位的不斷增強，未來商家品牌在中國必然存在著巨大的發展空間。

2. 商家品牌

自20世紀90年代以來，商家開始從過去普遍經銷廠家品牌產品發展為推出屬於自己的品牌產品，用自身的信譽為擔保，對自有品牌產品負責，並借助遍及國內外的連鎖商號力推品牌。英法美等西方國家的商家品牌在日用品市場上已經占據了強大的市場地位，如在英國的聖伯利（Sainsbury）和法國的家樂福（Carrefour）兩家連鎖商號的貨架上，可樂和冰淇淋兩種商品的自有品牌比例分別是40%和15%、

60% 和 50%。①

商家品牌，又稱銷售商品牌、自有品牌，它是指商家自己不生產製造產品，而是通過向製造商購買的方式獲得產品，並在產品上貼上商家自己的標記而產生的品牌。這種品牌類型最早出現在 20 世紀 20 年代英國的馬獅公司（Marks & Spencer）。該公司經營者敏銳地意識到廠家生產技術能力較強，但產品不能很好地反應出顧客的需要，因而決定自己開發新產品樣式，然後再尋找生產產品的定點企業，等到產品生產出來之後，再全部在本商家的零售店裡出售。為了保證產品質量，商家很少更換產品的生產廠家。

此外，我們應當注意，商家品牌是一種獨立的品牌形式，它不同於商家店牌。商家店牌屬於服務性品牌，是商家向顧客提供無形服務的品牌，如服務人員是否彬彬有禮、熱情友好，購物環境是否優良舒適，商品品種是否齊全，價格是否公道，商業信譽是否良好等。然而，對於商家品牌而言，在顧客眼裡它是有形產品與無形產品的結合。自有品牌與自主品牌、民族品牌是不同的概念，不能混為一談。

3. 廠家品牌與商家品牌的差異

兩者的差異主要表現在兩個方面：一是生產與銷售上的差異。廠家品牌的運作方式是廠家自主研發、自主生產，並借助於商家的營銷網絡或自建渠道銷售產品。因此，廠商品牌是生產置於自己控制之下，銷售工作則需要與商家合作。為了促使商家積極進貨，廠家經常採取「拉」的策略，即先說服消費者，讓其拉動商家進貨。而商家品牌的運作方式卻不同，消費者與廠家不直接發生關係。商家是先開發產品，再去物色合適的生產基地，然後收買全部產品，再通過屬於自己的銷售店鋪將產品推向消費者。

二是價格上的差異。價格策略的不同是兩種品牌帶給消費者最顯而易見的差別。一般來說，廠家品牌產品的銷售價格較高，而商家品牌產品的定價低一些，這是因為商家品牌滿足一般性需求，而廠家品牌則可能帶來個性化需求的滿足。廠家品牌往往提供一些商家品牌所沒有的、特別的品牌附加價值；而商家品牌是提供質量有保證的、大眾化的需求滿足，它往往不能為消費者帶來情趣。自然，廠家品牌要賣得貴一點。同時，大批量進貨、簡易包裝和自銷等方面的成本優勢也是商家品牌產品售價較低的重要原因。

廠家品牌與商家品牌各自優勢的比較見表 1-2。

表 1-2　　　　　廠家品牌與商家品牌各自優勢的比較

廠家品牌創造的價值	商家品牌創造的價值	品牌價值歸屬
1. 幫助識別 2. 節省購物成本	1. 幫助識別 2. 節省購物成本	幫助選擇和節省時間

---

① MARCEL CORSTJENS, RAJIV LAL. Building Store Loyalty Through Store Brands [J]. Journal of Marketing Research, 2000, 37 (8).

表1-2(續)

廠家品牌創造的價值	商家品牌創造的價值	品牌價值歸屬
3. 提供質量保證 4. 降低購物風險 5. 優化匹配	3. 提供質量保證 4. 降低購物風險 5. 無/弱	降低購物中的不安全性
6. 鮮明特色，附加價值 7. 持續一貫的滿意和熟悉 8. 情感上的共鳴 9. 社會道德倫理	6. 無 7. 弱 8. 無 9. 弱	令人愉快的要素

除了以上四種分類外，品牌還可按照影響輻射地域範圍的大小，分為地區品牌、國家品牌和國際品牌；按照品牌在行業市場上的競爭地位，分為領導型品牌、挑戰型品牌、追隨型品牌和補缺型品牌；按照商標知名度層次的不同，分為馳名商標[①]（周知商標）、著名商標、普通商標；等等。

第二節　品牌與產品、名牌、商標之間的關係

一、品牌與產品

品牌與產品之間或者產品與品牌之間存在聯繫，但兩者並不完全等同。沒有好產品的品牌缺乏根基，但好產品不一定就能夠成為真品牌。產品是工廠所生產的東西，品牌是消費者所購買的東西；產品可以被競爭者模仿，品牌卻是獨一無二的；產品易過時落伍，而成功的品牌卻能經久不衰。具體來說，品牌與產品的異同主要有：

（一）產品是具體的，而品牌是抽象的

產品是物質屬性的組合，具有某種特定的功能以滿足消費者的使用需要，消費者可以觸摸、感覺、耳聞、目睹產品。但品牌是消費者對產品一切感受的加總，它灌註了消費者的情緒、認知、態度和行為，諸如產品在功能方面是否有優勢，是否值得信賴，是否代表某種特殊意義或情感寄托，是否在生活中必不可少等。

例如戴手錶，是「戴」時間、款式，還是「戴」品牌？一塊普通手錶只值幾十元、幾百元，而一塊百達翡麗（Patek Philippe）或者勞力士表卻高達幾萬元或數十萬元甚至更昂貴，這十倍乃至上百倍的價格差異難道僅僅是產品質量、性能和款式之間的差別嗎？不！百達翡麗或勞力士表的價值主要來源於品牌的價值，而不是產

[①] 中國1985年加入《保護工業產權巴黎公約》，該公約第6條第2款規定，凡成員國「應依職權或利害關係人請求，對構成商標註冊國或使用國主管機關認為在該國已經馳名，屬於有權享受本公約利益的人所有的，用於相同或相似商品商標複製、模仿或翻譯，而易於產生混淆的商標，拒絕或撤銷註冊，並禁止使用」。2014年5月1日起實施的《中華人民共和國商標法》第十四條規定，生產、經營者不得將「馳名商標」字樣用於商品、商品包裝或者容器上，或者用於廣告宣傳、展覽以及其他商業活動中。立法目的是消除不正當競爭。馳名商標本質是對商標的一種保護，並不代表商品質量，不是榮譽稱號。

品本身的價值，心理和精神消費才是消費者購買的真正目的。品牌是身分的象徵，改革開放前國人擁有一塊手錶就是榮譽，那是產品時代；而現今是品牌時代，僅僅是產品優秀已經遠遠不夠。大街上幾十元、幾百元錢的手錶很少有人問津，而價值千元、萬元的手錶卻成為許多人強烈的渴求對象，因為它們是體現自我價值、身分和地位優越感的絕佳道具。

同樣的產品，貼不貼品牌標籤對消費者而言意義完全不同。一件西服或T恤，如果不附加產品以外的任何信息，你穿著時的感覺也許就是款式、顏色、質地而已。但若西服上印有「阿瑪尼」（Giorgio Armani）、「紀梵希」（Hugo Boss）或「雅戈爾」的標示，人們穿著時就會有一種莊重與高雅、瀟脫與溫馨的感覺。而當T恤上印的是「耐克」或「李寧」時，浮上你心頭的或許又變成了一位執著追求勝利與實現自我超越的體育明星形象。同樣的西服或T恤，它們的使用功能是一樣的，卻因品牌不同而帶給消費者截然不同的心理感受和個性體驗，品牌的意義遠遠大過產品本身。消費者更願意購買有品牌的產品，並願意付出更大的代價。品牌讓產品昇華，而產品僅僅是產品而已。因此，當產品趨於同質化時，品牌將取代產品本身的使用功能，成為消費者購買的理由與保證。這樣，產品與產品間的競爭就演變成了品牌與品牌間的競爭。

但是，從產品到品牌並不是一個簡單的或者一蹴而就的事情。在每個品牌之下都有自己的眾多產品，卻不是每個產品都能架構一個品牌。品牌的鑄就需要企業經營者、品牌管理者以及每一位員工等多方面力量的長時間的錘煉。技術研發人員及生產者的職責是保證產品功能與品質，提供給消費者產品的使用價值與滿意度；品牌營銷者負責賦予產品某些人格化的情感、形象、生活方式、身分、榮耀、地位等附加價值，並將此信息通過整合傳播方式，有效地傳播給目標市場顧客；消費者經過一段時間的個體體驗，形成對產品的聯想，當多數消費者對產品本身及其附加信息產生認同與信賴等正面的認知、態度與行動後，產品才真正成為一種品牌。可見，從產品到品牌的過程是消費者由產品使用經驗形成品牌經驗的過程，是企業產品信息長期保持一致性傳播的過程，是品牌始終張揚個性和昭示形象的過程，是企業經營者、營銷人員、全體員工時刻關注消費者的過程，是品牌與消費者互動溝通的過程。

（二）品牌以產品為載體，即產品是品牌的基礎

市場經驗告訴人們，產品不一定必須有品牌，如市場上出售的包裝簡易、價格低廉的普通商品以及大多數農副產品，但每一個品牌都對應著一種產品或一系列產品。產品是品牌的基礎，沒有好的產品，用以識別商品來源的品牌就無以生存。產品只有得到消費者認可、接受和信賴，並能與消費者建立起長期而密切的關係，才能使品牌得以發展。因而，品牌是以產品為載體的，品牌是企業及其產品同消費者之間關係的反應，這是品牌營銷者必須認識到的。

品牌總是使人聯想到產品自身的屬性，即有別於其他品牌產品的特色、質量與設計等產品特徵。例如，奔馳轎車意味著工藝精湛、品質精良、安全耐用、行駛速度快等，這些都是奔馳廠家廣為宣傳的重要產品屬性。正是因為它具有令人稱道的

優良品質，才使其成為受社會尊敬的名牌。品牌除了產品本身的功能性屬性之外，還可能轉變成情感性利益。就奔馳而言，「工藝精湛和品質精良」屬性可以轉化為「安全」；而「昂貴」屬性可以轉變成「這車令人羨慕，讓人感到我很重要而受人尊重」；「耐用」屬性則意味著「可以使用多年或多年不再需要購買新車」；等等。由此可見，品牌利益是不可能脫離產品的。

(三) 產品會落伍，但成功的品牌經久不衰

產品有市場生命週期，而品牌沒有必然的市場生命週期。產品的市場生命週期，即產品生命週期，不是指產品的使用壽命，而是指具有某種形式的產品從進入市場到退出市場所經歷的全部時間。產品之所以只有有限的生命，是由科技進步、需求變化與市場競爭造成的。科技發展為產品生命週期準備了條件，需求變化與市場競爭的加劇使得產品生命週期存在著變短的趨勢。正是產品不斷地更新換代，不斷地推陳出新，才能夠使品牌持久地延續下去。一個品牌在市場上存在時間的長短，取決於該企業的經營管理能力和品牌營銷能力。正如我們對品牌的定義，品牌既是與品牌有關的各種經營管理活動的成果，也是社會對這些活動評價的結果。所以，產品很快會過時落伍，而成功的品牌是經久不衰的。

如果說「品牌以產品為載體」強調的是用產品創品牌的話，那麼「品牌比產品更重要」則強調的是用品牌推產品。用產品創品牌和用品牌推產品是品牌營銷的兩個階段。前者是後者的前提與基礎，後者是前者的目標與結果。當今，國內市場上充斥著種類繁多的同質產品與替代產品，而一部分企業仍停留在產品推銷與廣告上，忽視品牌價值，更有甚者，認為經營產品就是經營品牌。這些企業認為，創品牌需要投入大量的金錢，需要花費大量的時間，需要堅持不懈的努力，因而放棄品牌建設。殊不知，品牌是通往國際市場的通行證，企業要走向世界，要在消費者挑剔的眼光中發展，就必須走品牌營銷之路。

總之，認清品牌與產品之間的區別顯得尤為重要，這是學習和研究品牌理論的基本前提。我們絕不能因為產品是品牌的載體而將兩者畫等號，我們始終應當堅持這種觀念：品牌是企業的核心競爭力，而產品則不是。正如大衛·奧格威所說，「產品和企業的一切活動都是為了建立自己的品牌，使自己的品牌在消費者心目中形成一個不同於其他產品的形象。讓我們牢記，決定一個產品在市場上最終地位的是其品牌的特性，而不是產品之間的細小差別。」品牌與產品之間的本質區別見表1-3。

表1-3　品牌與產品之間的本質區別

品牌	產品
系統概念	系統裡的一個元素
在顧客心目中形成的東西	由工廠生產出來的東西
企業核心競爭力的構成要素	容易被模仿和不斷被替代的事物
無形資產	有形資產
情感性事物	功能性事物

二、品牌與名牌

首先，我們分析一種市場現象：現在許多國內企業熱衷於「名牌戰略」，這本無可厚非，但是，有的企業認為，名牌就是知名品牌，故而將精力集中在擴大品牌知名度的各種宣傳促銷以及鋪攤子等活動上面。難道知名度就是衡量品牌是否是名牌的唯一標準嗎？那麼，為什麼市場經濟改革後中國的許多聞名遐邇的「名牌」卻相繼消失得無影無蹤了呢？事實上，名牌分為兩類：一類是純粹的知名品牌，只有知名度高的商標。這些品牌大多是靠著鋪天蓋地的廣告等促銷手段和金錢堆出來的，所以它們很短命，我們可稱其為劣質的名牌。另一類則是高忠誠度、高美譽度和高知名度的品牌，它們是品牌經營者長期努力建立起來的名牌，如世界級名牌勞力士手錶已有 200 餘年的歷史，可口可樂有 100 多年的歷史，中國的貴州茅臺、北京同仁堂商號等亦有數百年的歷史，這些名牌才是真正的名牌，有的人稱其為強勢品牌（Strong Brand）。由此可見，名牌除了強勢品牌（即真名牌）外，還包括劣質名牌（俗稱假名牌）。而我們所稱的「品牌」是指強勢品牌和其他正在努力創建強勢品牌的品牌（即目前不知名或者不很知名的品牌），有的品牌專家為了更明確地表達此層意思而直截了當地稱它們為「真品牌」①。

（一）假名牌與品牌

「假名牌」僅僅是「高知名度」的代名詞，而品牌除了包括知名度外，還包含許多內容。「品牌」一詞來源於古挪威文字 Brandr，意為「烙印」，即如何在消費者心中留下深刻的印象。品牌是一個複雜而綜合的概念，它是商標、名稱、產品、包裝、價格、服務、歷史、聲譽、文化、形象等的總和。

從創建過程來看，假名牌往往是企業通過投資巨額廣告費用打造出來的，如秦池、孔府家宴、巨人集團等曾經都採用廣告轟炸的手段而紅極一時。而建立一個品牌則是一項長期、複雜而浩大的系統工程，包括品牌戰略規劃、合理定位、系統設計、營運管理、延伸與擴張等一系列圍繞品牌建設、增值獲利而展開的品牌營銷活動。

從發揮的作用看，品牌比假名牌的力量更大、時間更持久、效果更明顯。單純的知名度除了在短期內可以促進銷售外，並不能對企業的長期價值做出貢獻。而品牌則被賦予了一種象徵意義，能夠向消費者傳遞一種生活方式，最終影響人們的生活態度和觀念，進而為企業帶來長期利益。

總之，我們的用意是，企業應當及早樹立正確的名牌營銷觀念，不能再重蹈那些「靠大聲吆喝以期引起消費者注意」的所謂「名牌」的覆轍。

---

① ［美］杜納 E 科耐普. 品牌智慧［M］. 趙中秋，羅臣，譯. 北京：企業管理出版社，2001：11-13.
該書給「真品牌」下的定義是：某一品牌帶給顧客和消費者情感和功用方面的某些利益，並使他們對該品牌產生獨特看法，他們基於此而形成了對該品牌印象的總和。

(二) 真名牌與品牌

真名牌有著許多鮮明的特徵，如它必須為消費者所熟知，具有較高的知名度；產品質量有嚴格的標準予以保證，有較高的市場美譽度；多數情況下它是某一行業或區域市場的領導者，產品具有較高的市場佔有率；名牌產品給人的「心理利益」大於非名牌產品等。因此，真名牌能夠形成強有力的顧客忠誠，能夠給企業帶來巨大的經濟利益。幾乎所有有理想的企業組織都有將自己的品牌建設成真名牌，即強勢品牌的主觀願望。對於國家而言，它是一個國家和民族實力的重要表徵，標誌著其經濟發展水平，代表著先進生產力。可以說，沒有國際性的真名牌就沒有現代化的經濟大國。

由此，我們可以看出兩者之間的關係。強勢品牌不只是品牌發展擴張的外在表徵，它對品牌的知名度、美譽度和忠誠度也都有很高的要求。真名牌是品牌中的一種，是企業發展壯大的結果。真名牌是品牌動態發展的過程，一般而言，名牌等級與品牌存續的時間成正比。

專欄：小故事·大啟示

凋謝的「智強」

受每年上億元的高昂廣告費所累，曾輝煌一時的「中國核桃粉大王」——四川智強集團終因破產走上拍賣臺。兩家拍賣公司在 2006 年 2 月 23 日對該集團總部破產資產進行拍賣。

一、輝煌的歷史

四川智強集團原是四川達縣的一家地方國營食品企業，名不見經傳。但是，在 1998 年央視廣告招標會上，該集團以 6,750 萬元的巨資奪得央視在 1999 年第一、二、四季度廣告黃金段位的「A 特段」。加上公司在其他媒體投放的廣告，所耗廣告費用高達 1 億多元，成為當年四川投放廣告最多的企業，被稱為四川「標王」。

在巨額廣告費的轟炸下，「智強」商標的知名度在全國範圍內迅速提升。集團的主導產品「智強核桃粉」「智強雞精」等產品銷往全國近 400 個大中城市，甚至出口到了新加坡、泰國等東南亞國家。集團公司也先後獲得「四川省重點企業」「四川省小巨人企業」等殊榮，並被譽為「中國核桃粉大王」。

二、沒落：產值 1.6 億元廣告就花掉 1 億元

巨額的廣告投入和一系列榮譽光環並沒有讓智強集團在市場上持續火爆下去。由於該集團在鼎盛時期的年產值才 1.6 億元，但每年的廣告費就超過 1 億元，企業經營被高昂的廣告費所困。短短幾年時間後，智強集團的經營狀況就每況愈下，出現了借錢或貸款打廣告的現象，而應付貨款一拖再拖，各種債務糾紛接踵而至。

到 2003 年成都春季糖酒會，已是強弩之末的智強集團上演了最後一次廣告「大手筆」——出巨資包斷主會場的大門和最重要的展場。不久，潰敗就一發不可收拾，僅僅半年後，智強集團即向法院提出了破產申請，成為被廣告拖垮的典型企業。如今，當年成都大小商場、超市隨處可見的「智強核桃粉」和「智強雞精」均已不見蹤影。

想一想：「智強」為什麼凋謝？

三、品牌與商標

日常生活中，人們已經習慣於使用商標來區別企業及其產品，因此許多人經常將品牌與商標兩個術語混用，認為商標就是品牌，品牌就是商標，甚至有少數企業以為產品經過工商行政管理部門註冊登記後就自然成了品牌。事實上，商標就是商標，品牌就是品牌，兩個概念不能混淆。因為它們之間的區別是顯而易見的。

（一）商標是品牌的一個部分，而不是全部

商標（Trademark）是指生產經營者為使自己的產品與他人的產品相區別，而使用在產品及其包裝物上的由文字、字母、數字、圖案和顏色搭配的，以及上述要素的組合所構成的一種可視性標示。簡單地說，商標就是用於商品或服務上的、便於消費者識別的各種可視性標示，它與產品不能分離，並附著於產品之上。我們知道，品牌除了包括品牌名稱和視覺標示等顯性要素外，還包含品牌承諾、個性和體驗等隱性要素。顯然，商標包含在品牌的顯性要素之中；而品牌中的各種隱性要素則與商標不發生直接的關係。

（二）商標屬於法律範疇，品牌屬於市場範疇

商標作為法律概念是指註冊商標，它強調的是對生產者和經營者合法權益的保護，是品牌中受《中華人民共和國商標法》等法律保護的部分。註冊商標具有獨占性、地域性和時效性。一個品牌中可視性標示不經註冊或者無法註冊，就不能成為註冊商標，不受法律保護，因此品牌中只有一部分受法律保護，這部分就是註冊商標或者說受保護的各種可視性標示。例如，浙江一家企業生產的「聖達」牌中華鱉精，作為品牌，它不僅包括「聖達」名稱、圖案，而且也包括「中華鱉精」這四個極具個性的字的字體及其色彩。可是，「中華鱉精」屬於產品類別名稱，就像電視機、音響、冰箱一樣不能受到法律的保護。所以，當江蘇另一家企業生產了類似的產品，並且使用完全相同的字體、色彩冠其產品名稱為「中華鱉」時，浙江聖達只能望之興嘆。此外，企業在國內註冊的商標只在中國境內受中國法律的保護，一旦產品出口到國外某一國家，如果商標沒有在該國家有權機關註冊，商標的法律效力就消失了。這時，他人可以仿製、假冒甚至於搶註品牌的商標，此類事件已經屢見不鮮。而品牌強調的是生產經營者與顧客之間關係的建立、維繫和發展，它是企業全體員工長期努力的結果，其價值是由消費者和社會來評價的，因此品牌屬於市場範疇。

（三）兩者的作用不同

商標的作用主要表現在通過商標專用權的申請、審核、確認、續展、轉讓和爭議仲裁等法律程序，區別競爭者和保護商標所有者的合法權益；同時，促使商品生產經營者保證商品質量，維護商標信譽。在與商標有關的權益受到或可能受到侵犯的時候，商標就顯示出法律的尊嚴與不可侵犯。目前，許多國內品牌已經開始重視借助商標的法律效力，使其所產生的權益盡可能多地受到法律保護。品牌的市場作

用主要是有利於提高產品的附加價值、促進銷售、增加效益；同時，品牌有利於強化顧客品牌認知、引導顧客選購商品，並建立顧客品牌忠誠。

第三節　品牌文化與品牌形象

品牌是一種文化現象，優秀的品牌都蘊含著豐富的文化。在品牌形象塑造過程中，文化起著支撐和催化的作用。文化使品牌更生動、更具吸引力、更具內涵，使消費者牢記品牌，從而達到建立與提升品牌形象的目的。有人說，如果你想瞭解美國文化，那麼只要你吃一次麥當勞、喝一瓶可口可樂、穿一件李維斯牛仔服足矣。可見，這些品牌已經融入美國文化之中。時至今日，國內有一部分企業不重視品牌文化的建設，這些企業的產品因無法滿足消費者的情感需要而不能獲得品牌文化所帶來的超值利益。

一、品牌文化

文化具有歷史繼承性和影響廣泛性的特徵，它是語言文化、審美文化、價值觀念、消費習慣、道德規範和生活方式等的總和，影響、作用於每一個生活在該文化環境裡的人的思維方式和行為模式。文化並不是空洞的，人們在日常生活中無時無刻不感受到它的存在。如中國人「家」的文化使得每逢佳節，就會出現人山人海「回家」的感人景象；但凡與「家」有關的產品廣告都會勾起國人對家的美好思念。品牌作為連接企業與消費者的橋樑，必然要求它具有自己的文化特色。品牌文化（Brand Culture）是凝結在品牌之中的企業價值觀念的總和，是企業經營觀念和社會文化相結合的產物。品牌所蘊含的文化內涵深藏在品牌裡層，是品牌價值的核心與源泉。通過文化識別，品牌與周圍文化屬性相同或相近的消費者結合成一個以品牌為中心的社會。

(一) 品牌文化的表現形式

品牌總是通過一些外在的、形象的表現手段來折射品牌的文化特色。品牌文化最直接的表現手段是品牌名稱。成功的品牌都有一個好名字。一個音節響亮、讀來上口、容易記憶、寓意深刻的品牌名稱能夠使消費者受益。例如，以無錫市太湖針織制衣總廠為核心的江蘇紅豆集團擁有的「紅豆」品牌，外銷名為「Love Seed」，已成為享譽國內外的名牌，其成功的一個重要原因是「紅豆」具有深刻的象徵意義。唐代詩人王維寫道：「紅豆生南國，春來發幾枝？願君多採擷，此物最相思。」自古以來，紅豆就是相思的信物，將此名用於服裝品牌必將產生特有的情感魅力。一時間，「紅豆」襯衫成為人們寄托相思之情的信物，年輕的情侶通過互贈「紅豆」襯衫以表愛慕之心，老年人把它視為吉祥物，海外僑胞用它來寄托思鄉之情。

商標是商品生產經營者為使自己商品同競爭者商品相區別而使用的一種具有明顯特徵的可視性標示。在現代社會，商標已經成為產品的代名詞，設計上具有濃鬱文化特色的馳名商標是企業重要的無形資產。萬寶路總裁馬克斯·韋爾曾說：「企業的牌子如同儲戶的戶頭，當你不斷地用產品累積其價值時，便可以盡享利息。」

企業要使品牌立於不敗之地，就得在包裝方面下功夫，因為包裝是誘發顧客與消費者購買動機的一個直接因素①。產品包裝是品牌的臉面和衣著，它作為產品的第一印象進入顧客的眼簾，撞擊著顧客購買與否的心理天平。一般而言，精心設計、精心製作的外包裝與優質的內在品質結合在一起，更加能夠引發消費者的情感共鳴，刺激消費者的購買慾望。另外，在企業外包裝物的設計與建設上，要扎根於一種與之相匹配的民族文化之中，這樣才能發揮其對品牌的貢獻。

品牌造型是指企業通過選擇和提煉某一人物、動物或植物的個性特點，以誇張的手法創造出具有人的性格特徵的新形象，以表現出企業的經營理念和產品特徵。品牌造型具有很強的信息傳遞能力，生動活潑的形象能更直觀地激發和補充消費者的想像力；它所具有的人情味無形中建立起品牌與消費者之間的溝通，使「冷冰冰」的產品在公眾中具有親切感。如憨態可掬的「康師傅」，聰明活潑的「海爾兄弟」，迪士尼的「唐老鴨」「米老鼠」，滑稽的「麥當勞叔叔」等都是品牌造型。

總之，品牌文化的社會傳遞方式是多種多樣的，除品牌名稱、商標、產品包裝、品牌造型可以作為品牌文化傳播的手段之外，品牌產品、員工行為、廣告語、品牌成長歷程及故事甚至於企業建築物及內部裝潢等都無時無刻地投射出品牌文化的內涵。

(二) 品牌文化的本質

品牌文化是社會文化和企業經營理念的寫照，這是品牌文化的本質。

提及品牌所蘊含的社會文化，不禁使人聯想到可口可樂新配方的故事。1985年4月3日，當可口可樂公司迫於市場競爭的壓力而不得不推出「更圓潤、更可口」的新可樂（New Coke）以後，借助媒體的廣泛傳播，81%的美國人在24小時之內就得知了這一消息，其公眾知曉率竟然超過了1969年的阿波羅登月事件。新可樂問世的當天，就有1.5億人品嘗了它。新產品走進市場如此之迅速，幾乎是絕無僅有的。但是，由於老可樂消費者極力反對，甚至發生了遊行示威，公司不得不在新可樂上市的79天後恢復老可樂的生產。這起事件使人們發現了產品深處隱含的文化因素和民族精神：「可口可樂」不再僅僅是一種碳酸飲料，而是美國精神的象徵，是美利堅民族的文化。

勞斯萊斯（Rolls-Royce）的徽標是「飛翔的女神」，她集中體現了勞斯萊斯的文化意蘊：她降臨在勞斯萊斯車的車首上，她是一位優雅無比的、至高無上的女神，她代表著人類的崇高理想，她代表著優雅與富足，她將道路旅行視為卓爾不凡的感受。至今，只要看見那「飛翔的女神」，人們就會馬上想到雍容華貴、美妙絕倫的車中極品——勞斯萊斯轎車的形象。她作為成功人士的象徵，其意義已經遠不是什麼代步工具了；對渴望成功的有志之士，她更能激發他們矢志不渝地追求理想。可以說，世界上每一部勞斯萊斯轎車都在講述著一位成功人士的傳奇故事，都代表著文

---

① 杜邦公司的營銷人員經過周密的市場調查後發現了「杜邦定律」：63%的消費者是根據包裝和裝潢進行購買決策的；到超市購物的家庭主婦，由於精美包裝和裝潢的吸引，所購物品通常超過她們出門時打算購買數量的45%。

化旗幟，演奏著文化藝術的音符。

　　同時，品牌文化也是企業經營理念的寫照。所有成功的企業都有正確的經營理念以及在它基礎之上形成的企業文化。不言而喻，上百年的老企業有很多東西都改變了，唯有企業精神恆久不變，它是企業長久不敗的精神支柱。海爾集團經過幾十年的市場錘煉，在品牌營銷實踐中逐漸形成了屬於自己的一套企業經營理念，形成了「海爾」品牌特有的文化內涵。對於競爭，海爾有「斜坡球體論」：企業如同一個正在斜坡上向上運動的球體，它受到來自市場競爭和內部職工惰性形成的雙重壓力，如果沒有一個止動力，它就會下滑，這個止動力就是企業內部管理。以這一理念為依據，海爾集團創造了「OEC 管理法」(Over all every control and clear)，即全方位地對每人、每天、每事進行控制和清理，做到「日事日畢，日清日高」。對於質量，海爾形成了「有缺陷的產品就等於廢品」的認知。海爾認為，如果讓帶有缺陷的產品出廠，這個產品就沒有生命力。為此，張瑞敏在企業建立之初就命令工人砸爛76臺存在缺陷的冰箱，從而喚起了全體員工的質量意識。對於服務，海爾認為「服務始於銷售的開始」，並創造了海爾星級服務體系。星級服務體系原本是服務業（如賓館）的質量管理體系，作為製造業的海爾能夠把自己對顧客的服務像酒店對貴賓的服務一樣去看待和管理，的確是創新之舉，這也是海爾品牌文化的重要組成部分。

（三）建設品牌文化的目的

　　市場營銷和品牌競爭的實踐證明，品牌的文化內涵是提升品牌附加價值和產品競爭力的原動力，是企業的一筆巨大財富。品牌文化是企業有意識創造的屬於自身品牌的獨特個性，是拉近企業與顧客關係的手段；而消費者的精神需要是品牌文化的來源，是品牌文化存在的意義。企業創建品牌文化的根本目的是通過滿足消費者的精神需要來提升品牌產品的價值，即「產品＋品牌＋文化＝超額利潤」。

1. 品牌文化的價值

　　產品不能沒有品牌，品牌不能沒有文化，缺乏文化的產品是不具有品牌生命、靈魂和氣質的產品。正如蘋果、星巴克、香奈兒、哈雷‧戴維森等品牌經營者將永恆的文化注入產品之中，表現了產品的「文化背景資源優勢」，才使這些產品登上了世界名牌產品的殿堂。品牌文化已經滲透到企業經營的各個層面，也滲透到企業生產的每個產品之中，使產品具有了特殊的身價，給企業帶來了無形的巨大財富。當今，品牌已成為品質和文化、物質和精神高度融合的產物。

專欄：小故事‧大啟示

KFC PK 燒雞

　　對於品牌文化的價值，鄭州郊區一位老太太感受至深，她是遠近聞名的養雞專業戶。一次她到市裡送雞，順便到「肯德基」(KFC)去開開「洋葷」，買了一只炸雞腿，這只炸雞腿花費了她10多元錢。吃過了別具「異國風味」的炸雞，她問營業員：「你們這裡的『洋雞』都是從美國運來的吧？」營業員告訴她：「我們這裡做的炸雞是從鄭州某養雞場購買的。要是從美國運來，那本錢多高啊！」老太太一聽，這

不正是我的養雞場嗎？原來我吃的「洋雞」就是我家養的「肉雞」啊！回過神來，她決定找經理理論一番：「你們從我那裡買的雞，我們給你們的毛雞價錢是8毛錢，你賣給我一只雞腿就要了10多元錢，你是不是賺得太多啦，這不是在坑我們嗎！」這位老闆心平氣和地向她解釋：「老太太，你吃的不是一般的炸雞腿，更不是你們通常所說的『燒雞』。你吃的是一種文化，一種美國的飲食文化——肯德基文化。」可見，肯德基之所以比燒雞賣得貴得多，是因為它代表著美國的飲食文化。

2. 消費者的精神需要

品牌文化之所以有價值，是因為它滿足了消費者的精神需要。根據馬斯洛的需要層次論，當低層次的物質需要得到滿足後，高層次的精神需要就成為人們購買行為的主要激勵因素。隨著經濟發展與社會進步，人類的消費方式正逐步從生存消費、理性消費向感性消費過渡。感性消費在很大程度上是以產品蘊含的文化內涵為形式，以滿足消費者精神需要為目的的消費方式。從品牌的角度看，消費者的精神需要可分為象徵需要與情感需要兩類。

象徵需要，即自我概念，是指人存在著向外部世界表現自己的心理需要。為了得到這種需要，消費者不太注重產品的功能性利益，而是更注重尋求產品的符號價值。如耐克喬丹系列籃球鞋使消費者感覺自己像個籃球明星；青少年把自己的頭髮染得五顏六色，意在向社會尤其是父母、朋友表明自己的叛逆性、新潮性及獨立性。因此，我們可以從消費者所使用的品牌、他們對不同品牌的態度、品牌對於他們的意義等方面來判斷消費者的個性。消費者對自己有明確的認知，他們在選擇品牌時將考慮使用該品牌是否符合自己的「自我形象」，考慮擁有某些品牌是否給他人有關自己的正確形象的信息傳遞。他們樂於購買有助於加強或者比較接近自身形象的品牌。實際上，人們選擇品牌猶如挑選朋友，一個人總是選擇那些性格接近、情投意合的人作為朋友，同樣，人們也喜愛與自己的自我概念最接近的品牌。

情感交流反應了人類原生性和直觀性的心理體現方式。情感對人的行為的影響是巨大的。人們在消費領域中的情感需要主要表現在審美需要、羨慕需要、創造性需要和利他主義等方面。例如許多人總是喜歡把自己同偉大的事物和偉大的人物聯繫起來，當前許多品牌運用品牌代言人策略就是為了滿足這人些情感方面的需要。

(四) 品牌文化戰略

創建一個強大的品牌文化，是品牌營銷戰略的核心使命之一。品牌文化戰略(Brand Culture Strategy，簡稱BCS)，是指企業在品牌核心價值體系指導下，通過各種品牌文化營銷方式，在企業內外傳播與滲透品牌的核心價值觀，使員工與消費者對品牌在精神上高度認同，從而形成一種文化氛圍，最終形成很強的顧客忠誠度。品牌文化可分為兩種：一種是企業品牌文化，如通用電氣公司的品牌文化是努力爭取世界一流，追求高績效、打破陳規的創新文化；另一種是產品品牌文化，如可口可樂的產品品牌文化是美國式自由、英雄主義的文化象徵。

在多數情況下，企業品牌文化和產品品牌文化是重疊在一起的，如迪士尼公司的品牌文化也是其產品的品牌文化，「快樂文化」既是迪士尼公司的品牌文化特徵，又是其延伸出來的產品品牌文化，像米老鼠、唐老鴨等。但是，母子品牌戰略延伸

出來的品牌文化往往不一樣，如寶潔公司的企業品牌定位是提供世界一流的生活用品，美化人類生活，企業希望消費者能夠建立一種「體驗一流日用品，享受美好生活」的品牌文化。但品牌文化延伸出來的各種產品品牌文化側重點不一樣，如海飛絲是建立一種「無頭屑，良好儀表」的文化，而飄柔則強調的是「完美秀髮，自信人生」的品牌文化。

創建品牌文化的流程一般包括以下七個步驟：

1. 認識與整合品牌文化資源

企業建立品牌文化的第一步是確認可以加以利用的、包括企業內部和外部的各種文化資源；然後根據品牌定位，篩選與品牌定位相關聯的文化因素。外部文化資源是指品牌在市場上已形成或者已經存在的一些資源，如企業名稱、企業形象識別系統（CIS）、商標等。內部文化資源的基礎是企業文化。企業應在品牌定位的指引下，通過整合內外資源，確保內外部文化的一致性。

2. 建立品牌價值體系

企業在收集和整合內外部的各種文化資源之後，根據品牌定位，對各種文化因素進行提煉，確定品牌的價值體系。如香港李錦記集團的品牌文化定位是「傳播中華民族優秀的飲食文化」，品牌價值是「一流的品質，正宗的口味」，那麼它延伸出來的產品文化體系就可以在企業品牌價值體系基礎上進行延伸，使顧客對公司的品牌都產生出一個凡是李錦記集團的產品都是一流的飲食產品的品牌形象，進一步延伸出中華優秀飲食的健康文化傳統。此外，品牌價值體系也應是企業內部所要倡導的，如李錦記集團的企業文化體系就是讓每一個員工都清楚地知道他們工作的價值就是為中華民族的優秀飲食文化而努力，這才可以使內外部的文化價值高度一致。

3. 建立品牌文化體系

由於對不同的顧客群體以及對同一顧客群體的不同產品會有不同定位的品牌文化，因此企業要明確品牌內涵及其價值，明確對顧客的承諾、品牌附加值等因素，以及明確針對特定產品的品牌內涵及其價值。一般地，企業確定品牌文化體系需考慮以下幾個因素：確定品牌文化適用範圍、確定品牌文化個性、確定品牌文化價值、確定消費者群體、評估提升品牌與顧客之間的關係。

4. 建立品牌文化管理體系

品牌文化管理體系包括內部管理體系和外部管理體系。品牌文化內部管理體系是根據品牌文化定位，通過實施各種管理行為，包括現場管理、服務管理、營銷管理等過程，使企業內部全體成員從認知上達到高度一致，做到言行如一、身心一致。品牌文化外部管理體系指的是通過各種公關活動、宣傳媒體及載體，圍繞品牌文化體系進行長期滲透，讓顧客潛移默化地接受這種文化的感染。

5. 制訂與實施品牌文化建設方案

在掌握信息、明確目標的基礎上，精心設計和組織實施與品牌文化建設有關的具體方案是品牌文化戰略中非常重要的步驟。方案應當對品牌文化建設過程中所需要的條件與解決的問題加以明確和安排，如組織條件、資金保障、方案實施步驟與重點、方案實施進度與要求等。

6. 方案實施的審查考核

一種品牌文化的建立不是一蹴而就的，需要花費較長時間才能夠建立起來。完善的品牌監控體系是品牌文化迅速形成的制度保障。在品牌文化建設階段，企業品牌負責人要對品牌文化的實施過程和情況進行全面、認真的市場調研與監控，在品牌文化定位的基礎上對品牌文化的各種載體進行全方位校驗，防止品牌文化的變異。

7. 優化品牌文化

在品牌文化的形成過程中，企業根據市場和顧客需要的改變，不斷檢驗品牌文化的定位，在此基礎上進行品牌文化的創新、整合，這個過程就是品牌文化的優化。例如，企業要創新品牌文化的內涵，可以一種品牌文化資源為突破口，帶動其他品牌文化資源的豐富和發展；圍繞技術領先提升企業品牌文化；以知名品牌組建企業；等等。同時，企業要注意與顧客、客戶保持良好的溝通，提高其對品牌文化的理解力和融入性。此外，企業應根據品牌現有和未來的市場佔有率、盈利能力指標對品牌文化進行分類管理：市場佔有率、盈利能力均較低的品牌，應退出或轉讓；市場佔有率、盈利能力均較高的品牌，應加大投資力度、重點優化；市場佔有率高、盈利能力低的品牌，屬老化品牌，應重新建立品牌文化；市場佔有率低、盈利能力高的品牌，有潛力，應加大投資和提升品牌文化的推廣力度。

總之，品牌的建立不僅要有知名度、美譽度和忠誠度，更要講究信仰度。顧客對於品牌的忠誠最終取決於他們對品牌內涵的理解和認識，通過一些傳播語或所謂的差異化營銷方式取得的顧客忠誠，是不可能持久的。正如一個人可能通過廣告認識一個品牌然後去購買它的產品，但你無法保證他以後在沒有任何外部誘惑的背景下去消費你的產品，更無法確認他是否可以自覺地去維護他心目中的品牌形象，這一切皆因為他沒有對品牌形成一種信仰。認識品牌、接受品牌、忠誠品牌到信仰品牌，這個過程並不是所有的品牌都能經過，很多品牌往往在忠誠品牌的時候就已經出現斷裂。而品牌信仰的偉大之處在於它不僅僅是忠誠者會自己去消費品牌，他們會自覺地維護品牌，幫助品牌拓展其他忠實的用戶。正如宗教一樣，教徒不僅自己畢生信仰一個教派，他們還會主動去傳播教義。而這些都要求品牌有一種強大的文化支撐，因此品牌文化戰略是實現品牌信仰的唯一途徑。

二、品牌形象

在競爭日趨激烈的全球經濟中，消費者對商品的選擇日漸多樣化，而促成其做出購買決定的動因在很大程度上是品牌形象。有人說，20世紀60年代的市場競爭主要是數量與規模的競爭；70年代的市場競爭主要是價格的競爭；80年代的市場競爭主要是質量的競爭；90年代的市場競爭主要是服務的競爭；21世紀的市場競爭主要是品牌競爭，其背後是品牌形象的競爭。以「形象力」為核心的品牌競爭已成為現代企業競爭的重要特徵，品牌形象已經成為企業一筆巨大的具有戰略價值的無形財富，這是企業形象及其品牌形象受到中外企業界高度重視的根本原因。

形象本質上是主體與客體相互作用的一種心理活動過程，是主體在一定的知覺情境下，採用特定的知覺方式對客體的感知。品牌形象就是通過品牌營銷活動建立的，受形象感知主體影響而在心理聯想方面所形成的關於品牌各要素的圖像、概念

及態度的集合體。品牌形象不但是一種資產，而且應當具有獨特的個性。

（一）品牌形象的價值

耐克是國際著名的運動鞋品牌，但它並沒有屬於自己的廠房來製作鞋子，而是把別人生產的鞋子貼上自己的商標，賺數倍於生產廠家的錢。為什麼？因為它賣的是「Nike」這個牌子！牌子為什麼這麼值錢？牌子為什麼魔力這麼大？因為它有光輝的形象！品牌形象既是建立強勢品牌的基礎，又是品牌經營的核心。品牌形象是社會公眾和消費者對品牌長時間的認知與評價所形成的觀念，這種觀念一經形成後就難以改變。正是由於品牌形象具有此種「慣性」特徵，因此品牌營銷者一開始就應當打好基礎，塑造良好的品牌形象，力爭不要出現工作失誤而對品牌形象造成負面影響，從而影響顧客對品牌的忠誠。

（1）品牌形象是贏得顧客忠誠的一條重要途徑。品牌形象越好，顧客對品牌的評價越高，依賴度越高，顧客的品牌忠誠度就越高；反之，品牌形象越差，品牌忠誠度就越低。沒有顧客願意反覆購買形象差的品牌產品，這樣就會危及企業的生存與發展。

（2）品牌形象直接影響企業凝聚力的大小。良好的品牌形象表明企業的工作環境、人與人的關係、行為規範、管理水平等都比較好，因而員工工作時心情愉快。良好的品牌形象還能夠給員工帶來良好的經濟收益和社會認同，而且它是員工長期努力的結果，絕大多數員工都會像「愛護自己的眼睛一樣」愛護自己親手培育起來的品牌形象。此外，良好的品牌形象有利於吸引社會優秀人才，這也有利於提高品牌形象，進一步增強企業員工的凝聚力。

（3）良好的品牌形象有利於營造良好的企業外部環境，比較容易得到公眾、政府、金融機構、顧客、股東的支持，有利於企業開展各項經營業務，相應地提高企業及其品牌的競爭能力、生存能力和發展能力。

（二）品牌形象的構成

構成品牌形象的基本要素包括產品形象、服務形象和文化形象。產品和服務形象又可稱為品牌的功能性形象，它是指品牌產品及服務能滿足消費者功能性需求的能力，是消費者形成感性認識的基礎，也是生成品牌形象的基礎；而品牌文化形象是品牌的精髓。

1. 產品形象是品牌形象的代表

產品形象主要表現在質量形象與品牌標示系統形象兩個方面。質量形象是產品形象的核心，是品牌的生命，因而世界名牌廠家無不把追求卓越品質放在品牌營銷戰略的重要位置。一般說來，影響品牌質量形象的因素很多，包括產品的耐用性、安全性、可靠性、實用性、適用性、便利性、精密性、外觀造型的新穎性等。另外，品牌標示系統也是產品形象的一個重要組成部分。因為人們憑藉感官接收到的外界信息中83%是來自於眼睛；正因為如此，許多成功的品牌經營者借助於新穎別致、個性鮮明的商標圖案與包裝裝潢來吸引顧客的目光，贏得顧客的喜愛，從而達到強化品牌競爭力之目的。

2. 服務形象是品牌競爭制勝的利器

服務形象是企業及其員工在售前、售中和售後過程中所表現出的服務態度、服務方式以及由此產生的評價結果。隨著市場經濟的建立和完善，服務工作的重要性已經變得越來越突出，服務內容、手段與方式的改進，服務質量的提高也變得日益緊迫。實踐證明，優質服務是在激烈的市場競爭中取得優勢的關鍵。海爾、格力、國際商業機器公司（IBM）、奔馳等企業正是以「顧客至上」作為自身品牌經營的指導準則，在實際工作中全力以赴提高服務質量，樹立服務形象，從而成了強勢品牌的典範。

3. 品牌文化形象是品牌的靈魂

隨著社會經濟的發展和商品的豐富，人們的消費水平不斷提高、消費需求不斷增加，對商品的要求不僅包括了商品本身的功能性需求，也把需求轉向商品帶來的無形感受與精神寄托。而營銷者賦予品牌文化形象，正是為了滿足消費者的情感與精神方面的需要，如身分、地位、教育、職業、收入等個人心理要求。一旦品牌所蘊含的文化個性為消費者感知和接受，將極大地提高品牌的認知度和忠誠度。

此外，企業形象與使用者形象也是驅動品牌形象建立與發展的重要因素。古語云：嚴師出高徒，將門出虎子。實踐中人們經常依據反應企業形象的指標，如創新能力、企業規模、資產狀況、盈利能力、人員素質、企業信用等來評價品牌形象。在品牌形象的樹立過程中，良好的企業形象經常為營銷者所利用，如五糧液集團推出一種新品牌酒類時，使用的廣告語為「系出名門」，欲借「五糧液」的美好形象推動新產品品牌形象的確立。

品牌產品所對應的消費群體，即使用者形象，如使用者年齡、職業、收入水平、受教育程度以及生活態度、個性和社會地位等信息，亦是驅動品牌形象的重要因素。因為消費者購買某品牌產品關注的不僅僅是產品本身，也十分看重與品牌相關的使用者形象。當個人察覺到自己同品牌產品的消費者不匹配時，就會選擇適合自己的其他品牌；反之，當個人覺得該品牌使用者的某些特徵是自己所期望的，那麼就會購買該品牌產品。因此，營銷者應當重視品牌使用者行為（尤其是顯著性使用者行為）對品牌形象已經或未來可能產生的影響，並主動引導使用者行為向有利的品牌形象轉變。

（三）品牌形象的塑造

1. 在正確的原則指導下塑造品牌形象

這方面的原則主要有：一是堅持突出品牌特色的原則。因為品牌特色是強勢品牌不可或缺的要件，品牌只有具備自己鮮明的形象特色，才有利於消費者認知，才能在競爭中獲勝。可供選擇的特色形象主要存在於經營策略、市場定位、資源優勢等方面。例如海南椰樹集團公司利用海南島獨特的椰子、菠蘿、芒果等熱帶水果優勢以及海南火山口地下優質礦泉水等資源優勢，生產各種天然飲料而一舉成名。二是堅持品牌形象支持品牌戰略的原則。企業塑造良好的品牌形象就是為了結合品牌實力，營造品牌優勢，並最終創出強勢品牌，因此品牌形象必須要支持品牌戰略，要與品牌戰略的目標相一致。三是處理好變與不變的辯證關係。品牌本身具有某些

內在的、恒定的內涵，連續性是品牌立足和發展的關鍵所在。然而，時間記錄著生活方式、消費熱點、科技與競爭等因素的交替變化，那些墨守成規、停滯不前的品牌也會失去生命力，因此穩中求變才是保持品牌活力的要點。

2. 按照科學的程序塑造品牌形象

企業塑造品牌形象主要包括兩大基本步驟，即加強市場調研，診斷品牌形象現狀；開展品牌診斷分析，進行品牌形象定位。形象定位是確定品牌服務的目標市場和品牌形象特色的過程。在品牌形象定位或者再定位時，企業必須以市場細分為基礎，確定品牌服務對象，然後再根據目標消費者群體特點、競爭品牌的形象定位以及企業自身資源條件，確定品牌形象特色。

3. 根據品牌形象定位確定品牌形象策略

品牌形象策略主要有定勢策略、強化策略和遷移策略。定勢策略是指企業根據未來市場變化趨勢，特別是消費者需求的變化趨勢，確定品牌形象特色發展方向的策略。強化策略是指企業不斷擴充現有品牌形象內容，進一步展示現有品牌形象特色的策略。遷移策略是指企業採取一系列措施逐漸將企業現有的品牌形象轉移到新的品牌形象上去的策略。

4. 在品牌營銷戰略指導下建立具有鮮明特色的品牌形象

企業在建立具有鮮明特色的品牌形象時，要注意以下幾方面：第一，強化產品與服務形象的塑造。第二，以品牌文化建立和提升品牌形象。第三，注重廣告宣傳。廣告宣傳是企業有意識地向社會公眾介紹品牌形象的重要工具，也是社會公眾形成品牌知識和進行品牌評價的重要手段，因此企業應當運用好廣告宣傳來建立良好的品牌形象。第四，不斷完善品牌形象。品牌形象的塑造絕不是一勞永逸的事情，而是一個不斷修正與完善的過程。所有成功的企業都很注重這一點。第五，防止品牌擴張對品牌形象可能產生的副作用。品牌擴張是以產品類型和顧客類型多樣化為目標的，它可以擴寬品牌覆蓋的市場範圍，擴大品牌影響力。然而，無組織的或者過度的品牌擴張也會削弱品牌的整體形象，因為這種擴張可能使品牌系列產品之間的特色及聯繫變得模糊不清，從而降低顧客對經銷商的忠誠度。

本章小結

品牌是品牌主（以企業為主）使自己產品和服務同競爭者產品和服務區分開來的各種符號的集合，它既是與品牌有關的各種經營管理活動的成果，也是社會對這些活動評價的結果。其中，品牌符號是品牌最基本的要素。品牌是組織文化的展示，也是組織最寶貴的資源。品牌是由顯性要素與隱性要素構成的。品牌的主要類別有大眾品牌與貴族品牌，功能性品牌、情感性品牌與體驗性品牌，產品品牌與共有品牌，廠家品牌與商家品牌等。

正因為品牌與產品、名牌、商標之間存在著一定的聯繫，所以許多人分辨不清品牌與其他三個概念之間的關係。產品與品牌之間的關係表現在：產品是具體的，而品牌是抽象的；品牌以產品為載體；產品會落伍，而成功的品牌經久不衰。名牌分為假名牌和真名牌兩類，而品牌是指真名牌以及其他正在創真名牌的品牌。商標

是品牌的一個組成部分,屬於法律範疇,同時商標的作用也不同於品牌。

文化是提升品牌形象與增加品牌價值必不可少的基本因素之一。品牌文化是凝結在品牌之中的企業價值觀念的總和;它本質上是社會文化和企業經營理念相結合的產物。品牌文化主要通過品牌名稱、商標、包裝、品牌造型等形式表現出來。建設品牌文化的目的是通過滿足消費者的精神需要來提升品牌價值,因此實施品牌文化戰略是企業獲得良好經濟效益的重要途徑。

[思考題]

1. 什麼是品牌?它有哪些基本構成要素?
2. 區別大眾品牌與貴族品牌的意義是什麼?
3. 廠家品牌與商家品牌存在哪些區別?
4. 品牌與產品之間是什麼樣的關係?
5. 品牌與商標之間有哪些方面的不同?
6. 品牌文化的本質和目的是什麼?怎樣看待品牌文化與企業文化之間的關係?
7. 如何創建品牌文化?
8. 品牌形象主要有哪些價值?
9. 塑造品牌形象應當注意哪些問題?

案例

馬獅百貨創建品牌的啟示

馬獅百貨集團(Marks & Spencer)是英國最大且盈利能力最強的跨國零售集團,以每平方英尺(1英尺=0.304,8米)銷售額計算,倫敦的馬獅公司商店每年都比世界上任何零售商賺取更多的利潤。馬獅百貨在世界各地有2,400多家連鎖店,出口貨品數量在英國零售商中居首位。目前,馬獅所經營商品的80%都使用「聖米高」品牌(St Michael),馬獅是世界上最大的「沒有工廠的製造商」。據業內人士估計,自有品牌商品的價格一般比製造商品低15%以上,而利潤率卻能高達30%。難怪《今日管理》總編羅伯特‧海勒評論說:「從沒有企業能像馬獅百貨那樣,令顧客、供應商及競爭對手都心悅誠服。在英國和美國都難找到一種商品牌子像『聖米高』那樣家喻戶曉,備受推崇。」這句話正是對馬獅在關係營銷上取得成功的一個生動寫照。

早在20世紀30年代,馬獅的顧客以勞動階層為主,馬獅認為,顧客真正需要的並不是「零售服務」,而是一些他們有能力購買且品質優越的貨品。於是,馬獅把其宗旨定為「為目標顧客提供他們有能力購買的高品質商品」。當時,這樣的貨品在市場上並不存在。於是,馬獅建立起自己的設計隊伍,與供應商密切配合,一起設計各種產品。為了保證提供給顧客的是高品質貨品,馬獅實行依規格採購的方法,即先把要求的標準詳細制定下來,然後讓製造商一一依循製造。由於馬獅能夠嚴格堅持這種依規格採購之法,因此使得其貨品具備優良的品質,並能一直保持下去。

馬獅實行的是以顧客能接受的價格來確定生產成本的方法,而不是相反。為此,馬獅把大量的資金投入貨品的技術設計和開發,而不是廣告宣傳,通過實現某種形

式的規模經濟來降低生產成本，同時不斷推行行政改革，提高行政效率以降低整個企業的經營成本。此外，馬獅採用「不問因由」的退款政策，只要顧客對貨品感到不滿意，不管什麼原因都可以退換或退款。

在與供應商的關係上，馬獅盡可能地為其提供幫助。如果馬獅從某個供應商處採購的貨品比批發商處更便宜，其節約的資金部分，公司就將轉讓給供應商，作為改善貨品品質的投入。這樣一來，在貨品價格不變的情況下，零售商提高產品標準的要求與供應商實際提高產品品質的要求取得了一致，最終顧客獲得了「物超所值」的貨品，顧客滿意度和企業貨品對顧客的吸引力也增加了。同時，馬獅與其供應商建立了長期共同獲益、密切合作的關係。從馬獅與其800家供應商的合作時間上便可知這是一種何等重要和穩定的關係。最早與馬獅建立合作關係的供應商的供貨時間已超過100年，供應馬獅貨品超過50年的供應商也有60家以上，超過30年的則不少於100家。

在與內部員工的關係上，馬獅向來把員工視為最重要的資產，同時也深信這些資產是成功壓倒競爭對手的關鍵因素。因此，馬獅把建立與員工的相互信賴關係，激發員工的工作熱情和潛力作為管理的重要任務。在人事管理上，馬獅不僅為不同階層的員工提供周詳和組織嚴謹的訓練，而且為每個員工提供平等優厚的福利待遇，並且切實做到真心關懷每一個員工。

馬獅的一位高級負責人曾說：「我們關心我們的員工，不只是提供福利而已。」這句話概括了馬獅為員工提供福利所持的信念的精髓：關心員工是目標，福利和其他措施都只是其中一些手段，最終目的是與員工建立良好的人際關係，而不是以物質打動他們。這種關心通過各級經理、人事經理和高級管理人員真心實意的關懷而得到體現。例如，一位員工的父親突然在美國去世，第二天公司已代他安排好赴美的機票，並送給他足夠的費用；一個未婚的營業員生下了一個孩子，她同時要照顧母親，為此，她兩年未能上班，公司卻一直發薪給她。

［討論題］

1. 「聖米高」為什麼能夠給馬獅百貨帶來高額利潤？
2. 馬獅百貨是如何透過關係營銷鑄就品牌的？你認為，這些做法在中國可行嗎？
3. 馬獅百貨的成功經驗說明創建商業企業品牌的關鍵要素有哪些？

第二章　品牌關係

品牌關係實際上包括兩個層面的關係：品牌與消費者之間的關係，品牌與企業之間的關係。我們通常所說的品牌關係是指品牌與消費者之間的關係，這是本章所要討論的問題；而有關品牌與企業之間關係的內容放在第三章。品牌關係是指某個品牌與其目標市場的消費者之間，在情感與行為方面建立起來的相互關係。品牌產品的消費、品牌的形象與價值皆是由消費者決定的。品牌只有同消費者之間建立起長期的、相互信賴的雙贏關係，才能獲得顧客的認同、讚譽和忠誠，才能塑造出真正的強勢品牌。因此，研究品牌關係、探討如何建立品牌忠誠等問題具有重要的現實意義。

第一節　品牌與消費者

品牌是聯結企業和消費者之間的紐帶，企業透過品牌向消費者展示自己的產品與服務價值，營造文化環境，從而激發消費者的購買行為，並最終與消費者建立起穩定的相互關係。而消費者通過認知、消費等方式逐漸形成對某一品牌的聯想和觀念，並指導自己的購買行為。

一、品牌對消費者的作用

品牌對於消費者具有重大的、廣泛的價值。當產品之間的差異性減少時，品牌將取代產品，為消費者提供購買的理由和保證。

（一）為消費者提供資訊服務，簡化購買決策過程

品牌是一種識別系統，是特定產品個性特徵與文化價值的展示，並將不同的品牌產品區別開來，品牌塑造的最終目標之一就是要建立此品牌與彼品牌之間的差異性。客觀講，品牌差異性便於消費者分辨不同的品牌，並根據品牌挑選自己中意的產品。

現代市場已經為品牌所占據，品牌已經成為我們生活的一個重要組成部分。事實上，日常生活中所發生的多數購買行為都是建立在品牌識別基礎之上的。設想一下，如果沒有品牌，我們將如何購物？恐怕即使是購買一瓶飲料這樣簡單的事情也會變得十分麻煩，因為市場為我們提供了種類繁多的飲料，各種飲料五顏六色，成分、生產廠家、口味各異，豐富的產品使消費者難以做出選擇。然而，有了品牌，一切都變得輕鬆而簡單。可見，品牌有助於消費者在購買時更快捷地做出正確的選擇，而不是通過區分產品之間的功能性差別來做出選擇。

品牌的一個重要作用是簡化消費者的購買決策過程。人們在超市的貨架上瀏覽一遍商品，眼中即刻接收到數以千計的複雜信息。在消費者面對眾多產品信息而不知所措時，品牌能夠幫助他們處理信息，從而減少他們花費在選擇產品上的時間和精力。在現代商品的汪洋大海中，消費者需要品牌就像汽車司機需要各種各樣的道路交通標誌一樣。

總之，品牌包含著豐富的信息，使之成為企業與消費者溝通的主要方式，成為消費者獲得購物資訊的主要渠道。在消費者的購買過程中，品牌充當著無聲的導購員，對有關產品的各種信息起著有效的引導作用；消費者則根據自己對品牌的感知與偏好，在眾多產品當中挑選自己喜愛和信賴的品牌產品。

最後，從理論角度看產品可以分為搜尋類產品（指通過人的視覺等感覺器官就能檢查出產品質量好壞的產品）、經驗類產品（指必須通過試用或使用才能對其進行評價的產品）、信用類產品（指既不能憑藉感官做出判斷，也無法通過試用來進行評價的產品）。就搜尋類產品而言，只要購買者願意花費較多的時間、精力及體力，通過感官比較不同的產品，就可以尋找到自己滿意的產品，因而對於像新鮮蔬菜及鮮活畜產品這類搜尋類產品，品牌現象並不普遍；但是，品牌卻是消費者判定經驗類和信用類產品質量及其他屬性的不可或缺的因素。

（二）增強消費者的購買信心

隨著科技的不斷進步，市場提供給消費者的購買商品的選擇空間越來越廣，新產品、新品牌的出現令人目不暇接、無所適從。比如，消費者購買一雙運動鞋，有成千上萬個牌子和式樣可供選擇，到底哪一個牌子更值得信賴？同時，在日益豐富和日趨複雜的產品世界面前，一方面，消費者比以往更加挑剔，對質量、款式和功能的要求越來越高；另一方面，消費者變得越來越「無知」，購買抉擇也顯得越來越艱難。商品科技含量越來越高，產品結構日趨複雜，消費者已經很難正確地辨別產品之間的差異性。比如，是國產液晶電視的性能優越，還是國外電視的技術含量高？然而，普通消費者不可能也無必要掌握品牌產品的所有信息。品牌為他們提供了購買的理由，消費者可以通過品牌來理解企業及其品牌產品方面的信息，依據品牌來選購商品。

品牌不僅僅是產品的代名詞，它還涵蓋了產品質量、品牌信譽和品牌形象等多方面的內容。品牌建立在產品質量基礎之上。缺乏優質產品和服務，品牌就不存在長期持續經營的可能性。與一般的無品牌產品比較，品牌為消費者提供了產品質量方面的保障。一般情況下，具有廣泛知名度和普遍認同度的品牌同時也是高質量的象徵。消費者即使以前沒有使用過品牌產品，對產品也不甚瞭解，但國際國內的強勢品牌所傳遞出的品質感使消費者能夠相信這些品牌優於別的一般產品的質量。此外，品牌還意味著一種信譽，是企業對消費者做出的承諾。真品牌能夠始終如一地履行自己的保證，為消費者提供購買信心，消除他們因產品認知的不確定性而可能產生的各種風險。所以，品牌能夠降低消費者購買產品時的風險——功能上的風險、

身體上的風險、財務上的風險、社交上的風險、心理上的風險、時間上的風險等。①

(三) 提高消費者的滿意度

個人收入水平和生活水平的不斷提高，使得越來越多的消費者由理性消費轉向感性消費，由注重產品功能屬性轉向注重品牌的情感價值與文化內涵。與消費心理的轉變相適應，品牌消費取代了產品消費。品牌消費是指消費者在商品購買決策中，以選擇品牌和獲取品牌滿足為第一準則。品牌消費具有一定的象徵價值和情感愉悅價值，消費者能夠從中獲得更多的心理滿足。例如，以前國人購買手錶，直接購買的是手錶的基本功用，即方便掌握時間，因而手錶能否準確走時成為選購手錶最重要的參考標準。現在，消費者對手錶的選擇，更多依據的是品牌，目的是通過品牌來塑造個人形象，通過品牌的社會價值來肯定自我。

對於消費者而言，品牌不再只是一個名稱、一種圖標那麼簡單。品牌除了代表一定的質量，還具有特殊的象徵意義。一個強勢品牌具有生動而豐富的內涵，並且具有強大的吸引力和號召力。消費者購買產品是為了消費，而購買品牌除了為了得到使用價值外，還為了得到其代表的身價、品位、檔次等附加價值，這些正是產品同品牌的區別所在。

一方面，品牌具有表達消費者個性的作用。消費者所消費的產品的品牌個性能夠傳遞和表現消費者的價值取向與生活方式。具體到穿什麼樣的衣服，看什麼樣的書，抽什麼樣的菸，用什麼樣的化妝品，喝什麼牌子的飲料等，皆在不經意之間透露出消費者的個性。現代消費者是自信、成熟和富足的消費者。他們更加重視通過日常生活消費品來表現自己的社會地位、經濟狀況、生活情趣和個人修養，以獲得個性的張揚、精神的愉悅及心理上的滿足，而商品的功能與效用則退居其次。

另一方面，品牌具有滿足消費者情感需要的作用。品牌往往與消費者的正面態度、情緒相聯繫，它為冷冰冰的產品的物質屬性賦予生動的、人性化的情感，使消費者通過品牌產品的消費感受到品牌中蘊含的情感因素，因而品牌的情感價值能夠對消費者的品牌認知產生積極的影響。一個典型的例證是：消費者使用品牌產品的感受不同於使用其他同樣產品的感受。一杯熱騰騰的咖啡，你可能會用「很濃、很香」或「很淡、很苦」來形容品嘗後的感受。可是，當有人告訴你那是「麥斯威爾」時，你對該品牌的感受瞬間就會浮上心頭，那句經典的「好東西要與好朋友分享」的廣告語也許令你想到一位好久不見的老朋友，心中頓時充滿溫馨。麥斯威爾咖啡最初的廣告語是「好的咖啡豆，才有香醇的咖啡」，側重突出產品的成分與口味，然而大多數消費者並非品嘗咖啡的專家，對於他們來說，這並不是最重要的需要。結果企業費盡心機、增加成本以確保品質承諾的實現，可在其原產地美國卻遭遇到消費者忠誠度不斷降低的威脅，市場佔有率出現下降。這件事情說明品牌單純強調產品的功能性特點已經越來越難以喚起消費者的熱情，相對於品牌產品的實際效用，消費者從中體驗到的情感滿足顯得更加珍貴。

---

① [美] 凱文·萊恩·凱勒. 戰略品牌管理 [M]. 李乃和，等，譯. 北京：中國人民大學出版社，2006：10.

二、品牌互動模式

市場中，品牌與消費者之間是相互影響的。品牌關係是消費者對品牌的態度和品牌對消費者的影響之間的互動過程。這個互動過程依次包括五個環節：品牌識別、品牌傳播、品牌體驗、品牌聯想、品牌形象。

（一）品牌識別

品牌識別出自品牌設計者，目的是確定品牌識別要素，並通過這些要素向消費者傳遞企業所期望建立的品牌形象方面的信息。品牌識別的基本要素包括產品、組織、個體、符號四大類。品牌識別在品牌塑造過程中起導向作用，所有的品牌營銷活動都必須與品牌識別保持一致；同時，我們應注意差異性和獨特性是品牌識別最重要的特徵。品牌識別必須將品牌與競爭對手的品牌區別開來。

（二）品牌傳播

如果說品牌是「烙印」，那麼品牌傳播就是「烙鐵」，目的是要在目標市場消費者心中留下深刻的品牌印象，甚至是美好的回憶。品牌傳播與營銷組合 4Ps 中的營銷傳播（Promotion）有著異曲同工的作用，前者傳播的是品牌，後者傳播的是品牌產品，實踐中這兩個過程經常是同時進行，相互促進的。廣告、公關關係與宣傳、銷售促進、人員推銷、直接營銷等促銷工具既是產品傳播的工具，也是品牌傳播的工具。企業通過這些傳播工具將品牌識別信息傳遞給消費者，同時讓消費者認知自身品牌的價值，從而影響消費者的購買行為。

（三）品牌體驗

品牌體驗是消費者對於接收到的品牌相關信息的感知過程，如消費者對品牌產品的使用經驗，與企業員工和銷售人員的直接接觸，對各種廣告的心理感應，周圍人對該品牌的評價以及對競爭品牌差異的感知等，都構成了品牌體驗的內容。消費者體驗到的品牌信息，有的是企業所為的結果，如廣告信息、產品介紹等，有的是自發的結果，如口碑、個人經驗、他人態度、現場氣氛等。對於消費者而言，品牌體驗實質上是一個期望和親身感受之間的比較過程。如果最終的體驗能夠給消費者帶來預期的效用，那麼體驗產生的聯想就是正面的；而如果最終的體驗沒有達到預期的效用，那麼品牌體驗就會產生負面的聯想。

（四）品牌聯想

品牌聯想是消費者經由品牌體驗而聯想到的、與品牌有關的方面。品牌聯想內容豐富，大致可概括為以下幾種：產品品質的聯想，如品牌產品質量的好壞，服務水平的高低等；產品特徵的聯想，如雲南白藥牙膏使人聯想到預防齲齒，海飛絲使人聯想到去頭屑；相對價格的聯想，如藍帶啤酒使大多數消費者感到昂貴，奧拓汽車使人感到經濟實用；競爭者的聯想，有的品牌是根據與另一個品牌相比較的結果來記憶的，如非常可樂與可口可樂、百事可樂的定位聯想；產品用途的聯想，一定

的品牌可使消費者聯想到特定的消費群體，如太太口服液的產品使用者使人想到婦女；企業的聯想，如由一個產品品牌便會想到企業的知名度、創新能力、企業員工、文化、信譽及與企業有關的各種人物等；符號的聯想，如海爾讓人想起可愛的海爾兄弟，肯德基使人想起和藹可親的桑德斯上校；文化個性的聯想，如可口可樂讓人想到美國人的生活方式，百事可樂讓人想到一群充滿活力的年輕人。

(五) 品牌形象

品牌聯想是消費者感性的、直觀的、未經梳理的對品牌的認知，並且因人而異。消費者會把各種各樣的品牌聯想加以歸類、分析，最後形成一個較為系統的、穩定的對品牌的綜合印象，這就是品牌形象。譬如，消費者會認為海爾系列家電是高品質、優質服務的象徵，奔馳轎車是豪華、舒適的高檔汽車，海飛絲去頭屑效果顯著等。這裡值得強調的是，品牌形象與品牌識別是兩個不同的範疇，前者是消費者對品牌的理解，一旦形成就難以改變；而後者是品牌營銷者為品牌設計的理想形象，它是主觀的東西。品牌識別與品牌形象之間可能產生的分歧，要求品牌營銷者正確處理品牌互動過程中各個環節的干擾因素，致力於提高品牌形象至期望水平。

綜上所述，品牌與消費者之間的互動過程是：企業將設計出的品牌識別系統通過傳播工具向目標市場消費者傳遞，從而形成品牌的社會影響力，即知名度；消費者通過品牌體驗而產生品牌聯想，最終形成對品牌的綜合評價，即品牌形象，這樣就建立起了品牌與消費者之間的某種關係。這個過程可稱之為「品牌互動模式」，如圖 2－1 所示。

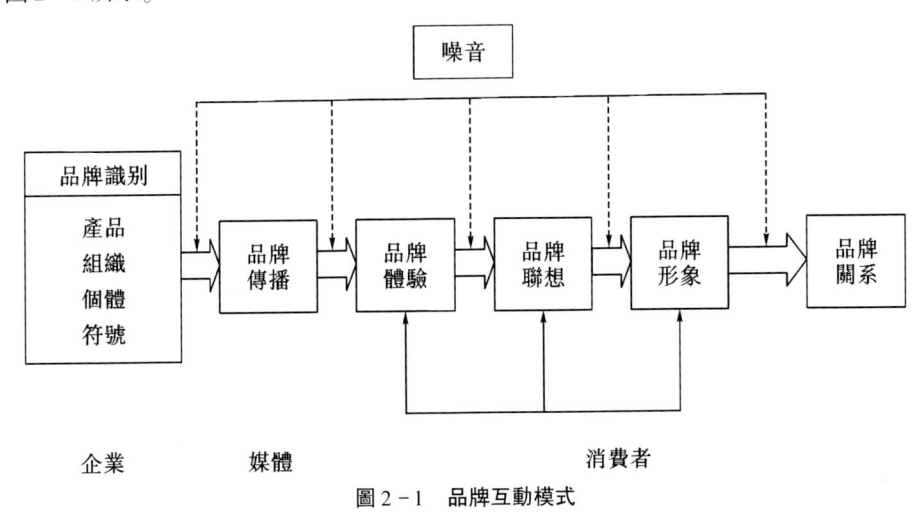

圖 2－1　品牌互動模式

三、消費者品牌決策過程

消費者正面臨一個複雜的品牌世界。他們既受到自己經濟收入的約束，亦被尋找、儲存與處理品牌信息的能力所限制。消費者一般會依據經驗和可得到的、簡明

扼要的信息來幫助自己判斷某個品牌將會具有什麼樣的功效，如在不同品牌的飲料之中進行選擇時，一個初次購買者可能會選擇可口可樂，因為這個名字已經在生活中流傳了很長時間。

當消費者尋找有關品牌信息時，他的購買過程及信息收集程度，受到一系列因素的影響，如個人商品知識、閱歷、經驗、時間、渠道和建議等。然而，有兩個因素對解釋消費者如何做出購買決策尤其重要，它們分別是消費者介入程度（為實現購買所付出的時間、精力和體力，一般來說單位產品價值高與關係到自身社會形象的產品，消費者介入程度高）和消費者對競爭品牌差異性的認知。例如，一位多口之家的家庭主婦購置一臺洗衣機時也許特別投入，於是她對評價不同洗衣機品牌表現出濃厚的興趣，基於個人先前的經驗，她可能對廣受歡迎的少數幾種品牌做出評價，並將購買最能滿足自己需要的品牌產品。相反，家庭主婦在購買肥皂時會付出極少的投入，一般會根據自己先前的經驗迅速地做出購買決定。

考慮到消費者介入程度的高低與對競爭品牌差異性認知的大小，我們可以將消費者品牌決策過程分為四種類型，即延伸問題的解決、減少不和諧、限制性因素的解決、限制性因素解決的趨向，見圖2-2。

	顧客卷入程度高	顧客卷入程度低
發覺較大品牌	延伸問題的解決	限制性因素解決的趨向
發覺較小品牌	減少不和諧	限制性因素的解決

圖2-2　消費者品牌決策分類模型

(一) 延伸問題的解決

當消費者購買介入程度高，而且發現競爭品牌之間存在重大差異時，就需要解決出現的延伸問題。這種類型的決策過程的特徵是消費者積極尋求信息以評價各種可供選擇的品牌，它主要是針對相對個人收入而言單位產品價值高的品牌產品，如住房、汽車、高保真音響設備、高檔家居用品等，或者是針對反應購買者自我形象的品牌產品，如珠寶、時裝、化妝品或男士的正裝等。在經歷一次複雜的品牌購買決策時，消費者一般要經過五個步驟，即認識問題、收集信息、品牌評價、購買行

動、購後評價。

1. 認識問題

當消費者意識到需要解決某一問題時，品牌購買決策過程就開始了。例如，一位年輕人在朋友處欣賞了最新的高保真音響系統後，意識到自己的音響系統聽起來有多糟，這種認識將觸發他解決這一問題的需要。如果他的這種感覺特別強烈，就會立刻更換音響系統。依據行動的緊迫性和個人情況（時間、財務、信息等），他也許會迅速地採取行動，或更加關注有關高保真音響系統的相關品牌信息，並在未來某一時刻購買一種品牌產品。

2. 收集信息

收集信息首先從記憶開始，如果相信自己已經具備充分的信息，他將能夠馬上對可得到的品牌進行評價。但是，消費者通常會感到自己沒有足夠的信心（特別是對不熟悉的品牌）單獨依靠記憶進行評價，因此開始積極地尋求額外的信息，如逛商店、留意廣告、向朋友請教。當得到更多的信息時，高度投入的消費者將正式開始在各種競爭品牌中做出自己的評價。

3. 品牌評價

消費者有了關於競爭品牌的信息後，就能夠按照自認為最重要的標準，如品質、售後服務、價格、品牌形象等來評價它們。這樣就形成了品牌觀念，如 TCL 集團的產品具有廣泛的特色，尤其是技術含量高、品質優良、售後服務好、價格適中等。繼而，這些觀念開始塑造一種積極的態度，當這種態度形成時，消費者將會購買該種品牌。

4. 購買行動和購後評價

在決定了購買何種品牌產品之後，消費者將會付諸行動——如果能找到銷售該品牌的商店並且店內有存貨的話。一旦購買了該商品，他們會很快熟悉其性能並評價該品牌在多大程度上達到了自己的預期。如果品牌產品幾乎在所有的方面都能達到甚至於超過購前的期望，該消費者就會為自己的判斷與選擇感到自豪，並且在今後對該品牌產生積極的態度並可能反覆購買此品牌的系列產品。但是，如果消費者在使用過程中無法找到支持其品牌選擇正確的積極因素時，他就會對這種品牌不再抱有幻想，經歷一段時間後他會更加不滿意，他可能對他人講述自己的經歷，不僅僅發誓再也不購買該品牌，而且使他人也相信不能購買該品牌。可見，消費者存在著強化滿意與不滿意品牌記憶的傾向。對於滿意的品牌，消費者會簡化自己的購買程序，即發現問題後跟隨著記憶搜索，同時伴隨著先前的滿意，引發強烈的購買動機，產生再次購買行動，並為持續的滿意所強化。這個過程經多次反覆後，品牌忠誠將會產生，如圖 2-3 所示。

最後，對經營該類品牌的企業來說，應當瞭解和熟悉消費者主要重視品牌的哪些功能性需要和情感性需要，也就是品牌的核心價值一定要符合目標顧客的需要，並持續地採取多種傳播渠道，宣傳品牌個性與文化。同時，企業應保證所有可能同消費者直接接觸的工作人員熟練地掌握品牌及其產品方面的知識。

（二）減少不和諧

這種類型的購買行為是當消費者對於購買活動十分投入的時候發生的，但他們

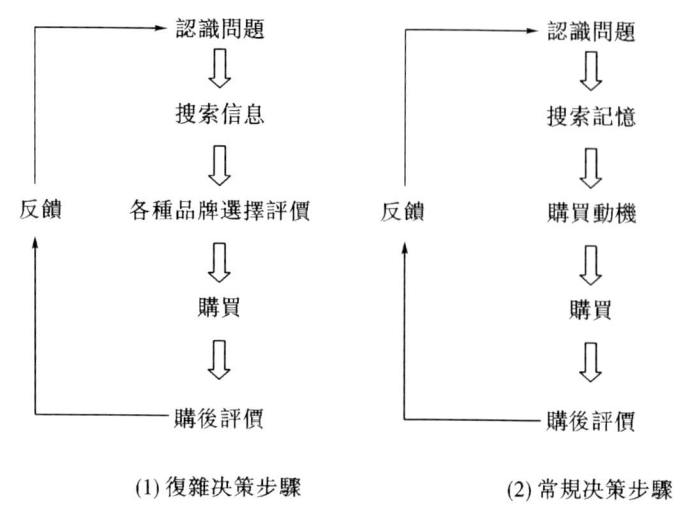

```
認識問題                    認識問題
  ⇓                         ⇓
搜索信息                    搜索記憶
  ⇓                         ⇓
各種品牌選擇評價            購買動機
  ⇓                         ⇓
購買                        購買
  ⇓                         ⇓
購後評價                    購後評價

(1) 復雜決策步驟            (2) 常規決策步驟
```

圖 2-3　購買決策與購後評價

最終只能在競爭品牌之間發現少量的區別，這些消費者可能由於缺乏對品牌區別的清晰認識而感到困惑。消費者在對任何單個品牌的優點缺乏堅定信念的情況下，極有可能基於其他原因而做出選擇，比如一位促銷員提供的友好的建議，某些企業在其購買時刻推出的優惠活動等。

在此類購買後，消費者將會感到不確定因素或風險的存在，特別是他們實際得到的與期望得到的不相符合時就會有不舒適感，即「購後不和諧」現象。但是，消費者可能通過各種方式來消除這種不平衡心理造成的消極影響，或由忽略這些不和諧信息而做到，如拒絕同提出相反意見的人進行討論；或由有選擇地尋求能夠肯定先前信念的那些信息而做到；或由突出品牌的某些優點而做到。在這種類型的品牌購買決策中，消費者並不是依據堅定的品牌信念而做出選擇，而是在被選中品牌的使用經歷中逐漸改變自己的觀點，然後經過選擇性學習來支持原來的品牌決策，這是某些消費者通過留意肯定性信息而忽略否定性信息來實現的，該過程如圖 2-4 所示。

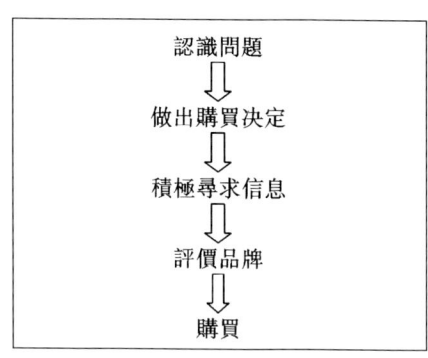

```
認識問題
  ⇓
做出購買決定
  ⇓
積極尋求信息
  ⇓
評價品牌
  ⇓
購買
```

圖 2-4　不和諧減弱的品牌購買過程

最後，經營該類品牌的企業應當在消費者購買後通過提供令人安慰的信息來減少購後的不和諧，如有的企業通過廣告來樹立消費者的信心，像「我們是您永遠的朋友」「您做出了明智的選擇」「我們時刻都在關注您」等，以安慰消費者並激發他們的品牌忠誠。與此同時，由於消費者不能肯定選擇哪個品牌，因此促銷能夠大大提高品牌被選中的概率。同樣，產品外觀設計與產品包裝也應當具有鮮明的特色。銷售人員應被訓練成為「品牌安慰者」，而不是「品牌促進者」。

(三) 限制性因素的解決

大多數情況下，對於單位產品價值較低，而且經常購買的基本生活學習用品以及其他雜貨來說，消費者不會把這些購買活動當成重要問題，他們所能察覺到的品牌之間的差別也很少，這時消費者的購買行為就可被描述為「限制性因素的解決過程」，如圖 2-5 所示。

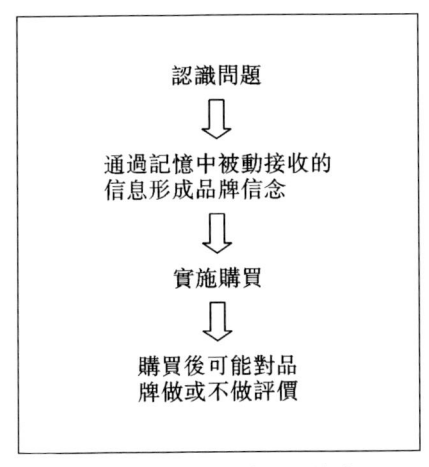

```
認識問題
  ⇩
通過記憶中被動接收的
信息形成品牌信念
  ⇩
實施購買
  ⇩
購買後可能對品
牌做或不做評價
```

圖 2-5　解決限制性因素的品牌購買過程

人們認識問題顯得很容易，如某件家庭廚具用品效果不顯著，需要重置。由於消費者對該類產品並不十分在意，他們並不會主動地從不同的信息來源渠道去積極地尋求信息，無論他們擁有什麼樣的信息都可能是被動接收的信息，如電視廣告與周圍人的評價，因此消費者會在購買和使用之後對品牌做出選擇性評價，亦即消費者的信念、態度與傾向是在購買之後形成的，而非之前。消費者可能認為搜尋和評估信息的各種花費超過其價值。

然而，與高介入購買情況比較，促銷在低介入購買中起著不同的作用。消費者被動地接收信息，並將信息儲存在記憶中，但這些信息並不會對原有的認識產生較大的影響；除非消費者在需要購買該類產品的那一刻遇到了某些足以使其改變原有觀念的外在刺激，如降價、演示、試用等，否則品牌行為的變化將不會出現。可見，在低介入購買中，消費者對品牌所產生的信任和忠誠不但具有一定的「慣性」或「惰性」，而且具有易變、脆弱的特徵，例如消費者有時表現出多樣化的尋找行為。因為他們在使用某品牌產品一段時間後，會對購買同一種品牌感到厭倦，並通過轉

換品牌來尋求新的生活體驗，而這種改變品牌的行為並不會將自己置於太大的風險之中。

企業發布的廣告信息內容應當力求簡潔、實用並經常變化，因為消費者對這類品牌廣告的關注程度很低。在低介入購買中，消費者追求的是可接受的品牌，因此將品牌看成功能性問題的解決者是適當的——把某一種品牌的洗潔精看成油膩膩的碗筷的有效清潔工具，而不是將其看成缺乏真實感的利益傳導者，如把該品牌洗潔精當成味道鮮美的菜肴的生產者。因此，對於限制性因素解決類型的品牌而言，我們應當把品牌看作是功能性問題的解決者，強調產品質量和效用；同時確保各賣場儲區有足夠的貨源。此外，贈品、贈券、免費試用、現場演示、樣品展示等促銷手段對購買該類品牌產品的消費者的影響亦是很有效的。

（四）限制性因素解決的趨向

「限制性因素的解決」這一模型表現為消費者認為競爭品牌間的差異性很小的情況下的低介入購買。但是，我們認為當消費者已經察覺到重大的品牌差別時，這時消費者的購買行為就應被描述為「限制性因素解決的趨向」。

這類品牌的選擇過程與「限制性因素的解決」中描述的情況基本相同，見圖2-5。而且，由於兩種類型所面臨的問題都是購買隨意性大、品牌忠誠度低，因此企業需要採取類似於「限制性因素的解決」中的辦法來建立和強化消費者的品牌差異性認識，以保持顧客品牌忠誠。

以上對消費者品牌選擇的分析表明：對於品牌營銷者來說，如果知道消費者對於品牌選擇的重視程度和對於品牌差異性的認知程度，瞭解他們的購買過程就成為可能；認清了正確的購買過程，品牌就能夠以適當的營銷方式表現自我和發展自我。

第二節　品牌忠誠

品牌關係一般要經歷品牌知名、品牌認知、品牌美譽、品牌購買、品牌忠誠五個發展階段，其中品牌忠誠是品牌關係的最高境界，是品牌關係營銷[1]追求的目標。然而，在傳統營銷理論的指引下，相當部分企業並不重視發展品牌關係，而是將精力用在能提高企業短期銷售收入與利潤的營銷活動中去。正如菲利浦·科特勒所言：「遺憾的是，大多數的營銷理論和實踐往往集中在如何吸引新的顧客，而不是在保持現有顧客方面，強調創造交易而不是關係。」[2] 在品牌制勝的今天，營銷者不能再僅局限於產品、定價、分銷和促銷等策略上，其主要目標和任務應當是創立與鞏固品牌關係——一個忠誠的、經得起時間考驗的、能夠為企業創造長期利潤的關係，即顧客品牌忠誠。

---

[1]　品牌關係營銷（Braud Relatioushiip Manageucwf，簡稱 BRM）是通過活動或努力，建立、維護以及增強品牌與其顧客之間的聯繫，並通過互動、個性化的長期接觸、交流和溝通，以及對品牌承諾的履行，以持續地增強雙方的關係。

[2]　[美] 菲利浦·科特勒，洪瑞雲，梁紹明，等．市場營銷管理（亞洲版）[M]．梅清豪，譯．2版．北京：中國人民大學出版社，2001：46．

一、品牌忠誠及其價值

（一）品牌忠誠的內涵

所謂品牌忠誠是指消費者對某一品牌情有獨鐘，在未來持續一致地多次光顧並反覆購買同一品牌產品或一個品牌的系列產品，不因情境和營銷力量的變化而發生品牌轉換行為。品牌忠誠著重於對消費者品牌情感的量度，反應了消費者轉向競爭品牌的可能性，尤其是當某品牌與競爭品牌在產品、價格等方面發生改變時。同時，隨著品牌忠誠度的提高，消費者受競爭行為的影響程度隨之下降，因此品牌忠誠成了與未來利潤相聯繫的企業財富組合的指示器，品牌關係營銷已經發展成為企業市場營銷活動的一個中心。具體講，品牌忠誠主要包括以下兩方面的含義：

1. 品牌忠誠包括行為忠誠和態度忠誠

消費者在購買過程中實際表現出來的品牌忠誠，即行為上的忠誠，一直在營銷實踐中作為評價品牌忠誠的主要指標。行為忠誠可以按照消費者購買所有品牌產品的比例來確定其忠誠度。例如，某個消費者在一年之中購買了 A、B、C 三個不同品牌的產品，按購買比例排序為 70%、20% 和 10%，那麼該消費者比較偏向於 A 品牌，其忠誠度為 70%。然而我們還應當注意，行為忠誠必須具有跨越時間的持續性。也就是說，參照產品使用週期，在過去一段時間內消費者重複購買該品牌的產品的次數一般在三次以上才有可能產生品牌忠誠。

行為忠誠並不能解釋形成品牌忠誠的真實原因。一部分消費者連續、大量地購買某種品牌產品，可他心裡可能並不喜愛這個品牌，也許一有條件他就會轉移到其他的品牌上去。例如，許多在校大學生受經濟收入的限制，在校期間只能購買一些價格便宜、實用的個人生活學習用品，但是一旦他們畢業後獲得了一份高收入的職業，就會轉變自己的品牌選擇，開始購買一些自己真正喜愛的品牌產品。事實上，消費者對品牌的態度才是促使其重複購買的真正原因。換句話說，我們在考察品牌忠誠時，不能忘記對消費者品牌態度的調查與分析。

可見，定義品牌忠誠必須同時具備兩個條件：一是重複購買行為持續一段時間；二是消費者在情感上偏向於購買某一個品牌的產品。

2. 行為忠誠不等於品牌忠誠

對於任何一個品牌來說，離開了顧客，品牌忠誠就無從談起；但是，我們不能認為，所有顧客在購買行為上表現出來的忠誠，都是品牌忠誠，因為引起顧客行為忠誠即顧客忠誠的原因是多方面的。一是價格，即顧客主要因為價格符合其經濟承受能力而不管是否在態度上支持該品牌，如某顧客只買得起千元以下的手機，他看中的就是某個品牌手機的價格便宜，儘管他鐘情於另一品牌手機的個性與外觀。二是便利，這與商店忠誠有相同的地方，比如離住所近的商店裡沒有某品牌的洗衣粉，而要買到該品牌的洗衣粉需要到較遠的地方，為了節省時間和精力，消費者只好購買另一種品牌的洗衣粉，但這並不表示該消費者對該品牌的忠誠。三是轉換成本和品牌惰性。它主要有兩類：一類是企業人為設置的轉換障礙，如計算機行業的許多廠商通過製造不兼容或不斷升級的軟件版本來形成品牌轉換成本，使用戶一旦用上

某個特定的品牌就很難再換另一個品牌，否則就要付出很高的代價，因此即使存在不滿意的情況，多數用戶也不得不選擇繼續使用該品牌產品；另一類是因消費者個人缺少品牌方面的相關信息而使轉換品牌可能存在一定的風險，如一位已與某家醫院或醫師建立長期關係的患者，當嘗試到陌生的醫院或者醫師處就醫時，他可能會因為醫治效果不滿意而對自己的行為選擇感到後悔，所以某些消費者不願承擔轉變品牌的風險而產生的品牌惰性，也是形成品牌忠誠的一個原因。四是態度忠誠，顧客在瞭解和使用品牌的過程中，與品牌之間建立了某種情感上的聯繫，或對品牌有著總的、趨於正面的評價。五是功能性忠誠，由於某品牌在功能性利益或者品質方面有較為明顯的優勢，顧客又認同這種優勢，因此形成了相應的品牌忠誠。可見，引發顧客購買行為產生的原因是不同的，其中只有態度忠誠的顧客才稱得上真正的品牌忠誠者。

（二）品牌忠誠的戰略意義

品牌忠誠是品牌資產價值的核心與源泉。企業擁有忠誠於品牌的消費者群體意味著企業擁有了一項長期的、寶貴的戰略資產，如果對其進行適當、有效的管理和利用，它將會發揮出巨大的價值。

1. 增加企業利潤

一批對品牌忠誠的消費者不僅能夠降低企業的營銷成本，而且能夠增加企業的銷售收入。一方面，企業保持現有顧客比吸引新顧客的代價要低得多，這是由於現有顧客通常缺乏改變他們目前品牌的動力，這可能由於他們沒有或者不願意付出努力去尋找新的品牌替代品；即使面對品牌替代品，通常也需要提供相應的、有價值的刺激物來支持他們做出購買另一個品牌的決策。因此，讓現有消費者滿意，減少他們轉換品牌的動機，這要比尋找新消費者所花代價低得多。而現實中企業常犯的一個錯誤是，試圖通過吸引新的購買者來發展業務，但卻忽視了挽留自己現有的顧客。菲利普·科特勒曾就此發表過精闢的分析：「吸引一個新顧客所耗費的成本大概相當於保持一個現有顧客的5倍……一個公司如果將其顧客流失率降低5%，其利潤就能增加5%~85%。」[1]

另一方面，為了節約購買成本，老顧客極有可能選購該品牌的系列產品，如果他們需要這些產品的話；而面對新顧客，營銷者很難在第一次交易中就能銷售多種產品。假如企業能夠準確地把握顧客的需求，並適時地向他們推薦能夠滿足其需求的產品，將會使顧客更加滿意，從而形成雙方更加密切的合作關係；而合作關係的加深，反過來能夠進一步提高顧客的忠誠度。以美國銀行為例，在只購買一種商品的顧客中，一年內轉到其他銀行的概率是50%，但是如果顧客購買的商品數增加到兩個以上，轉到其他銀行的概率就會降低到百分之幾。可見，品牌忠誠度越高，顧客流失率越低，企業獲得的利潤就越大。

---

[1] [美] 菲利浦·科特勒，洪瑞雲，梁紹明，等. 市場營銷管理（亞洲版）[M]. 梅清豪，譯. 2版. 北京：中國人民大學出版社，2001：46.

2. 品牌忠誠是競爭者面臨的一個主要行業進入壁壘

現有消費者的忠誠構成競爭對手進入行業市場的巨大障礙，因為競爭對手要想打入那些已建立品牌忠誠的市場，就必須付出更多的金錢與精力以「慾惠」或「引誘」消費者轉變品牌，以建立自己的品牌忠誠，因此新進入者的盈利潛力就降低了。對於品牌忠誠所形成的障礙，有實力的競爭者必須充分瞭解它，然後才可能設法進入市場。反過來看，品牌市場捍衛者對於消費者的不變性不能抱有幻想，因而持續不斷地向消費者傳遞品牌忠誠信號，如有關忠誠消費者的紀實性廣告及品牌宣傳廣告，能夠起到鞏固品牌忠誠關係的作用。

3. 貿易槓桿的作用

品牌忠誠為品牌的主人提供了有力的貿易槓桿支持。贏取了消費者強烈忠誠的品牌，像海爾、華為、TCL、格蘭仕、聯想，以及寶潔公司的海飛絲、飄柔等，這些品牌產品會得到商家的特別「關照」，最典型的是商家會保證優先的貨架空間，因為商家清楚地知道消費者會把這些品牌列在他們的購物單上。換句話說，品牌忠誠或多或少地影響甚至於支配商家的商品選擇與供貨決策。例如，一個超級市場，除非它有像海爾冰箱、長虹電視、金龍魚食用油、青島啤酒、可口可樂飲料、清揚洗髮露這樣的品牌，否則一些消費者就轉向其他的賣場購物。當商家引進新規格、新種類、新變化的品牌產品時，品牌忠誠具有的貿易槓桿作用就顯得更加重要。

4. 吸引新的顧客

現有的顧客對品牌的忠誠，對潛在的顧客提供了一種保證，尤其是當這類產品的購買帶有程度不同的冒險性質的時候。企業通過該品牌已有的顧客向潛在顧客介紹品牌優點，其效果遠勝於企業推銷人員直接向他們宣揚自己產品性能優良、質量可靠和使用安全等優勢。例如，您是長虹彩電的用戶，您的周圍人看到它就會意識到「長虹」這一品牌，因為他們對該品牌的性能已經有了真實的體驗，這比偶爾在電視或者報紙雜誌上看見，給人的印象更深刻，影響力也更大。因此，在一個新的或者具有購買風險的行業中，企業通過現有顧客群對品牌的認同，向未來消費者提供相關信息，這不失為一種行之有效的銷售方式。但是，通過現有顧客向新顧客推銷產品，多數情況下不會自動發生，這就需要企業採取某些激勵措施，使老顧客有意或無意地這樣去做。如某公司為了建立一種眾口相傳、卓有成效的品牌傳播機制，開展了一場轟轟烈烈的「尋親」促銷活動，在活動中開設各種獎項，將老顧客導入其試圖建立的傳播機制中去。

企業需要不斷擴大滿意的顧客群體。在存在許多後繼服務和對相關配套產品要求很高的一些行業中，如計算機、軟件、家電、汽車等，經常面臨著這樣的憂慮：企業是否有足夠的資源，使所有的顧客都能滿足自己的需要。實際上，如果企業擁有一個相對較大的、滿意的顧客基礎，就應當相應地擴大售後服務範圍，進一步提高顧客的滿意度與忠誠度，因為顧客基礎能夠產生品牌認知，吸引更多的潛在購買者加入品牌購買、品牌忠誠的行列中來。

5. 為企業爭取了回應競爭威脅的時間

在激烈的市場競爭中，新產品層出不窮，而企業要回應這種創新往往需要一定的回旋餘地。如果競爭對手開發了一種更符合消費者需求的新產品的話，一部分品

牌忠誠度不高的顧客就很可能倒向競爭品牌的一方，成為其顧客，這對企業來說無疑是一種損失。但是，對於大多數忠誠的顧客來說，他們不會立刻改變自己的品牌信念，更不會購買競爭品牌的產品，這就為企業針對競爭威脅採取相應的措施騰出了時間。當然，如果企業不做出反應或者反應遲緩，自己的顧客就會逐漸流失，品牌忠誠度也會下降。

專欄：小故事·大啟示

名字中有什麼？

1983 年，豐田汽車公司與通用汽車公司在美國加利福尼亞州北部合資興建了一家名為新聯合汽車製造公司（New United Motor Manufacturing, Inc.，簡稱 NUMMI）的汽車製造廠。當時該廠為全球汽車工業帶來的最大啟示是，西方的汽車製造企業可以學習日本的「精益生產」技術。而現在 NUMMI 帶給汽車業的是更加令人深思的一課：生產成本和方法上的差異已不再重要。

由於現今所有汽車製造企業都變得相當精幹，各企業的競爭優勢已轉向更多依靠供應鏈管理、產品設計和營銷這些方面上來。遺憾的是，最新的一項研究表明，日本的汽車製造業仍在這些領域領先於美國和歐洲的同行。波士頓諮詢公司的汽車專家約翰·林奎斯特（John Lindkvist）用 NUMMI 製造的兩種幾乎相同的小轎車來闡述這點。這兩種車都是從 1989 年開始投產，品牌分別為豐田公司的 Corolla（卡羅拉）和通用公司的 Geo Prizm（雪佛蘭系列品牌之一）。

豐田 Corolla 1989 年的售價是 9,000 多美元，比通用 Geo Prizm 高出約 10%。而前者的折舊卻比後者慢得多，所以 5 年後二手車的價格前者幾乎比後者高出 18%。為什麼這兩種幾乎相同又出自同一個廠家的車，價值會有這麼大的差別？一個最明顯的答案是：豐田的品牌優勢更大，消費者認為在同等檔次的汽車中，豐田品牌要優於通用品牌，所以他們願意支付更高的價格。豐田的這種優勢在其經銷商的銷售和服務中繼續得到體現。

由品牌優勢帶來的經濟效益是驚人的。1990—1994 年，豐田 Corolla 和通用 Geo Prizm 的平均製造成本相同，都為 10,300 美元。前者一共售出 200,000 輛，每輛出廠價為 11,100 美元。後者僅售出 80,000 輛，每輛出廠價為 10,700 美元。結果是，豐田公司從 NUMMI 獲得的經營利潤比通用公司高出 1.28 億美元，豐田汽車經銷商比通用汽車經銷商獲利也高出 1.07 億美元。

二手車的差異應引起美國汽車製造商的關注。在美國，目前有 25% 的車被用戶租賃，而不是購買。福特汽車公司預計這一數字不久將升至 50%。由於這些用於租賃的汽車最後要回到製造商手中，其剩餘價值對企業利潤的影響日益加劇。汽車業需要從過去專注於製造和供應鏈的模式，轉向更加關心如何將產品銷售給最終顧客。

二、品牌忠誠度分析

與品牌忠誠所包含兩方面內容相對應，品牌忠誠度也可分為兩種類型，即品牌行為忠誠度和品牌情感忠誠度。品牌行為忠誠度是指消費者在實際行動上能夠持續購買某一品牌的產品，這種行為的產生可能源自於消費者對品牌的正面態度，也可

能是由於收入限制、地理位置限制等其他與情感無關的外在約束條件促成的。品牌情感忠誠度是指某一品牌的個性與消費者的生活方式、價值觀念相吻合，消費者已對該品牌產生了感情，甚至引以為豪，並將品牌作為自己的朋友，進而表現出持續購買的慾望與行為。如果消費者持有這樣的心理，不論其是否採取實際的購買行動，都說明他們具有較高的情感忠誠度。據有關機構的調查，國內大學生購買 PC 機的首選品牌是「聯想」，而心目中的理想品牌是「蘋果」，究其原因，是因為「蘋果」品牌機的價格超出了大多數學生的購買能力。這說明在收入約束條件下，「聯想」具有較高的行為忠誠度，而「蘋果」具有較高的情感忠誠度。如果導致行為忠誠的約束條件得以解決，那麼決定消費者購買行為的將是情感忠誠度。從較長的時期看，消費者能否表現出持續的購買行為，很大程度上取決於情感忠誠度的高低，因為消費者總是傾向於購買自己喜愛的品牌，而不是那些不得不購買的品牌。同時消費者對於某一品牌的購買行為，由於受到各種內外因素的影響，常常表現出「朝秦暮楚」、變化無常的特徵。企業只有深入調查和瞭解消費者購買行為的變化規律，才能因勢利導，以維護消費者對自身品牌的高度忠誠。

(一) 行為忠誠度分析

行為忠誠度大多根據消費者實際發生的品牌購買行為加以統計，如再次購買率（兩次及以上購買品牌產品的顧客占顧客總數的比重）、購買百分比（同類產品中各種品牌在一位消費者最近五次購買中各占的比重）、品牌購買百分比（在同種類商品的購買中，只買一種品牌、只買兩種品牌、只買三種品牌的顧客百分比）、品牌轉換率（原有顧客轉向購買其他品牌產品的比例是多少）等指標。

根據美國一家市場調研公司對 22 個品牌的消費者所進行的長期跟蹤調查，我們發現 22 個品牌的平均高、中、低度行為忠誠者[①]占被調查消費者的比例分別是 12%、14%、74%。顯然，從消費者數量看，高度行為忠誠者所占比例較低，僅占低度行為忠誠者的 16%。但是，與此形成鮮明對照的是，高度行為忠誠者的產品購買數量卻占品牌產品總銷售量的 69%，而低度行為忠誠者的產品購買量只占品牌產品總銷售量的 5%，這足以說明高度行為忠誠者對企業發展所具有的重大意義。

該項研究還發現，從動態發展的角度分析，某一種品牌能否長期保持並且不斷提高其市場份額，不僅與其高度行為忠誠者密切相關，還取決於企業能否將低度行為忠誠者轉變成高度行為忠誠者，原因是市場份額與低度行為忠誠者向高度行為忠誠者的轉移程度相關。高度行為忠誠者固然對品牌的忠誠度較高，但他們中間也不乏「意志薄弱者」，他們易受外界因素的影響，從而投入其他品牌的「懷抱」，因此在努力維持高度行為忠誠者的同時，企業應盡力爭取把低度行為忠誠者轉變成高度行為忠誠者。

基於以上分析，我們可以得出以下兩點認識：一是高度行為忠誠者對於品牌的

---

① 高度行為忠誠者指有 50% 以上概率重複購買同一種品牌產品的顧客；中度行為忠誠者指有 10%～50% 的概率重複購買同一種品牌產品的顧客；低度行為忠誠者指只有不到 10% 的概率重複購買同一種品牌產品的顧客。

銷售量、市場佔有率至關重要。能否維持高度行為忠誠者的忠誠不變，直接關係到品牌的發展壯大。二是品牌市場份額的擴大與低度行為忠誠者向高度行為忠誠者的轉移密不可分。企業應當通過適當的途徑和手段提高低度行為忠誠者的忠誠度，使他們最終成為高度行為忠誠者，從而提高品牌市場佔有率。

（二）情感忠誠度分析

上一問題我們分析了行為忠誠度對品牌的影響，但如果把情感忠誠度也考慮進去，就可能出現不同的結果。如前所述，情感忠誠度是從消費者對品牌的態度這一角度去考察品牌忠誠度的，它並不一定最終導致購買行為的發生。因此，從某種意義上說，我們對情感忠誠度的分析只是對消費者未來可能發生的購買行為的預測。

就情感忠誠度而言，企業可以通過對顧客的品牌認知、品牌聯想、品牌個性與消費者生活方式的契合程度等方面的綜合分析，來預測無外在約束條件下，消費者未來重複購買的概率，進而對其加以量化，譬如，企業瞭解品牌情感忠誠度可調查顧客對品牌的喜愛程度。情感忠誠度在評價、判斷消費者未來的品牌忠誠度方面，以及為企業分析品牌市場份額與品牌忠誠度關係方面有重要的決策參考意義。

國外研究表明，對於相同的低行為忠誠者來說，高情感忠誠者遠比低情感忠誠者更容易轉變成高情感—高行為忠誠者（稱為「真正品牌忠誠者」）；同樣，高情感—中行為忠誠者、中情感—高行為忠誠者遠比低情感—中行為忠誠者、低情感—高行為忠誠者更容易成為真正品牌忠誠者。情感忠誠度是衡量消費者品牌忠誠度不可或缺的方面。行為忠誠只是代表了過去的消費者購買行為，而情感忠誠則揭示了未來。企業只有將情感忠誠和行為忠誠結合起來，才能全面、準確地考察和分析消費者的品牌忠誠度。

（三）品牌忠誠度方格圖

運用情感忠誠度和行為忠誠度組成的兩維坐標，結合對情感忠誠度與行為忠誠度進行的分類，我們可以得出品牌忠誠度方格圖這一分析工具（如圖 2-6 所示）。它是以行為忠誠度為橫坐標，情感忠誠度為縱坐標，並將兩者分為低、中、高三類忠誠度，從而在矩陣圖中建立了九個象限。

在圖 2-6 中，情感忠誠度高於行為忠誠度的忠誠者稱為「潛在忠誠者」。這類忠誠者對品牌的忠誠主要來自於良好的態度，因此更具持久性，並且容易向真正的品牌忠誠者轉變。相反，情感忠誠度低於行為忠誠度的忠誠者，由於他們對品牌的忠誠更多地來自外在約束因素的影響，因而他們的品牌忠誠度不穩定，比較容易成為中、低度忠誠者，甚至徹底轉變成其他品牌的真正忠誠者，我們將此類忠誠者稱為「脆弱忠誠者」。

顯然，對於大多數品牌而言，如果潛在忠誠者遠多於脆弱忠誠者，說明該品牌已經建立起鮮明的、獨特的品牌個性，並且得到了多數消費者情感方面的認同。所以，這種品牌必定具有良好的市場發展前景和抵禦競爭衝擊的能力。如果潛在忠誠者少於脆弱忠誠者，說明多數品牌購買者並沒有對該品牌產生認同感，即使該品牌由於擁有先發優勢、獨特的分銷渠道優勢或其他營銷組合優勢而風光一時，佔有較

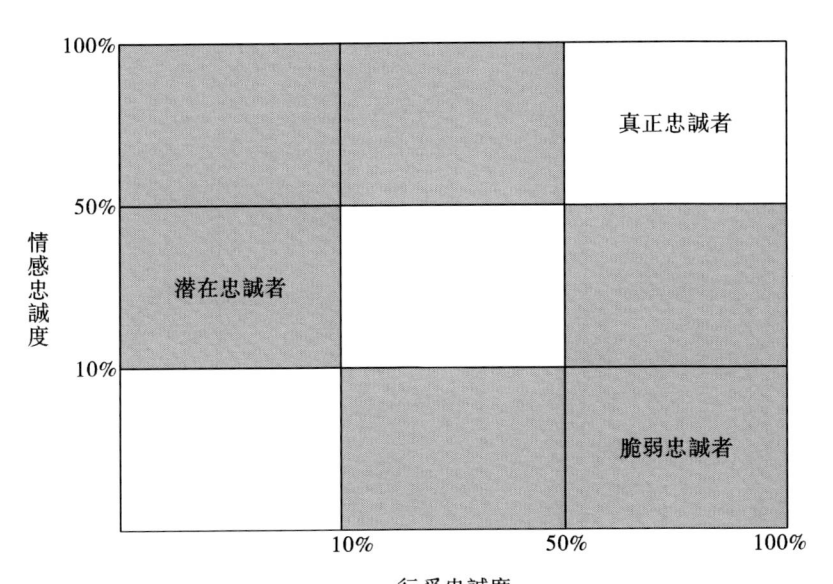

圖 2-6　品牌忠誠方格示意圖

高的行業市場份額，但其市場地位是很脆弱的，這對品牌將來的發展會產生嚴重的不利影響，這也就是中國許多品牌在洋品牌的衝擊下紛紛落馬的真正原因之一。

此外，圖 2-6 中右上象限區域表示真正的品牌忠誠者（有人稱之為有品牌信仰的消費者）。一個健康發展的品牌應當擁有較高比例的真正忠誠者。這類忠誠者傾向於對品牌的持久忠誠。這種忠誠既包括情感方面的認同感，也包括購買行為的持久性。因此，他們會一直關心和購買這一品牌，並關心與企業有關的各種事件。他們不僅對該品牌已產生的情感經久不衰，而且該品牌已成為他們生活中必不可少的一部分；即便是面對更好的產品、更低的價格也始終忠誠。可見，真正的品牌忠誠者才是企業夢寐以求的「上帝」，維持他們的忠誠，品牌必然能不斷發展壯大，品牌產品市場份額不斷提高，並最終成為消費者心目中的「常青樹」。

總之，企業要保持品牌的健康發展，不僅要維持真正忠誠者，而且要盡力挖掘潛在忠誠者，使更多的潛在忠誠者轉變為真正品牌忠誠者。事實上，品牌壯大的真正內涵就是從情感與行為兩方面綜合考慮，使更多的消費者成為品牌潛在的忠誠者，並最終成為真正的品牌忠誠者。

（四）品牌忠誠度的調查分析程序

1. 建立顧客資料數據庫

企業在日常工作中收集與累積豐富的顧客資料是整個程序的第一步。企業只有以準確、全面、詳盡的數據資料為後盾，才能瞭解消費者的購買行為特徵。顧客數據庫包括的內容有消費者個人背景資料（年齡、收入、教育程度等）、購買習慣、重複購買率、品牌轉換率、生活方式、品牌認知、品牌聯想等方面的信息。

2. 調查分析品牌行為忠誠度

企業可在掌握顧客信息的基礎上，抽取能準確反應總體的樣本，對樣本中的每一位顧客進行跟蹤調查，最後運用有關指標對得到的數據資料進行統計分析。企業對行為忠誠度的分析，可採用前面提到的指標，還可以使用顧客佔有率指標，即一個品牌對單一消費者或者家庭的市場佔有率。計算方法是將消費者對某品牌的購買總數除以該商品類的總購買數。例如，一位搭乘飛機的顧客，一年之中搭乘了10次班機，其中有2次是搭乘A航空公司的班機，則A公司的顧客佔有率就是20%。

在分析行為忠誠度時，品牌轉換成本也是一個極為重要的方面，因為轉換成本是顧客行為忠誠的一個重要原因。對於消費者而言，改變品牌的風險越大，費用越高，他們就越不容易改變過去的品牌選擇。因此，我們通過對轉換成本及轉換風險的分析，能夠進一步瞭解顧客忠誠建立在哪些轉換成本上。

3. 調查分析品牌情感忠誠度

分析情感忠誠度的顧客樣本應與分析行為忠誠度時選擇的樣本相同，以保持調查對象的一貫性。我們根據顧客的品牌認知情況和品牌聯想情況，品牌文化與消費者生活方式的契合程度，個人興趣愛好等方面的信息進行綜合分析，預測顧客未來的購買行為，並將其分成高、中、低度情感忠誠者三類。

這裡需要說明的是，情感忠誠是一個抽象的概念，在調查分析方面存在著一定的難度。大多數情況下，我們可以從以下三個定性指標進行分析：第一個定性指標是測量顧客對品牌的喜愛程度，喜愛程度可以歸類為喜歡、尊敬、友好、信任和忠貞不渝五種程度，依次遞增。與一般的關係相比，一種對品牌的特殊情感使得競爭對手難以下手。當情感忠誠達到忠貞不渝時，顧客就樂於在口頭上給予品牌正面的評價，並積極向他人推薦。第二個指標是品牌對於顧客生活方式的重要程度以及品牌與顧客價值觀的契合程度。如果品牌文化同顧客長期積澱下來的價值觀念水乳交融，則可以推測顧客的情感忠誠度很高，而且這種價值觀在其心中越居重要地位，情感忠誠就越高。第三個定性指標是顧客觀念的演變。因為情感忠誠相對而言是一個長期的概念，因而我們有必要研究目標市場顧客觀念在其個人成長過程中的演變問題。譬如，消費者在人生花季時期可能痴迷於純情、甜蜜和夢幻的感覺，而當他（她）們進入青春時期，則可能更傾向於嬉皮士的處世態度，等到跨越而立之年，雅皮士、冷幽默可能是他（她）們的生活信條。

4. 建立品牌忠誠度分析矩陣

企業可建立兩維矩陣，得出各象限所代表的忠誠者的絕對數以及占樣本總量的相對比例，統計出真正品牌忠誠者、潛在品牌忠誠者以及脆弱品牌忠誠者各自所占的比例。

5. 根據品牌忠誠度分析結果，制訂品牌營銷戰略計劃及措施

如果潛在忠誠者遠少於脆弱忠誠者，那麼企業應當在塑造品牌文化、品牌個性傳播等方面下功夫，以提升品牌的情感忠誠度，爭取更多的真正品牌忠誠者。反之，若擁有的潛在忠誠者比脆弱忠誠者多，那麼企業的主要工作應集中在弱化消費者約束條件方面，譬如採取削減渠道費用和降低產品成本以降低產品售價以及提供買方信貸支持等措施，使更多的潛在顧客能夠轉變成現實的產品購買者。

三、建立和保持品牌忠誠的方法

現代市場經濟條件下，企業贏得消費者對品牌的忠誠不再只是依靠廣告媒體就能辦到；而目前國內許多企業經營者不瞭解或者乾脆不願瞭解這一點，他們對過去的市場競爭方式、方法仍然戀戀不捨，卻不懂得那些被自己忽視的、滿足現有顧客或者潛在顧客的行為偏好與情感需要，才是建立和提升品牌忠誠度的關鍵所在。消費者總是將自己的忠誠獻給那些在關注自己和關心自己需要方面做得更好的企業。

(一) 建立品牌忠誠的方法

以下幾種方法能夠幫助品牌在短期內提高顧客忠誠度，並有助於與目標市場顧客建立起長期友好的關係。

1. 常客獎勵計劃

這是建立顧客忠誠度最直接有效的一種方法。它不但能夠提高品牌的顧客價值，同時能使顧客在心理上感到自己的忠誠得到了相應的回報。如某些公司推出的「購買金額累積計劃」，獎勵那些經常購買公司產品的顧客，再如海爾實施的「金牌會員卡」制度，希爾頓推出的「資深榮譽常客計劃」等。

2. 會員俱樂部

與「常客獎勵計劃」一樣，會員俱樂部形式也能夠使忠誠顧客感覺到自己被重視。相比之下，常客獎勵計劃形式比較單一，範圍也較小；而會員俱樂部能讓更多的顧客參與其中，而且內容和形式也較為豐富。會員俱樂部為消費者提供了一個渠道，抒發他們對品牌的想法和感受，同時還可以使消費者與其他品牌愛好者分享經驗。例如，在某些化妝品品牌的會員俱樂部裡，會員們從中可以獲得購買商品的價格折扣、定期或不定期地收到新產品面市的資料、獲得免費護膚和新產品試用的機會、獲得其他贈品等。

3. 設置轉換成本

增加顧客的品牌轉換成本儘管不能保持顧客的長期忠誠，但是它對於提高短期的顧客忠誠度來說，仍然具有比較好的效果。產生轉換成本的方法，是找出解決顧客問題的措施，這將意味著對業務的重新定義。例如，國外許多製藥企業為自己的藥品零售商安裝計算機終端，為他們提供存貨控制、貨架管理和自動訂貨等服務。通過這些措施，企業客觀上為零售商製造了大量的轉換成本，並改變了整個藥品批發業的結構。

4. 資料庫營銷

企業可通過各種方式，獲得品牌常客某些方面的個人資料，包括姓名、性別、年齡、職業、住址、聯繫方式等，分析這些資料，將新產品介紹、特別活動說明、公司特惠活動專案寄給那些可能回應「信箱廣告」的消費者。收到廣告的人也會感到自己受到了尊重，從而加強對品牌的忠誠。

(二) 保持與提升品牌忠誠的方法

1. 接近顧客

具有強烈顧客意識的公司正在積極尋找接觸顧客的方法。例如，即使身居 IBM 公司裡最高層的管理人員，也有理由和責任接觸顧客；迪士尼樂園的負責人每年以「上崗」的身分到一線工作兩週；國外一些企業安排生產一線的工人面見顧客，使他們意識到自己工作對顧客和產品質量的重要影響。這些活動不但能夠使企業員工親身接觸顧客並瞭解顧客的需要，同時也使顧客感到自己受到企業的重視。

定期調查顧客是否滿意，對於理解顧客的感受以及調整產品結構、服務方式來講是極為必要的。顧客調查必須是及時的、靈敏的和可理解的，以便使企業瞭解顧客對品牌的滿意發生了哪些方面的變化以及為什麼發生變化等問題。此外，調查的結果應當與部門及個人的收入掛勾，以發揮其激勵作用。例如，達美樂比薩（Domino's Pizza）每週對顧客進行調查，測量諸如面粉是否結塊、胡椒是否味足、服務員回答顧客問題的時間長短以及送貨人態度等問題。每個營業點都發展了這種測量方法，每個月都以這些測量得到的結果為基礎分配獎金，這樣顧客滿意得到經營者的高度重視，從而企業進一步採取措施提高顧客滿意度。

2. 正確對待顧客

研究表明，首次接觸品牌留下的「第一印象」對消費者品牌忠誠有著十分重要的影響。企業要確保顧客有積極有益的品牌經歷並留下美好的品牌記憶，其關鍵是培訓員工講文明、懂禮貌和熱情待客的服務作風，讓員工學習和實踐如何應對與顧客的各種接觸。一句簡單的道歉有一種潛力，它甚至可能將一種災難性的態勢轉變為一種可容忍的態勢。此外，企業通過為顧客提供一些附加的、未預料到的服務而將顧客的態度由對品牌能容忍轉變為對品牌熱情，常常是件比較容易辦到的事情。

3. 留住老顧客

企業常犯的一個錯誤是主要依靠吸引新顧客來謀求發展，因而制訂侵略性的營銷計劃成為普遍的現象。問題是吸引新顧客往往是一件很困難的事情。通常情況下，由於顧客選擇商品有很強的慣性，大多數顧客並不願意離開原來選擇的品牌，而且與新顧客接觸的代價很昂貴，畢竟顧客不會為了尋求替換的品牌而去費力地讀廣告，或主動與銷售員聯繫。

相比之下，保持現有的顧客對於企業發展來說不失為一個明智的選擇。因為這樣做會降低顧客成本，使企業獲取更多的利潤，而且留住老顧客亦有利於吸引新顧客。企業的顧客基礎就像一只有漏洞的桶：增加輸入將比修補漏洞更昂貴。因而，制訂有效的顧客保持計劃，盡可能地減少顧客流失，是關係企業生存發展的一個重大課題。一項分析表明，不再忠於該品牌的客戶減少 5%，會導致平均顧客利潤大幅度增加，而利潤增長幅度與商業類型有關，如對軟件行業來說，估計將有 35% 的利潤增長，而對信用卡和銀行存款這類擁有較高顧客忠誠標準的行業來說，將有 75% 以上的利潤增長。

顧客保持計劃需要的是減少不滿意顧客離開的動力，增加滿意顧客的轉換成本。第一步是接觸流失的顧客，分析促成他們轉換品牌的原因，並盡最大的努力來消除

這些不滿。失去的顧客往往是反應顧客需要的最好信息源。他們為什麼離開？確切地說是什麼動機促使他們這樣做？為了消除這些動機可以做些什麼事情？大多數情況下，銀行負責人很清楚上個月開了多少新戶頭，也許也知道那些新顧客為什麼選擇自家的銀行，但是對於現有的客戶為什麼變得不滿意並且選擇離開，卻一無所知。

一個精明的、更具戰略意義的顧客保持計劃，將不僅僅包括除去顧客不滿的根源，而且還應當獎賞老顧客，並築起相應的顧客轉換成本防線。例如，美國超級連鎖書店沃爾登（Waldenbooks）開展了一項「優先的讀者」計劃，以獎勵顧客。一位優先的讀者擁有一張卡，並享有以下權利：接通免費線路，進行電話訂書；所有購書優惠10%；每花費100美元，就可得到一張價值5美元的贈券；包退包換。這項計劃大大增強了沃爾登顧客的品牌忠誠度，並已為世界其他圖書經銷商所效仿。

4. 通過情感溝通提高品牌忠誠

在現代市場環境中，保持品牌在產品、服務等方面的差異化優勢顯得越來越困難，而品牌與消費者之間的情感關係在影響消費者購買決策方面所顯示出的作用越來越強烈，因此情感營銷得到品牌營銷者的高度重視，成了許多品牌提升顧客忠誠、創造競爭優勢的利器。事實上，富有情感的品牌如同一塊強力磁鐵，可以緊緊吸引住消費者的情緒。例如，一位消費者熱愛自己的汽車，但他不一定就是保時捷（Porsche）或法拉利（Ferrari）的擁有者，卻可能只是一輛大眾化低價車的擁有者，雖非好車，但對車主來說，這輛車子在他的生活中所扮演的是不可或缺的角色，所以兩者間的關係是存在著深厚感情的。那麼，如何讓消費者對品牌情有獨鐘呢？

我們知道，品牌之所以能產生情感，主要是因為品牌創造出來的獨特的、優越的情感利益點能和目標消費群的情感融合在一起，如「使用蘋果計算機表示你是個有創意的人」「戴上勞力士手錶顯示你的身分尊貴」。

品牌情感透過擬人化的個性和目標消費者以相同的文化進行溝通，因而形成消費者生活方式的一部分。消費者使用自己心中認定的品牌來表達自己的情感，而品牌所傳達的情感訊息正是他們的個性和期望表達的東西。品牌情感甚至含有一種特殊魅力，能將品牌的使用者聚合在一起，自成所謂的「品牌族群」。品牌利用互聯網站、直郵名單、社團組織和消費族群建立互相溝通情感的管道，是近年來快速興起的發展潮流。現今，企業以品牌為名成立各種類型的會員俱樂部、發行會員卡，早已蔚為風氣，其目的無非是想拉近品牌和消費者之間的情感距離，建立品牌忠誠度。企業這種做法不但能留住最好的顧客，還可在開發新產品或服務時，協助執行「意見帶頭人」策略，從最重要的顧客群中取得精準的信息反饋。

一些品牌把情感營銷聚集在某一情感優勢上，發揮了其最大的功效。蘋果電腦即是一個縮小訴求焦點最好的例子，它最拿手的技術並不是計算機軟硬件，而是「創意」。它在計算機市場上找到了「富有創新」個性的消費者市場並積極推進，自成一格，這跟英特爾和微軟視窗針對大眾市場的策略是兩種完全不同的概念。蘋果縮小焦點後，很快就在市場上擁有自己的優勢，並與使用者建立了很好的情感關係。

最後，需要強調的是：品牌營銷者必須先從企業內部開始傳播和滲透品牌情感，首先要有最好的員工和內部溝通渠道來發展這份情感，讓普通員工也對品牌產生同樣的情愫。因為有好的員工，企業才能有效地訓練他們去瞭解品牌真正的意義，才

能由他們代表公司去傳達最高境界的顧客情感。

　　總之，並非每個品牌產品都具有情感潛力。一位優秀的品牌營銷者，必須能辨識品牌產品家族中，哪個品牌產品具備了情感開發的潛力，如果是，又該如何去將它釋放出來。營銷者只有多利用自己的市場敏銳度，將品牌情感挖掘出來，應用到品牌營銷之上，才有可能創造制勝的顧客情感體驗和品牌忠誠。

　　除以上提到的方法外，提供價格與價值相符合的商品，建立良好的企業公民形象，提高顧客購物的便利性與易得性，搞好售後服務保證，等等，都有利於建立和提升顧客的忠誠度。

本章小結

　　追根溯源，品牌的命運是由消費者決定的。本章分析有關品牌與消費者之間的關係問題，並就如何建立顧客品牌忠誠進行了研究。品牌對於消費者具有重要的意義，包括為消費者提供資訊服務、增強消費者購買信心、提高消費者的滿意度等方面。品牌與消費者之間的相互影響關係過程可用「品牌互動模式」來表示，該模式包括品牌識別、傳播、體驗、聯想、形象五個具體環節。消費者品牌購買決策過程一般分為四種類型，即延伸問題的解決、減少不和諧、限制性因素的解決、限制性因素解決的趨向；研究該問題的目的是為企業提供品牌經營方面的適當建議。

　　品牌忠誠是品牌關係營銷追求的目標。所謂品牌忠誠是指消費者對某一品牌情有獨鐘，在未來持續一致地多次光顧並反覆購買同一品牌產品或一個品牌的系列產品，不因情境和營銷力量的影響而發生品牌轉換行為。品牌忠誠是企業最寶貴的戰略資產，它能夠增加企業利潤，構成其他競爭者的進入壁壘，起到貿易槓桿的作用，吸引新的顧客，為企業爭取回應競爭威脅的時間。通過對行為忠誠度的分析，我們應認識到，高度行為忠誠者對企業的發展具有重大意義，品牌市場份額的擴大與低度行為忠誠者向高度行為忠誠者的轉移密不可分。而對情感忠誠度的分析是對未來消費者可能發生的購買行為的預測。企業要保持品牌健康發展，不僅要維持真正忠誠者，而且要盡力挖掘潛在忠誠者，使更多的潛在忠誠者轉變為真正品牌忠誠者。品牌忠誠度的調查分析程序分為：建立顧客資料數據庫，調查分析品牌行為忠誠度和品牌情感忠誠度，建立品牌忠誠度分析矩陣，制訂品牌營銷戰略計劃及措施。企業建立品牌忠誠的方法主要有常客獎勵計劃、會員俱樂部、設置轉換成本、資料庫營銷等。企業保持與提升品牌忠誠的方法主要有接近顧客、正確對待顧客、設置轉換成本、留住老顧客、通過情感溝通提高品牌忠誠等。

[**思考題**]

1. 品牌為消費者帶來了哪些價值？
2. 簡述品牌互動模式的含義。
3. 消費者品牌購買決策過程分為幾種類型？簡要說明各類型的含義。
4. 簡述品牌忠誠及其內涵。
5. 試論品牌忠誠的戰略意義。

6. 分析行為忠誠度與情感忠誠度的主要目的是什麼？
7. 什麼是品牌忠誠度方格圖？
8. 品牌忠誠度的調查分析包括哪些步驟？
9. 如何建立品牌忠誠？
10. 如何保持和提升品牌忠誠？

案例

海底撈：你學得會嗎？[1]

　　海底撈是什麼？是一家年營收十多億元、員工一萬多人的川味火鍋店。海底撈於2004年開始在北京開連鎖店，生意異常火爆；2009年4月，由媒體強人黃鐵鷹先生撰寫的海底撈案例在《哈佛商業評論》上發表。海底撈以善待員工和為顧客提供超出想像的服務，在北京餐飲業引起了轟動。

　　老板名叫張勇，是土生土長的四川簡陽人。從技校畢業後分配到四川拖拉機廠當了六年電焊工的張勇，1994年在簡陽縣城支起四張桌子，利用業餘時間開始賣起了麻辣燙，這就是海底撈的雛形。張勇說：「我不會熬湯、不會炒料，連毛肚是什麼都不知道，店址選得也不好，想要生存只有態度好。客人要什麼，快一點；客人有什麼不滿意，多陪點笑臉。剛開的時候，我不知道竅門，經常做錯；為了讓人家滿意，送的比賣的還多。結果，客人雖然說我的東西不好吃，卻又願意來。」

　　半年下來，賣了20萬串麻辣燙的張勇悟出來了兩個字——服務。張勇說：「服務會影響顧客的味覺。」什麼是好的服務？就是讓客人滿意。什麼是更好的服務？就是讓客人感動。就這樣，致力於為顧客提供「貼心、溫心、舒心」的服務理念一直成為海底撈的座右銘；海底撈通過員工的努力使之成為實實在在的東西。

　　在海底撈，顧客能真正找到「上帝的感覺」，甚至會覺得「不好意思」。甚至有食客點評，「現在都是平等社會了，讓人很不習慣。」但他們不得不承認，海底撈的服務已經徵服了絕大多數的火鍋愛好者，顧客會樂此不疲地將在海底撈的就餐經歷和心情發布在網上，越來越多的人被吸引到海底撈，一種類似於「病毒傳播」的效應就此顯現。

　　幾乎每家海底撈都是一樣的情形：等位區裡人聲鼎沸，等待的人數幾乎與就餐的相同。這就是傳說中的海底撈「等位場景」。等待，原本是一個痛苦的過程，海底撈卻把這變成了一種愉悅：手持號碼等待就餐的顧客一邊觀望屏幕上打出的座位信息，一邊接過免費的水果、飲料、零食；如果是一大幫朋友在等待，服務員還會主動送上撲克牌、跳棋之類的桌面遊戲供大家打發時間；顧客也趁等位的時間到餐廳上網區瀏覽網頁；顧客還可以享受免費的美甲、擦皮鞋服務。

　　即使是提供的免費服務，海底撈一樣不曾含糊。一名食客曾講述：「在大家等待美甲服務的時候，一個女孩不停地更換指甲顏色，反覆折騰了大概5次。一旁的其他顧客都看不下去了，為其服務的阿姨依舊耐心十足。」

　　待客人坐定點餐的時候，服務員已經將圍裙、熱毛巾一一奉送到眼前了。服務

---

[1] 黃鐵鷹. 海底撈你學不會 [M]. 北京：中信出版社, 2011.

員還會細心地為長發的女士遞上皮筋和發夾，以免頭髮垂落到食物裡；戴眼鏡的客人則會得到擦鏡布，以免熱氣模糊鏡片；服務員看到你把手機放在臺面上，會不聲不響地拿來小塑料袋裝好，以防油污弄髒手機……

每隔 15 分鐘，就會有服務員主動更換你面前的熱毛巾；如果你帶了小孩子，服務員還會幫你餵孩子吃飯，陪他們在兒童天地做游戲；抽菸的人，他們會給你一個菸嘴，並告知菸焦油有害健康；為了消除口味，海底撈在衛生間準備了牙膏、牙刷甚至護膚品；過生日的客人，還會意外得到一些小禮物……如果你點的菜太多，服務員會善意地提醒你已夠吃；隨行的人數較少，他們還會建議你點半份菜品。

餐後，服務員馬上送上口香糖，一路上所有服務員都會向你微笑道別。一個流傳甚廣的故事是，一位顧客結完帳，臨走時隨口問了一句：「怎麼沒有冰激凌？」5 分鐘後，服務員拿著「可愛多」氣喘吁吁地跑回來：「讓你們久等了，這是剛從超市買來的。」「只打了一個噴嚏，服務員就吩咐廚房做了碗姜湯送來，把我們給感動壞了。」很多顧客都曾有過類似的經歷。孕婦會得到海底撈的服務員特意贈送的泡菜，分量還不小；如果某位顧客特別喜歡店內的免費食物，服務員也會單獨打包一份讓其帶走……這就是海底撈的粉絲們所享受的──「花便宜的錢買到星級服務」的全過程。毫無疑問，這樣貼身又貼心的「超級服務」，經常會讓人流連忘返，使其一次又一次不自覺地走向這家餐廳。

2008 年，一位北京市民在網上發了這樣一個帖子：

「怎麼說也是東四環內黃金地段，怎麼說現在二手房也要兩萬元/平方米，我真想不通，是不是給海底撈送錢的人太多了？還是海底撈給員工的福利太好了？海底撈居然在我們社區租了兩套三居室給 70 多名員工做集體宿舍。

真鬱悶！剛才報了警，警察說這事兒哪成啊！違反規定，得查，得處理。我安心了。這年頭，有事找警察，真好！另外，說我不應該管的，您自己捫心自問，您家對門天天進進出出三四十口素質不高的人，您作何感受？您要能忍，那您是神。我覺悟低，不能跟您相提並論。

另外，您真覺得這對他們來說是好環境？我們小區租金不低，三居室能租 7,000 元左右，有這錢都差不多可以去附近便宜一點的小區租三個三居室，30 多人住一個三居室和 30 多人住三個三居室，您覺得哪個生存環境更好呢？

說白了，如果海底撈這樣做不違法，警察也不會管；警察管，也不會單純驅趕，而是和街道一起，讓海底撈老板找更多、更適合的地方給他們住。要當神的，您自己去當，我一介平民，做我的凡人是也。」

事實上，張勇不忍心讓農村來的服務員，在人生地不熟、交通不便的北京住得離餐廳太遠；又不忍心像很多餐館老板那樣，讓他們住城裡人不住的地下室。張勇給員工租城裡人住的正規樓房，結果就頻頻遭到像上面發帖的「高素質」北京市民的投訴，而員工則屢受保護這些「高素質」市民的居委會、保安和警察們的驅趕。

2006 年春節前兩天，海底撈在北京好不容易給員工租到一套住房，一下子交給業主一年的租金。10 多個來自農村的小姑娘正興衝衝地搬家，卻被聞訊趕來的其他業主和保安擋在門外，原因是：「你們人太多不能住一套房（沒聽說北京有這樣的法律）！」

小姑娘們哭了，說：「我們那邊已退租，這邊不讓住，我們店春節還要開門，也不能回家，我們去哪兒住？再說了，我們一半行李已經搬進去了！」最後，「高素質」的北京人動了惻隱之心，讓她們暫住兩個星期，過了年必須搬走。

　　兩個星期就兩個星期。中華民族最偉大的特徵之一就是忍耐，作為中華民族脊梁的中國農民後代更能忍！第二天這些小姑娘們穿上工服，像沒事兒一樣又去海底撈伺候北京的爺們兒了！

［討論題］
1. 怎樣理解「服務會影響顧客的味覺」這句話？
2. 對於服務行業來說，品牌與服務之間的關係是什麼？
3. 海底撈品牌和員工之間的關係是什麼？
4. 海底撈採取了哪些主要方法來建立和提升品牌忠誠？

第三章　品牌資產價值

企業為什麼需要品牌？因為對於企業來說，品牌具有經濟價值，是企業擁有的主要資產之一。顯然，與廠房、機器設備、原料及半成品等有形資產不同，品牌是一種無形資產，其價值甚可能超過全部有形資產的價值。美國耐克公司委託他人加工一雙鞋子只需幾十元，鞋子一貼上耐克標籤，身價就立刻上升到數百元甚至上千元，而且大受市場歡迎；如果沒有耐克那一鈎，恐怕這鞋子幾十元亦無人問津。耐克公司沒有一條完全屬於自己的制鞋生產線，當然也就談不上有多少固定資產，但在由英國品牌公司（Interbrand Group）公布的 2014 年全球最佳品牌排行榜上，該公司品牌資產價值為 198.75 億美元，排在第 22 位。

第一節　品牌與企業

一、品牌的經濟價值

品牌的經濟價值，最終體現在它所創造的競爭力及由此為企業帶來的巨大經濟效益上。品牌除了能為消費者提供相應的價值而為企業創造顧客的品牌忠誠之外，它還通過其他方式為企業累積品牌資產、創造經濟價值。

（一）提高產品售價

市場經濟過去遵循的基本定價原則是「優質優價」，產品的價格差異主要源自於產品的質量差異。但是，在目前的國際市場上，這種情形已經發生了重大變化，即優質不一定優價，相同款式、質量、功能的同類產品之間的價格可能相差甚遠。一般地，品牌產品比同檔次的其他產品價格高出 20%～80%。

為什麼同樣的產品在售價上會產生如此大的差別呢？這就是品牌資產價值所產生出的巨大威力。難怪重慶力帆集團提出了「變中國製造為中國創造」的品牌建設使命。力帆集團在開發東南亞市場時，與日本本田公司展開了激烈的競爭，可是力帆集團出產的摩托車在東南亞市場上的售價只能賣到本田摩托車三分之一的價錢。經國際權威質量檢測機構的測試，兩個廠家生產的摩托車在質量和性能方面都不相上下，甚至力帆摩托車的發動機性能還優於本田摩托車。力帆董事長尹明善說：「為什麼？就是因為沒有品牌。可口可樂是什麼？不就是糖和水嗎？但有了『可口可樂』這塊牌子，就可以行銷世界的每一個角落。」「一個沒有品牌的企業，注定是個做不

大的企業。」可見，品牌支持高價位，是創造產品附加價值最主要的源泉。

(二) 促進品牌延伸

品牌是其所有者拓展經營範圍的堅實基礎和強有力的戰略性武器。品牌延伸能夠豐富企業的產品線，給消費者更多的選擇，擴大自己的規模和實力，同時能夠有效地阻止競爭者的進攻，占領更大的市場份額。

已成功的品牌推出新產品比沒有品牌的新產品在啓動和擴展市場方面要相對容易。對於沒有品牌的企業來說，推出新產品不但需要付出巨額的市場開發成本，而且成功的概率也比較小。據調查，有80%～90%的新產品會遭到市場的拒絕。然而，在現有品牌基礎上延伸品牌，只要新產品與品牌核心識別成功地聯繫起來，就能極大地增加成功的概率，因為消費者對現有品牌的優良印象將會相應地傳導到新產品上來。一個品牌延伸的成功案例是「康師傅」。中國臺資企業頂新國際集團進入中國大陸市場後，經過周密的市場調查，發現那些經常出差或參加戶外活動較多的人吃飯很不方便，於是該公司首先推出了康師傅方便麵。由於該產品找準了市場，且味道鮮美，受到消費者歡迎。加之「康師傅」名字給人親切、健康的聯想，該品牌給消費者留下了美好的印象。接下來，頂新集團的經營活動皆圍繞「康師傅」品牌展開，從一個新產品擴張到一系列新產品，在食品及飲料市場上不斷延伸品牌系列產品，產品從方便麵發展到八寶粥、餅干、果汁、茶飲料、純淨水、香米餅等。由於這些新產品是優質產品和品牌形象的組合，該公司幾乎不必做廣告就使這些新產品順利地打入了市場。

(三) 創造競爭優勢

與各種促銷手段相比，品牌的競爭力更為持久和穩定。品牌為其所有者創造了許多方面的競爭優勢。

1. 與產品比較，品牌生命沒有必然的衰退過程

我們知道，產品一般都將經歷以下的幾個階段：進入市場、被消費者接受、快速增長、進入成熟階段、步入衰退階段、退出市場。但是，品牌可以沒有市場生命週期。只要它能跟上時代發展，隨著市場需求的變化不斷創新，就可以長盛不衰。

2. 品牌能夠增加企業經營的穩定性

因為品牌擁有品牌忠誠者，這些顧客不會由於短期的行業其他競爭者的競爭行為而轉換品牌，這樣客觀上起到了穩定品牌行業市場地位的作用，因此，經營收入是否穩定可以作為判斷某個「牌子」是否是品牌的標準。在同等條件下，品牌產品比一般產品賣得多、快、好，強勢品牌所產生的穩定銷量能取得規模經濟效益，並能實施更有效的成本控制，這幾者結合起來就意味著更大的利潤空間。這種市場地位一旦建立起來，巨大的市場份額、優勢的市場地位、強大的品牌親和力以及高額的市場利潤就會隨之而來。由此，大多數擁有品牌的企業能夠成為市場領導者。

擁有品牌的企業更具有吸引投資、聚集人才、改進技術、擴大規模、開拓市場的能力，這些有利因素能夠極大地增強企業的競爭力，從而為企業帶來穩定的經濟收益。因而，品牌競爭越來越成為今天市場競爭的焦點，成為企業獲取生存權和發

展權的法寶。

3. 品牌具有品牌資源利用的優勢

品牌是一種資源，貼牌生產和品牌授權是當今利用品牌資源獲取更大利潤的兩種主要形式。所謂貼牌生產，就是品牌所有者委託其他製造商加工產品，然後貼上自己的商標銷售產品的一種品牌增值方式。一般地，品牌所有者能夠從這種合作方式中獲取的利潤率高達80%甚至更高，而加工製造者的利潤率僅為10%~20%甚至更低。品牌授權，又稱為品牌許可，是指授權者將自己擁有或代理的商標或品牌以合同形式授予被授權者使用，被授權者按合同規定向授權者支付一定數額的使用費用，同時授權者給予被授權者有關現場佈局、人員培訓、組織設計、經營管理等方面的具體指導與協助。目前美國零售市場上各種品牌授權產品已占零售市場銷售總量的三分之一，並且成為增長最為迅速的一股銷售力量，如迪士尼、麥當勞、肯德基、可口可樂、花花公子等公司經常授權許可其他廠商使用自己的名稱和商標，並從中獲取了巨額利潤。

在西方，品牌被企業界稱為經濟的「原子彈」，被認為是最有價值的一項投資。而中國許多廠家雖然具有生產世界一流產品的能力，卻疏於品牌營銷；企業重新認識品牌的經濟價值並付諸行動已經刻不容緩。

二、品牌資產價值的內涵

對於企業來說，品牌存在的意義就在於它有經濟價值，即品牌資產價值（Brand Equity）。美國市場營銷協會 AMA 就品牌資產價值給出的定義是：一組一部分消費者、渠道成員對母公司的聯想和行為，品牌借此而獲得比無品牌產品較大的收入和較大的邊際利潤，並借此而比競爭者獲得強勢、持續的差異化優勢。人們關於品牌資產價值的來源問題存在關係論、市場論和財務論三種不同的認識。

（一）品牌與消費者之間的關係在品牌資產價值中居於核心地位

基於顧客的品牌資產價值概念認為，品牌之所以對企業和渠道成員有價值，根本原因在於品牌對顧客有價值。該觀點實際上是強調品牌資產價值最終是由消費者決定的，是消費者對品牌價值的理解。當然，如果品牌對於消費者而言沒有任何價值，那麼它也不可能向品牌投資者和佔有者提供任何的價值。從消費者角度看，品牌資產價值就是由於顧客頭腦中已有的品牌知識和品牌聯想所導致的顧客對品牌營銷活動的差別化反應。

（二）品牌資產價值與其市場表現相聯繫

基於市場的品牌力模型認為，品牌資產價值的大小應體現在品牌自身成長與擴張能力上，如品牌延伸能力。也就是說，品牌資產價值與其所屬行業市場中未來的市場表現相聯繫。該觀點認為，品牌在財務方面的評估當然重要，它可以使公司知道品牌在某一具體時刻的價值，而且可以基於品牌過去的表現來預測品牌未來的增長潛力，但是品牌成長和擴張對於品牌資產可能更為重要。正如艾克和凱勒

(Aaker，Keller)①所指出的，總體上說品牌延伸的成本要比引入全新品牌的成本要低，而且還可以把現有品牌資產中的貢獻因素也實現延伸，這些因素包括品牌名稱、品牌形象、消費者對品牌的態度、品牌的忠誠度等。因此，基於品牌市場成長性的觀點，公司除了探索消費者與品牌的關係外，還將品牌資產價值的出發點從公司的短期利益轉向公司的長期目標。

（三）品牌資產價值可以採用會計的方法加以定量化

1990年彼得・華谷哈（Poter H. Farquhar）認為品牌資產價值是「品牌賦予產品的增值或者溢價」②。後來，大衛・艾克將其定義為「與品牌及其名稱、符號相關的資產和負債」③，基於財務的觀點為品牌資產賦予了會計意義的價值。按照該觀點，所有投入品牌建立與維護上的費用都應累計入品牌資產價值。也有人認為品牌資產價值是公司總的市場價值中減去有形資產的部分，從而得到品牌等無形資產的價值，然後得到品牌資產價值。國際品牌公司（Interbrand）和美國《金融世界》（Financial World）則提出了品牌資產價值應該是品牌未來收益的折現。

（四）不同品牌的資產價值不相同，而且它們的價值在不斷地變化

不同的品牌在市場中具有不同的經濟價值。菲利普・科特勒對出現這種現象的解釋是，不同的品牌代表了不同的產品品質與服務，具有不同的文化內涵和個性，因而具有不同的市場滲透力、感召力和輻射力，從而使品牌的價值千差萬別。具體講，品牌在市場中的表現存在以下幾種情形：極端情形是絕大多數購買者不知道某些品牌；稍好一些是購買者對某些品牌有一定程度的品牌認知（用品牌回憶或認可方法測量）；較好一些是有相當高程度的品牌接受力，大多數顧客將不拒絕購買它們；再較好一些是購買者有高程度的品牌偏好，他們選擇它們甚於其他品牌；最後一種是高程度的品牌忠誠。H. J. 亨氏公司的主要負責人托尼・奧賴利建議用這種方法測量品牌的市場表現：「我的酸性測試……是當一位家庭主婦，她打算買亨氏的番茄醬，結果走進一家商店發現沒有。她是走出商店到其他地方去買呢？還是換一個品牌購買？」④

2014年10月，英特品牌公司發布2014年《全球最佳品牌100強排行榜》，排在前10位的世界頂級品牌及其品牌資產價值（單位：億美元）分別是：蘋果Apple（1,189）、谷歌Google（1,074）、可口可樂Coca-Cola（816）、國際商業機器公司IBM（722）、微軟Microsoft（612）、通用電氣GE（455）、三星Samsung（455）、豐田Toyota（424）、麥當勞McDonald's（423）和梅賽德斯・奔馳Mercedes-Benz（343）。尤為值得關注的是，華為成為歷史上第一個進入該排行榜的中國品牌，排名

---

① DAVID A AAKER, KEVIN LANE KELLER. Consumer Evaluations of Brand Extensions [J]. Journal of Marketing, 1990, 54 (1).
② PETER H FARQUHAR. Managing Brand Equity [J]. Journal of Advertising Research, 1990, 30 (4).
③ DAVID A AAKER. Managing Brand Equity [M]. New York：Macmillan, 1991.
④ ［美］菲利普・科特勒. 營銷管理——分析、計劃、執行和控制 [M]. 梅清豪，譯. 8版. 上海：上海人民出版社，1997：651.

94位，品牌資產價值43億美元。2014年6月，世界品牌實驗室（World Brand Lab）在北京發布2014年《中國500最具價值品牌排行榜》，排在前10位的品牌及其價值（單位：億元人民幣）分別是：工商銀行（2,562）、國家電網（2,416）、中國石油（1,796）、中國移動通信（1,789）、中國人壽（1,745）、中央電視臺CCTV（1,717）、中化（1,425）、中國一汽（1,237）、騰訊（1,206）、聯想（1,168）；此外，華為排在第11位，品牌資產價值1,073億元人民幣。這些數據表明，不同品牌的品牌資產價值相差懸殊，特別是中國一流品牌與世界一流品牌之間尚存在較大的差距。同時，品牌資產價值並不是一成不變的，隨著時間推移品牌可能會增值，也可能會貶值，所以每年躋身於排行榜中的品牌不盡相同。此外，需要說明的是，由於英特品牌公司與世界品牌實驗室採用的品牌資產價值評估方法不同，因而各自評估出的品牌價值大相徑庭。

綜上所述，品牌資產價值是品牌所具有的影響消費者的力量；也是品牌之所以存在的意義；也是對品牌的綜合評價，即對品牌進行主觀量化的結果。

三、品牌資產價值的實質與特徵

（一）品牌資產價值的實質

儘管不同的專家、學者對於品牌資產價值的理解不同，但最終都必須歸結到市場中去，由消費者對品牌做出的差異化反應來確定。雖然品牌資產價值的實現要依靠消費者的購買行為，但消費者購買行為根本上還是由消費者對品牌的看法，即品牌的形象所決定的。因為儘管反應消費者購買行為的指標可用以反應品牌資產價值的存在，但它們卻並不能揭示在消費者心目中真正驅動品牌資產價值形成的關鍵因素。國際市場研究集團（Research International）提出的品牌資產價值模型認為，品牌資產價值歸根到底是由品牌形象所驅動的。影響品牌形象的因素可以分為兩類，一類是「硬性」屬性，即人們對品牌有形的或功能性屬性的認知；另一類屬性是「軟性」屬性，這種屬性反應品牌的情感利益。

西方某些研究者認為，一個品牌首先必須擁有知名度；其次必須建立與消費者需求的聯繫，能夠滿足消費者的某種核心需要；再次是品牌的產品功能和績效必須達到消費者的要求；最後是品牌必須展現出相對於競爭對手獨特的優勢，與競爭對手相區別，在這個階段，品牌必須與其最終消費者建立某種情感聯繫。品牌經理只有明確知道品牌處於金字塔的哪一位置，才能制定適宜的戰略和策略來維持或提高品牌忠誠度。

結合上述兩種觀點，我們認為，品牌資產價值實質上就是由品牌個性在作用於消費者或潛在消費者過程中所產生的積極影響，即吸引力和感召力。也就是說，品牌資產價值的實質是企業與顧客關係的反應，而且是長期動態關係的反應。我們必須重視品牌真正獲利的來源——購買品牌產品的顧客。

(二) 品牌資產價值的特徵

1. 品牌資產是一種組合的無形資產

品牌是企業競爭的關鍵性資產，這一資產不同於有形資產，不能使人憑藉眼（看）手（摸）等人們的感官直接感受到它的存在及大小，所以品牌資產是一種無形資產，而且是一種組合無形資產。這種組合的無形資產是由為數眾多且錯綜複雜的要素所構成，比如精明的管理隊伍、卓越的銷售機構和業務網絡、有效的廣告宣傳、企業商譽、企業文化、人力資源的開發利用水平、產品品質、良好的財務管理以及卓越的服務等多方面。這種組合的無形資產經過企業長期有效的經營，最後通過品牌忠誠度、品牌知名度、品質認知度、品牌聯想等形式展現出來。一個企業其品牌資產價值越高，它的競爭優勢就越突出；而品牌競爭力越大，越能促進品牌資產價值的提高。品牌資產的無形性增加了人們對它予以直觀把握的難度。正是由於品牌資產這種不易感知性，目前中國相當一部分企業還未能對品牌資產予以足夠的重視，甚至沒有把品牌資產提升到與有形資產同等重要的高度。

2. 品牌資產具有開發利用價值

品牌資產不像企業有形資產那樣，完全生成於生產過程，生成後價值隨著磨損而不斷減少；也不像應收款項等債權，具有向債務人收取款項的權利。品牌資產是隨著科研與創新工作的展開，在企業長期有效的經營中，通過與有形資產相結合的辦法，從無到有、從有到多、從劣到優逐步培育累積而成。企業不斷開發品牌資產，精心維護品牌資產，不僅可以使品牌資產「永葆青春」，還可以使品牌資產不斷增值。

3. 品牌資產價值難以準確計量

品牌的價值現在已廣泛為人們所認知，如何計量品牌資產現已成為企業非常關心的問題。一方面，品牌評估是一項全新而又複雜的技術，需要利用一系列指標體系進行綜合評價。品牌反應的是一種企業與顧客的關係，而這種關係的深度與廣度通常需要通過品牌忠誠度、品牌知名度、品質認知、品牌聯想等多方面予以透視。另一方面，反應品牌資產價值的品牌獲利性受許多不易計量的因素影響，如品牌強度、產品市場容量、產品所處行業及其結構、市場競爭的激烈程度等，所以品牌資產價值的評估與有形資產不同，至今仍然難以精準計量。

4. 品牌資產價值具有波動性

品牌從無到有，從消費者感到陌生，到消費者熟知並產生好感，是品牌營銷者長期不懈努力的結果。可是，由於市場變化風雲莫測，像技術創新、理念創新以及市場環境變化等因素，都會讓品牌的價值產生波動。如 IBM 公司 1992 年第四季度虧損，迫使總裁辭職。新總裁上任後，重新進行市場定位，從巨型計算機向微型計算機延伸，使得 IBM 在很短的時間內就重振雄風，到 2010 年它已經成為全球第二大品牌。

5. 品牌資產價值是衡量企業及其內部組織營銷績效的主要指標

品牌資產是賣主支付給買主的產品特徵、利益和服務等方面一貫性的承諾，是維繫和發展企業與消費者之間互利互惠的長期交換關係的要素；同時，企業也需要

積極開展營銷活動，履行各種承諾。可以說，品牌資產是企業不斷進行營銷投入或開展營銷活動的結果，每一種營銷投入都或多或少地對品牌資產存量的增減變化產生影響。正因為這樣，分散的、單一的營銷手段難以保證營銷資產增值，企業必須綜合運用各種營銷手段，並使之有機協調和配合。世界著名品牌之所以能夠長盛不衰，與品牌營銷者擁有豐富的營銷經驗和嫻熟的營銷技巧是密不可分的。這樣看來，品牌資產大小是各種營銷手段和營銷技巧綜合作用的結果，並在很大程度上反應了企業營銷的總體水平。

第二節　品牌資產價值的構成

品牌策劃大師大衛・艾克（David A. Aaker）將品牌資產價值分為五個部分，即品牌忠誠度[①]、品牌知名度、品質認知度、品牌聯想和其他資產，其中品牌忠誠度是品牌最重要的資產。該理論受到業內人士的一致肯定與高度評價，並被稱為品牌資產價值的五星模型（Brand Star），見圖 3－1。

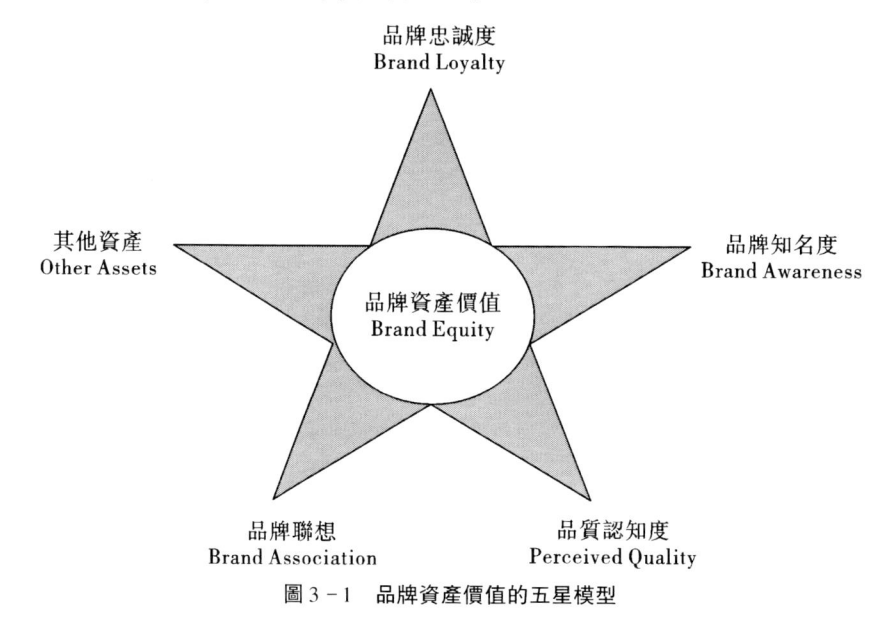

圖 3－1　品牌資產價值的五星模型

一、品牌知名度

（一）品牌知名度的含義

品牌知名度是指品牌為目標市場消費者所知曉的程度，故也稱品牌知曉度。通常，某品牌的知名度需要通過目標消費者總體中知曉該品牌人數的相對數來測定。

[①] 有關品牌忠誠度的內容見教材第二章，本節只分析其他四個構成要素。

不同品牌的知名度是不同的。當提及某個產品大類時，消費者能在第一時間想到的品牌名稱，這些品牌就具有最高的市場知名度；而需要對消費者給以相應的提示才能想起的品牌，則具有較高的知名度；若直接給出品牌名稱，而消費者表示一無所知，則該品牌沒有知名度。如果消費者事先按產品大類制訂購買計劃，那麼品牌記憶的作用就顯得很重要。

品牌知名度或品牌知曉度可以用品牌再識率（亦稱提示知名度，Qided Awoweness）和品牌回憶率（亦稱未提示知名度）來衡量。品牌再識率反應的是消費者總體中知曉該品牌的人數及其比例；而品牌回憶率則反應消費者總體中有多少人或多大比例的消費者在只提示產品領域（產品所處行業）的情況下就能夠回憶起該品牌。很顯然，品牌回憶率比品牌再識率更能深刻地揭示品牌知名度的高低，尤其是，當被調查的消費者在沒有任何提示的情況下，所想到或說出的某類產品中的第一個品牌名稱，即第一提及知名度（Top of Uniud），第一提及知名度最高的品牌往往是該行業市場的領導品牌，也是消費者的首選品牌。

（二）品牌知名度的價值

由於顧客不會購買自己毫不瞭解的東西，因此知名度和購買之間存在著明顯的關聯，尤其對於那些消費者介入程度低、單位產品價值低的產品來說，品牌知名度與產品銷量在短期內有著正相關的關係。

品牌知名度的資產價值主要表現在提高品牌影響力和抑制競爭品牌知名度兩個方面。一方面，由於消費者購買商品時一般傾向在自己熟悉的品牌範圍內進行選擇，所以品牌知名度越高，越容易進入消費者的選擇範圍，越有可能成為被選購的對象。可見，品牌知名度的高低，會影響消費者對品牌的信念，並在此基礎上影響消費者的購買選擇，進而影響品牌的預期收益。另一方面，品牌知名度還會起到抑制競爭品牌知名度的作用。對品牌來說，存留在消費者記憶中的品牌整體形象是經由品牌傳播，一次一次地累積而成的。知名度越高的品牌，越容易突破消費者吸納或接受信息的選擇屏障，從而進入消費者記憶中，並成為消費者選購商品的重要影響因素。於是，該品牌的有關信息就極有可能成為消費者在吸納競爭者品牌信息時的干擾因素和屏障，即阻礙新品牌及其信息順利進入消費者的記憶。可以說，具有較高知名度的品牌，客觀上對競爭品牌知名度的提高起到了抑制的作用，進而降低競爭品牌的市場影響，提高自身品牌的市場競爭力。

（三）如何提高品牌知名度

品牌知名度的提升主要有兩種方法，一是通過密集的、高頻率的廣告投放，迅速建立品牌知名度，如國內許多企業紛紛願意出高價參與中央電視臺廣告黃金時段的競爭；二是通過策劃有轟動效應的營銷活動或新聞事件，也可以達到迅速名揚天下的效果。

這裡需要注意的是，品牌知名度可以促進消費者的首次購買，但消費者是否會持續購買，則取決於消費者的品牌忠誠度。從消費者層面看，隨著市場競爭的深入，消費者的消費意識不斷趨於成熟，消費者購買行為除了出於對品牌知名度的考慮外，

同時還包含了對品牌其他要素的綜合評價。現在，名不符實的廣告傳播與知名度打造已經不足以支撐品牌認知和品牌購買，當然更不足以建立品牌忠誠。

二、品質認知度

(一) 品質認知度的含義

所謂品質認知，是指消費者感知到的某一品牌產品質量而形成的印象。品質認知並非單指生產中的質量問題，而是從消費者的角度來審視的。消費者對品牌的感知質量至關重要。具體講，消費者對品牌產品質量的認知包括這些方面：功能、特點、可信賴度、耐用度、服務度、外觀等。品質認知是長期形成的品牌資產之一，需要花費很長的時間才能建立起來，而且要能夠真正取信於消費者，具有良好的口碑，才能逐漸形成良好的品質認知度。像青島海爾有穩定、優質的產品與服務質量，並因此建立了很高的品質認知度，但這絕不是三五年就能夠辦到的事情，也絕不是少數人認同的事情。

(二) 品質認知度的價值

1. 給消費者提供了購買的理由

顧客在做購買決策時缺乏全面信息，往往依據自己日常生活中的品質認知來決定購買哪一個品牌的產品。以蘋果電腦公司（Apple Computer luc.）為例，該品牌從最初的個人電腦擴展到 ipod、iphone、ipad 等消費電子產品，這些產品的功能、規格、使用條件、使用對象大不相同，但一提到蘋果，大多數人，包括那些從來沒有使用過該產品的人，由於對其品質認知高，因而敢於大膽購買。在消費者心中，蘋果就是高品質高科技電子產品的象徵。

2. 品質認知度是品牌差異化定位的基礎

品質差異化是品牌差異化選擇的重要方面，是許多強勢品牌取得差異化競爭優勢的源泉。不同的品牌通過長期的產品經營和品牌傳播，在消費者心中形成了相對穩定的品質認知。

3. 品質認知度是高價位的基礎

國內外強勢品牌通過長期的累積，在消費者心目中形成了高檔、時尚、高品質、高性能的認知價值，因而這些品牌的產品能夠賣到較高的價位，而且能為消費者接受。同時，普通消費者由於不是專家，無從辨別產品的品質，而只能從品牌加以識別，這樣就使得貼牌生產的產品也能順利實現高價銷售。

(三) 如何提高品質認知度

提高品質的認知度，對於企業經營者而言，是一件十分重要的工作。提高品質的認知度與提高品牌的知名度不同，品牌的知名度可以通過高頻率的廣告投放而建立，而對於品質認知度的提升，則主要側重於企業的技術優勢、產品質量、優秀服務等方面，使消費者潛移默化地加強對品牌良好品質的認知。

三、品牌聯想

(一) 品牌聯想的含義

所謂品牌聯想是指透過品牌名稱而產生的所有與品牌有關的東西。品牌聯想包含產品屬性、組織形象、品牌性格、特定標誌等，它是獨特的銷售利益點傳播和品牌定位溝通的結果，這些聯想往往能組合出一些意義，形成不同的品牌形象。消費者經由對不同品牌所產生的不同聯想，使品牌間的差異得以顯露。品牌傳播的主要目的是試圖使消費者「產生聯想→產生差別化認識→產生好感→產生購買慾望」。這種品牌聯想所形成的對品牌的印象最終將成為消費者選擇品牌的重要依據。

(二) 品牌聯想的價值

一個好的品牌聯想價值主要體現在以下兩方面：

1. 有助於消費者正面聯想

消費者對品牌會有理性的聯想和感性的聯想，理性的聯想為消費者提供購買的理由，而感性的聯想則牽動著消費者的情感。如，別克汽車的廣告「有空間就有可能」的理性訴求，使需要大空間的車主找到了購買別克的理由，而廣告片所展現的美麗的畫面、奔跑的小鹿以及精心設計的音樂，都能帶給我們精神上的愉悅。當消費者購買這些車的時候，腦海裡就可能會閃現這些畫面。

2. 有助於消費者聯想到品牌利益點

當消費者面對琳琅滿目的商品無所適從，無法決定購買何種產品時，他的頭腦便會迅速地「放映」有關這些品牌的聯想。而這些聯想大部分反應的是品牌的利益點，通常是通過廣告畫面、廣告語或者周圍人的影響而獲得的，這些利益點如果符合消費者的需要，就為消費者購買某個品牌提供了重要的動機。

(三) 品牌聯想的策略

品牌應該是一種消費者體驗，要真正做到不同凡響，就要建立起一種與消費者的聯繫。消費者在購買某種品牌的邏輯推理形成之後，還要靠附加的情感聯繫來區分不同的品牌。有時候，甚至在大眾消費品市場上，企業只要掌握了消費者對某種產品的感情需求，就能左右他們的消費。因此，如果品牌不僅與消費者建立了理性聯想，而且讓他們感受到強烈的情感聯繫，那麼品牌聯想的創建就是成功的。

具體來說，建立能引起消費者正面聯想的策略主要有以下幾種：

1. 創造品牌故事是為品牌建立聯想的有效方式

譬如，肯德基的奧爾良烤翅、原味雞塊、雞腿漢堡等食品，讓人回味無窮，百吃不厭。一個主要的原因是，1930年桑德斯上校用11種香料調味品調配出了今天的美味，「我調這些調味品如同混合水泥一樣」，桑德斯這樣說道——這種有趣的說法本身就是一個可以流傳的故事。而這個「混合水泥一樣」的方法卻是價值數百萬美元的配方，目前正存放在一個神祕而安全的地方。

一些企業為了更好地製造新聞故事，成立了專門的新聞中心。企業由新聞中心

組織撰寫融合題材、科學說理、焦點事件以及產品利益訴求的新聞稿件，再聯繫新聞媒體發布。通過這些故事，企業可以最大限度地傳播品牌的價值理念與文化，讓品牌悄然走進消費者心中，使他們在不知不覺中接受你的品牌。

2. 為品牌設計靈魂人物

企業為品牌設計靈魂人物是一種有效的品牌傳播策略，因為有了靈魂人物，品牌便有了生命，有了更多的宣傳機會，比如新聞報導、人物傳記等。蘋果的史蒂夫‧喬布斯、微軟的比爾‧蓋茨、海爾的張瑞敏、聯想的柳傳志、江蘇黃埔再生資源利用有限公司董事長陳光標等就是品牌的靈魂人物，人們在想起這些品牌時，自然而然地會想起這些品牌的靈魂人物；而人們在想起這些靈魂人物時，也會聯想到相應的品牌。

3. 借助有名望的消費者

在企業品牌營銷中，一些最佳的傳播機會往往來自有名望的消費者。借助他們的個人影響力和意見帶頭人的作用傳播品牌，有利於建立起正面、積極的品牌聯想。比如，一些品牌服飾為電視節目主持人提供服裝，通過電視臺天天「主持人服飾由××品牌提供」的宣傳來提高品牌知名度。

4. 迎合消費者心理

在品牌傳播過程中，企業除了具體陳述促使消費者購買的理由外，還要去塑造一些能夠迎合消費者心理、具有感染力的「品牌感動」。例如，伊利集團廣告環保的主題深入人心，從而創出了自己的品牌影響力。來自草原的伊利公司推出了「心靈的天然牧場」廣告詞，廣告畫面風格清新樸實，體現出一種對人類健康的關懷，並且在不同的媒體上以一致的理念進行傳播，令消費者為之感動，從而拉近了消費者與伊利之間的距離。這使得消費者在購買伊利時，感覺上仿佛得到了某些附加利益——可能出自消費者對大自然的關愛心理。

四、其他資產

作為品牌資產價值的重要組成部分，被稱之為附著在品牌之上的其他資產是指那些與品牌密切相關的、對品牌增值能力有影響的、不易準確歸類的特殊資產，如個人創意、專利、專有技術等。

由於這類資產更多的與某個人或某些人直接發生聯繫，因此大多學者認為該類資產不應當包含在品牌資產價值之中。

第三節　品牌資產價值的評估

品牌資產的評估方法體系建立的時間並不長，同時也是一件難度很大的工作。它是要在許多不確定的因素中計算出一個確定的數，因此無論什麼評估方法都不可避免地帶有主觀性和不確定性。儘管評估很難做到完全準確，但品牌資產是重要的無形資產，完整的且連續的品牌資產價值評估可以填補短期財務評估和長期策略分析間的落差，取得一個平衡點。

一、品牌資產價值評估的意義

自從 20 世紀 80 年代以來，作為企業最具價值的無形資產，即品牌資產價值的評估成為學術界和企業界關注的一大焦點。企業通過品牌價值量化，測量品牌的市場競爭力，已成為國際上通行的做法。目前，國際上有關權威機構每年或每兩年發布的全球品牌評估報告，備受世界的廣泛關注。那麼，品牌資產的評估到底具有什麼樣的意義呢？

（一）品牌資產評估使企業資產負債表結構更加健全

近年來，越來越多的企業開始使用品牌資產進行融資活動，越來越多的發達國家法律允許企業收購品牌按收購價格列入企業資產項目。通過將品牌資產化，企業資產總量增加，企業整體資產負債率降低，獲得銀行貸款的可能性大大提高。資產負債表也是股票市場投資者分析公司股票價值的主要財務指標，考慮品牌資產價值能夠使市場投資者對公司資產狀況有更全面、更準確的瞭解，增強投資信心。

（二）有利於企業對品牌組合投資做出明智的決策

掌握各品牌未來長期發展趨勢，對於多品牌企業來說，有必要對各個子品牌的品牌資產價值做出相應的評估，這樣企業戰略管理者有依據對整個企業的資源分配戰略做出有效規劃，從而優化品牌組合，合理分配資源，減少投資浪費。

（三）能夠激勵企業員工，提高企業聲譽

企業品牌資產價值經過評估，可以告訴世人自己的品牌能值多少錢，以此顯示品牌在市場中的地位。因而，評估品牌資產價值，不但能起到向企業外部傳播企業品牌發展狀況方面信息的作用，提高企業的聲譽；而且還能起到向企業內部所有員工昭示企業未來發展藍圖的作用，凝聚團隊力量，激勵員工信心。譬如，三星品牌價值的迅速崛起，不僅為該公司贏得了在韓國國內乃至世界的聲譽，而且激發了三星員工的工作激情。

（四）是品牌兼併與收購的需要

經濟全球化的發展使得市場結構和企業生存環境發生了根本性變化，企業面臨新的威脅，隨時可能受到來自世界其他市場或行業中的企業與品牌的衝擊。尤其是全球性的品牌兼併、收購熱潮興起，使得許多企業深刻意識到對現有品牌資產價值進行更全面、精準的掌握是必需的，對於兼併與收購的參與方來說，評估企業品牌資產價值是非常重要且困難的事情。

（五）有利於合資事業的發展和品牌增值

公司將品牌從公司其他的資產中分離出來，當作可以交易的財務個體的做法有日漸增加的趨勢。很明顯，這種做法為合資與品牌增值奠定了基礎。過去，國內一些品牌在與外商合資時，未做相應的品牌資產價值評估就草率地將自己的品牌以低

廉的價格轉讓給外方控股的合資企業，因此而吃過大虧。

二、品牌資產價值評估方法

（一）成本法

1. 歷史成本法

歷史成本法是依據品牌資產的購置或開發的全部原始價值進行估價。最直接的做法是計算企業過去在該品牌上所進行的各種投資，包括創意、設計、廣告、促銷、研發、分銷等各種費用。但是，這種方法面臨許多問題。如何確定哪些成本費用需要考慮計入品牌資產價值，如品牌營銷者付出的時間、精力和體力等費用需不需要計算在內？如何計算？眾所周知，品牌的成功歸因於企業各方面的配合，因此我們很難計算出真正的成本。即使可以，它也無法全面反應品牌資產現在的價值，因為它沒有將過去投資的質量和成效等因素考慮進去，企業使用這種方法尤其會高估失敗或較不成功的品牌價值，這是歷史成本方法存在的一個最大問題。

2. 重置成本法

重置成本法是按品牌的現實全新開發創造成本，減去其各項損耗價值來確定品牌價值的方法。重置成本可以看成是第三者購買品牌願意出的價格，它相當於重新創建一個在品牌影響力與品牌收益方面相當於評估品牌的全新品牌所需付出的總費用。其計算公式為：

$$品牌資產價值 = 品牌重置成本 \times 品牌成新率$$

按來源渠道，品牌可能是自創或外購的，因而兩者重置成本的構成是不同的。企業自創品牌由於受到財會制度的制約，一般沒有品牌的帳面價值，因而只能按照現時費用的標準重新估算其重置價格總額。外購品牌的重置成本一般以品牌的帳面原值為依據，用物價指數計算，公式為：

$$品牌重置成本 = 品牌帳面原值 \times （評估時物價指數 \div 購置時物價指數）$$

成新率是反應品牌的現行價值與全新狀態重置價值的比率，一般採用專家鑒定法和剩餘經濟壽命預測法。品牌成新率的計算公式為：

$$\frac{品牌}{成新率} = \frac{品牌剩餘}{使用年限} \div \left(\frac{品牌已}{使用年限} + \frac{品牌剩餘}{使用年限}\right) \times 100\%$$

這裡需要注意的是，品牌原則上不受使用年限的限制，但在評估實踐或品牌交易中常受到年限折舊因素的制約，不過它不同於有形資產的年限折舊因素。前者主要是考慮經濟性貶值（外部經濟環境變化）和形象性貶值（品牌形象落伍）的影響，而後者主要是考慮功能性貶值（技術落後）的影響。

重置成本法較歷史成本法而言，雖然考慮了品牌投入費用的時間價值和品牌成新率（折舊率）因素，但是該方法仍然面臨企業哪些費用應計入品牌帳面資產和品牌剩餘使用年限如何確定等難題，以及品牌投入與產出效率客觀上缺乏對應關係等問題。

（二）市價法

品牌資產價值評估的市場價格法（簡稱市價法）是指企業通過市場調查，選擇

一個或幾個與評估品牌相類似的品牌作為比較對象，對比比較對象的成交價格及交易條件，並做出相應的調整，最後估算出品牌資產價值。該方法的參考數據主要有市場佔有率、利潤總額、品牌忠誠度、品牌知名度等。應用市場價格法，必須具備兩個前提條件：一是要有一個活躍、公開、公平的品牌交易市場；二是必須有一個近期的、可比較的交易參照物。企業在運用市價法時應當慎重考慮比較對象之間的可比性問題，如行業、地區、目標顧客、時間以及政策環境等因素。

假設，同一國家同屬於同一個行業的兩個品牌 A 和 B，其中 A 品牌經權威品牌評估機構評估的品牌資產價值為 Va。如何採用市價法評估品牌 B 的品牌價值 Vb 呢？為簡化起見，假如我們只考慮兩項對比指標：國內行業市場份額（權重 2）和利潤額（權重 1）。經調查，品牌 B 的市場份額是品牌 A 的 50%；品牌 B 的利潤額是品牌 A 的 30%。

那麼，採用市價法評估的 B 品牌資產價值：

$$Vb = Vb \times (50\% \times 2 + 30\% \times 1) \div (2 + 1)$$

（三）收益法

收益法又稱收益現值法，是企業通過估算品牌未來的預期收益（一般採用「稅後淨利潤」指標），並採用適宜的貼現率折算成現值，然後與品牌過去創造的收益累加求和，得出品牌價值的一種評估方法。在對品牌未來收益的評估中，有兩個相互獨立的過程：一是分離出品牌淨收益的過程；二是預測品牌未來收益的過程。

收益法計算的品牌價值由兩部分組成，一是品牌過去收益的現值（評估時之前品牌創造的收益的總和折現）；二是品牌未來的現值（將來品牌產生收益價值的總和折現）。其計算公式為兩部分的加總，即是：

$$品牌資產價值 = \sum_{t=1}^{n} At(1+i)^{n-1} + \sum_{t=1}^{n} At(1+i)^{-t}$$

公式中，At 是品牌創造效率淨利潤，n 是品牌總的收益期，i 是貼現率，t 是品牌未來的收益期。

對於收益法，有人持懷疑態度，其不可靠性源於三點：預計的品牌收益，無法將未來的競爭態勢變化因素考慮在內；貼現率選取的主觀性；時間段選取的主觀性。

（四）英特品牌公司評估模型

英國的英特品牌公司是世界上最早研究品牌評價的機構。英特品牌公司的評估方法是國際上最有影響力的品牌資產評估方法之一，它以嚴謹的技術建立的評估模型在國際上具有一定的權威性。美國《商業周刊》雜誌從 1992 年開始對世界著名品牌進行每年一次的跟蹤評估，其採用的基本方法就來自於英特品牌公司評估模型，其評估報告被各大媒體轉載公布，在世界範圍內具有廣泛的影響力。下面介紹英特品牌評估模型的操作方法。

英特品牌評估模型同時考慮主客觀兩方面的事實依據。客觀的數據包括市場佔有率、產品銷售額以及利潤狀況；主觀依據是品牌強度。兩者的結合構成了英特品牌模型的計算公式：

$$V = P \times S$$

其中，V 代表品牌資產價值；P 代表品牌帶來的淨利潤；S 為品牌強度倍數。

1. 計算品牌帶來的純利潤 P

品牌帶來的純利潤，是公司收益扣除有形資產和非品牌無形資產所創造的收益後的餘額，又稱沉澱收益（Residual Earnings）。我們可以從公司報告、分析專家、貿易協會、公司主管人員那裡得到有關品牌銷售和營業利潤方面的基本數據。例如，1995 年吉列剃須刀品牌的銷售額為 26 億美元，營業利潤為 9.61 億美元，而我們所關注的是「吉列」這個品牌名稱所帶來的特定利潤。

為此，我們首先要決定這個特定行業的資本產出率。產業專家估計，護理業的資本產出率為 38%，即每投入 38 美元的資本，可產出 100 美元的銷售收入。這樣，我們可算出吉列公司 1995 年產出所需要的資本額為 26×38% = 9.88 億美元。

然後，經調查，在護理行業中一個沒有品牌的普通產品的淨利潤為 5%（扣除通貨膨脹因素）。用 5% 乘上 9.88 億美元，即無品牌企業的平均利潤是 9.88×5% = 0.49 億美元。從 9.61 億美元的實際公司盈利中減去 0.49 億美元，我們就得到可歸於「吉列」這個品牌名稱下的稅前利潤，即 9.61 - 0.49 = 9.12 億美元。

算出品牌稅前利潤後，下一步就是確定品牌的淨收益。為了防止品牌價值受整個經濟或整個行業短缺波動的影響過大，我們可以採用最近兩年（或者最近三年甚至更多年）稅前利潤的加權平均值。最近一年的權重是上一年的 2 倍，即品牌淨收益 =（當年收益×2 + 上年收益×1）÷（2 + 1）。最後，我們把品牌母公司所在國的最高稅率（34%）應用這一盈利的兩年加權平均值，減去稅收，得到吉列品牌的淨收益為 5.75 億美元。這個數字就是純粹與吉列品牌相聯繫的淨利潤。

2. 計算品牌強度倍數 S

品牌強度倍數是品牌未來收益的貼現率。按照英特品牌公司建立的模型，品牌強度系數由七個方面的因素決定，每個因素的權重有所不同，如市場領先度的權重是 25%，如表 3-1 所示。這七個因素分別是領先度（市場影響力越大的品牌越具價值）、穩定性（品牌力持續作用的時間）、市場特徵（品牌所處的行業市場的競爭狀況，即行業市場生命週期及進入退出壁壘的強弱，顯然，正處於高速成長期且進入壁壘較高而退出壁壘較低的行業市場品牌應當具有較高的市場估值）、地域影響力（深受世界各國消費者喜愛的品牌要比那些國家性或者地區性品牌強）、發展趨勢（品牌適應消費需求和技術進步需求的能力，即在消費者心目中一直保持時代感的品牌資產價值越高）、品牌支持（在公司內部凡獲得持續和重點投資的品牌比較少獲得支持的品牌有更強的競爭力）、品牌保護（凡有註冊商標和其他完善的法律保護措施的國家或者地區，其品牌價值越高）。

表 3-1　　　　　　　　品牌強度影響因素

強度因素	權數	強度因素	權數
領先度	25 分	發展趨勢	10 分
穩定性	15 分	品牌支持	10 分

表3-1(續)

強度因素	權數	強度因素	權數
市場特徵	10 分	品牌保護	5 分
地域影響力	25 分	合計	100 分

經過專家評定，吉列品牌強度倍數為17.9倍。最後，我們可以得到吉列品牌資產價值=5.75×17.9=103億美元。

以上介紹了四種較為典型的品牌資產價值評估方法。儘管品牌資產價值的評估意義重大，但是直至今日人類仍然無法找到一種精確的評估方法來計量眾多品牌的價值；即是說，我們目前所採用的眾多方法計算出來的品牌資產價值只是精確程度不同的「近似值」。我們建議，品牌資產價值評估方法的選擇依據評估目的而定。

本章小結

品牌是企業的重要資產之一，是一種無形資產。不同的品牌在市場中具有不同的經濟價值。對於品牌所有者來說，品牌經濟價值表現在提高產品售價、促進品牌延伸、創造競爭優勢。品牌資產價值指消費者、渠道成員對母公司所產生的聯想和行為，品牌借此而獲得比無品牌產品較大的收入和較大的邊際利潤，並借此而比競爭者獲得強勢、持續的差異化的優勢。品牌價值理論是主觀量化的研究成果，因此人們對於品牌資產價值來源的認識主要有關係論、市場論和財務論三種觀點。品牌資產價值實質上是企業與顧客關係的反應，而且是長期動態關係的反應。品牌資產是一種組合的無形資產，具有開發利用價值，它難以準確計量，具有波動性，是衡量營銷績效的主要指標。

品牌資產價值是由品牌忠誠度、品牌知名度、品質認知度、品牌聯想和其他資產五個部分構成，又被稱為品牌資產價值的五星模型。但是，基於更廣泛的認識基礎，品牌資產價值是由前面部分資產組成的。

品牌資產價值評估能使企業資產負債表結構更加健全，有利於企業對品牌組合投資做出明智的決策，能夠激勵企業員工、提高企業聲譽，是品牌兼併與收購的需要，有利於合資企業的發展和品牌增值。本章介紹的品牌資產價值評估方法有成本法、市場價格法、收益法以及英特品牌公司評估模型等。

[思考題]

1. 品牌資產價值的含義有哪些？
2. 品牌資產價值有哪些基本特徵？
3. 簡述品牌資產價值五星模型的含義。
4. 論品牌聯想及其策略。
5. 論品牌資產價值評估的意義。
6. 品牌資產價值評估方法主要有哪些？請簡述各方法的基本原理。

案例

星巴克辭典

星巴克公司從1971年美國西雅圖一間咖啡零售店，發展成為當今世界最著名的咖啡連鎖店品牌，創造了一個企業擴張的奇跡。《商業周刊》評出的全球100個最佳品牌中，星巴克品牌資產價值從2001年的17.57億美元上升到2010年的33.39億美元，增長近1倍。

據克勞和庫蘇馬諾的研究，企業快速成長有三種方式：①遞加——將拿手好戲演到最好；②複製——在新區域重複商業模式；③粒化——選擇特定業務單元發展。而星巴克迅速成長則幾乎同時運用了這三個戰略。星巴克的成功故事中有一些關鍵詞。

一、星巴克

星巴克（Starbucks）這個名字來自麥爾維爾的小說《白鯨》中一位處事極其冷靜、極具性格魅力的大副，他的嗜好就是喝咖啡。《白鯨》這部書的讀者主要是受過良好教育、有較高文化品位的人士。星巴克咖啡的名稱暗含品牌顧客定位是有一定社會地位、有較高收入、有一定生活情調的人群；它追求的是特定人群的品牌忠誠。星巴克文化是大眾文化中的精英文化。

二、霍華德・舒爾茨

星巴克能有今天的成功，顯然與舒爾茨獨特的經營理念和管理方法密切相關。美國《語境》（Context）雜誌曾說，舒爾茨「改變了我們對於咖啡的想像力」。

霍華德・舒爾茨（Howard Schultz）是星巴克公司現任董事局主席兼首席執行官（CEO）。1982年霍華德・舒爾茨加入星巴克，擔任營銷主管。當時，星巴克只不過是一家咖啡烘干廠並有五家咖啡店。1983年，舒爾茨在義大利發現，咖啡店在義大利的日常生活中處於中心地位，他意識到美味咖啡和咖啡店在美國的市場尚未被開發。1985年舒爾茨創辦了自己的公司，1987年他又回到星巴克，以380萬美元收購了它。

霍華德的管理作風與家境貧寒有關，所以他理解和同情生活在社會底層的人們。據說他從小就有一個抱負——如果有一天他能說了算，他將不會遺棄任何人，所以他提出了全員股票期權方案。由於他曾生活在社會的底層，他堅信只有靠誠實的、持續的努力才可能獲得財富。他說：「管理品牌是一項終生的事業。品牌其實是很脆弱的。你不得不承認，星巴克或任何一種品牌的成功不是一種一次性授予的封號和爵位，它必須以每一天的努力來保持和維護。」

可以說，舒爾茨的這種平民主義的思想直接影響了星巴克的股權結構和企業文化，這種股權結構和企業文化又直接導致了星巴克在商業上的成功。

三、星巴克體驗

星巴克的價值主張之一是：星巴克出售的不是咖啡，而是人們對咖啡的體驗。這令人想起了東方人的茶道、茶藝。茶道與茶藝的價值訴求不是解渴，而是獲得某種獨特的文化體驗。星巴克的成功在於它創造出了「咖啡之道」，讓有身分的人喝「有道之咖啡」。

星巴克分別在產品、服務和體驗上營造自己的「咖啡之道」。星巴克所使用的咖啡豆都是來自世界主要的咖啡豆產地的極品，並在西雅圖烘焙。在服務上，公司要求員工都能掌握咖啡的知識及製作咖啡飲料的方法，還要向顧客詳細介紹這些知識和方法。最後星巴克要營造一種星巴克格調。

星巴克公司努力使自己的咖啡店成為「第三場所」(Third Place)——家庭和工作以外的一個舒服的社交聚會場所，成為顧客的另一個「起居室」，使顧客既可以會客，也可以獨自在這裡放鬆身心。可以說，星巴克的這個目標實現了，因為有相當多的顧客一月之內十多次光顧咖啡店。

星巴克人認為自己的咖啡只是一種載體，通過這種載體，把浪漫傳送給顧客——讓咖啡豆浪漫化，讓顧客浪漫化，讓所有感覺都浪漫化……這些，都是讓顧客在星巴克感到滿意的因素。舒爾茨說：「我們追求的不是最大限度的銷售規模。我們試圖讓我們的顧客體會品味咖啡時的浪漫。」

四、合夥人和咖啡豆股票

在星巴克公司，員工不叫員工，而叫「合夥人」。這就是說，人們受雇於星巴克公司，就有可能成為星巴克的股東。1991 年，星巴克開始實施咖啡豆股票 (Bean Stock)。這是面向全體員工（包括兼職員工）的股票期權方案。其思路是：星巴克使每個員工都持股，都成為公司的合夥人，這樣就把每個員工與公司的總體業績聯繫起來，無論是 CEO 還是任何一位合夥人，都採取同樣的工作態度。要具備獲得股票派發的資格，一個合夥人在從每年 4 月 1 日起的財政年度內必須至少工作 500 個小時，並且在下一個月份即派發股票時仍被公司雇傭。1991 年一年掙 2 萬美元的合夥人，5 年後僅以他們 1991 年的期權便可以兌換現款 5 萬美元以上。

星巴克把培育品牌的權力下放給每一個員工，而不是由高層管理人員來包攬該權力。這時每個員工的行為就直接與品牌價值有關。充分的授權要求有受到充分教育和培訓的員工。星巴克的「學習旅程」（每次 4 小時、一共 5 次的課程），是所有新合夥人在上崗前都必須學習的課程。從第一天起，新合夥人即熏陶在星巴克的這種價值和基本信念體系之中。

在新店正式開業之前一週，新合夥人的親友們受邀參加開業前聚會，目的是在店門正式向公眾打開之前，讓團隊熟悉「真實的東西」。這些日子晚間所獲得的收入，作為慈善金交給咖啡店所在的社區。在聚會當天，公司鼓勵合夥人們煮咖啡品嘗，並與其他合夥人和顧客討論。這有助於合夥人與顧客學到更多關於星巴克提供的不同咖啡的知識。

霍華德·舒爾茨相信，最強大最持久的品牌是在顧客和合夥人心中建立的。品牌說到底是一種公司內外（合夥人之間、合夥人與顧客之間）形成的一種精神聯盟和一損俱損一榮俱榮的利益共同體。這種品牌的基礎相當穩固，因為它們是靠精神和情感，而不是靠廣告宣傳建立起來的。星巴克人從未著手打造傳統意義上的品牌。他們的目標是建設一家偉大的公司，一家象徵著某種東西的公司，一家高度重視產品的真實性、高度重視員工激情之價值的公司。

五、零售複製法

舒爾茨經常說，星巴克以一種商業教科書上沒教過的方式創立了自己的品牌。

星巴克的品牌傳播不是通過一點對多點的「廣播」模式——這種做法的特點是見效快失效也快、耗資多，而是通過一種看起來相當緩慢而有效的一點對一點的「窄播」模式。這說明廣告並非星巴克發展的推動力。

舒爾茨說：「星巴克的成功證明了一個耗資數百萬元的廣告不是創立一個全國性品牌的先決條件，即它並不能說明一個公司有充足的財力就能創造名牌產品。你可以循序漸進，一次一個顧客，一次一家商店或一次一個市場來做。實際上，這也許是在顧客中建立信任的最好方法。通過這種直接對話的方式，再加上你的耐心和經驗，用不了多久，你就會將一個地方性品牌提升為一個全國性的品牌——一個多年來關切個人消費者和社區利益的品牌。」

雅斯培·昆德在《公司宗教》一書中認為，星巴克的成功在於，處在一個消費者需求的重心由產品轉向服務，再由服務轉向體驗的時代，星巴克成功地創立了一種以創造星巴克體驗為特點的咖啡宗教（Coffee Religion）。

［討論題］

1. 查閱資料，瞭解星巴克品牌資產價值的發展歷史。
2. 霍華德·舒爾茨的核心經營思想有哪些？
3. 總結星巴克品牌的內涵，並討論星巴克是如何累積品牌資產的。
4. 英國《經濟學家》雜誌上有一篇文章說：「從僅僅為了確認產品到包含整個生活方式，品牌正逐級演化成一個不斷增長的社會空間。在發達國家裡，有人認為品牌已經擴張到有組織的宗教衰落後留出的真空中……消費者願意為一個品牌付出額外的錢，是因為這個品牌似乎代表了一種生活方式或者一套理念。公司利用人們的情感需求，如它們利用人們想要消費的慾望。」結合現實生活中的中國品牌，談談你的理解。

第四章　品牌營銷戰略與管理

早在 20 世紀 60 年代，戰略就開始運用於企業管理之中，以對日趨複雜的企業經營管理活動進行統籌規劃和協調指導。在現在這樣一個品牌競爭力的時代，市場競爭空前激烈，企業需要在一個更宏觀、更系統的品牌營銷戰略平臺上實施品牌管理活動，以提高品牌競爭的效能。

第一節　品牌營銷戰略

企業是一個由各個要素組成的開放系統，因此在企業的經營過程中不能只是尋求個別要素的最優，而是必須從整體出發，求得企業整體最優，這便產生了企業經營戰略。戰略嚴格說來是企業經營發展的高級階段。因為在賣方市場經濟時期，產品供不應求，生產者之間基本不存在競爭，因此企業不需要制定戰略。但是，隨著市場經濟的發展，賣方市場轉變為買方市場，同時外部經營環境越來越複雜多變，企業為了謀求自身的生存與發展，主動對其經營要素及其組合關係進行系統的和有重點的變革，並制定出了要求企業全員全過程參與的戰略，從而保證企業經營活動能夠實現平穩運行和協調一致。企業戰略包括很多部分，品牌營銷戰略是其中之一，而且是極其重要的一部分。在中國，品牌營銷戰略應該成為企業整體發展戰略中的基礎性戰略。

一、品牌營銷戰略及其內容

（一）品牌營銷內涵

品牌的重要性對企業與消費者來說是不言而喻的。現在許多企業的產品技術都很先進，包裝及裝潢亦很精美，質量上乘，都能給消費者帶來各種各樣功能性方面的利益。事實上，在產品日益同質化的時代，產品屬性已經相差無幾，唯有品牌能夠給人以心理暗示，滿足消費者的情感和精神寄托。消費者做出購買決策，最主要的還是憑著他們對品牌的感受。因而對於企業而言，最重要的不是你怎麼樣，而是消費者認為你怎麼樣。我們有理由相信，擁有品牌就擁有市場，就擁有明天和未來，就可以獲得消費者的忠誠，這就是品牌經濟時代的游戲規則。品牌營銷應該成為現代營銷學的主流思潮。

品牌時代最本質的特點就是所有的企業營銷活動都圍繞品牌展開。那麼，何謂

「品牌營銷」呢？既然，品牌營銷從傳統的市場營銷發展而來，我們就有必要瞭解傳統營銷。

傳統營銷觀念認為，市場營銷是企業的一系列市場經營活動，也就是企業營銷是企業通過發現顧客現實或潛在的產品需要，運用營銷組合策略（4Ps，即產品、定價、廣告、分銷之間的相互作用和協調的過程）實現銷售目的。但是，隨著現代科學技術的發展以及產品更新換代速度的加快，「發掘顧客需要」而生產的某種產品在短時間內就有可能被淘汰或被複製，企業的產品特色只能維持短暫的過程。由此，傳統營銷觀念開始轉向最能引起消費者重視的方面，即品牌營銷觀念。品牌是消費者識別的產品類別顯著的外在特徵，品牌營銷效果直接影響消費者對產品的信賴程度，從而影響產品銷售目的的實現。因此，如何建立、維護和提升一個有價值的品牌就成為所有現代市場營銷活動的關鍵。

那麼，傳統的市場營銷與品牌營銷到底有哪些區別呢？在現代市場條件下市場營銷集中體現為品牌營銷，品牌營銷成為市場營銷的核心內容。總的來說，品牌營銷不再基於傳統的以產品來安排營銷活動，而是以品牌為中心來安排營銷活動。具體來說，品牌營銷較傳統營銷主要有如下進步：

一是，品牌營銷是結合品牌識別（而不是針對產品特徵）而進行的目標市場營銷，是品牌特徵與個性在市場上的充分體現，品牌系統工程要把握品牌的差異性，並為品牌制定符合自身特性的營銷戰略。

二是，品牌營銷是以品牌整體戰略為基礎的市場行為，它擁有統一的標示、視覺識別、文化精神內涵、行為規範、廣告支持、營銷通道；同傳統的營銷行為相比，品牌營銷是全面的產品營銷戰略輔助下的市場營銷。

三是，品牌營銷行為提高了傳統營銷行為的可控性、精確性。品牌營銷相對於傳統營銷而言，顯得更宏觀、更系統、更全面，提高了企業營銷活動的可控制性，極大地提升了企業適應市場競爭環境的能力。品牌系統的支持使組織成為一個整合化的有機體，為品牌進入市場提供了堅實的基礎，從而將傳統營銷下的市場不可控因素降至最低點。[①]

綜上所述，品牌營銷是指企業所有以實現品牌產品銷售為目的的營銷活動。或者說，它是品牌戰略的制定和執行過程。品牌營銷可以分為品牌營銷戰略制定和品牌管理兩個階段，即企業首先應制定出適應市場環境發展變化和適合自身資源條件與技能及實現美好願景的品牌營銷戰略，然後在品牌戰略的指導下才能夠實施有效的品牌管理。

品牌管理包括品牌定位、品牌推廣、品牌維護和品牌增值四個核心內容，除此之外，還包括產品策略、價格策略、渠道策略、促銷策略以及品牌營銷的其他一系列活動。品牌定位是營銷者向目標市場受眾傳播的獨特的品牌賣點，品牌創新是品牌維護的有力手段，品牌延伸與品牌國際化是品牌影響力在行業經營範圍與地域間的擴張，其本質是品牌增值的方式。

---

① 年小山. 品牌學 [M]. 北京：清華大學出版社，2003：97.

專欄：小故事·大啟示

萬燕從「開國元勛」變為「革命先烈」

VCD 是中國起步較晚、發展較快的一個產業典範。1993—1998 年，短短幾年時間，VCD 的社會消費總量已達 2,000 萬～3,000 萬臺，年總產值達到 100 億元以上。說到 VCD，人們不會忘記萬燕和姜萬勍，正是他們於 1993 年研製出了世界上第一臺 VCD 的樣機，才有了中國蓬勃發展的 VCD 產業。萬燕最風光的時候，其市場佔有率是 100%。由於當時是獨家經營，產量不大，萬燕不僅沒能獲得資金上的累積，反而因為沒有競爭，掩蓋了企業本身大量的矛盾。而後來者愛多、新科、萬利達等蜂擁而上，取代萬燕，成為新的行業「三巨頭」。在萬燕由「開國元勛」變為「革命先烈」之後，企業界曾有這樣的結論：千萬不要輕易地做市場開拓者，跟隨最好。這種觀點對嗎？

（二）培育品牌的途徑——D·R·E·A·M 與 F·R·E·D

品牌專家科耐普提出了培育品牌的正確途徑[1]，我們可以把該觀點概括為下列依次展開的五個環節：

一是 D：Differentiation（差異性），即通過分析顧客的需要和競爭品牌定位，明確自己品牌的核心價值[2]。

二是 R：Relevance（適當、中肯），即品牌承諾要依據企業資源與競爭優勢以及顧客需要來制定，在各項品牌營銷活動中，企業必須始終一貫地履行自己的承諾。

三是 E：Esteem（尊重），即尊重顧客，品牌才能獲得顧客的尊重。

四是 A：Awareness（熟悉度），即消費者認知品牌和形成品牌忠誠的過程，也就是說，企業應努力提高消費者對自己品牌的熟悉度。

五是 M：Mind's eyes（品牌形象），即品牌在大多數消費者心目中建立起的相關聯想，這是指導消費者選購品牌商品的「指南針」。

反觀中國品牌實踐，部分企業總是擲重金打造品牌知名度（Famousness），而認為品牌差異性是品牌營銷活動的結果；這種創建品牌的模式可以被概括為「F·R·E·D」。我們認為，這種認識是錯誤的，實踐危害性是很嚴重的。

（三）品牌營銷戰略及其特徵

戰略（Strategy）一詞，原意是指軍隊的用兵藝術和科學，它是由古希臘術語「Strategas」衍化而來的。毛澤東在《中國革命戰爭的戰略問題》這一名著中指出：戰略問題是研究戰爭全局的規律的東西，「研究帶全局性的戰爭指導規律，是戰略學的任務。研究帶局部性的戰爭指導規律，是戰役學和戰術學的任務」[3]。後來，戰略一詞逐漸向人類生活的各個領域發展。

---

[1] ［美］杜納 E 科耐普. 品牌智慧——品牌培育（操作）寶典 [M]. 趙中秋，羅臣，譯. 2 版. 北京：企業管理出版社，2001：83.

[2] 括號內註釋系本書作者的註釋。

[3] 毛澤東選集：第 1 卷 [M]. 2 版. 北京：人民出版社，1991：175.

品牌營銷戰略（Brand Strategy）是指企業為了提高品牌競爭優勢，通過分析外部環境與內部條件，所制定的總體的、長遠的、綱領性的品牌發展規劃。在品牌經營時代，品牌營銷戰略已成為企業經營發展戰略的中心。

品牌營銷戰略的特徵有：

1. 全局性

品牌營銷戰略是企業為了創造、培育、利用、擴大品牌資產和提高品牌資產價值而採取的各項具體計劃方案的指南。它要解決的不是局部或者個別問題，而是有關品牌未來發展目標及所需要解決的基本問題。品牌營銷戰略的制定要求企業通觀全局，對各方面因素及其關係加以綜合考慮，注重整體協調和效率。

2. 長期性

品牌營銷戰略是一個針對品牌未來長遠發展的規劃，它著眼於中長期，即三年或者五年以上。品牌營銷戰略並不計較短期品牌經營的效果，而主要在於謀劃品牌的長期生存發展大計，因此它具有相對的穩定性。

3. 導向性

由於品牌營銷戰略是企業站在全局高度上制定的宏觀總體規劃，從而決定了它對各項品牌管理措施和活動計劃具有導向作用。在規劃實施期內，所有的品牌營銷活動均要與戰略的總體要求一致，如有背離，須及時調整。

4. 系統性

品牌系統包括品牌識別、推廣、維護和增值等一系列環節，同時涉及企業生產經營活動的方方面面；而系統內各個環節和過程都是相互聯繫、相互影響的，構成了一個有機整體。因此，創建品牌是一項長期且複雜的系統工程。

5. 創新性

制定品牌營銷戰略就是一個企業創新的過程。每一個企業的自身條件不同，所處的市場環境以及面對的競爭對手也不同，必須有針對性地制定戰略，才能起到出奇制勝的作用。品牌營銷戰略是現代企業經營戰略的核心，它的價值就在於有別於他人的獨特性。一個企業如果採取簡單模仿競爭對手的做法，跟著競爭對手行動，那麼在激烈的市場競爭中它就會始終處於被動的局面，不可能贏得市場競爭的最終勝利。所以，企業的品牌營銷戰略要具有一定的創新性才能在競爭中脫穎而出。

（四）品牌營銷戰略的內容

品牌營銷戰略屬於企業戰略層面的規劃，是事關品牌未來長遠發展的全局性和關鍵性問題的規劃，不同於企業在某一個發展階段，或針對某個市場、組織內部某個業務單位的局部和中短期的策略謀劃。我們認為，品牌營銷戰略的基本內容包括：

1. 品牌戰略分析，確定品牌發展願景

品牌發展願景或使命是關於「我們品牌是什麼」和「我們品牌未來發展目標是什麼」兩個事關品牌發展方向的重大問題的回答。企業要回答這兩個問題就必須進行品牌戰略分析。因此，品牌戰略分析目的是全面深入分析市場環境和自身品牌狀況，知己知彼，在此基礎之上確定品牌發展戰略目標、戰略步驟、戰略重點和戰略措施。

品牌戰略分析內容包括顧客分析、競爭品牌分析和自我品牌分析。顧客分析是企業對目標市場顧客購買行為特徵、文化及亞文化、個性以及其他社會心理的調研，以瞭解顧客的需要和需求，發現市場機會。競爭品牌分析包括競爭品牌的市場地位、品牌形象、品牌資產及技能、品牌營銷戰略等，以使企業深入瞭解競爭品牌的優勢和劣勢，以求發現贏取競爭的「突破口」。自我品牌分析是企業對自身品牌發展現狀和競爭力進行全面、深入的剖析，發現存在的薄弱環節和不足之處顯得尤為重要。自我品牌分析主要包括品牌市場地位、品牌形象、品牌忠誠度、競爭優劣勢以及資源條件等的分析。

2. 選擇品牌架構

品牌架構是指品牌結構體系的設計與安排。品牌架構戰略的基本形式有統一品牌戰略、品牌組合戰略和複合品牌戰略。一般來說，企業發展初期大多採用統一品牌戰略，即企業經營的所有產品都使用同一個品牌名稱，一般是企業名稱。這主要是由於企業初創期經營規模較小，產品較為單一，同時企業資源十分有限。隨著企業不斷發展，經營規模和經營範圍的擴大，這時就需要考慮採用複合品牌戰略或者品牌組合戰略。譬如，海爾1984年成立時僅是青島一家街道小廠，直到1991年海爾還只生產電冰箱一種產品，1991年年底海爾開始向家電行業全面擴張，到1997年海爾產品幾乎覆蓋了所有家電產品。1997年之後，海爾更是在與家電無關的其他行業裡施展「海爾」品牌名稱的影響力，包括視聽設備、手機及數碼產品、計算機硬件及軟件產品、智能家居、藥業、保險業、工業旅遊等行業。隨著企業經營範圍的不斷擴張，海爾採取了以統一品牌戰略為主、複合品牌戰略為輔（如海爾小小神童洗衣機、海爾紐約人壽保險公司、北航海爾軟件公司等）的戰略。海爾發展到今天，應當適時實施品牌組合戰略。

3. 制定品牌識別系統

制定品牌識別系統是企業一項意義重大的戰略活動。在品牌進入市場之前，品牌戰略制定者就應該周密思考和設計品牌識別元素。就如同每一個人一樣，都有自己的名字、性別、年齡、衣著打扮、生活習慣、個性等元素，這些元素是個人作為社會個體同其他社會成員區分開來的基礎；品牌同樣也需要識別元素，才能為市場所認知和同其他品牌區分開來。品牌識別系統是由符號、產品、組織和個性四類元素構成的，它們將各個品牌區分開來。

4. 建立和完善品牌管理組織

品牌具有市場價值，對於眾多的國際和國內著名的強勢品牌來說，品牌資產價值可能遠超過企業有形資產價值，並為企業創造無數的財富和榮譽。既然品牌是企業最寶貴的無形資產，企業理所當然地應該建立專門組織部門負責對其進行專業化管理，以保證品牌資產的保值增值。

5. 培育品牌觀念，實現全員品牌管理

全員品牌管理是指在品牌建設過程中，品牌整個價值鏈上的所有組織成員都需納入品牌建設體系中，共同參與品牌建設。全員品牌告訴我們：品牌是老板的；品牌是員工的；品牌是經銷商、供應商的；品牌是品牌價值形成鏈上所有人的。參與品牌建設的每一個企業的每一位員工的工作質量都會影響品牌形象，即使是小的工

作失誤都可能使顧客不滿意，從而對品牌產生負面的影響，如汽車 4S 店虛高的修理費用，空調安裝人員傲慢粗暴的行為，手機按鍵不靈敏、表面有瑕疵、售貨員因缺乏專業知識而無法對顧客提出的問題給出解釋，等等。所以，品牌營銷是整個企業的事情，而絕不僅僅是企業管理層或者銷售公關宣傳部門的事情。

在企業，有許多關於員工重要性的論述：員工是品牌的打造者和守護神！員工是企業最生動的廣告，是企業最直接的代言人！員工作為企業行為的執行者，其在工作中的言談舉止、接人待物直接代表和影響著企業和品牌的形象。事實上，每一個成功的品牌都離不開背後每一位員工的努力和付出，是每一位員工把品牌視同自己的財產而倍加愛護和珍惜的成果。正如美國「鋼鐵大王」安德魯‧卡內基所言，「帶走我的員工，把我的工廠留下，不久後工廠就會長滿雜草；拿走我的工廠，把我的員工留下，不久後我們還會有個更好的工廠。」

專欄：小故事‧大啟示

眾人拾柴火焰高

美國標準石油公司有一位推銷員叫阿基勃特。他在住旅館的時候，總是在自己簽名的下方，寫上「每桶四美元的標準石油」字樣，在書信及收據上也不例外，簽了名，就一定寫上那幾個字。他因此被同事們叫作「每桶四美元」，而他的真名倒沒有人叫了。就這樣，在不經意間，許多客戶都知道了產品的價格，紛紛找他訂貨。公司董事長洛克菲勒知道這件事後深受感動，說：「竟有職員如此努力宣揚公司的聲譽，我要見見他。」於是，洛克菲勒邀請阿基勃特共進晚餐。後來，洛克菲勒卸任，阿基勃特成了第二任董事長。

專欄：小故事‧大啟示

細節決定成敗

在星巴克的品牌管理理念中，其核心就是必須認認真真做好每件小事情。為了實踐這個理念，星巴克制定了相應的規定與標準。例如，為了保證咖啡的口感，星巴克會要求把咖啡的製作時間精確到秒，多一秒少一秒都不行。蒸汽加壓煮出的濃縮咖啡製作時間應該是 18～23 秒，如果 17 秒或者超過 23 秒完成了製作，咖啡就要被倒掉。再如，星巴克對攪拌棒的要求同樣嚴格，不少咖啡攪拌棒是塑料製品，在高溫下會產生異味，從而影響口味和健康。為了使客人品嘗到更加純正美味的咖啡，星巴克的研究人員用了 18 個月時間，對這個小小的攪拌棒進行了多次研究和改進，最終使得這個小小的攪拌棒達到了最佳標準。另外，門店裡的咖啡豆，星巴克規定，如果 7 天內沒有用光，就必須倒掉，這樣做的目的，就是為讓細節真正落實到品牌管理中去。可以說，在星巴克的生產過程中，有上千件諸如此類的小事情，正是對細節管理的嚴格要求，才使星巴克贏得了許多消費者的信任與青睞。

二、品牌架構選擇

品牌營銷戰略的選擇模式主要有三種：統一品牌戰略、組合品牌戰略、複合品牌戰略，每種戰略具有不同的特點和適應性。

(一) 統一品牌戰略

統一品牌戰略，又稱為單一品牌戰略、共有品牌戰略，是指企業對於其生產或經營的所有產品都統一使用同一個品牌名稱的戰略。它既可以是廠家品牌，亦可以是商家品牌。在中國現實經濟中實行統一品牌戰略的企業數量眾多，這多是企業實施品牌延伸戰略的結果。例如，中國大多數家電製造商在各自生產的各種家電產品上都統一使用了企業名作為品牌名，像長虹、康佳、TCL、海爾、海信等。

企業採用統一品牌戰略具有的優點是：能夠向市場展示企業產品的統一形象，提高企業知名度，增強企業產品的可識別性；有助於節約品牌設計、品牌推廣等費用，從而減少品牌營銷總的費用開支；集中力量於一個品牌，有助於企業集聚優勢資源；實行統一品牌戰略，將新產品冠以統一品牌，有助於新產品打開銷路。

不可忽視的是，企業採用統一品牌戰略亦隱含著某些負面效應，甚至要承受較大的風險。一方面，在統一品牌戰略下，各種品牌產品因使用統一的品牌名稱而表現出共生的特徵，因此一旦某產品因質量等原因而出現了嚴重的社會問題，就會發生「株連效應」而波及其他種類的產品，就可能毀壞整個品牌的聲譽和形象，使整個企業受到牽連。另一方面，企業所有產品都使用同一個品牌名稱容易造成消費者難以區分產品檔次，這就不能很好地滿足不同購買者的需要，從而影響商品銷售量。此外，如果企業跨行業經營，不同種類的產品之間因缺少關聯性而使得品牌核心價值變動模糊不清，有損品牌價值。

鑒於統一品牌戰略既有優點，也存在缺點，因此企業對統一品牌戰略進行適應性分析是有效運用該戰略的條件。統一品牌戰略的實施需要企業做到持續創新，加強研發投入和市場調研，跟上技術進步和顧客需求變化的步伐，才能保持品牌的競爭優勢。品牌的各種產品之間應存在較為密切的關聯性，如產品之間要有接近的質量和價格水平、相同的目標顧客群和核心技術等。「蹺蹺板原理」認為：「一個名稱不能代表兩個迥然不同的產品，當一種上來時，另一種就要下去。」企業不能在兩種或多種截然不同的產品上使用同一個品牌名。例如，「茅臺」這個名稱不用在啤酒、果酒甚至低檔白酒上，否則就會嚴重破壞其國酒形象。

(二) 組合品牌戰略

組合品牌戰略，即多品牌戰略、產品品牌戰略，指企業對於同一種類或者不同種類的產品使用兩個或兩個以上品牌名稱的戰略，有寶潔模式和飛利浦·莫里斯模式。寶潔模式又可稱為「一品一牌」模式，即是說企業每推出一種新產品都賦予其新的品牌名稱，而不採用已有的品牌名。飛利浦·莫里斯模式又可稱為「一類一牌」模式，該模式是指企業每一種類產品對應於一個品牌名稱。譬如，飛利浦·莫里斯公司對應於菸草行業的品牌是「萬寶路」（MARLBORO），對應於啤酒行業的品牌是「米勒」（Miller），對應於食品行業的品牌是「卡夫」（Kraft）。事實上，多品牌戰略在很大程度上是針對單一品牌戰略的缺陷而制定出的戰略。

組合品牌戰略具有多方面的優點：①能夠降低企業的經營風險。很明顯，組合品牌戰略的各個品牌之間存在較弱的關聯性，如果一個品牌出現問題，大多情況下

不會波及企業其他品牌產品。②更好地適應各個細分市場的需要。一個市場是由許多具有不同期望和需要的消費者組成的，一種品牌只能迎合某一類消費群體，而不能贏得其他消費群體，這樣，其市場佔有率也就很有限了。而如果企業針對不同消費群體的不同消費偏好推出不同的品牌，就可以吸引各類消費者群體，提高企業整體市場佔有率。如「可口可樂」公司在原產品基礎之上推出了「冰露」「酷兒」「芬達」「雪碧」等品牌，以滿足不同口味偏好的消費者對飲料的需求。③有利於突出不同品牌產品的特徵。例如，寶潔公司旗下的「海飛絲」「潘婷」「飄柔」「伊卡璐」等品牌各有特色，均獲得了消費者的認同。「海飛絲」去頭屑，「潘婷」使頭髮健康亮澤，「飄柔」向消費者承諾使頭髮更飄、更柔，「伊卡璐」是天然草本精華。這樣消費者就能夠根據自己的需要和品牌特徵有針對性地選購產品。④有利於擴大市場佔有率。企業使用組合品牌戰略有利於增大消費者購買品牌產品組合的概率，有利於擴大品牌市場覆蓋面和提高品牌市場佔有率。上海牙膏廠的「白玉」「中華」「潔銀」「上海」「泡泡娃」等多個品牌牙膏，在市場上都有各自的消費群體，從而較全面地占領了各個細分市場，使企業獲得了更大的銷量和利潤。⑤按照市場內部化原則，在一個企業內部，施行多品牌戰略，能增強企業各個品牌部門的競爭意識，從而整體上提高企業整體經營績效。

當前，越來越多的中國企業正在意識到實施多品牌戰略的必要性。目前國內一些行業普遍採取了該戰略，如汽車行業。但是，組合品牌戰略也具有一定的局限性，主要體現在：①耗費的資金多、品牌建設週期長。每一個產品或者每一類產品都有一個品牌，而一個品牌形象的創建與維護都需要大量的投資，需要較長的時期，這是實力一般的公司所難以承受的代價。②增加了品牌管理的難度。一般而言，一家企業品牌數量越多，品牌管理的複雜程度就越大，所以更加難以有效管理。③可能造成各子品牌市場之間相互蠶食。企業如果不能有效協調各品牌之間的關係，以適應不同的細分市場的話，就有可能造成品牌組合之間的無序競爭，造成企業資源的浪費。

大致說來，企業應在某些條件下採取品牌組合戰略。前面提到，品牌組合戰略可以滿足不同細分市場顧客的需要，因此當市場上存在著明顯的兩個或幾個不同的消費群體的時候，可以實行組合品牌戰略。①根據同一類產品不同檔次而採取品牌組合戰略。同一類產品在質量上存在差別，企業可對不同質量的產品分別使用不同的品牌。這樣做既可以保住高檔產品的市場份額，又可以打入中、低檔市場且不對高檔品牌造成影響。如雲南玉溪卷菸廠生產的卷菸，根據質量不同分別取名為「印象」「玉溪」「紅塔山」「阿詩瑪」「恭賀新禧」「紅梅」等。基於該種戰略的局限性是，只有當公司擁有足夠多的資源時，才能運用這種戰略，並且各品牌所對應的市場規模均足以支持對應品牌的發展。②根據同一類產品不同屬性而採取組合品牌戰略。如果同一類或者同一種類的產品在性能上存在差別，企業可對不同屬性的產品分別使用不同的品牌。如英國聯合利華對個人護理用品和美國寶潔公司對洗髮產品都使用了該戰略。

(三) 複合品牌戰略

複合品牌戰略，是指賦予一種產品兩個或兩個以上的品牌名稱。它包括主副品

牌戰略和聯合品牌戰略。主副品牌戰略是指企業對其生產或經營的某些產品在使用同一個主品牌（一般是企業名稱）的同時，再根據產品的特性分別使用不同副品牌的戰略，副品牌兼具促銷功效。該戰略本質上仍屬於統一品牌戰略。尤其是某些主品牌有較高知名度和生產多系列產品的企業多採用這種戰略。海爾集團就曾經是成功運用主副品牌戰略的典範。海爾集團用一個成功品牌作為主品牌，以涵蓋企業生產製造的系列品牌產品，同時又給不同產品起一個生動活潑、富有魅力的名字作為副品牌，用主品牌展示系列品牌產品的社會影響力，而以副品牌凸顯某些具有特別屬性產品的不同個性形象，如海爾—小小神童洗衣機等。聯合品牌戰略是兩個或兩個以上的企業在其聯合提供給市場的產品上並列使用其名稱的品牌命名方式，例如已為大家熟知的海爾紐約人壽保險、索愛手機、「Intel－inside」等。聯合品牌戰略有利於突出聯合企業各自的優勢。

主副品牌戰略的優勢主要表現在：①能夠突出產品的正統性，從而使企業推出的新產品分享到公司良好的品牌聲譽。如寶潔公司儘管產品眾多，但由於每種產品都冠有公司品牌「P&G」，從而比較容易引起顧客的信任和喜愛。②可以突出產品的特色和個性，方便消費者識別和選購。③為企業進一步開發新產品留下了空間。由於副品牌具有較大的靈活性，一個企業就可以以主品牌為基礎，不斷推出相關的副品牌產品。

企業實施主副品牌戰略需要同時具備下列兩個基本條件：①企業的主品牌要有較高的聲譽，目標顧客對其較為偏愛和忠誠。②企業的不同副品牌所代表的各種產品在質量或性能上有明顯差別，個性鮮明，形象突出。[①]

企業運用主副品牌戰略的注意事項：①在主副品牌中，主品牌仍是企業品牌形象宣傳的重點，副品牌處於從屬地位。這是因為，企業必須最大限度地利用已有成功品牌的形象資源，否則就相當於推出一個全新的品牌。由於宣傳的重心是主品牌，相應地，目標受眾識別、記憶及產品品牌的認可、信賴和忠誠的客體也是主品牌。②副品牌要直觀、形象地表達產品的差別之處，突出其特點，使人聯想到產品的功能性利益。副品牌的命名應當具有時代感、衝擊力，並且要求簡潔通俗。這樣消費者聽起來悅耳，讀起來容易，記起來好記，傳起來快捷。③企業在選擇品牌營銷戰略時，應考慮產品使用週期與產品生命週期。企業在主副品牌戰略與組合品牌戰略之間進行選擇時，當產品的使用週期較短時，採用多品牌戰略比主副品牌戰略更佳；若由於技術不斷進步等原因，產品生命週期較短，則最好使用主副品牌戰略。另外當產品跨度大時，企業也宜使用組合品牌戰略，而企業從事同一類產品經營，產品使用週期長，宜使用主副品牌戰略。

總之，各種不同的品牌戰略具有不同的優點和弱點，以及各自不同的適應條件，企業可結合行業和企業的實際狀況加以選擇。

---

① 張忠元，向洪．品牌資本［M］．北京：中國時代經濟出版社，2002：33．

專欄：小故事・大啟示

歐萊雅集團在華實施的多品牌戰略

法國歐萊雅（L'OREAL）是全球最大的化妝品集團。歐萊雅集團在華品牌按檔次和渠道分為：①大眾化妝品：巴黎歐萊雅 L'Oreal Paris、卡尼爾 Garnier、美寶蓮紐約 Maybelline NY 和小護士。這一系列的產品是具有價格競爭力的大眾產品，主要通過大眾零售渠道銷售。②高檔化妝品：蘭蔻 Lancôme、碧歐泉 Biotherm、科顏氏 Kiehl's、赫蓮娜 Helena Rubinstein、植村秀 Shu Uemura、阿瑪尼 Giorgio Armani 和羽西。這一類產品由具有高聲望的品牌組成，在專賣店銷售並提供額外服務。③專業美髮產品：歐萊雅專業美髮 L'Oreal Professionnel、卡詩 Kerastase、美奇絲 Matrix。這個領域的產品主要用於滿足美髮沙龍以及專業人士的需求。④活性健康化妝品：薇姿 Vichy、理膚泉 eSkin。這一類產品主要在專業櫃臺及藥店銷售，由皮膚科醫師或專業美容師提供使用諮詢。

但是，歐萊雅集團多品牌戰略與寶潔集團多品牌戰略存在差別之處：①品牌的區分標準不同。寶潔以產品功能不同作為區分標準，而歐萊雅以產品檔次進行市場細分。②具體的營銷渠道不同。由於歐萊雅集團是以價格檔次來區分品牌的，所以對分銷渠道進行細分。而寶潔公司是以功能區分品牌，面對的目標群體是普通大眾，因此它們可以同時出現在超市的一個貨架上，無須細分渠道。③實現多品牌的策略不同。寶潔公司的品牌幾乎全部是自創的，即使收購了中國品牌「潔花」後也將其打入「冷宮」，不再使用。而歐萊雅集團成功收購了羽西、小護士等品牌之後繼續使用，借助這些品牌的原有優勢進一步將其發展，並且發展良好。

專欄：小故事・大啟示

腦白金品牌運作模式

腦白金是中國品牌營銷時代的成功典範。在保健品市場處於低迷時期，他們如何僅以區區幾十萬元而發展成為中國家喻戶曉的保健品品牌呢？更何況，在當時的背景下，人們只知道有腦白金，而不知道有巨人集團、史玉柱，甚至連黃山康奇、健特生物也令人撲朔迷離，摸不著頭腦。腦白金成功的品牌運作，足以見證品牌營銷的巨大威力。

首先，腦白金定位於「年輕態」。目標顧客聚焦在大中城市裡處於睡眠和腸道不好的亞健康狀態的中老年人群，並以腦白金所謂的「改善睡眠、潤腸通便」功效來滿足這些人群的需要。同時，腦白金很在乎終端陳列的展示效果。產品採用「內裝膠囊＋口服液」的複合產品包裝，使得產品看起來十分氣派；產品外包裝追求藍色為主的科技色調，擺放在貨架上視覺衝擊力極強，在當時可謂絕無僅有。此外，腦白金的命名充滿神祕感，大大提升了產品檔次，使其凌駕於同類產品之上，令競爭對手望塵莫及，無從跟進。

其次，腦白金在入市初期的品牌推廣上，選擇成本低的報紙媒體為主，以新聞類軟文宣傳開啟市場。正是那些融合新聞題材、科學說理、焦點事件等內容的新聞手法，讓消費者在毫無戒備的情況下，接受了腦白金的「高科技」「革命性」等產

品概念。兩到三個月，腦白金很快就啓動了市場。在累積了足夠實力之後，腦白金動用了最具傳播力的電視等強勢媒體，擴大品牌市場知名度。

特別值得一提的是，腦白金抓住國人「禮尚往來，來而不往，非禮也」的送禮習俗，直接突出腦白金「送禮」的文化內涵，取得了老百姓的認可。無論報紙、電視，還是戶外招牌，腦白金始終如一地傳達品牌文化內涵——「今年過節不收禮，收禮只收腦白金」。因為廣告投放集中、訴求單一、強度非常大，腦白金占據的送禮市場份額遠遠超過了其他保健品的份額。

可見，腦白金品牌成功源於其「產品包裝＋廣告＋文化」的運作模式。

第二節　品牌管理組織

名牌的品牌價值很高，但是企業如果不重視品牌管理的話，品牌的價值可能很快就會被侵蝕掉。秦池、愛多靠在央視狂打廣告，一度沸沸揚揚，名聲傳遍大江南北，但由於它們不重視品牌管理，現在這兩個名牌都已經銷聲匿跡了。世界第一架全自動照相機發明者和成像行業領導品牌柯達因沒能夠跟上時代發展的腳步而陷入破產的邊緣。

一、品牌管理內容

品牌管理就是企業建立、維護和鞏固單個品牌以及管理品牌體系的過程。品牌管理可以分為兩個層次：單一品牌的管理和品牌體系的管理。其中，企業對單一品牌的管理是指建立、維護和鞏固某一個品牌的過程；而品牌體系管理，也稱為品牌組合管理，則是要明確每個單一品牌在品牌組合中的地位、角色和任務，協調好各個品牌之間的關係。品牌管理是一個日常的、複雜的系統管理工程，品牌需要長時期的優異的市場表現，才能贏得較高的美譽度和品牌忠誠度。品牌管理的成功需要一系列營銷活動的支持和配合，這些活動包括市場調研、品牌識別系統設計、品牌定位、品牌推廣、品牌維護、品牌創新、產品研發與製造、促銷、定價、銷售渠道的選擇、終端展示等。

（一）單一品牌管理

品牌管理是一個不斷挖掘市場機會，改進品牌與顧客之間的關係，增加品牌資產價值的過程。單一品牌的管理過程一般分為品牌診斷（Diagnosis）、品牌規劃（Planning）和實施與監控（Action/Monitoring）三個階段。這三個階段循環發展，推動整個品牌營銷戰略不斷前進。

1. 品牌診斷

在品牌診斷階段，企業需要回答的是：「我們的品牌現在在哪裡？」也就是說，企業要通過市場研究，深入瞭解品牌的核心價值、品牌形象、產品屬性、消費者需求以及品牌與消費者之間的關係等。透過這些信息，我們可以把品牌的完整形象和健康狀況清晰地展現出來，為下一階段的品牌規劃打下堅實的基礎。歸納起來，品牌診斷階段需瞭解的基本問題有：

（1）品牌的健康狀況如何？
（2）驅動市場的關鍵屬性是什麼？
（3）你的品牌和競爭品牌在這些關鍵屬性上的表現如何？
（4）品牌的優勢和劣勢是什麼？
（5）品牌有哪些機會和威脅？
（6）品牌定位是否合適？
（7）品牌的形象如何？
（8）驅動品牌資產價值提高的關鍵因素有哪些？
（9）如何才能提升品牌資產價值？

2. 品牌規劃

品牌規劃就是關於品牌營銷戰略的制定。在品牌規劃階段，品牌管理人員根據品牌診斷的結果，思考「我們的品牌應該往哪裡去」的問題。

3. 品牌規劃的實施與監測

企業制定好品牌戰略規劃之後，接下來就將戰略付諸實施並監測其實際執行情況與規劃目標之間是否存在差距，以及時採取措施加以糾正。這方面的內容涉及品牌定位、品牌推廣、品牌維護、品牌增值等品牌管理工作，將會在以後相關章節詳細闡述，這裡不再贅述。

（二）品牌體系管理

品牌體系是指企業品牌家族中所有的品牌及其相互關係。一方面，隨著競爭的加劇，今天許多公司都針對不同的細分市場開發了不同的品牌產品以迎合目標顧客的不同需要。另一方面，一些公司的業務擴展到了與原業務不存在關聯性的領域，於是就使得公司旗下有了很多的品牌，而且它們之間的關係錯綜複雜。科學地規劃品牌體系，厘清企業品牌與產品品牌的關係、各產品品牌之間的關係以及有效管理系列品牌，使它們彼此相得益彰形成整合力，從而可以節省成本，達到整個品牌家族的效益最大化。

1. 品牌的層次

品牌體系通常可以劃分為幾個層次，各層次的品牌在整個系統中扮演不同的角色。另外，處於某一層次的品牌通常會與其他層次的品牌有密切聯繫。品牌按層次通常可以分為公司品牌、產品大類品牌、產品線品牌、子品牌、零配件或服務品牌等。

在品牌層次的最上端是公司品牌，公司品牌顯示產品或服務是由哪家公司提供的。產品大類品牌代表的是包括幾種產品系列的品牌。一方面，有些公司品牌如通用汽車、雀巢等本身既是公司品牌名稱又是產品大類的品牌名稱。另一方面，通用汽車旗下的雪佛萊的產品系列又包括廂式車、卡車和轎車；雀巢下面涵蓋有速溶早餐、煉乳及嬰兒奶粉等。產品大類品牌往下有時還會有產品線品牌，這些品牌代表了公司的特定產品，如雪佛萊的 Lumina（盧米娜）、雀巢 Carnation（三花）速溶早餐。這些品牌還可以通過子品牌繼續細化下去，例如雪佛萊 Lumina（盧米娜）的 Sports Coupe（運動雙門車）和雀巢 Carnation（三花）速溶早餐之瑞士巧克力等。這

些子品牌還可能根據產品的差異繼續細化下去。最後，品牌還可以根據零配件或產品成分及服務的特點進一步描述。例如，雪佛萊提供的 Mr Goodwrench（好扳手先生）服務系統、Carnation（三花）的 NutraSweet（紐特阿斯巴甜）等。

2. 品牌的角色

品牌體系中各品牌所擔當的角色是不同的，按照角色品牌可以分為驅動品牌、來源品牌、擔保品牌、戰略品牌、子品牌、銀彈品牌等。驅動品牌是指能夠促使消費者做出購買決策的品牌，它所代表的正是消費者通過購買想得到的東西，扮演驅動角色的品牌代表的是與顧客購買決策及使用經驗密切相關的品牌價值體現。例如，對於寶馬 700 系列或凌志 300 系列來說，寶馬和凌志是驅動品牌，因為消費者在做出購買決策時，首先想到的是由寶馬或凌志所體現的價值，而不是某種具體車型所傳遞的價值。來源品牌的核心識別一般是功能性、情感性和自我表達性的利益，因而它能夠通過形象轉移的過程把其品牌形象轉移給其他品牌。擔保品牌是指能為驅動品牌所承諾的利益提供支持和信譽保證的品牌。許多著名公司的品牌都是擔保品牌，如五糧液既為五糧春等本公司品牌，同時亦為其他品牌像金六福、京酒等提供擔保。戰略品牌是指對公司未來績效有重大影響的品牌。有兩點理由可以說明為什麼這些品牌具有戰略意義。首先，未來這些品牌能帶來可觀的銷售額和利潤額。這些品牌有的已經是主導性品牌（有時甚至是該領域中的品牌巨鱷），它們正打算維持或擴大其市場地位；有的雖然目前還很小，但正朝著成為主導品牌的目標邁進。其次，這些品牌可能是其他業務或公司未來發展成敗的關鍵。例如，IBM 公司將 OS/2 作為戰略品牌並不是看好其潛在的銷售前景，而是考慮到未來 OS/2 主導 IBM 電腦產品線的操作平臺的能力。如果其他操作平臺（如微軟的 Windows 視窗系統）成為標準的操作平臺，那麼 IBM 在硬件及應用軟件業務領域將處於下風。為了完成戰略品牌的使命，公司應不惜一切代價滿足其對資源的需要。然而，遺憾的是 IBM 並沒有這樣做。子品牌是指在品牌系統中用於區別產品線中不同產品的品牌。子品牌既可以是描述性品牌（表明產品的類別、特徵、目標市場、功能等信息），也可以是驅動性品牌。例如「海爾小王子」冰箱利用小王子這一描述性子品牌將這一產品與海爾的其他產品區別開來；而「海爾」本身是海爾集團的子品牌，也是其驅動性品牌。銀彈品牌，又稱進攻品牌，是指能夠用於支持或改變母品牌形象，具有重要戰略意義的子品牌。品牌中的銀彈並不難發現。索尼 Walkman（步行者）支持了索尼在小型化創新品牌中的核心識別，Jordan（喬丹）深受籃球運動愛好者的喜愛，還有馬自達的 Miata（萬事得）、道奇的 Viper（蝰蛇）、福特的 Saturn（土星）以及梅塞德斯 206，都對其母品牌起到了 Silver Bullet（銀彈）的作用。

3. 企業品牌與產品品牌的關係

企業品牌與產品品牌的關係可以分為以下三類：產品品牌完全獨立、企業品牌作為來源品牌、企業品牌作為擔保品牌。

（1）產品品牌完全獨立。這是指企業在產品包裝與廣告上不出現企業品牌，即不讓消費者知道企業品牌與產品品牌的關係。採用這種策略的情形一般為：企業品牌的聯想對於產品品牌的推廣沒有什麼幫助；企業品牌的聯想不利於產品品牌的推廣；產品品牌需注入獨立的個性。

（2）企業品牌作為來源品牌。當企業品牌與該產品品牌提供的某些核心價值一致時，企業可以利用品牌認可策略將企業的品牌形象轉移給該品牌。

（3）企業品牌作為擔保品牌。只要企業品牌與該產品品牌的形象不會發生衝突，即使它們提供的核心價值是不一樣的，企業還是可以運用品牌認可策略，讓企業品牌為產品品牌提供支持和信譽保證。

4. 品牌組合及系列品牌內各品牌之間的關係

當企業一條產品線內擁有多個品牌時很容易使消費者產生混淆，因此，企業需要明確各個品牌的在品牌組合中的作用。我們一般將品牌組合中各個品牌歸為四類：主力（Bastion）品牌、側翼（Flanker）品牌、進攻（Fighter）品牌和威望（Prestige）品牌。品牌組合中的不同品牌用於滿足消費者的不同需求，品牌產品的定價也可能各不相同。品牌組合的實質在於，企業利用其他品牌保護其經濟效益最好的品牌不受競爭者的襲擊。我們將企業獲利能力最強的品牌稱為主力品牌。主力品牌基於的是溢價策略。從品牌附加值的角度來說，主力品牌在消費者眼中的質量高、性能好，而且還具有較強的精神內涵。在企業同一產品類別的所有品牌中，主力品牌帶來的利潤是最高的；通常還是品牌組合的所有品牌中市場佔有率和銷量最高的。簡而言之，主力品牌可以說是企業最寶貴的品牌，保護好主力品牌是極為符合企業的利益的。側翼品牌存在的目的是為了在主力品牌周邊市場裡建立一道防線，預防行業內其他競爭品牌直接進攻主力品牌的市場；而對利潤的追求成為其次要的目標。例如，在可口可樂公司的品牌組合中經典可樂是公司的主力品牌，而冰露、雪碧、美汁源、酷兒等則屬於側翼品牌。進攻品牌，顧名思義是同競爭品牌針鋒相對並與之爭奪同一目標顧客群的品牌。進攻品牌大多情況下會直接針對競爭品牌在同一目標市場上推出與其相同或相近的產品、價格、服務等營銷策略。威望品牌的目標消費群體極為有限，主要滿足的是消費者對高品質和奢侈的需求。威望品牌基於的是威望策略，其產品在消費者眼中質量高、價格貴，通常能顯示消費者身分，同時也能夠提升企業品牌的形象。

系列品牌是由一組相互聯繫的品牌組成的，通常這些品牌名稱中都有一些相同的詞語，如惠普的 Jet 系列就包括了 Desk Jet（家用噴墨打印機）、Laser Jet（激光噴墨打印機）、Office Jet（辦公噴墨打印機）、Fax Jet（傳真噴墨打印機）以及 Design Jet（設計用噴墨打印機）等產品品牌。企業一方面要為這些品牌確立共同的核心識別，這樣才能保持系列品牌內各品牌的相互協調，從而相互提升品牌形象；另一方面，還要為各個品牌確定各自的延伸識別，應注意一定要保證這些延伸識別與共同的核心識別兼容。

二、品牌管理組織模式

誰負責品牌的管理呢？在許多企業裡問及這一問題時，我們得到的回答是：沒人負責！或者是老闆負責！抑或是有很多人在負責！但是這些負責人各自的目標不同，如在惠普公司有數以百計的經理人員在各自的業務領域裡對惠普品牌負責，另外，在不同的國家開展市場營銷活動又增加了一層複雜、額外的惠普品牌負責人。事實上，企業應建立專業化的品牌管理部門，專門負責品牌管理工作，以保證品牌

資產的保值增值，因為品牌是企業最寶貴的無形資產。以下介紹幾種適合不同企業的品牌管理組織模式。

(一) 品牌經理制

品牌經理的角色最早是由寶潔公司於 20 世紀 30 年代引入的，當時的品牌經理們的職責僅限於管理那些有明確業務範圍的品牌。該種做法迄今仍在一些品牌體系較為複雜的企業中普遍運用。品牌經理們在傳統上就所負責的品牌承擔戰略和戰術層面上的責任。品牌經理要負責品牌識別、品牌定位、品牌診斷、爭取維護品牌價值所必需的投資、確保品牌推廣同品牌形象保持一致，以及與品牌有關的、其他的內外部溝通協調工作。例如，在上海家化，每一個品牌均由專人專職負責，也就是我們所說的品牌經理負責制。品牌經理是一個品牌的核心、靈魂，也是整個家化營銷管理工作的核心，他們是公司各個部門之間的紐帶，也是公司各個職能部門與市場和消費者之間的橋樑，被稱為「小總經理」[①]。

(二) 品牌資產經理制

品牌資產經理，有時也簡稱品牌經理，負責同創造和維持品牌資產價值有關的工作。由於從日常的、繁瑣的品牌戰術管理工作中解脫出來，品牌資產經理能夠潛心於品牌營銷戰略的制定和對品牌價值的考量；而品牌營銷戰略的具體執行工作就落到那些專注於戰術層面的經理頭上或者是職能部門頭上了。有些大型公司，如寶潔公司將品牌戰略從市場營銷活動中分離出來，交給品牌資產經理負責。

(三) 系列品牌經理制

有時同一個產品類別擁有多個品牌，而單一品牌經理大多情況不會從戰略視角出發考慮品牌組織問題，這往往導致同類品牌之間相互蠶食。企業設立系列品牌經理（又稱為產品大類經理）就可以從品牌組合的高度去管理單個品牌，最大限度協調各戰略業務單位（公司內部管理一般按照產品線來組織內部管理）之間的關係，從企業全局高度提高品牌資源的利用與管理效率。系列品牌經理的工作包括制定一個能被所有人接受的通盤的品牌營銷戰略，確保子品牌與系列品牌的核心識別保持一致等。例如，卡夫食品在中國市場上推出的餅干系列品牌有奧利奧、鬼臉嘟嘟、趣多多、樂之、太平等。為了協調各個品牌之間的市場及利益競爭關係，卡夫食品公司設立了系列品牌經理。

(四) 全球品牌經理制

對於跨國公司來說，為了保持品牌營銷戰略在全球範圍內的一致性，有些公司還設立了全球品牌經理。他負責形成一個全球範圍的品牌識別，與各分支機構的經理溝通並推動那些最好的做法，確保每一國家的分公司、子公司及分支機構都忠實地執行同一的品牌營銷戰略，並鼓勵跨國品牌營銷活動在目標上的一致性和協調效

[①] 羅雯，何佳訊. 上海家化——本土品牌突圍之路 [J]. 企業管理，2005（4）.

應。譬如，在 IBM，全球品牌經理被稱為品牌管理員，反應了這一職位在塑造和保護品牌資產中的作用。而在斯米諾伏特加（Smirnoff Vodka）這一著名都市品牌中，全球品牌經理就是皇冠斯米諾（Pierre Smirnoff）公司總裁。在另一著名品牌哈根達斯中，全球品牌經理是該品牌的主要市場——美國的品牌經理。

（五）公司高層

在中小企業裡，企業總經理就是企業品牌的負責人，所有可能將品牌置於危險境地的決策都要徵求他們的意見。CEO 有權力跨業務單位阻止存在風險性方案的實施，並且可以在任何時間、任何地點提供必要的資源支持。還有些公司讓每一個公司高層管理人員負責一個品牌，如雀巢公司。這些高層主管的職責和品牌資產經理們相似，他們負責品牌戰略的制定以及跨國業務之間的品牌戰略協調工作。

（六）品牌管理委員會

品牌管理委員會屬於企業的臨時性組織，即召集相關單位人員共同商討解決品牌問題的方案以致解決問題的制度安排。例如，惠普公司就有一個由溝通主管組成的品牌資產委員會，這些溝通主管代表惠普的不同部門，他們的任務是為惠普品牌制定品牌識別與定位，並確保該定位得到有效溝通，並在打造品牌的活動中保持各部門之間的合作與協調。浙江新昌的大佛龍井在國內享有很高的知名度和美譽度。為保護品牌的良好形象，新昌市政府成立了大佛龍井品牌管理委員會，全面負責管理「大佛龍井」品牌，貫徹實施大佛龍井綜合標準，對經營大佛龍井的茶商進行資格認定。

除了由公司內部人員負責管理品牌外，一些大公司還定期聘請廣告代理公司或品牌諮詢管理公司等外部獨立機構來協助管理品牌。實際上，最好的品牌管理者可能正是這些外聘公司的職員。他們接觸了許多品牌，具有豐富的品牌管理知識和經驗，有自己獨到的見解，尤其作為企業外部人，能夠更客觀地反饋他們所發現的品牌存在的各種問題。

專欄：小故事·大啟示

上海家化品牌經理制的困擾

上海家化從 1992 開始一直是以品牌經理制度來運作企業品牌、新產品開發和市場營銷等。這樣的制度讓企業經受了市場化的考驗和全球品牌的衝擊，獲得了很多成功的品牌。但是 12 年下來，企業感覺目前品牌經理在作用上的發揮由於組織流程和架構的設計受到了一些拖累。拖累的主要來源在於新產品開發過程中的協調工作。在新產品開發上，產品從概念到發展到計劃書出來，品牌經理花了很多精力，有時候品牌經理 80% 的精力都用到了內部協調上去，而這種協調其實是低效率的，不僅是低效率的，而且是低效果的。品牌經理花的時間很多，但是做不成什麼事情。他們要協調研發部門、生產部門、採購部門、計管部門。由於品牌經理大部門精力都用於不是戰略性的，甚至不是戰術性的，而是日常性的一些協調和溝通上面，他們沒有太多時間去思考戰略行為。比如，品牌的規劃、傳播的主題、媒介形態的變化、

消費者媒介接受習慣的變化、競爭對手的變化情況、整個行業的走向，所有這些東西品牌經理都只用20%的精力去做，這些都是重大的戰略性問題，但是品牌經理花的時間卻是最少的，那麼結果就可想而知了。所以，上海家化這次改革就涉及這個層面，對品牌經理的職責和角色進行重新定位，使品牌經理負責品牌的戰略發展規劃、發展一個品牌的概念，並根據品牌發展戰略規劃去尋找市場機會，然後把產品的發展方向制定好以後就轉由企業研發部門來負責。這樣一來，品牌經理就可以更多關注一些市場動作。品牌經理另一個工作就是日常的與銷售部門的配合工作。這樣的話，品牌經理才能把大部分精力放到能夠創造價值的工作上去，而不是一些低價值創造的工作。這應該說是對於人才利用的一個優化，也是對組織結構的優化。這種優化反應在研發上，品牌經理就被解放出來，接下來企業將進入家化品牌經理制的第二個發展階段。

本章小結

品牌營銷戰略是企業總體戰略中的基礎性戰略。現代市場營銷的核心是品牌營銷。品牌管理包括品牌定位、品牌推廣、品牌維護和品牌增值四個方面的基本內容。培育品牌的正確途徑是D·R·E·A·M。品牌營銷戰略（Brand Strategy）是指企業為了提高品牌競爭優勢，通過分析外部環境與內部條件，所制定的總體的、長遠的、綱領性的品牌發展規劃。品牌營銷戰略帶有全局性、長期性、導向性、系統性和創新性等特徵。品牌營銷戰略的主要內容包括品牌戰略分析，確定品牌發展願景；選擇品牌架構；制定品牌識別系統；建立完善品牌管理組織；培育品牌觀念，實現全員品牌管理。品牌營銷戰略的選擇模式主要有三種：統一品牌戰略、組合品牌戰略和複合品牌戰略，每種戰略具有不同的特點和適應性，企業可結合行業和自身實際狀況加以選擇。

品牌管理的內容分為單一品牌管理和品牌體系管理兩個層次。單一品牌的管理過程分為品牌診斷、品牌規劃和實施與監控三個階段。品牌體系管理要明確每個品牌的角色，處理好企業品牌與產品品牌、品牌組合及系列品牌內部各品牌之間的關係。品牌管理組織模式有品牌經理制、品牌資產經理制、系列品牌經理制、全球品牌經理制、公司高層、品牌管理委員會。此外，企業還可以委託廣告代理公司或品牌管理諮詢公司協助管理品牌。

[思考題]

1. 如何理解品牌營銷與傳統營銷之間的關係？
2. 什麼是品牌管理？培育品牌有哪些步驟？
3. 簡述品牌營銷戰略及其內容。
4. 統一品牌戰略有哪些優缺點？其適用條件是什麼？
5. 品牌組合戰略有哪些優缺點？其適用條件是什麼？
6. 主副品牌戰略有哪些優缺點？其適用條件是什麼？

7. 品牌管理的內容是什麼？
8. 什麼是品牌經理制？
9. 品牌管理組織模式主要有哪些？

案例

狂奔的玉米——成都昌盛鴻笙食品公司品牌之路[①]

「如果不是15年前的靈光一現，也沒有現在的風起雲湧。」成都昌盛鴻笙食品有限公司（以下簡稱為「昌盛鴻笙」）董事長劉青山喃喃說道。回顧十多年來公司的成長歷程，劉總不禁感慨萬千；面對當前企業困境，又不禁心生凜凜寒意……

一、公司經營理念

1. 創業

20世紀90年代末，劉青山毅然辭去某家國有商業銀行信貸部經理職務投身到食品行業。剛開始創辦企業的時候，他只是想著養家糊口，獲得個人尊嚴和社會尊重。沒想到，一干就是15年。15年的執著和酸甜苦辣給劉青山帶來了各種榮辱，而15年的風雨兼程也使企業像孩子一樣長得越來越大。

中國幾千年來的農耕文化，讓中國人更加懂得營養均衡、粗糧食品的重要性。據統計，中國粗糧方便食品市場規模超過500億元，但粗糧方便食品人均消費量不足發達國家的10%。安全、衛生、營養、高品質的天然農作物製品是粗糧食品行業發展永恆的主題，滿足了人類的健康需求；這正是昌盛鴻笙立業的初衷和未來發展的基礎。

2000年劉青山創辦了成都市鴻笙食品有限公司，主要從事食品代理業務，並迅速成長為成都市知名食品代理商之一，最輝煌時期曾同時代理28家食品加工企業的產品。2003年他創辦了昌盛鴻笙，成功地從銷售代理商轉型為生產製造商——專業致力於方便粗糧食品生產和銷售一體的民營企業。同年，昌盛鴻笙首次自主研發生產的「蕎麥玉米片」產品問世，這種放入牛奶裡沖泡即食的新型食品，以方便、營養著稱，受到了消費者的熱捧。

2. 文化

「什麼是奮鬥？奮鬥就是每一天很難，可一年一年卻越來越容易。不奮鬥就是每天都很容易，可一年一年越來越難。拼一個春夏秋冬！贏一個無悔人生！能幹的人，不在情緒上計較，只在做事上認真；無能的人，不在做事上認真，只在情緒上計較。只有努力！明天才會更好！」這就是「鴻笙人」的價值觀。

淳樸、自然的成長環境練就了劉青山和「鴻笙」返璞歸真和充滿愛心的品牌精髓。「因為我是鴻笙，我賣的是健康！」始終是公司的經營理念。「原汁原味、零添加、高品質」一直是鴻笙品牌對顧客的莊嚴承諾和品牌價值體現。公司玉米種植基地引自然山泉水灌溉，施用農家有機肥，少施化肥少打農藥，鑄就了玉米原料的品質。

---

① 本案例由西南財經大學工商管理學院教授郭洪和成都昌盛鴻笙食品有限公司董事黃偉先生整理撰寫。

二、第一次開拓全國市場

2004 年公司開始用自己品牌包裝別人的產品，做了第一次全國市場拓展。拓展的結果是，公司當年虧損 400 多萬元，一下把劉青山打回了起點。公司不得不回到擅長的領域做貿易。全國市場的失敗讓劉青山認識到，依託於別人的產品，終究不是長久之計。於是，公司開始利用原有生產基地，謀劃創立自己的品牌和生產自己的產品，走上了漫漫創牌之路。

2009 年昌盛鴻笙在四川大邑縣工業開發區一舉拿下 110 畝（1 畝 ≈ 666.67 平方米）工業用地，正式開工建設工業生產第二基地。劉青山懷揣著品牌夢想，頭腦裡裝著多年粗糧玉米食品的銷售經驗，帶領機械、食品專家團隊，一邊搞土建施工，一邊設計安裝機器設備，居然發明創造出了國內唯一一條擁有 10 項國家專利、達到世界先進技術水平的玉米粉全自動生產線。通過團隊日夜拼搏，歷時短短的 5 個月，公司就建成了集生產、辦公於一體的現代化生產基地，並於 2010 年年初正式投產。

1. 領先的產品生產優勢

當然，劉總清楚知道自己的玉米粉全自動生產線的價值何在，核心技術在哪裡。該條生產線的除雜質技術能從成噸的玉米中篩除一根頭髮絲，同時剔除玉米中導致人體肥胖的澱粉；生產線的除菌技術能徹底清除玉米中的黃曲黴毒素；生產線的全封閉輸送系統使玉米粉在製成品之前與外界完全隔離，同時採用瞬時高溫高壓熟化加工工藝，做到防腐劑零添加；生產線無水加工，對環境無污染。最重要的是，這條生產線的生產處理能力，一天 24 小時全速開啟的話，能達到 600～900 噸的日處理能力，也就是說年粗糧製品最大生產能力可達 27 萬噸，折合產值 20 億～30 億元人民幣。劉總看著從生產線裡源源不斷湧出的高品質玉米粉，仿佛看見的是黃澄澄的「金沙」呈現在眼前。

鴻笙的玉米粉還具有極其領先的產品技術優勢。玉米粉主要提取玉米中的膠質部分，剔除胚芽及澱粉部分以減少脂肪含量、降低熱量，並通過添加天然的苦蕎、核桃、紫薯、紫玉等調整各類型單品營養成分比例，使產品能夠滿足消費者的不同需求。在製作工藝上，鴻笙摒棄了傳統的磨粉方法，採用國際上先進的超微粉碎法。該方法在粉碎過程中不會產生局部過熱現象，甚至可在低溫狀態下進行粉碎，速度快，瞬間即可完成，因而最大限度地保留了粉體中的生物活性成分，提高了產品的「色、香、味、形」，保持了原料純天然的屬性；而且在生產中堅持原色原味，不添加任何人工合成色素、香精、防腐劑、速溶劑、增稠劑等，真正做到安全、營養和健康。

2. 經營狀況

產能上去了，公司一年就可以生產 20 億～30 億元的產品。「怎麼把產品賣出去」成了擺在劉青山面前的問題。當然，對於起步就是做經銷的他而言，營銷推廣、搭建渠道是「老本行」，很快就解決了基本銷路問題。2011 年昌盛鴻笙銷售額達 2.75 億元，稅後淨利潤達 2,011 萬元；2012 年鴻笙銷售額達 3.33 億元，稅後淨利潤達 2,147 萬元。在 2013 年成都秋季糖酒會上，劉青山笑容可掬地迎接來自全國各地的 300 多位客商，共同見證公司 10 週年慶。而當年的銷售情況也沒有讓劉青山失望，那一年銷售額達到了 4.33 億元，稅後利潤達 4,370 萬元，昌盛鴻笙成為中國玉

米粉行業市場領導者。

但是，公司業績連續3年高增長並不能讓劉青山感到自豪：因為這個市場太大了，為什麼不能做得更大呢？在與管理團隊深入調研後，公司確定了加快品牌發展的總體思路：快速樹立全國性品牌、占領渠道，占據市場最大份額，持續鞏固粗糧市場龍頭企業地位。由此，第二次走向全國市場的戰役正式打響。

三、第二次全國戰役

對於快銷品行業來講，品牌相當於企業的「頭顱」，尤其是品牌知名度對說服和刺激市場需求有著重要作用；而產能、技術、渠道、資金則是企業的「內臟、四肢、軀幹」。那麼，首先應當解決的問題是品牌知名度。於是，公司在全國範圍內開始了打響「鴻笙」品牌知名度的廣告推廣活動。公司先後在中央電視臺1套、2套、3套和7套節目展開了為期4個月的廣告宣傳，同時在四川電視臺各套電視節目進行廣告轟炸，半年內就花了5,000萬元廣告費。與此同時，公司開展了具有前瞻性的全球商標註冊工作，在世界103個國家完成了「鴻笙」商標註冊，為商標權益保護和產品出口打下了堅實基礎。

在營銷渠道方面，昌盛鴻笙採取「商超＋經銷商」的渠道模式。商超渠道分兩類：一類是全面進入歐尚、沃爾瑪、家樂福、人人樂等全國性大型商場超市，鴻笙玉米粉進駐的全國各地大型賣場數量達到13,000家；另一類是紅旗連鎖、互惠超市等地方社區小型連鎖超市，鴻笙玉米粉在全國進駐的社區連鎖超市店鋪數量達2萬～3萬家。由此，鴻笙玉米粉擺上了全國幾乎所有的主流商超。

當然，公司為渠道建設付出了巨大的代價。大型賣場平均單店10個產品代碼進場費、品牌費約在2萬元左右。拋開經銷商費用，僅商超渠道一次性進場費就花費了公司2.6億元。

1. 競爭

顯然，玉米粉製品巨大的市場發展潛力不僅僅是劉青山一個人看到的，在全國市場拓展道路上，公司遇到了強大競爭對手的狙擊、圍剿。豆奶行業龍頭維維股份、芝麻糊領導品牌南方食品、黑牛食品等上市公司明顯洞察到了玉米粉、玉米汁等以玉米為主要原料製品的未來市場發展前景，紛紛推出各自的玉米製品，並利用現有網絡與「鴻笙」直面競爭。面對殘酷的市場競爭形勢，昌盛鴻笙依靠過硬品質的同時，還把各大商超、經銷商凝聚在一起，結為戰略利益夥伴。公司在各大賣場主推某一款產品進行低價促銷，並以高價進場費等條件將這些上市食品公司的玉米粉擋在商超貨架之外。最終，公司在銷售終端上又贏了一局。當然，代價也是殘酷的，公司在銷售渠道上又花了近億元，流動資金幾乎消耗殆盡。

歷經市場渠道的「白刃戰」，市場是站穩了，但戰役之後，總要有人來收割勝利果實。全國性的商超進駐、上萬家賣場的鋪貨，沒有銷售人員做最後一擊，把市場需求最終轉變成銷售收入，那將是功虧一簣的。於是，劉青山雄心勃勃地開始組建全國銷售隊伍，首期招募2,600人，準備進駐全國各地1,300家商超進行導購推銷。拋開營銷推廣及拓展費用，僅人力成本就需要每月1,000萬元。又一個問題來了，現在公司的流動資金還夠嗎？

2. 困境

為了占領全國市場和推廣「鴻笙」品牌，劉青山已將廠房、機器、房屋、車輛抵押用來貸款了，現在已沒有可用作抵押的資產。不過，好在還有一個多年苦心經營的東西：品牌。「鴻笙」品牌在如此大規模的投入下，早在2012年已被評為中國馳名商標，是目前中國玉米粉行業最具競爭力的品牌；而馳名商標是可以用作質押的無形資產。2014年年初，公司開始緊鑼密鼓地辦理商標質押貸款手續。按照貸款協議，公司將「鴻笙」商標質押給A、B兩家銀行，A銀行同意放貸5,000萬元而成為「鴻笙」商標的第一順位債權人，B銀行同意放貸3,000萬元而成為第二順位債權人。劉青山眼睜睜指望這8,000萬元流動資金進帳，通過註資盤活終端，公司銷售額將繼續翻番並全面贏下2,014這一年。

然而2014年年初，不景氣的消費市場使全國各行業倍感陣陣寒意。地產、高端餐飲、運輸、製造業都經歷了十多年從未遭遇的嚴冬，一些擔保公司、小貸公司因資金鏈斷裂而老板跑路的事件比比皆是。各大銀行風控部門迅速調整策略，嚴格審核各「非硬資產」抵押貸款項目，無實物資產作抵押的擔保貸款、信用貸款、品牌質押貸款等基本停頓，以前的貸款也只進不出。這樣，公司除收到B銀行1,000萬元的貸款之外，之前合同約定的7,000萬元剩餘品牌質押貸款也就沒戲了。

同時，傳統商超受經濟下滑影響和電子商務衝擊，再次把風險轉嫁給供應商。傳統商超付款週期常規是45~60天，但商超在2014年年底實際執行的週期變成了3~6個月。也就是說，供貨商流動資金之前一年可平均週轉6~8次，但現在只能週轉2~4次。持續嚴峻的市場形勢，使公司面臨創立以來最大的生存危機。

3. 出路在何方？

已經進駐的上萬家商超，本來該在這個時候提供源源不斷的銷售現金流，但是由於缺少現場導購人員的維護，幾乎形同虛設。在某些大型商場，鴻笙產品的月度銷售額甚至不到2,000元，大量的渠道建設成本正在沉沒。

內憂外患的時候，公司把期望放在了新上市的原生態「谷美滋」玉米汁飲料上。鴻笙「谷美滋」玉米汁堅持不添加人工合成色素、防腐劑、甜味劑，市場前途儼然光明。但「谷美滋」玉米汁成本比同行業飲料成本高出許多，產品不具有價格競爭優勢，實際市場銷量並不樂觀。一盒200毫升的鴻笙玉米汁在商超要賣5元左右，而同貨架的某涼茶僅賣2塊多錢。

接連的銀行和供應商催款、商超拖款、員工離職等各個危機壓在董事長劉青山身上，他也從一個宏偉戰略規劃者變成了一個消防滅火者。這個時候，放眼一望，除了自己的家人，還有多少人站在自己身邊一起戰鬥？他是個執著的人，他就不明白，為什麼自己多年苦心堅持的無添加食品那麼難賣，為什麼中國馳名商標和全國化銷售網絡不能貸到款，為什麼那麼多合作方、供應商翻臉不認人而只想收回自己的貨款。

2015年4月《速度與激情7》在中國大陸上映，各路豪車悉數登場，吸引著影迷的眼球。劉青山就像電影主角「多米尼克」一樣，駕駛著「鴻笙」品牌汽車一路狂奔。走到今天，這輛耗資數億元、凝結著公司全體奮鬥者15年心血打造的「大排量豪車」，卻連汽油都快沒有了，不得不放慢了前進的速度；「鴻笙」徘徊在發展道

路上最嚴峻的十字路口。這時候，掌舵人劉青山不得不再次思考「鴻笙」品牌的未來。

［討論題］

1. 「鴻笙」品牌定位能夠成為粗糧食品行業的市場「賣點」嗎？

2. 「鴻笙」品牌成為中國馳名商標付出了怎樣的代價？

3. 假設 A、B 兩家銀行如期給昌盛鴻笙發放了貸款，公司能夠取得渠道競爭戰役的最終勝利嗎？

4. 昌盛鴻笙陷入經營困境與公司採取的品牌營銷模式有何關係？

5. 結合品牌營銷戰略的相關知識，你認為公司應該如何規劃「鴻笙」品牌營銷戰略？

第五章　品牌識別

品牌理論從西方一傳入中國就受到了營銷界的熱烈追捧。可口可樂、奔馳、寶馬、蘋果、三星、微軟、麥當勞等一個個強勢品牌成為眾多企業的夢想,我們開始蠢蠢欲動,欲打造自己的「世界名牌」,因為我們自認為已從「西天」取到了品牌「真經」。於是,我們趾高氣揚地吹響創建世界強勢品牌的號角,當我們回頭檢視成果的時候,發現那些曾經輝煌一時的名字:愛多、太陽神、三株……在市場上早已沒了蹤影,留在我們記憶中的只有歲月衝淡的漸行漸遠的印象。是什麼原因令我們的「品牌夢」那麼遙遠呢?

原因在於有不少業內人士認為品牌戰略規劃和管理就是做做營銷策劃、發布廣告、開展公共關係和終端促銷活動而已。但我們認為,品牌戰略規劃的主要內容是提煉品牌核心價值,在此基礎上創建個性鮮明、聯想豐富的品牌識別系統,同時選擇適合自己的品牌架構以及協調、平衡品牌組合關係,以「咬定青山不放松」的韌勁,長期傳播品牌核心識別、核心價值,從而達到增加品牌價值的目的。

第一節　品牌識別及其元素

一、品牌識別及其含義

品牌識別(Brand Identity)概念是美國著名品牌管理專家大衛·艾克教授在《創造強勢品牌》一書中提出的。他認為,品牌識別是品牌戰略者們希望創造和保持的、能引起人們對品牌美好印象的聯想物。我們從定義中可以知道品牌識別是「聯想物」,目的是為了「引起人們對品牌的美好印象」。品牌識別是品牌營銷學中最重要的概念之一,深入理解其含義十分必要。

(1)品牌識別是企業主觀的願望,為品牌未來發展指明了方向。品牌識別反應了品牌締造者和規劃者的期望——自己的品牌未來成為什麼的美好願望,如蘋果品牌與史蒂夫·喬布斯、華為品牌與任正非、海爾與張瑞敏等,這些品牌成功與這些傑出的品牌創始人所設計的品牌識別是密不可分的;同時,正是這些偉大的品牌始終堅持和彰顯自身品牌識別才有了今日輝煌的成就。這裡,我們需要注意的是,品牌識別既然是人為設計的、主觀的東西,因而如何正確制定品牌識別就成為企業的一個戰略性選擇問題。

(2)品牌識別表達了企業對顧客的承諾。顧客之所以購買某品牌的產品,是因

為他們認同並希望得到該品牌提供的價值。品牌向顧客提供的價值，就是品牌的價值體現，它是品牌識別的重要組成部分。品牌所提供的價值是否符合顧客的需要、受到顧客的喜愛，企業成員是否能夠始終如一地實現品牌價值承諾，直接決定品牌的命運。

（3）對於每一個品牌而言，品牌識別是一個由多個要素構成的、相對持久的系統。關於品牌中哪些要素是能夠引起人們對品牌美好印象的聯想物，中外專家有不同的看法，表5-1列舉了部分專家對品牌識別內容的不同看法。本章採用學術界普遍認同的大衛·艾克提出的四維度理論，即品牌識別分為產品、組織、人和符號四大類識別，而各類識別又包含各自具體的識別元素，共計有12個方面的識別元素。

表5-1　　　　　　　　　　品牌識別的內容①

大衛·艾克	科普菲爾	翁向東
☆產品：品質、產品類別、產品屬性、用途/使用場合、使用者和來源/原產地 ☆組織：組織特性、本地化還是全球化 ☆人：個性、品牌與消費者關係 ☆符號：視覺形象、寓意和品牌資產	☆產品 ☆名稱的力量 ☆品牌特徵與象徵 ☆商標與標示 ☆地理性與歷史性的根源 ☆廣告的內容與形式	☆產品：類別、特色、品質、用途、使用者、檔次 ☆企業：領導者、理念與文化、人力資源、品質理念及其制度與行為、對消費者需求與利益的關注 ☆氣質：即品牌性格 ☆地位：市場佔有率、財力與資產規模、管理的先進性、技術領先性 ☆責任 ☆成長性 ☆創新能力 ☆品牌與消費者關係 ☆符號

二、品牌識別元素

（一）產品

人們常說，健康是1，事業也好，愛情也好，其他的所有東西都只是1後面的多個0而已，沒有了健康，事業、愛情對我們都是沒有意義的。對品牌而言，產品就是1，沒有高品質的產品，沒有能夠給消費者帶來價值的產品，品牌的其他方面都只能是沒有意義的0。產品是品牌識別的主要載體，而品質識別又是產品識別的基礎。所以，企業規劃好產品層面的識別內容對於提升品牌資產尤其重要。產品識別元素主要有以下六個方面的內容：

---

① ［美］戴維·艾克. 創建強勢品牌［M］. 李兆豐，譯. 北京：機械工業出版社，2012：51-52.
KAPFERER, J N. The New Strategic Brand Management［M］. Great Britain, 2008：182-183.
翁向東. 本土品牌戰略［M］. 杭州：浙江人民出版社，2005：94.

1. 品質

許多品牌都將產品質量作為自己品牌的核心識別元素。強勢品牌的一個共同特徵就是擁有卓越的產品品質。每個企業都知道質量是品牌的生命，因此品質識別是品牌識別的基礎。企業要做好這項工作必須注意以下幾點：

第一，堅持「質量第一」方針。企業必須讓全體員工深入理解並貫徹執行該方針，同時還必須有相應的制度和組織機構來監督執行該方針。

第二，樹立品牌的全面質量觀。品牌品質的含義是全方位的，它包括產品質量、工作質量和服務質量。工作質量是產品質量的保證，而產品質量是工作質量的結果。服務質量也是創立品牌與發展品牌的關鍵，服務質量是否全面細緻，直接影響到顧客的忠誠度，高質量的服務已成了品牌競爭的主要優勢之一。正是因為如此，許多知名品牌企業皆不遺餘力地強調服務質量，例如，海底撈始終做到顧客至上，強調為顧客提供「貼心、溫心、舒心」的全方位服務；海爾也正是憑藉「五星級服務」走在了全球家電企業的前列。

第三，追求產品品質要持之以恒。國外的市場營銷研究證明，一個品牌要成為行業的領導品牌或強勢品牌，需要數十年的努力，實踐也證明了這一點。施樂複印機歷經 15 年才創出品牌，西爾斯兄弟公司的速溶咖啡歷經 32 年才成就品牌。因此，世界上眾多品牌企業都十分強調長期追求卓越的產品質量。IBM 公司追求「盡善盡美」，德國寶馬汽車公司追求的質量宗旨是「力臻完善，永不罷休」。無論是產品質量還是服務質量都應全力杜絕失誤，一旦出現重大失誤，品牌形象必定受到嚴重損害，樹牌難，毀牌可是瞬間的事。

第四，準確理解高品質的含義。一般情況下，品質越高，品牌形象越好。但是，也應該注意到，這裡我們強調的高品質是指適當的品質，即與品牌承諾和品牌定位相匹配的品質。原因在於，產品質量要求越高，加工難度越大，成本也就越高，過高的質量，特別是相對消費者的需要來說冗餘的質量只會徒增產品的成本乃至價格居高不下，降低品牌市場競爭力。

第五，彰顯消費者身分、地位的品牌，或者企業品牌聲譽的品牌，如奢侈品品牌和企業的聲望品牌，要以優異突出的品質為基礎，配套高端營銷組合，突出這類品牌的產品檔次，以便同消費者的身分和地位相一致。值得注意的是，這類品牌嚴禁向下延伸。

2. 產品類別

品牌的產品類別識別是指一提到某一品牌，消費者就會聯想到它是什麼產品。例如，當有人提到聯想，人們馬上會想到電腦；提到勞斯萊斯時，人們馬上會想到高檔轎車。當某個品牌的產品類別特別突出時，消費者一旦需要購買這類產品馬上就會聯想到該品牌，並理所當然地進入他們的購物清單。可見，從產品到品牌的聯想遠比從品牌到產品的聯想要重要得多；讓消費者在提到長虹時想到電視機，遠沒有讓消費者在需要購買電視機時想起長虹更重要。所以，品牌同產品類別建立起牢固的聯繫意味著當顧客看到這種產品時，就會回憶起這個品牌的特徵；即是說，企業在目標顧客心中建立自己品牌和產品類別之間的聯繫對於促進產品銷售是非常重要的事情。

但是，事物都有兩面性，如果品牌的產品屬性與產品類別聯繫過於突出，那麼也將限制該品牌的延伸能力。例如，「榮昌肛泰，治痔瘡，快！」這句廣告詞知名度相當高，可是，試想一想，「榮昌」二字還能延伸到其他類別的產品上嗎？有人說，食品不行，藥品總行吧！那麼，請問有哪位消費者願意服用「榮昌牌」感冒靈或「榮昌牌」急支止咳糖漿呢？

3. 產品屬性

產品屬性，也稱為產品性能，是指產品性質能夠滿足目標顧客需要的能力，這些性質表現在產品的功能、質量、價格、服務等方面。如果某品牌對應的產品功能強、質量優、價格合理、服務周到，那麼該產品就會受到顧客的熱捧。產品屬性既可以為顧客提供功能性利益，有時還能提供情感性利益，如蘋果公司在產品開發階段就十分注重產品設計的人性化，體現了對顧客無微不至的關懷，由此公司取得了眾多品牌忠誠者的擁戴。

4. 用途/使用場合

由於生活中人們需要在不同的場景下使用適合的東西，比如出去旅遊時需要穿著休閒的服裝，在正式的社交場所需要「著正裝」。而某些品牌成功地擁有了特定的用途，如李維（Levi's）品牌的牛仔服系列產品在美國總是與度假休閒聯繫在一起的，而雨果博斯（Hugo Boss）西服在消費者心中總是同社交場合聯繫起來。再比如，泰國的紅牛功能性飲料（Red Bull）適合於「累了，困了，喝紅牛！」的場合，而星巴克（Starbucks）咖啡屋則為年輕的城市職場人士提供了一個溫馨的放鬆場所。

5. 使用者

一些品牌識別是建立在使用者形象或者類型之上的。如我們熟悉的金利來（Goldlion）服飾號稱是「男人的世界」，一直以性感影星明星瑪麗蓮·夢露（Marilyn Monroe）做品牌代言人的花花公子（Playboy）品牌服飾則滿足了那些成功的風流人士和嬉皮士的需要。

6. 原產地

原產地或來源地一般是指作為商品而進入國際貿易流通的貨物的生產地、製造或產生實質改變的加工地。一些國家或地區由於在某類產品中擁有品質優勢的傳統，而被世界公認為該品類產品的原產地。例如，法國波爾多地區出產的紅葡萄酒、瑞士製造的手錶、義大利加工的皮具、出自德國的啤酒和俄國的紅牌伏特加，等等，都被世界各國消費者所推崇。因此，一個具有戰略性的選擇策略是將品牌與一個能夠為品牌增加信譽的國家或地區（即原產地）聯繫起來。

（二）組織

企業是生養品牌的土壤，它賦予了品牌最初的品性、文化和期望。任何產品都或多或少地具有一定的企業聯想，即從品牌到企業的聯想，這種聯想可以成為品牌識別的一部分。因而，作為組織聯想的品牌是將品牌識別重心放在企業的組織特性上，而不是單個產品上，尤其是，對於使用統一品牌戰略（企業名稱作為該企業所有產品的品牌名稱）的企業來說，組織聯想——組織特性和發展歷史作為品牌識別元素的意義顯得十分重要。

如果企業把品牌識別成功地建立在組織聯想上，就能夠形成持續的、難以模仿的競爭優勢。這是因為技術進步速度不斷加快和市場競爭日益激烈，企業在某個特定時期的「暢銷品」的生命週期越來越短，就像飛利浦、諾基亞、摩托莫拉等品牌手機都曾經是手機市場上的「暢銷品」一樣。智威湯姆遜廣告公司的史蒂芬・金說：「未來的企業品牌將是唯一成功建立新品牌的方式……隨著科技影響力的不斷增加，人們越來越少依賴對單一產品的評價。」大衛・艾克同樣認為，「仿製一種產品比複製一個擁有特別的員工、價值觀和活動的組織簡單得多。」因此，企業超越產品層面而從企業組織層面建立品牌識別是必要的、有價值的事情。

那麼企業如何來建立自己的組織聯想呢？下面我們結合組織聯想提供品牌價值的過程圖 5－1 和專欄「波蒂商店有原則地盈利」來詳細闡述該問題。

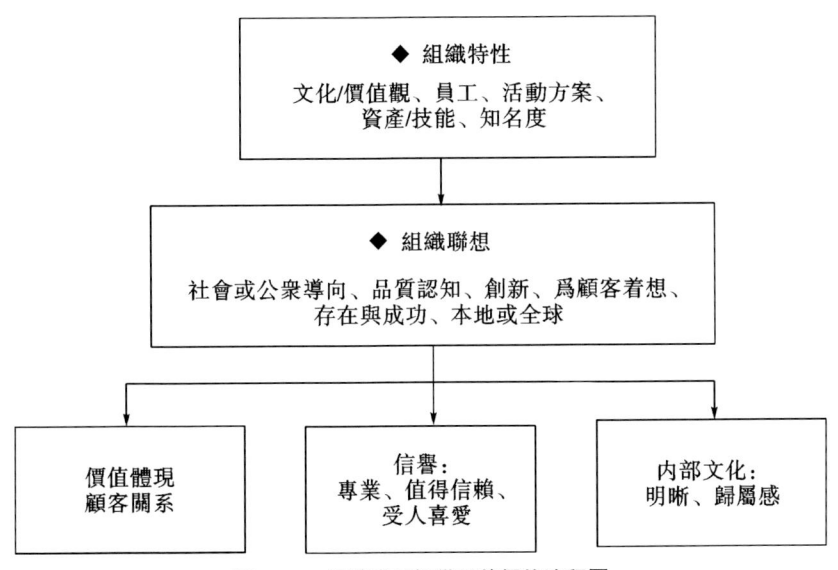

```
◆ 組織特性
文化/價值觀、員工、活動方案、
資產/技能、知名度
         ↓
◆ 組織聯想
社會或公眾導向、品質認知、創新、為顧客著想、
存在與成功、本地或全球
    ↓         ↓           ↓
價值體現    信譽：      內部文化：
顧客關系   專業、值得信賴、  明晰、歸屬感
           受人喜愛
```

圖 5－1　組織聯想提供品牌價值流程圖

首先，我們要搞清楚建立組織聯想的前提條件是什麼？我們的企業是否具備這些或者主要的條件？企業將品牌形象部分建立在品牌背後的組織上，基本前提是該組織要擁有屬於自己的文化/價值觀、員工、活動方案、資產/技能和企業知名度。建立組織聯想的企業，必須要有明確的、市場導向的企業文化和價值觀；作為企業的員工必須認同企業的價值觀，並將其踐行於各自的工作與行為之中；同時，企業應當精心設計一整套活動方案並結合企業資產與技能來實現自己的經營理念，這樣企業才能在顧客、社會中建立起獨特的組織聯想，獲得企業的社會知名度。

其次，企業應根據自己的文化/價值觀、員工素質、資產/技能等實際情況，選擇並確定組織聯想究竟應該是什麼的問題。組織聯想可以來自許多方面，主要有社會導向、品質認知、創新、為顧客著想、存在與成功、本地或全球等。

最後，組織聯想體現了企業存在的價值、企業/品牌與顧客的獨特而牢固的關係基礎，為企業/品牌建立「專業、值得信賴、受人喜愛」的社會信譽；反過來，這些成就使

得企業文化/價值觀在企業內部成員中更加明晰,滿足和強化了員工組織歸屬感的需要。

專欄:小故事·大啟示

波蒂商店有原則地盈利

波蒂商店(Body Shop)是一家打破陳規的皮膚和頭髮護理品的國際生產和零售商。1976年,安妮塔·羅迪克(Anita Roddic)在英國布萊頓開設了第一家店,從而開始了這家商店的生命之旅。當時,眾多化妝品品牌的識別都是迷人的使用者形象,以及超強功能、感性利益,並通過鮮亮的包裝和強大的廣告攻勢傳遞這些信息。波蒂商店與之完全相反,從不做天花亂墜的廣告。「有原則地盈利」的經營哲學一直是該公司差異化營銷的巨大動力。

波蒂商店產品開發的獨特方式,部分源於其歷史。許多世紀以來,全世界的居民都使用天然產品護理肌膚與頭髮,我們為何不利用一些這方面的知識,細細提煉,製造天然產品,然後提供給他人呢?波蒂商店在產品開發中沿用了這種構想,開發出諸如可可油潤膚露、黃瓜洗面奶、蜂蜜燕麥磨砂面膜等產品。

波蒂商店採用來自工業欠發達國家的原料,不僅為其產品構想提供了獨特的源泉,而且還產生了為改善這些國家生活狀況所急需的工作機會和資源。例如,巴西堅果護髮素和雨林牌沐浴露的原料,都來自亞馬孫熱帶雨林的印第安人煉製的巴西堅果油。在尼泊爾,波蒂商店利用水生風信子造紙。這樣形成的關係——建立在波蒂商店「貿易,而不是幫助」的原則上——為第三世界創造了許多謀生的機會。

隨著波蒂商店及其產品的發展,其反浮華、反浪費、天然原料的經營哲學也一直保持下來。波蒂商店在產品開發上堅持不使用動物做試驗,而簡單實用的包裝使人回憶起20世紀60年代毫無浪漫色彩可言的無尾翼大眾甲殼蟲汽車,童叟無欺的銷售人員以及波蒂商店創新產品的信息手冊,均為顧客提供了公司產品和目標的信息。

也許波蒂商店最大的差異化特色,在於其對社會和環境變化的追求。對社會責任的熱情滲透在公司文化的每個角落。波蒂商店採取切實行動,開展了一系列令人矚目的、有意義的活動,包括反對動物試驗、援助經濟落後地區、幫助拯救雨林以及倡導回收利用。波蒂商店店規提醒員工「目標和價值觀與我們的產品和利潤同樣重要」「波蒂商店有自己的精神——不要失掉它」。員工被看作這個大家庭中的一員,通過培訓課瞭解有關產品和環境的問題,積極參與教育他人等各項活動。

這種獨一無二、全心全意的姿態使得公司獲得了真正能夠吸引顧客產生忠誠的差異化。波蒂商店的顧客都傾向於關心周圍世界,並希望更多地參與周圍的活動。在波蒂商店購物就是顧客參與周邊世界的一種方式——並通過這種方式表現自我。顧客在這家商店購物,與銷售人員交流,使用可再利用的容器,以及支持環境保護等行為,為商店和顧客之間架起了一座橋樑,為顧客提供了「活力與熱情」的感受。

專欄中,波蒂商店價值觀是「有原則地盈利」,這些原則集中表現在「社會導向」的組織聯想方面,即發揮企業作為社會一員應盡到的責任,從而贏得了顧客和社會的尊重。波蒂商店的社會導向原則體現在企業及其員工的一整套「活動方案」中,如採用來自工業欠發達國家的天然原料生產皮膚和頭髮護理品,以實際行動拯救熱帶雨林,反對使用動物做試驗,倡導使用簡單實用的產品包裝及回收利用產品

包裝，以及鼓勵員工參與保護社會、環境的活動等。這些活動進一步增強了波蒂商店與其顧客自己的關係，為品牌贏得了信譽，使得商店員工感受到社會使命感、責任感，增強了企業凝聚力。

(三) 個性

1. 品牌個性及其衡量尺度

品牌個性（Brand Personality）是品牌的擬人化，是一個特定品牌所擁有的一系列人性特徵。品牌個性可以使品牌認同感更豐富、更有趣。和人一樣，品牌也會有各種不同的認同和「牌格」，例如真誠、值得信賴、風趣幽默、青春時尚、有文化修養，等等。鮮明突出而又符合目標消費者心理需要的品牌個性是某個品牌的一項持久的競爭優勢。品牌個性可以從多個方面來提升品牌識別，建立和強化品牌與消費者之間的關係。首先，品牌個性是使用者表達認同的工具，個性越鮮明，自我表達越清晰；其次，品牌個性加深了品牌戰略家對顧客關於品牌的感受和態度的認識，從而有助於指導企業的溝通活動；最後，品牌個性有助於品牌識別實現差異化。

我們通過調查發現，可口可樂和百事可樂的人格可以分別描述如下：可口可樂，40歲左右，已婚，樂觀進取、積極向上，打扮成熟，熱愛生活，關注時事新聞，喜歡跑步和網球等運動。百事可樂，20～30歲，未婚，性格外向、活潑、勇於嘗試，打扮新潮、前衛，關注流行時尚，喜歡足球、舞蹈等運動。同樣是可樂，在消費者眼中的形象卻各不相同，可口可樂是一個中年化品牌，而百事可樂是一個年輕化的品牌。這也就是為什麼時尚前衛的年輕人越來越多地選擇百事可樂。

品牌管理專家大衛·艾克在其著作《創建強勢品牌》中介紹了一項衡量品牌個性的研究成果。他使用品牌個性尺度（Brand Personality Scale，簡稱 BPS）對美國1,000位受訪者、60個具有明確個性的品牌和114項個性特徵展開調查，這項研究總結的5大個性要素「純真、刺激、稱職、教養和強壯」幾乎可以解釋所有強勢品牌之間的差異（達93%）。上述要素可以將許多品牌的個性描述得很好，例如，海爾、柯達在真誠這一要素上非常明顯，而李維斯（Levi's）、耐克在粗獷強壯這一個性上表現明顯。每個個性要素又可以分為幾個不同的層面，他們都有各自的名稱。表5-2詳細列出了品牌個性測量標準的十五個層面及其特點。[①]

表5-2　　　　　　　　　　　品牌個性尺度

五大個性要素	層面	特點
真誠 （如海爾、柯達）	純樸	以家庭為重的、小鎮的、循規蹈矩的、藍領的、全美國人民的
	誠實	誠心的、真實的、道德的、有理想的、沉穩的
	有益	新穎的、誠懇的、永不衰老的、傳統的
	愉悅	感情的、友善的、溫暖的、快樂的

---

① DAVID A AAKER. Building Strong Brands [M]. New York: The Free Press, 1996: 144.

表5－2(續)

五大個性要素	層面	特點
刺激 (如蘋果、保時捷)	大膽	時髦的、刺激的、不規律的、煽動性的
	有朝氣	酷酷的、年輕的、充滿活力的、外向的、冒險的
	富於想像	獨特的、風趣的、令人驚異的、有鑒賞力的、好玩的
	新穎	獨立的、現代的、創新的、進取的、積極的
能力 (如工商銀行、IBM)	可信賴	勤奮的、安全的、有效率的、可靠的、小心的
	聰明	技術的、團體的、嚴肅的
	成功	領導者的、有信心的、有影響力的
精細 (如梅賽德斯·奔馳)	上層階級	有魅力的、好看的、自負的、世故的
	迷人	女性的、流暢的、性感的、高尚的
粗獷 (如李維斯、耐克)	戶外	男人氣概的、活躍的、運動的
	強韌	粗壯的、強壯的、不思蠢的

上述十五個層面的個性揭示了企業在塑造品牌個性時可供選擇的策略。例如，一個真誠個性的強勢品牌可以強調品牌的誠實個性，而不是大膽；一個重視刺激個性的品牌可以選擇大膽，而不是誠實。雖然說個性要突出鮮明，但凡事應有一個度，鮮明的個性迎合了一部分消費者的心理，但也會妨礙其他潛在顧客對品牌的選擇。例如，高價位的品牌產品常給人一種世故的感覺，因而要調和這種個性的負面效應，企業可利用大眾化的幽默感，嘲諷自己，從而軟化個性中尖銳的部分。

專欄：小故事·大啟示

哈雷·戴維森（Harley Davidson）的故事

在美國，哈雷是一家非常健康的公司：它每年售出接近10萬輛摩托車。有超過25,000位顧客分別屬於800多個哈雷所有者集團（H.O.G.）支部。H.O.G.的成員每兩個月收到一份時事通訊，參加每星期或每月會議以及由經銷商贊助的摩托車旅行。「哈雷女士」子團體則由哈雷擁有者中10%的女性組成。哈雷每年大約有42場州拉力賽以及一系列全國俱樂部拉力賽。1993年6月，2萬多名H.O.G.成員外加8萬多名各式各樣的哈雷迷，來到密爾沃基（Milwaukee）參加公司90週年慶典。

一名摩托車手將駕駛哈雷摩托描述為「一種獨特的體驗……投入天空的懷抱，進入戶外……不同的味道……特別的經歷……傾斜然後轉彎……（我）喜愛靈活和自由的感覺」。

俄勒岡州的兩名調查者揭示了哈雷所有者的3種核心價值：一是，支配性的價值是個人自由，包括突破界限的自由，以及突破主流價值觀和社會結構的自由。哈雷的老鷹標誌是這種自由的標誌之一，其他的標誌還包括駕駛者的衣著和摩托車掛包，這些事物讓人回憶起西部英雄。二是，愛國主義和哈雷的美國傳統。哈雷是打

敗日本競爭者的品牌。在拉力賽上，美國國旗高高飄揚，支持美國的標語鋪天蓋地。一些駕駛者認為駕駛哈雷摩托是比遵守法律更強烈地表達愛國主義的方式。三是，男子漢氣概。這種價值來自於20世紀50年代馬龍·白蘭度的電影《飛車黨》中叛逆的駕駛者形象。電影中剛毅的表現隨處可見：一件流行的哈雷T恤上的宣言「真男人著黑衣」，哈雷是奔馳在道路上最大、最重、最響的摩托車，哈雷拉力賽上充斥著黑色皮革、沉重的靴子、鉻合金和其他表現男子氣概的標誌，類似形象還包括濃密的鬍鬚、長髮、牛仔靴，當然還有紋身。

雖然哈雷一直保持著建立在男子漢氣概、美國和西部英雄聯想上的品牌個性，但哈雷通過利用崇尚自由的價值觀，在拓寬使用者形象方面取得了巨大的成功。「生為駕車，駕車而生」（Live to ride, Ride to live）的信條受到許多從事普通工作的非男性潛在顧客的青睞。

日本摩托車的所有者通常對生活和他們的摩托車有著非常不同的看法。他們通常重視摩托車的特性，而不是駕駛體驗。事實上，日本摩托車都是工程奇跡。它們噪音小、駕駛平穩、比哈雷速度快，並充斥著如數碼設備、車尾喇叭、倒車擋、風扇甚至空調等設施。這些摩托車的所有者通常瞧不起哈雷與時代脫節的設計，以及嘈雜、嘶啞的聲響。然而，對哈雷戴維森的所有者來說，摩托車的聲音和外觀正是哈雷體驗的一部分，甚至哈雷名聲不好的車身晃動也為哈雷迷所珍視。日本摩托車的所有者關注功能利益，而哈雷的所有者更看重情感和自我表達利益——自由、獨立和力量的感覺。

2. 品牌個性驅動因素

一個企業應該如何創建品牌個性呢？正如生活在社會中的我們每一個人一樣——你做什麼，你就是什麼樣的人！市場上蕓蕓品牌，每一件產品、每一次銷售活動、廣告、公共關係等一切活動都將給市場、給社會留下自己品牌的痕跡和印象，因此品牌行為決定品牌個性。品牌個性驅動因素可分為產品因素和非產品因素，見表5-3。

表5-3　　　　　　　　　品牌個性驅動因素

產品因素	非產品因素
產品類別 包裝 價格 其他產品屬性	使用者形象 贊助 標示 歷史 廣告風格 來源國 公司形象 CEO 明星代言人

專欄：小故事・大啟示
品牌創建者與品牌個性

有的企業很幸運，有一位能清楚代表企業形象或表達企業理念和文化的領導人，這個人往往能夠讓企業的新聞稿更有新聞價值，進而帶來成本低廉的曝光機會，比如說，比爾・蓋茨或柳傳志受邀在全國性媒體中出現或講話時，微軟和聯想旗下的所有產品都會免費得到宣傳。如果企業的創始人也具有類似的個性，就能讓企業更加人性化，從而有助於與消費者建立良好的關係。如沃爾瑪的老板山姆・沃爾頓，很多人認為他很有說服力，也很討人喜歡，可以這樣說，沃爾瑪與消費者的良好關係部分就來自於此。

如果企業領導人的個性與企業品牌的個性一致，那麼企業就應該特別注意對企業領導人進行專業的包裝和策劃，使二者相得益彰。這方面的典型代表首推維珍品牌（Virgin）的塑造。維珍品牌一定程度上是由視覺行為，特別是品牌創始人和領導人英國商人理查德・布蘭森親自開展的宣傳活動來展開的。1984年維珍首航時，布蘭森和他的朋友、各界名人和記者都是首批乘客，布蘭森當天在機艙裡就戴著一頂第一次世界大戰時期的飛行帽向乘客問好。當維珍集團從事婚慶服務的「維珍新娘」開業時，他自己還穿上了結婚禮服。1996年維珍在美國位於紐約時代廣場的首家商場開業時，布蘭森駕駛熱氣球（他是保持多項世界紀錄的熱氣球手）從商場上空100英尺（1英尺=0.304,8米）徐徐降落。這些形形色色的宣傳技巧為維珍品牌識別的建立立下了汗馬功勞。可以毫不誇張地說，維珍品牌的識別系統中，布蘭森體現了其大部分的特徵——叛逆、不羈、冒險。

國內企業也有類似的例子。柳傳志與聯想，張瑞敏與海爾，段永平與步步高，這些企業家對其品牌識別的推動無論怎麼估計都不過分，他們各自的性格和行為魅力都為企業品牌的識別增添了無窮的魅力。企業領導人是品牌核心價值和企業文化理念的人格化象徵，在中國這樣一個崇拜英雄的國度，企業領袖對品牌的提升作用就更為明顯了。目前，國內很少有企業對其領導人進行專業的包裝策劃，大多是一些無意識的、不系統的或應急式的宣傳。然而，企業對品牌系統的宣傳策劃必須首先對產品的特點、消費者的心理、競爭品牌的特點、企業領導人的個性特徵等進行綜合分析，提煉出與品牌識別相一致的領導人形象，這樣才能相互配合，互相促進。海信集團根據周厚健本人的特點和海信品牌識別的需要，把周厚健的形象定位為「穩健、創新、睿智、厚道、志存高遠」，對他的宣傳及接受媒體採訪都圍繞這個定位來開展。

企業領導人形象的塑造方式很多，如卓越的價值觀、非凡的膽略、創新精神、以人為本的理念等，甚至是富有生活情趣、熱衷體育運動、擅長舞文弄墨與吟詩作賦等，如果企業領導人形象與品牌識別相匹配，或者說只要與品牌識別不矛盾，都能為提升品牌識別添磚加瓦。國內著名的例子有段永平的高爾夫球技、張瑞敏深厚的哲學與中國古文化功底等。關於企業領導人形象塑造，翁向東提出了八項重點[1]，

---

[1] 翁向東. 本土品牌戰略 [M]. 杭州：浙江人民出版社，2002：79.

分別從領導人與消費者、競爭者、合作夥伴、社區、政府、媒體、內部員工和股東等八個方面的關係入手。從某種意義上說，企業領導人就是企業人格化的綜合體現，他的行為必須與企業形象相一致。

常常有這樣的情景，消費者對品牌的核心價值、品牌的基本識別和延伸識別等並不瞭解，但對某些品牌仍然很認同和忠誠。例如，沒有幾個人知道寶潔、IBM、雀巢等品牌的識別體系，但這並不妨礙消費者選購其產品，原因是什麼呢？原因在於這些企業都是其所在產業的領導企業，都是世界500強或位列全球100個最有價值品牌行列，這些都為消費者選購上述品牌提供了巨大的擔保，可見，如果企業能夠在某一方面彰顯自己的領導者實力，對提升品牌識別是很有利的。2003年海爾進入全球家電行業第4位的消息使消費者對海爾的認同和喜愛又增加不少。容聲冰箱一直訴求「連續八年全國銷量第一」來對抗海爾的品牌形象，長虹電視一再宣稱其為中國最大彩電生產企業。類似容聲、長虹這樣採用市場佔有率或生產能力來凸顯企業實力只是一種常規策略。

海爾集團無疑是國內通過「關注消費者」來建立品牌識別最為成功的企業。海爾的五星級服務和個性化產品是建立品牌識別的重要內容。張瑞敏說：「用戶需要的並不是複雜的技術，他們要的是使用的便利，我們要把複雜的開發研究工作留給自己，把簡單便捷的使用留給消費者。」這是海爾人對關注消費者的最佳詮釋。海爾的紅薯洗衣機是這一識別的生動體現，這一產品看似荒謬，但海爾人認為，對顧客的要求置之不理才是真正的荒謬，開發出適應顧客需要的產品就能創造出一個全新的市場。這種洗衣機的銷量肯定不大，但他讓消費者感到了被重視、被尊重。張瑞敏對此又有其獨到的見解：「經營者必須想到所有用戶。這個產品可能不賺錢，但你贏得了用戶，贏得了市場，最終會賺錢的。」海爾在紅薯洗衣機上的利潤可能是負，但眾位讀者想想，這一產品開發故事的廣泛傳播和討論，從教科書到課堂、從雜誌到報紙、從電視到因特網，無數個海爾的現實消費者和潛在消費者都從這個故事中深切地感受到了海爾人對用戶的尊敬和關愛。「洗得淨又節水」的變頻洗衣機、小小神童洗衣機、手搓式洗衣機、打酥油洗衣機等，單單洗衣機一個品種，海爾僅2000年上半年就成功開發了42款新產品，其中大部分是根據商家和消費者的需求量體裁衣生產的產品。這一品牌識別的建立和對品牌美譽度的改善難道不是企業品牌資產的大幅增加嗎？

3. 有關品牌個性創建品牌資產的理論

對於品牌個性如何創建品牌資產價值問題主要有三種理論解釋：

第一種是自我表達模式。該理論假定一個人的個性與其購買使用的品牌個性是相符的，消費者透過品牌的個性意義來建立和保持社會自我。比如，喜愛打籃球的人喜歡購買耐克公司的「飛人喬丹」（Air Jordan）品牌運動鞋，實則是向社會表明自己向往成為偉大籃球巨星喬丹的夢想。

第二種是關係基礎模式。品牌個性影響了作為人的品牌與顧客之間存在的某種關係的深度和感受。品牌行為對估計品牌個性和品牌—顧客關係都有獨特的啟示。強勢品牌的一個突出特徵就是與消費者建立了信任、友好、親切的關係，這些品牌已成為消費者生活中的朋友。前面已經指出，品牌可以擬人化，這樣，品牌與消費

者的關係就變成了人與人之間的關係，鮮明的品牌個性又能深化這種關係。國際研究公司（Research International）的麥克斯·布萊克斯頓（Max Blackston）以實證研究證明了品牌看待消費者角度的存在。他把兩者之間的關係假設為醫生與病人的關係，如果病人認為該醫生有技巧、細心、有趣，那麼可以斷定病人是認可這位醫生的。但是，一旦病人認為醫生對其有看法甚至看不起他，兩者的關係就會產生變化，在這種情形下病人很難認同醫生。這種描述也適用於品牌與消費者的關係。所以，麥克斯·布萊克斯頓認為很有必要研究「消費者認為品牌是如何看待他們的」。

第三種是功能性利益表現模式。該理論認為品牌個性是通過產品屬性或向顧客提供的功能利益來展示的，如金霸王電池廣告中的小白兔賓尼（Duracell Bunny）形象展示了其產品「卓越品質、持久電力」的功能性利益。

品牌行為與品牌個性的關係如表5-4所示。

表5-4　　　　　　　　　品牌行為與品牌個性的關係

品牌行為	個性特徵
☆頻繁改變定位、產品形態、標示、廣告等 ☆頻繁優待和贈券 ☆密集的廣告 ☆強大的顧客服務 ☆保持不變的任務和包裝 ☆高價、排他性分銷、在高端雜誌上做廣告 ☆友好的廣告、代言人 ☆與文化活動的聯繫	☆反覆無常、精神分裂 ☆廉價、缺乏教養 ☆開朗、流行 ☆平易近人 ☆熟悉、舒適 ☆勢利、老練 ☆友好 ☆文化修養

（四）符號

品牌符號包括名稱、圖標、象徵物和包裝等，是區別品牌的基礎。品牌標誌是消費者獲得關於品牌視覺形象的主要載體，一個成功的品牌符號把產品特徵、品質、個性、理念以及核心價值等要素融合成符號傳播給消費者和公眾。品牌標誌既可以由品牌名稱構成，也可以是一個抽象的圖標，或者是兩者的組合，因此品牌標誌既包括文字成分，又包括非文字成分。

1. 圖標與包裝

標誌設計需要考慮設計原則、風格、方法和標準色的應用，由於這屬於平面設計的內容，所以本書就不展開做全面探討了。這裡僅以奔馳轎車的標誌三叉星徽為例做一簡單分析。自1900年12月22日戴姆勒汽車有限公司的首輛梅賽德斯汽車問世到目前為止，梅賽德斯—奔馳公司總共生產出了約1,900萬輛汽車，其三叉星徽成為世界最知名的品牌符號之一。1909年戴姆勒根據兒子們的提議，正式將三叉星徽作為其品牌圖標推出，三個叉分別代表動力化的三個分支：在陸地、在水中以及在空氣中。與標誌相輝映的品牌承諾也有三項：卓越的工藝、舒適和風格。經過幾代人的不懈努力，今天梅賽德斯已是世界上最成功的質量上乘的高檔汽車品牌，其三叉星徽不僅為全世界廣泛認知，而且成為非凡技術實力、上乘質量標準和卓越創新能力的品牌象徵。梅賽德斯—奔馳品牌正如其創始人所說：「我們的車是工程師們

精湛工藝的凝結。」

包裝也是符號系統中一個不可或缺的因素。優秀的產品包裝能增加產品在貨架上的吸引力。超市中產品擺放在貨架上，直接與消費者接觸，有些產品的包裝設計甚至比品牌名稱更能吸引人，同時包裝可以成為產品價值的重要體現。所以，包裝設計無論在圖案、色彩還是造型、材質上，都是需要巧妙構思的，它直接決定了消費者能否與品牌「一見鐘情」。

2. 品牌名稱的作用

在開始論述之前，我們先與讀者分享華潤集團總經理寧高寧所講的一個故事。故事內容如下[①]：老皮家生了三胞胎，長得一模一樣。老大剛出世，大家因為高興，忘了取名字，就順口叫老大；老二再出世，大家都搶著取名字，於是老二有了5個很漂亮的名字，可很難記住用了哪個；老三再出世，只取了一個名字，叫皮震天。20年後，皮震天已是鄉裡的頭面人物，老大、老二卻沒人知曉。老皮家老爺子著急地問道：怎麼一樣的孩子，皮震天這麼有運氣，老大、老二卻不行呢？鄉裡有位雜貨鋪的東家說：「唉，這還不明白嗎？孩子的名字是品牌啊！沒有個清清楚楚、明明白白、響響亮亮的名字，你讓孩子咋做人呢！」

類似的，你會不會喜歡一個叫「失敗者」的樂隊所唱的歌？實際上香港著名的溫拿樂隊在成名之前就叫「失敗者樂隊」，當時一度面臨解散。改名後的「溫拿」是英文「勝利者」的音譯，之後便紅遍香港達十多年。這個樂隊最著名的人物就是號稱香港歌壇天皇巨星的譚詠麟，還有首唱《只要你過得比我好》的阿B鐘鎮濤。

一個品牌又何嘗不是如此呢！企業成就品牌是從命名開始的，一個好的名字對品牌戰略的形成以及後續發展至關重要。孔子老先生早就說：「名不正，則言不順；言不順，則事不成……」一個好的品牌名稱是品牌被認識、接受、滿意乃至忠誠的前提，品牌的名稱在很大程度上影響著品牌聯想，並對品牌產品的銷售產生直接影響。因此，一個企業一開始就要確定一個有利於傳達品牌價值取向，且利於傳播的名稱，品牌命名的目的是盡可能服務於營銷。臺灣地區在舉行的一年一度「行銷突破獎」評定中，特意設立了「最佳產品命名獎」，把品牌命名納入行銷最主要的一部分。正因為如此，定位大師里斯和特勞特在《定位》一書中說：「名字就像鉤子，把品牌掛在潛在顧客心智中的產品階梯上。在定位時代，你能做的唯一重要的營銷決策就是給產品起什麼名字。」名字是信息和人腦的第一個接觸點。品牌名稱和它的定位一樣重要，也許比定位還要重要。」[②]

有的企業在開發出新產品時，委託專業的命名專家來設計品牌名稱，這些對命名有專長的人才，一般是文學或語言學（Linguistics）專家，他們能熟練地利用語言要素（Morpheme）進行構詞，能利用英語詞根組成新詞。國外有專門為品牌設計名稱的機構，他們的主要業務就是命名，給品牌或產品命名已成為一個產業。隨著工商業的發展，品牌越來越多，命名變得更加困難，企業要設計制定一個獨特而不重

---

① 寧高寧. 名字是品牌 [J]. 中國企業家雜誌，2002 (5).
② ［美］艾·里斯，杰克·特勞特. 定位：有史以來對美國營銷影響最大的觀念 [M]. 謝偉山，苑愛冬，譯. 北京：機械工業出版社，2011：112.

複的品牌名稱已不是一件容易的事。並且隨著其他邊緣科學的發展，品牌命名已成為一門學科。與此相適應，一些專業的命名機構出現了，於是品牌命名產業應運而生。目前全球著名的命名機構有英國的 Interbrand 和 Novamark（新標誌公司），美國的 Namestormers（命名風暴公司）、Landor（蘭多）、Lexicon（詞霸命名公司）和 Namelab（命名實驗室）。表5-5 是微軟各項產品品牌的命名及其含義[1]。概括起來，品牌名稱的作用主要體現在以下幾個方面：

第一，有利於累積品牌資產。品牌資產需要長期累積，消費者對品牌的認知度、美譽度、聯想、忠誠度等都是先從品牌名稱開始的，沒有一個好聽、好說、好記、好聯想的名字，人們很快就忘了你，品牌資產累積從何談起呢？

第二，提升品牌檔次和品位。人們從品牌名稱中就能解讀出品牌個性，解讀品牌文化。好的品牌名稱，洋溢個性，耐人尋味，引發形象而優美的聯想，給顧客留下美好深刻的印象。例如，寶潔公司的護舒寶衛生巾，中文非常貼近產品特點，而其英文 Whisper 意思是：低聲地說、私下說、悄悄話；中文和英文的發音也很優美，音調基本一致，這是一個非常優秀的品牌命名。能如此講究和重視品牌名稱的企業，其產品本身就更值得尊重和信賴。

第三，便於塑造鮮明的品牌識別。優美而充滿個性的名字，易於識別、易於編織品牌故事。例如，法國的「GUESS」女裝，意思是猜，非常的形象生動有趣。來自德國的「ANTANO」螞蟻阿諾童裝，命名非常漂亮。螞蟻是全世界兒童都喜愛和熟識的小動物，螞蟻具有集體團隊主義，具有啃骨頭的不懈精神，這些都便於品牌識別的塑造，也容易編織動人的故事，容易進行有效的事件營銷。中國的「七匹狼」（SEPTWOVES）命名起點是一部電影，「七匹狼」巧借其名，並且深入地進行文化挖掘，很聰明地將狼的勇敢、自強、桀驁不馴等特點與其男士休閒服裝聯繫起來，聘請響徹全國的流行歌曲「狼」的作者、演唱者齊秦做形象代言人，相得益彰。好名字能演繹優美的意境或爆發轟動的效應。

第四，好的品牌名字易於傳播。一個開始就很土或難念難聽不能引發顧客美好聯想的名字，在開拓市場時，將不得不投入更多宣傳費用，即便如此，其品牌識別和品牌文化很難塑造，這是「先天不足」。相反，一個優秀的品牌名稱，將減小品牌推廣阻力，減少品牌推廣成本。這就是名字的力量。

特別要強調的是，品牌名稱對不同行業來說其作用存在明顯的差異。對於日用消費品、時尚產品，特別是服飾行業，品牌名稱的力量更大，名稱對於品牌的意義更大，因為人們購買的除了具有某種效用的衣服外，還得到了他/她所希望的品牌風格、身分、文化、時尚等，這些正是品牌的意義和魅力所在。而對於機械製造行業的企業，如一家鋁合金門窗或標準件的生產企業，品牌名稱的作用就顯得弱得多，對於這些行業產品，消費者更重視產品的數據指標、規範和過硬的產品質量。

表5-5 是微軟的品牌命名。

---

[1] 王文剛. 品牌該怎樣命名？——談服裝品牌的命名［OL］.（2002-09-12）［2015-03-05］. http://www.emkt.com.cn/article/80/8002-3.html.

表 5－5　　　　　　　　　　　微軟的品牌命名

序號	產品	品牌名字	含義
1	文字處理工具	Word	Word 意義：詞、單詞、談話、言語、消息、音信、諾言、傳說；承諾、諾言、保證；命令、口令；格言
2	電子表格處理工具	Excel	Excel 意義：優於、比…好或做得優於、超過、勝過；顯示優越性；超過其他的人或事物
3	文稿圖形演示工具	PowerPoint	Power：能力、力量、動力、功率、強烈。Point：點、尖端、分數、觀點、建議、目的、論點；指向、瞄準。從以上解釋中可以看到「Power＋Point」是如此的準確
4	WEB 站點創作和管理工具	FrontPage	Front：前面、前線、正面、態度。Page：頁、記錄、事件、專欄。FrontPage：前頁、扉頁、版權頁、目次、插圖、獻辭、序言等。Front－Page：頭版的、值得放在報紙第一版的、轟動的、頭版新聞
5	可視化商務圖表工具	Visio	來自英文 Vision 的變形處理。Vision 的意義是：視力、眼力、想像力、幻想、幻影、景象、夢見、想像。這個單詞非常生動形象地表述了產品的用途和特點
6	商業排版出版工具	Publisher	意義：出版者、發行人
7	數據庫管理工具	Access	Access 原意：進入、通道；使用、接近；市場銷路、進入市場。但現在 Access 在計算機科學中，「存取（數據或程序），訪問」的意義已被人們廣為接受
8	個人信息管理和通信管理	Outlook	Outlook 的意義：景色、景致、前景；觀點；視野；展望、瞭望點。這既準確反應了 Outlook 收發電子郵件和通信、日程等記事安排功能，又擬人地體現「景色、景致、前景」等生動形象
9	因特網瀏覽器	Explorer	Explorer 意義：探索者、探測員、探查器，借此反應因特網瀏覽器所具有的瀏覽、探索、探險功能

3. 品牌命名的方法

品牌及產品的種類五花八門，其命名方式也多種多樣。常見的有以下六種命名方法：

第一，以人名命名。企業可以用創始人的名字命名，如「王麻子」剪刀，「李寧」牌運動服，阿迪達斯（Adidas）運動用品品牌是其創始人阿道夫・達斯勒（Adolf Dassler）的小名 Adi 與家族姓氏前三個字母的組合。企業還可以以設計師的名字來命名，特別是在服飾行業更是如此，例如以已故設計大師範思哲（Versace）名字命名的服飾品牌。

第二，以地名命名。有的品牌以產地命名，如「茅臺」酒、「青島」啤酒、「嶗山」礦泉水、「涪陵」榨菜以及來自法國小鎮 Evian 的「依雲」礦泉水。有的品牌採用文物古跡、風景名勝來命名，如「長城」電扇、「泰山」香菸等。

107

第三，現有詞語的變異組合。聯想電腦（Lenovo）是傳奇（Legend）和創新（Innovation）的組合，恰當地表達了企業宗旨；勁量（Energizer）電池給你能量（Energy）；雷朋（Ray Ban）太陽鏡和汽車遮光膜的功能是遮擋（Ban）光線（Ray），其廣告口號是「Ray Ban Bans Rays!」；藥品偉哥（Viagra）是由精力（Vigor）和尼亞加拉大瀑布（Niagara）兩個詞語組成，意指精力旺盛。

第四，虛構或杜撰名稱。這看似沒有意義，卻也有可能產生最具特色的名字。例如，柯達（Kodak）是品牌創始人喬治·伊斯曼（George Eastman）杜撰的名稱，因為他想以一個不尋常的字母開頭和結尾。施樂（Xerox）和拍立得（Polaroid）也是如此。克寧（Klim）奶粉則是將牛奶的英文 Milk 倒過來寫。

第五，以首字母縮寫或數字命名。IBM 是公司名稱 International Business Machine 的首字母縮寫，寶馬 BMW 是 Bayerische Motoren Werke 的首字母縮寫，萬寶路 MARLBORO 是一句話「Men Always Remember Love Because of Romance Only」首字母的縮寫；也有許多以數字命名的，如 7-11 連鎖店、三九藥業、555 牌香菸、三六五網等品牌名稱。

第六，採用現有詞語命名。有的品牌從人的情感角度命名，如「紅豆」襯衫、「今世緣」酒、「愛妻號」洗衣機；有的從文化角度命名，如「豔陽天」複合肥，就是採用了一本農村題材名著的名字；有的以希臘神話中的人物為名，耐克（Nike）是希臘神話中的勝利女神；等等。

4. 品牌命名的原則

許多專家學者通過觀察分析現有的強勢品牌名稱提出了各種各樣的命名原則，儘管有所不同，但更多的是共同點。香港浸會大學學者 Chan 和 Huang 通過對其他學者提出的原則重新歸類得到了一個更為清晰的原則結構[1]。表 5-6 列舉了品牌命名的三大原則及其內容。

這裡需要補充一點的是，如果企業擁有的某項專利技術日後可能成為產品類別名稱的化，應該盡量避免使用該名稱作為品牌名，否則，會影響到公司對該名字的專有權。例如，隨身聽（Walkman）、玻璃紙（Cellophane）、碎麥（Shredded Wheat）、中華鱉精等皆已成了產品類別的品名，他們可以為任何企業使用，這樣原有企業多年累積的品牌資產馬上就「普度眾生」了。

表 5-6　　　　　　　　　品牌命名的三大原則

市場營銷原則	☆產品利益的暗示 ☆具有促銷、廣告和說服的作用 ☆適合包裝 ☆與公司形象和產品形象匹配
法律原則	☆法律的有效性 ☆相對於競爭的獨一無二性

---

[1] CHAN, HUANG. Brand Naming in China——A Linguistic Approach [J]. Marketing Intelligence and Planning, 1997 (5).

表5-6(續)

語言原則	☆語音的要求：容易發音，聲音愉悅，出口時能在所有語言中以同一方式發音 ☆語形的要求：簡潔、簡單 ☆語義的要求：肯定的，而非令人不悅、淫穢或消極；現代感和時代性，始終使用；容易理解和記憶

　　品牌名本身就是最簡短、最直接的廣告語。好的品牌命名，可以刺激消費者的視覺、聽覺器官從而留下深刻印象，產生美好聯想。命名是商標的主體，好壞之差，必將影響到品牌的成敗。「Coca Cola」譯作可口可樂，既諧音，又意思貼切，可謂天衣無縫。失敗的命名也不乏其例，比如有的企業為了使自己品牌名稱有特色，有別於競爭者，使用口語化的詞語作為品牌名稱，如「馬上冷」空調、「什麼玩意兒」丸子、「小心燙」拉麵，等等。

　5. 品牌命名的誤區

　　雖然越來越多的中國企業都比以前更加重視品牌命名工作，但實踐中仍然存在以下誤區：

　　第一，隨意性太強。企業為貪圖方便，自己或請人起個名，感覺尚可便罷，把品牌內涵簡單化了。例如，「李家飯館」「郭記飯店」「王家燒雞」之類的名字在許多地方都可以見到，甚至有加油站取名為「半碗水」，不知是否在告訴加油的顧客每升汽/柴油都加了半碗水？名稱在這裡僅僅起到一個負面的標示作用。

　　第二，封建思想，稱王稱霸。比如以「王、皇、貴族」之類命名的品牌在中國非常普遍。以火腿腸為例，雙匯有「王中王」、金鑼有「金鑼王」、江泉有「王上王」、廣東更有一家企業將其產品命名為「皇上皇」。其實，產品不一定都需要冠上一個「王」字才好賣，「狗不理包子」「傻子瓜子」「黑妹牙膏」「小鴨洗衣機」不也銷售得挺好嗎？

　　第三，求財圖利。賓館飯店超市往往喜歡用諸如「發」「利」這樣的字眼，如「超市發」等。也許是出於吉祥、順利這樣的想法，但消費者會心甘情願地讓別人從自己腰包裡掏錢嗎？這是典型的非營銷觀念的命名。

　　第四，求奇求怪。有的企業大量使用生僻難懂的字、詞，自以為蠻有文化，消費者卻懶得費心，如「篔街三角大酒樓」「土竈火鍋」等名字。

　　第五，生搬硬套。「白貓」是國內著名的洗滌用品品牌，後來市場上就出現了一個叫「黑貓」的同類產品。應該說白貓給人的感覺是乾淨、溫順、可愛的，而黑貓則會讓人覺得是不乾淨甚至是邪惡的，消費者會接受這個品牌的產品嗎？

　　第六，崇洋媚外。現在許多國人認為國外的什麼東西都比國內好，就連名字也要帶有「洋味」才有吸引力，於是套用西方「名牌」來命名的案例比比皆是，如羅浮宮、愷撒、林肯、費爾頓等名字隨處可見，難道這些企業不知道這是侵權行為嗎？

　　第七，有立足當前，無放眼未來。有的企業單純立足目前產品，定位過窄，沒有為品牌延伸預留空間。聯想是中國信息技術（IT）行業的一個巨人，但當初為品牌起名時沒有考慮到今天的品牌國際化，品牌的英文名稱只好從以前的「Legend」改為今天的「Lenovo」，為推廣這個新的英文名稱所付出的花費可想而知。

以上列舉的這些缺乏深謀遠略的做法，往往會給企業以後品牌的發展留下嚴重的「後遺症」。品牌命名是一項系統工程，它必須符合標誌設計、商標註冊、品牌推廣、品牌延伸、品牌經營等諸方面的要求，換句話說，企業從命名的第一刻起，就開始了對品牌營銷的全面策劃。

專欄：小故事．大啟示

寶潔如何為品牌命名？

寶潔公司對品牌的命名十分講究，其已深刻認識到產品命名對品牌的培育和塑造所擔負的意義。企業深諳一個貼切而絕妙的品牌名稱，能大大減少產品被消費者認知的阻力，能激發顧客美好的聯想，增進顧客對產品的親和力和信賴感，並可大大節省產品推廣的費用。如嬰兒用品「幫寶適」中文意思是「幫助寶寶舒適」，產品功用表達得恰如其分，其英文名「Pampers」的意思「嬌養、縱容、使滿足」，把媽媽們對嬰兒的那份憐愛、嬌寵之情體現得淋漓盡致。寶潔公司在品牌命名上還非常注意品牌名稱的本土化，如旗下的飄柔洗髮水在美國名為 Pert Plus；而在亞洲地區改名為 Rejoice；在中國則名為「飄柔」。為達到最佳的傳播效果，寶潔公司在中國的品牌命名通常採取的是音譯和意譯相結合的策略，如海飛絲（Head & Shoulders）、舒膚佳（Safeguard）、激爽（Zest）、佳潔士（Crest）等。

總體而言，寶潔的品牌名稱具備以下幾個特性：思想性——體現企業的經營理念和哲學。獨特性——別出心裁，使人留下深刻的印象，沒有類似名稱存在。清晰性——簡潔明瞭，語感好，容易發音和傳播。形象性——能表達或暗示產品形象和企業形象。國際性——能夠在全球傳播，在外國語言中不會有誤解和錯誤的聯想。名實相符，名如其品牌，寶潔在華品牌的名稱，確實能夠在一定程度上傳播品牌的定位、個性和文化。

第二節　品牌識別系統及其制定

一、品牌識別系統

品牌識別包括四大類十二個元素，而且每個元素又包含十分豐富的內容，那麼企業該如何取捨、如何應用呢？這似乎是個大問題。品牌識別系統將品牌識別元素系統化，明確品牌的價值和每個識別元素的作用。具體說，品牌識別系統按照品牌價值體現和識別元素地位、作用的不同分為核心識別、延伸識別、價值體現和提供信譽等四個方面。

（一）核心識別

品牌核心識別的目的是確保品牌獨特性和有價值的元素，代表品牌永恆的精髓（Soul of Brand）。企業設計品牌的核心識別元素首先要明確品牌精髓是什麼的問題，也就是說，我們的品牌應是什麼樣的品牌？顧客為什麼需要我們的品牌？企業提煉品牌精髓要突出以下三個特點：一是差異化。品牌精髓應是獨一無二的，具有可識別的明顯特徵，並與競爭品牌形成區別。二是感召力。品牌精髓還必須能引發消

費者的共鳴，拉近品牌與消費者之間的距離。三是包容力。一方面是空間包容力，品牌精髓應包容企業的所有產品，並且為企業日後品牌延伸留下足夠的空間。另一方面是時間包容力，品牌精髓一經設定，便應保持長時間的穩定性，使品牌內涵能延續百年，成就百年品牌。沃爾沃宣傳的品牌重心一直是「駕駛的安全性」，人們從未曾聽說沃爾沃頭腦發熱去宣傳「駕駛的樂趣」。久而久之，沃爾沃品牌在消費者大腦中就有了明確的印記，獲得獨占的山頭。但這並不是說寶馬就不夠安全，駕駛沃爾沃就沒樂趣，而是說企業在核心利益點的宣傳過程中必然要有主次之分。能夠出色地表達品牌精髓的語言往往耐人尋味，廣為人知。如耐克的品牌精髓是「超越」，它包含了耐克品牌識別的主要內涵——卓越的技術、一流的運動員、好強的人格、生產跑鞋的歷史和附屬品牌「飛人喬丹」以及所有希望超越的人們。

確定了品牌精髓之後，在設計品牌核心識別時，我們還必須考慮品牌背後的組織是什麼的問題，因為品牌精髓必須通過品牌所代表的企業來實現。所以，品牌精髓必須與企業能力、經營理念乃至企業文化相融合。也就是說，企業必須有技能和資源保證品牌精髓的「兌現」，並且與企業經營理念、企業文化互相促進。品牌核心識別是一個品牌的本質，也是一個品牌存在的理由，如果它改變了，那麼這個品牌也就成為一個沒有靈魂的「空殼」，也就沒有存在的必要了，它不會隨時間的流逝而改變。例如，飛利浦——讓我們做得更好；米其林輪胎——為懂輪胎的駕駛者製造的先進輪胎；象牙香皂——百分之百的純正、會漂浮的香皂；M&M's 巧克力——只溶在口，不溶在手。

（二）延伸識別

品牌延伸識別包括使品牌識別完整化、豐富化的其他識別元素。品牌延伸識別存在的必要性在於其為品牌定位提供了更多的選擇。譬如，麥當勞這樣的一個全球性的快餐品牌，面對的顧客來自世界各地，而各個國家甚至一個國家內不同的地區的飲食文化都可能存在巨大的差異，因而其需要提供除核心識別外的、更加豐富的品牌識別元素來滿足不同目標市場顧客的需要，即「投其所好」。可見，延伸識別元素更多是為開發目標市場服務的。

（三）價值體現

商品必須要有價值，才能夠交換出去；同樣品牌必須存在價值，才有顧客願意購買其產品。品牌價值體現是指品牌向顧客傳遞的、能夠為顧客提供價值的利益陳述。價值體現可能來自於以下幾個方面或者是這些方面的組合：功能性利益、情感性利益、自我表達利益和相對價格。

許多品牌向自己的顧客提供了與產品屬性相關的利益，如寶馬汽車為其顧客提供了駕駛的感覺；而有的品牌將品牌價值成功地建立在與顧客之間朋友式的關係基礎上，如海爾的「真誠到永遠」；有些品牌始終張揚自己的人性面，使其成為表達顧客是什麼的工具，如維珍品牌「反傳統」的個性；有的品牌通過倡導物有所值來吸引顧客，如沃爾瑪「天天低價」的口號。

（四）提供信譽

具有積極、正面形象的強勢品牌可以為屬於自身企業的子品牌或者為其他企業的品牌提供信譽擔保，從而達到拓寬市場、增加利潤的目的。事實上，國內外許多強勢品牌都利用了品牌提供信譽的優越性，採取了積極的品牌擴張策略，如五糧液、迪士尼等。可見，強勢品牌提供信譽是為支持子品牌和其他企業品牌而扮演擔保者的角色，也就是說，強勢品牌演變成了子品牌或其他企業產品品牌的識別符號。

專欄：小故事・大啟示

耐克的品牌識別系統

◆核心識別
☆品牌推動力：運動和健康
☆使用者類型：頂尖運動員以及對健康和健身感興趣的人
☆品牌表現：建立在卓越技術基礎之上的表現出眾的鞋
☆強化生命力：通過運動，增強人們的生命力
◆延伸識別
☆品牌個性：令人興奮、勇敢、冷靜、創新和進取；深入健康、健身和追求卓越表現
☆關係基礎：追求最好的服裝、鞋和其他相關事物的，具有強有力男子漢氣概的人
☆標示：「嗖的一聲」符號
☆口號：Just do it!
☆組織聯想：與運動員及其體育活動相關聯，並支持這些運動員；創新
☆代言人：世界頂尖運動員，如邁克爾・喬丹、安德烈・阿加西等
☆傳統：在俄勒岡州開發跑鞋
◆價值體現
☆功能性利益：能夠改進運動、提供舒適的高科技運動鞋
☆情感性利益：運動表現出眾的喜悅、積極和健康
☆自我表達利益：通過使用與一位明星運動員相聯繫的、有強烈個性的鞋，實現自我表現
◆提供信譽
☆為喬丹氣墊鞋和其他子品牌提供擔保

二、品牌識別計劃模式

品牌識別系統的制定與實施過程，又稱為品牌識別計劃模式，見圖 5-2。

戰略品牌分析		
顧客分析 ☆意願 ☆動機 ☆尚未滿足的需求 ☆市場細分	競爭品牌分析 ☆品牌形象/識別 ☆優勢和劣勢 ☆戰略	自我分析 ☆品牌形象 ☆品牌識別 ☆品牌資產價值 ☆優劣/能力 ☆品牌—企業文化

⇩

品牌識別系統
☆核心識別、延伸識別、價值體現、提供信譽 ☆產品、組織、個性、符號
目的：建立持久的「專業、可信賴、受人喜愛」的品牌—顧客關係

⇩

品牌識別實施系統
☆確定品牌定位：組成部分、設定目標受眾、積極溝通、展示優勢 ☆實施：提供選擇、標誌和寓意、測試 ☆追蹤

圖 5－2　品牌識別計劃模型

　　首先，企業制定品牌識別系統需要進行戰略品牌分析，這是必需的工作；因為只有在深入瞭解顧客、競爭品牌和自我品牌的情況的基礎上，才能「知己知彼」，制定出科學的品牌識別系統。戰略品牌分析包括顧客分析、競爭品牌分析和自我分析。顧客分析主要包括對下列問題的調研：影響顧客購買意願和購買動機的因素有哪些？顧客尚未滿足的需求是什麼？行業內各個細分市場狀況如何？對競爭品牌的分析主要包括的內容是：競爭品牌形象如何？競爭品牌的核心識別、延伸識別包括哪些識別元素及其價值體現是什麼？競爭品牌市場競爭優勢和劣勢有哪些？如果可能的話，企業應當盡可能多地瞭解競爭品牌營銷戰略方面的信息。自我分析是對自己品牌當前狀況的全面診斷，包括：品牌當前的形象、品牌識別、品牌資產價值及其構成情況、品牌競爭優勢以及品牌文化與企業文化的關係狀況等。

　　企業接下來的任務是制定或者修訂品牌識別系統，目的是與顧客建立起持久的「專業、可信賴、受人喜愛」的品牌關係。品牌識別系統的內容可以從兩個角度進行概括：一是品牌識別系統的構成角度——核心識別、延伸識別、價值體現和提供信譽；二是品牌識別系統的分類角度，包括產品、組織、個性和符號，具體有 12 個元素。

　　最後是品牌識別系統的實施步驟，即品牌定位及其實施、追蹤。品牌定位對開發目標市場起著導向的作用。品牌定位最主要的任務是找到目標市場顧客需要的、而競爭品牌沒有提供的品牌識別/價值體現，也就是品牌的「賣點」；然後企業向目

113

標受眾積極傳播這些精心準備和挑選的品牌識別，並積極展示本品牌的這些差異化競爭優勢，最終在目標顧客心中留下深刻的品牌印記和美好的品牌聯想。在品牌定位實施過程中，企業要注意品牌識別及價值體現的選擇問題，要注意品牌名稱、圖標及品牌寓意的溝通問題，並將最終選擇的方案在少數目標市場上測試其是否達到預期的目標。在具體實施過程中，企業還需要追蹤品牌定位的實施情況，及時發現問題加以糾正。

第三節　品牌識別的動態管理及其誤區

一、品牌識別的動態管理

品牌識別必須始終如一地在品牌核心識別和核心價值的統帥下，經過長期堅持不懈的塑造才能發展，但這並不意味著墨守成規、停滯不前的品牌會保持持續旺盛的生命和活力。眾多品牌的身影伴隨著時間的流逝一批一批地淡出了人們的視線，但同時我們也驚喜地發現，時間老人也給我們留下了一批彌足珍貴的百年金字招牌，它們因厚重的歷史沉澱彰顯出持久的魅力，同時也因為始終與時代的脈搏一起跳動而永葆青春活力。這說明，品牌識別在保持品牌核心識別和核心價值持續穩定的前提下，應對品牌延伸識別、價值體現、提供信譽進行適度的調整，以適應生活方式、消費者需求、科技和市場的變化，一言以蔽之，品牌識別也必須進行動態管理，與時俱進。品牌識別動態管理的內容主要包括調整時機的選擇、調整內容的決策和調整方法的應用。

（一）品牌識別調整的時機

當出現以下狀況時企業應考慮調整品牌識別：

第一，品牌識別跟不上消費者需求的步伐時。隨著社會的進步，消費者收入水平不斷提高，消費觀念也發生變化，這時品牌識別必須適應這些變化。例如，沃爾沃從原來的只注重強調品牌的安全性到引入時尚元素和駕駛感覺。

第二，原有品牌戰略發生變化，而舊的品牌識別無法涵蓋新領域時，特別是跨行業品牌延伸之後。TCL原來是電話設備製造廠，後來逐步進入家電、計算機、通信等行業，如果繼續保持原來電話設備製造商的識別，將會對品牌推廣增加不少難度。所以，今天的TCL被詮釋為Today China Lion——今日中國雄獅，大大提高了品牌的包容力，而且備受消費者的推崇。通用電氣原來主要生產電器產品，後來逐步延伸到金融、塑料、發動機、醫用設備等行業，這時如果繼續強調原有識別顯得十分不恰當，所以通用電氣逐漸淡化電器識別。

第三，品牌識別老化時。這裡有兩種情形。首先，價值觀念的改變使原有識別因素過時。二戰以後牛奶製品大量使用牛的形象作為品牌視覺識別，原因在於牛是大自然的象徵，但自從瘋牛病肆虐歐洲以後，奶牛標誌逐漸減少，連牛奶盒上都已不再有奶牛標示。其次，消費習慣的變化。在中國，20世紀80年代中後期，隨著健康意識的增強，人們逐漸認識到肯德基炸雞的高油脂和高熱量，轉而選擇提供較健康食品的餐廳。1991年，肯德基應時而變，其品牌標誌縮短為KFC，避免與油炸食

品產生聯結。

第四，為適應品牌國際化戰略而調整品牌識別時。品牌國際化的基本要求是調整品牌識別以使其成為跨民族和跨文化的。首先，品牌名稱應該適應不同的國際市場，這一點跨國企業尤其應當注意。一般情況下企業有兩種選擇，一種是單獨為某一地區市場取一個名字，另一種是把原有品牌翻譯成適應當地市場的名稱。美國寶潔公司的飄柔洗髮水，在美國名為「PertPlus」，在非洲國家地區更名為「Rejoice」，在中國則取名為飄柔。中國企業在這方面的教訓太多了，名牌電池白象在美國市場被譯為 White Elephant，結果被當地消費者當成了「無用而累贅的東西」，藍天牌牙膏被譯為 Blue Sky，結果被認為「霸占了藍天」。其次，企業在品牌名命之初就要考慮未來品牌全球化問題。宏碁（Acer）電腦最初的名字是 Multi-tech，可剛在國際市場上有點名氣，就被美國一家企業指控侵權，最後宏碁不得不花費近百萬美元委託奧美廣告公司進行品牌更名工作。中國聯想集團也面臨類似的問題，最後從 Legend 改為 Lenovo。

(二) 品牌識別調整的內容和方法

企業在確定品牌識別變還是不變之後，接下來的問題顯然是要決策哪些識別內容應該改變，哪些應該保持穩定。科普菲爾提出了品牌識別動態管理的金字塔模式，見圖 5-3。

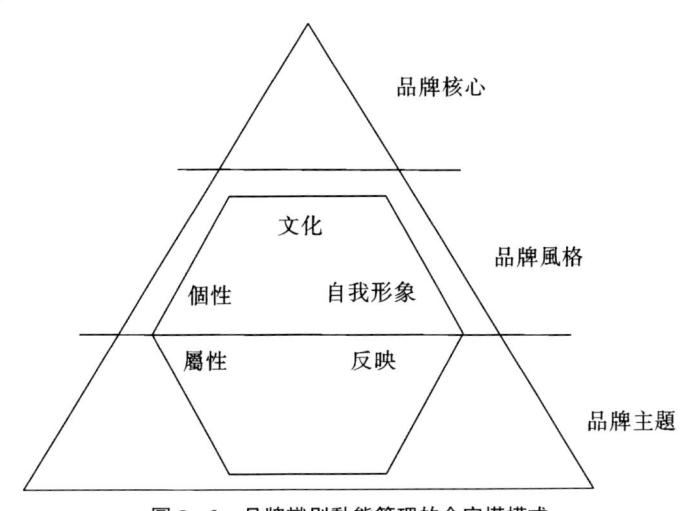

圖 5-3　品牌識別動態管理的金字塔模式

金字塔最上層是品牌核心，是品牌的核心識別和核心價值，代表與靈魂，這一層面代表品牌統一的戰略思想。最下層是品牌主題，代表品牌產品定位和廣告宣傳。中間部分是品牌傳播風格和品牌形象的應用。

最上層的品牌核心是企業必須保持長期穩定的部分，不能輕易調整，一旦做出調整的決定，必將是整個品牌戰略的轉向，風險非常大。

中間部分是品牌識別塑造過程中長期形成的、既定的風格，它反應品牌的內在因

素——個性、文化和自我形象。品牌的核心識別往往位於這個層面。企業對這一層面的改變需要相當謹慎，但也不是說不能改變。為了適應時代的變遷，企業應該做些循序漸進的小變動。奔馳轎車的標示從1909年起已做了六次修改，這些修改大多保持核心標示不變，即便是有所變化也是一種漸變，消費者容易從新標示中找到原來標示的身影。

最下層是品牌塑造的主題，它反應產品屬性、顧客關係和使用者形象，消費者正是通過這些因素來認識品牌的。在保持品牌精髓和核心識別長期穩定的前提下，品牌傳播的主題可以隨市場的不同而有所調整，這也正是國際大品牌的實際做法。耐克的核心是超越，但它在各個時期、各個地區表達的主題和形式是不同的，這是為了適應當地消費者的需要而做出的相應調整，正所謂「Think globally, play locally」。

調整品牌識別的常用方法有：引入新產品保持品牌的現代化，這裡的新產品既可以是原有產品的升級換代，也可以是品牌延伸至新的行業領域的產品；逐步調整品牌識別，特別是其中的符號、象徵物、標示等，以便品牌識別能與當前的品牌戰略相一致。

二、塑造品牌識別的誤區

品牌識別的內容包括四個方面，但並不是每個品牌都要面面俱到，品牌識別內容的選擇主要與產品類別、行業特點、競爭狀況相關。例如，礦泉水、小食品、洗髮水等快速消費品往往從產品層面來塑造品牌識別更為有效。而像汽車、住房等大件耐用消費品需要良好的信譽，所以企業塑造這類品牌是絕對不能忽視企業這個層面的識別，因為企業識別可以為品牌的品質和信譽進行擔保。提供服務的酒店、銀行、保險等行業的品牌則更適宜從品牌擬人化的角度強調品牌與消費者的關係來塑造識別。實踐中，塑造品牌識別時易陷入的誤區主要有以下幾種：

第一，過分強調產品屬性。許多從事品牌管理的專業人員片面地認為，產品屬性特別是產品的獨特性是吸引消費者、打敗競爭對手的最有力甚至是唯一的手段。企業從產品這一層面來塑造品牌識別往往只具有短期效益，對品牌資產的長期累積貢獻不大。原因在於：首先，現代產品非常豐富，產品的獨特功能已非常難覓，這樣往往令品牌管理者無所適從。其次，在技術如此發達的今天，產品屬性方面的優勢很容易被競爭者模仿甚至超越，產品優勢是極其短暫的，品牌無法憑此而長期獲得消費者的認同。再次，過度強調產品屬性會忽視感性因素的重要性。產品帶給消費者的利益，既有功能性的，更多的是情感性的，甚至是自我表現性的。這一點在化妝品、時裝、香水、香菸等產品上表現尤其突出。同一廠家生產的服裝、面料、製作水平、式樣相同，但貼上不同品牌的商標，消費者願意支付的價格就完全不同，原因在於品牌帶給消費者的自我表達利益不同。最後，過分強調產品屬性會降低品牌的延伸力。企業強調產品屬性，短期確實能為銷售帶來立竿見影的效果，但這樣會導致消費者對品牌的認知和聯想局限在某一特定的產品屬性上。這樣，品牌就很難再延伸到不同的產品類別上。對這一點，中小企業在創建品牌時尤其要注意，創建品牌是一項費時費力的長期工程，累積起來的品牌資產要充分利用。事實上，有些企業在塑造品牌時只重視產品屬性作為品牌識別，將品牌戰略、戰術管理全部集

中在產品屬性上，陷入產品屬性固戀陷阱，是因為他們在認識上不能區分品牌與產品，而是將兩個不同的概念畫等號。

第二，品牌識別重視顧客反應過了頭。品牌識別是品牌對顧客的長期承諾和未來要實現的理想，但是品牌識別不能過分迎合消費者。雖然顧客至上是營銷的原則，可這主要是指產品的設計生產、定價、服務、渠道的選擇和傳播溝通等。過分強調顧客對品牌識別的反應往往會掉入品牌形象、品牌認同的陷阱裡，因為這會導致消費者來決定品牌。事實上，品牌形象反應的是顧客過去如何來看待品牌；而品牌識別是品牌戰略家們期望顧客將來如何看待自己的品牌。正如大衛‧艾克引用的一則卡通所諷刺的：一個市場研究人員走到快要完成的畫前，對米開朗基羅說，「我個人認為，整體來說還不錯，米開朗基羅先生，不過，接受調查的受訪者認為，它應該再多點紫色。」塑造品牌識別必須保持相對穩定，否則多年努力塑造的品牌也無法給消費者留下一個鮮明深刻的印象。所以，品牌形象並不能代替或決定品牌識別，而僅應作為品牌識別設計時考慮的一個參考因素。

第三，錯把品牌定位當作品牌識別。品牌定位是企業針對不同目標市場的需要而有意識選擇的那些同競爭品牌不同的識別元素與價值體現，並以此來指導與目標市場的溝通活動，其目的為了使自己的品牌在消費者心智中占據一個獨特的位置。如果企業在將品牌與目標市場受眾溝通時，只是宣傳品牌定位，即品牌的「獨特賣點」，就會忽視品牌識別的其他重要信息，尤其是品牌核心識別和品牌核心價值，甚至於品牌名稱、品牌所處行業等；這樣做，往往導致目標顧客不清楚品牌到底是什麼、幹什麼的，極大地阻礙了品牌識別的全面塑造。

第四，只重視品牌識別的向外宣傳而忽視向內宣傳。有些企業在塑造品牌識別時，只考慮顧客對品牌識別的感知而忽視公司利益相關者，尤其是公司員工對本品牌的認識。比如，當問及公司員工「我們的品牌是什麼」這個問題時，他們無法回答，這時品牌就陷入了外部視角陷阱。事實上，員工及利益相關者才是品牌的真正締造者，他們關於品牌的理解和認同對品牌塑造的成敗至關重要。

綜上所述，如果品牌焦點過多地局限於產品屬性、品牌當前形象、品牌定位和品牌影響顧客的外部作用等戰術性的品牌識別塑造方法時，就可能導致品牌功能的嚴重紊亂。在認識上將品牌識別同品牌定位、品牌形象三個概念區別開來，是防止品牌識別陷阱所必需的，見表5-7。

表5-7　　　　品牌識別、品牌定位和品牌形象的區別

品牌識別	品牌定位	品牌形象
品牌識別是品牌戰略制定者期望市場將來對品牌的感知，它著眼於未來，更為主動和宏觀。品牌識別屬於戰略性行為	品牌定位是積極地向目標市場受眾傳遞的品牌識別和價值體現的一部分，它強調品牌的「獨特賣點」。品牌定位屬於策略性行為	品牌形象是目前市場對品牌的印象和感知，它只反應了品牌的過去；而品牌的過去和未來是不同的

本章小結

　　品牌識別是品牌戰略者們希望創造和保持的、能引起人們對品牌美好印象的聯想物。品牌識別分為產品、組織、人和符號四大類識別，而各類識別又包含各自具體的識別元素，共計有 12 個方面的識別元素。

　　品牌識別系統將品牌識別元素系統化，明確品牌的價值和每個識別元素的作用。具體說，品牌識別系統按照品牌價值體現和識別元素地位、作用的不同分為核心識別、延伸識別、價值體現和提供信譽四個方面。其中，品牌核心識別的目的是確保品牌獨特性的元素，代表品牌永恆的精髓。品牌延伸識別包括使品牌識別完整化、豐富化的其他識別元素。品牌的價值體現在功能性利益、情感性利益、自我表達利益和相對價格。提供信譽是品牌為支持企業子品牌和其他企業品牌而扮演的擔保者角色。品牌識別計劃模式分為戰略品牌分析、品牌識別系統制定和品牌識別實施三個階段。

　　品牌識別動態管理的內容主要包括調整時機的選擇、調整內容的決策和調整方法的應用。實踐中，常出現的塑造品牌識別的陷阱/誤區有產品屬性固戀陷阱、品牌形象陷阱、品牌定位陷阱和外部視角陷阱，品牌識別之所以掉入這些陷阱，主要原因是企業混淆了品牌與產品、品牌識別與品牌定位和品牌形象的關係。

[思考題]

1. 什麼是品牌識別？它有哪幾個層次？各層次包括哪些識別元素？
2. 品牌識別系統是怎樣構成的？
3. 什麼是品牌識別計劃模式？它分為哪幾個步驟？
4. 塑造品牌個性的意義是什麼？
5. 如何從組織層面塑造品牌識別？
6. 品牌命名的方法和原則有哪些？
7. 品牌識別為什麼要實施動態管理？
8. 塑造品牌識別的誤區有哪些？

案例

伊利「四個圈」[1]

　　一支普通的雪糕——伊利「四個圈」，在白熱化的競爭中，在不到一年的時間內能賣到幾億支？不僅如此，幾年來，這個幾乎沒有廣告支持的產品，在日益激烈的競爭中仍保持旺盛的銷售狀態，仍然在給企業帶來源源不斷的利潤！

　　一、營銷基點

　　伊利用核心人性面的某一部分將一個陌生的產品和消費者連接到了一起，從而創造了這個產品被廣泛接受的空間。這就是伊利「四個圈」成功的核心運作之一，

---

[1] 路長全．解決——營銷就是解決競爭 [M]．北京：機械工業出版社，2003：24-33．

這就是「四個圈」成功的關鍵所在。

跨國企業和路雪、雀巢依託上百年經驗的高品質產品在中國冰品市場上一路高歌猛進。他們憑藉其巨大的資金實力，幾乎一夜之間就在中國各大中城市投放數萬臺冰櫃。這一招厲害！數萬臺冰櫃發布於大街小巷，就相當於數萬塊路牌廣告啊！這不僅充分展示了企業的形象，而且在很大程度上壟斷了冰品的渠道。

伊利如果按傳統的4Ps策略去運作，就產品運作產品本身，勝算的可能性非常小。因為企業多年來一直在使用傳統手法，但卻沒有挽救冰品銷售不斷下滑的困境。所以，伊利必須突破傳統的運作手法，擺脫就產品說產品的營銷路數。

在調研中，我們發現我們的目標消費者——孩子，都喜愛游戲。他們對任何充滿趣味的游戲、懸念的東西都充滿好奇。如果把一支普通的雪糕、一個傳統的產品當成一個娛樂項目來營銷怎麼樣？依據就是消費者的內心世界。

「你為什麼喜歡吃雪糕?」「好玩唄」「好奇唄」「好吃唄」「瞎吃唄」「清爽」「營養」……其中，回答「好玩」、「好奇」、「瞎吃」的占54%，這說明相當大比例的人群因為「有趣」而吃雪糕、冰激凌。這反過來給了我們一個提示：如果用「有趣」或「好玩」來放大消費者的好奇心理，就一定能將消費者內心深處的這一渴望激發為巨大的現實銷售！這個內心的渴望就是產品被廣泛接受的基本支撐點。這就是營銷基點的作用。

二、名字

名字得圍繞著營銷基點。在圍繞主線的基礎上，我們可以找一個消費者熟悉並喜愛的東西將陌生的產品和孩子們（主訴人群）聯繫起來。我們可以起一個聽上去有趣的名字，聽上去好奇的名字。

在調研中，我們發現孩子都熟悉並喜歡圓的東西，比如陀螺、呼啦圈、籃球、彈子球等。從出生的那一天起，孩子們接觸最早、接觸最多的東西，就是圓的東西。「圓」是深入人類心智最早的概念之一，也是孩子熟悉和喜愛的最早的概念之一。人類對這個世界的理解含有大量的「圓」。比如，圓的奶瓶、圓的雞蛋、圓的地球、圓的太陽、圓的電燈、圓的腦袋……

用「圓」！叫「圈」！「圈」比「圓」的讀音響亮。由於產品具有四層結構，我們於是就給一支普通的雪糕定名為「四個圈」。

三、包裝

包裝設計要緊緊圍繞著營銷基點的主線。有多少看似新奇的包裝都沒有能獲得成功，其原因是主題不清，或不知道表現什麼，或主題表現得模糊。這就猶如，開車開錯了方向，你的車速越快，離成功就越遠。

什麼是雪糕包裝的要素呢？雪糕的包裝在消費者手中停留的時間大致是多長？只有15秒鐘！而消費者第一眼看到的產品被消費者最終選購的概率達到60%。包裝的視覺衝擊力最重要！這就是雪糕包裝設計的關鍵點。包裝並不是越漂亮越能賣貨，這要看你的產品是什麼類別的產品。

在幾個設計方案中，我們最後確定了藍色背景下的四組紫色同心圓的設計方案。藍色背景將紫色的圓襯托得格外醒目，在眾多的、雜亂的各色雪糕中脫穎而出，有力地抓住了消費者的眼球。

四、廣告

什麼是好的廣告？人們往往說創意好的廣告就是好廣告。問題是，什麼樣的創意才是好創意呢？情節離奇的？天昏地暗的？……都不對！圍繞營銷基點的廣告，才能夠和產品的名稱、包裝等營銷要素有機地結合，形成合力來有效地激發產品的銷售。如果一個廣告脫離了營銷的主線，再精彩也無用，因為它支持不了銷售。

以前，廣告都說冰激凌多麼好吃、多麼清爽，比如酸酸的、甜甜的、香香的。我們不說這些，只宣傳一點，一個懸念：「伊利四個圈，吃了就知道」。我們不說這個產品是怎麼的好吃，而是說你吃了才知道。這是一個充滿好奇的、懸念式的、略顯狡猾式的廣告語。

這個創意廣告如何表現呢？如何在一個十幾秒的時間裡表現一個好玩而有趣的廣告呢？答案是：一切簡單化。一切圍繞「伊利四個圈，吃了就知道」的懸念展開：

下課鈴聲一響，一個同學的腦袋上冒出一串圓圈（標誌著伊利四個圈即將出場）。這個同學衝出教室，一路狂奔，一邊跑一邊用手在空中畫圈（強化圈的概念）。他衝著一個賣雪糕的售貨員氣喘吁吁地說：「伊利四個圈。」售貨員拿出一支「四個圈」，遞到他手裡重複：「伊利四個圈。」（強化四個圈的聲像）小男孩吃「四個圈」時心滿意足的表情讓同學們大為好奇，「太誇張了吧！」同學們異口同聲地說。男孩得意地說：「伊利四個圈，吃了就知道。」

［討論題］

1. 如何理解「用核心人性面的某一部分將一個陌生的產品和消費者連接到了一起，從而創造了這個產品被廣泛接受的空間」這句話？
2. 案例中提到的營銷基點是指什麼？伊利「四個圈」的營銷基點是什麼？
3. 「四個圈」的品牌識別包括哪些方面的內容？
4. 查找相關資料，分析並總結成功的冰品品牌在品牌識別方面的經驗。

第六章　品牌定位

品牌定位對企業開發、拓展市場起著導航的作用。成功的品牌定位，能夠在消費者心中樹立鮮明的、獨特的品牌個性與形象，為建立品牌競爭優勢打下堅實的基礎。企業如若不能有效地對品牌進行定位，必然會使產品淹沒在眾多質量、性能及服務雷同的產品當中。因此，準確的品牌定位是目標市場品牌營銷成功的關鍵，是品牌建設的基礎，在品牌營銷中有著不可估量的作用。

第一節　品牌定位及其原則

一、什麼是品牌定位

最早提出定位觀念的是兩位廣告人艾·里斯和杰克·特勞特。1969年，兩人在《產業行銷雜誌》（Industrial Marketing Magazine）上發表的一篇題為《定位是人們在今日模仿主義市場所玩的競賽》的文章中，首次使用了「定位」（Positioning）一詞。[①] 1972年，他們在《廣告時代》（Advertising Times）雜誌上發表了名為《定位時代》的系列文章。1979年，兩位定位研究領域的權威大師合作出版了第一部關於品牌定位的名著《廣告攻心戰略——品牌定位》，系統地論述了定位理論。他們關於定位的核心思想是：定位不在產品本身，而在消費者的心智。

兩位先驅指出，定位從產品開始，可以是一件商品、一項服務、一家公司、一個機構甚至一個人，也可能是你自己。就如我們通常所說的，要擺正自己的位置，確定自己的位置，要到位而不越位，做你能做而且應該做的事，做出別人做不到或沒想到要做的事，創造出你這個位置的獨特價值。里斯和特勞特認為，定位並不是要對你的產品做什麼事，而是要對潛在顧客的心智下功夫，也就是把產品定位在你未來的顧客心中，因此他們認為定位改變的是名稱、價格、包裝或形象，實際上對產品則完全沒有改變，所有的改變，基本上是做著修飾而已。如果廣義理解「包裝」，那麼定位作為一種策略性行為實際上就是對產品進行「包裝上市」。正如里斯和特勞特所言：定位的基本方法，不是去創作某種新奇或與眾不同的事項，而是去操縱已經存在於心中的東西，去重新結合已存在的連接關係。

---

① ［美］艾·里斯，杰克·特勞特. 廣告攻心戰略——品牌定位 [M]. 劉毅志，譯. 北京：中國友誼出版公司，1994：35.

121

對定位的這種理解，我們認為與定位這個概念的創始人的工作背景有關。廣告人是製造商或服務商或者說廣告主的代理人，他們在代理時，接手的就是一個定型的產品，廣告人的任務就是設法讓市場消費者認知、接受，進而購買某一產品。留給廣告人的活動餘地確實只有去挖掘和創造產品的獨特的個性和聯想。因此，對廣告人而言，定位就是：假定產品或服務已經給定，企業要在此基礎上去琢磨消費者的心智模式，試圖在消費者心智中打上美好的烙印，以激發他們的購買慾望。

但是，我們必須看到品牌產品從經營者的角度看是變化的，或者說是可以更改的。品牌產品的營銷經歷了如圖6-1所示的「品牌/產品營銷循環」，品牌產品對企業而言不是給定的，而是在一個又一個的循環過程中經過不斷改進、完善，並不斷增加新的品牌產品屬性後獲得的。所以，品牌或產品定位應從更廣的角度去理解，即品牌定位不僅要琢磨消費者，而且要琢磨品牌和產品。

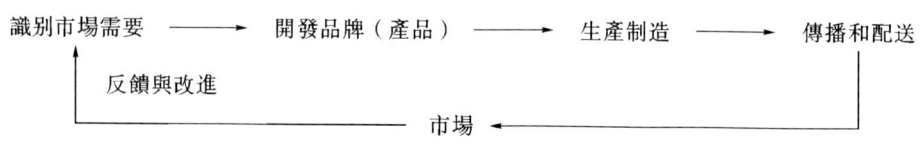

識別市場需要 ⟶ 開發品牌（產品） ⟶ 生產制造 ⟶ 傳播和配送

反饋與改進 ⟵──────────── 市場 ────────────

圖6-1　品牌/產品營銷循環

再從品牌的運作角度看，品牌也有改變含義的可能，而且有時甚至十分必要。如品牌延伸可能改變品牌的含義，此時企業就需要適當調整定位；再如品牌形象不佳時，企業也需對品牌重新定位，以建立更強有力、更美好和更深刻獨特的聯想。

那麼，究竟什麼叫品牌定位呢？我們認為，品牌定位是指企業在市場細分和調研的基礎上，發現或創造出品牌（產品）獨特的差異點，並與目標消費者心智中的空白點進行匹配擇優，從而確定出一個獨特的品牌位置，然後借助整合傳播手段在消費者心智中打上深深的烙印，建立起強有力的聯想和獨特印象的策略性行為。簡單講，品牌定位就是企業規劃並向目標消費群體展示品牌（產品）獨特性的過程。尋找、溝通和展示自身品牌相對於競爭品牌的差異化優勢是品牌定位的核心任務。品牌定位要求品牌（產品）能夠滿足目標消費群體的需求，能夠給他們帶來好處或提供購買的理由，顯然這種好處或理由來自於獨特的品牌利益。

例如，全球第一款合成洗衣粉汰漬品牌的定位[1]是：對於有好動孩子和愛運動丈夫的婦女們，她們有著繁重的清潔任務，因為她們想讓衣服和家人展示最好的狀態。而汰漬是洗衣護理清潔用品的品牌，對你的衣服和你本人會是最好的；強效的去污劑有獨特配方，有獨特織物保護劑等，並經權威機構認可；品牌特徵是強有力、傳統、可信賴、權威而又有效的。

這裡，短短的兩句話言簡意賅地指出了汰漬品牌的目標顧客、適用行業、產品屬性、品牌價值及其特徵。關於品牌定位的文字表述就是「品牌定位陳述書」。我們認為，對於任何品牌來講，採用書面的形式、清晰而嚴謹地表達品牌定位是十分必要的。因為它是從事市場開發和品牌推廣等實際工作的眾多人員和組織處理市場及

---

[1]　[美]理查德 D 車爾尼亞夫斯基，邁克爾 W 馬洛尼. 打造頂級品牌：定位與策略 [M]. 羅漢，等，譯. 上海：上海人民出版社，2001.

顧客關係問題必需的行動指南。

最後，我們有必要總結一下品牌識別和品牌定位的關係。品牌定位是品牌識別的組成部分，它積極地同目標受眾溝通並展示本品牌相對於競爭品牌的優勢所在，以獲取本品牌的市場競爭優勢。品牌定位具有四個顯著的特徵：組成部分、目標受眾、積極溝通、展示優勢。品牌識別更為宏觀，屬於企業戰略範疇，對品牌定位起著指導性作用；而品牌定位是品牌識別的具體實施，是針對具體的、不同的目標市場特徵，有選擇性地實施品牌識別戰略計劃，因而品牌核心識別元素及其核心價值是品牌定位計劃必須遵行的準則。簡單地說，兩者之間的關係就是「戰略—策略」的關係，如圖6-2所示，圖中BI表示品牌識別，P_1、P_2、P_3…表示各個目標市場的品牌定位。

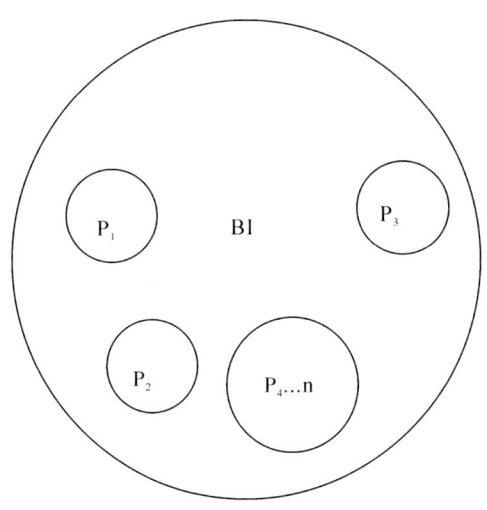

圖6-2　品牌定位與品牌識別關係示意圖

二、品牌定位的意義

在市場競爭異常激烈的環境下，品牌定位之所以受到企業的高度重視，是因為它具有重大意義。

（一）品牌定位有助於消費者記住品牌傳達的信息

現代社會是信息社會，人們從睜開眼睛就開始面臨信息的轟炸，應接不暇，各種消息、資料、新聞、廣告鋪天蓋地而來。以報紙為例，美國報紙每年用紙超過千萬噸，這意味著每人每天消費94磅（1磅＝0.453,6千克）報紙。一般而言，一份大都市的報紙，像《21世紀經濟報導》可能包含有50萬字以上，人們以平均每分鐘讀300字的速度計算，全部看完幾乎需要30小時。如果仔細閱讀的話，一個人一天即使不做其他任何事情，也很難讀完一份報紙。更何況現代社會的媒體種類繁多，更新快速。當消費者面對如此多的信息無所適從時，企業的許多媒體宣傳可能就付

諸流水，起不到任何效果。科學家發現，人只能接受有限的信息，因此企業只有壓縮信息，實施定位，為自己的產品塑造一個最能打動潛在顧客心理的形象，以區別於同類競爭產品，才是其明智的選擇。品牌定位使潛在顧客能夠對該品牌產生正確的認識，進而產生品牌偏好和購買行動，它是企業信息成功通向潛在顧客心智的一條捷徑。

(二) 品牌定位是品牌整合營銷傳播的基礎

企業不僅要進行品牌定位，還必須有效地傳播品牌定位所設計的整體形象。所謂品牌傳播是指企業通過廣告、公關等手段將企業設計的品牌形象傳遞給目標消費者，以期獲得消費者的認知和認同，並在其心目中確立一個企業刻意營造的形象的過程。品牌定位與品牌傳播在時間上存在先後的次序，正是這種先後次序決定了兩者之間存在著相互依賴、相互制約的關係。品牌定位是品牌整合營銷傳播的基礎，任何提高品牌知名度的活動都必須以品牌定位為航標。品牌定位信息是通過營銷組合策略（4Ps）傳遞給消費者的，而營銷策略只有以品牌定位為中心、為「指揮棒」，才能夠讓品牌在消費者心目中留下整體的、一致的、獨特的形象。

總之，經過多種品牌營運手段的整合運用，品牌定位所確立的品牌整體形象即會駐留在消費者心中，這是品牌營銷的結果和目的。企業如果沒有正確的品牌定位，無論其產品質量有多高、性價比有多好，無論其使用怎樣的促銷手段，也不可能成功。可以說，今後的商戰將是定位戰，將是定位競爭，品牌制勝將是定位的勝利。

三、消費者心智模式理論

既然品牌定位的目的是要實現與目標消費者心智模式中的空白點進行匹配擇優，並在其心智中打上深深的烙印，那麼企業首先必須進行消費者行為方面的研究，因為消費者研究是品牌定位的基礎性工作。就品牌定位而言，消費者研究的重點有以下三個方面：一是消費者如何感知品牌及其產品；二是消費者接收和理解信息的模式；三是競爭品牌調研。企業必須明確，品牌定位不是去調查競爭品牌做了什麼，而是要問：消費者頭腦中怎樣感知競爭對手的品牌？其位置在什麼地方？消費者感知到了你與競爭者之間的差別嗎？差別是什麼？消費者關注或看重這個差異性嗎？

在《新定位》一書中，特勞特和瑞維金認為，從定位角度講，消費者的心智模式有以下五個特點[1]：

一是消費者只能接收有限的信息。從理論上講人的潛力是無限的，人類接收信息的能力十分強大，已經開發的大腦能力尚不足其全部能力的 5%～10%。然而，實際情況卻一再證明，人類的記憶能力是有限的，「前學後忘」是常見的規律。心理學實驗證明，後吸納的信息會覆蓋或置換早期接收到的信息。從定位角度講，我們不能指望消費者對某個品牌有一個全面的瞭解，所以要抓住要點和關鍵點進行品牌定位。

二是消費者好簡煩雜。簡單就是美，簡單就是易於理解，簡單也就是容易識別

---

[1] 宋永高. 品牌戰略和管理 [M]. 杭州：浙江大學出版社，2003：135-137.

記憶；多了就雜，雜了就不易記憶，消費者不會有興趣去深究，就有可能被選擇性地忽略掉。「8189045」記住了沒有？沒有？再看一遍，記住了嗎？多半你還是記不住。這是一個數字品牌，這麼長，鮮有人去刻意記它。還有一種情況是複雜，複雜就是難，就是不易理解。學生希望老師把複雜的問題通俗地講解出來，否則無法理解，難以掌握。消費者更是如此，他沒有任何義務和責任去記住你這個企業的品牌或產品。因此，品牌名稱一定要簡單，言簡意賅。

三是消費者因缺乏安全感而跟隨。美國的消費者如此，中國的消費者更是如此。當然，安全感不僅來自產品本身，而且也來自品牌形象。購買的風險有產品風險、地點風險、價格風險、社交風險等，因此品牌定位應設法減少或消除這些不安全感。

四是消費者對品牌的印象不會輕易改變。這一點很重要，一個品牌一旦在消費者頭腦中形成特定形象，有了清晰的定位，就不易改變，而且這種印象越深，改變的難度也就越大。品牌形象貿然改變，導致失敗的可能性也就越大。如中國20世紀八九十年代最著名的家用電器品牌之一「小天鵝」，以「全心全意」的口號，占領了全國洗衣機市場半壁江山。然而，令人遺憾的是公司的多元化發展戰略不是很成功，「小天鵝」怎麼也飛不高。「小天鵝」的再定位失敗了。當然，成功改變品牌形象的企業也不少見，如海爾、娃哈哈等。品牌形象的改變是一種戰略性的行為，它分為兩步走，即先使原有印象淡化和消退，然後使新的形象建立和強化，變得深刻。因此，改變形象比從頭開始樹立形象風險更大，需要的投入也更多，時間更長。

五是消費者的想法容易因品牌延伸或修改定位而失去焦點。消費者購物建立在對品牌的認知基礎上，然而品牌延伸有可能模糊品牌的意義和它的象徵，從而使消費者不清楚品牌代表什麼而失去焦點。這要求品牌延伸要由近及遠，從高相關度的產品開始，逐漸鋪開，嚴格把握延伸度問題。品牌的再定位也要策略性地運作，不能引起消費者的心理衝突。

針對消費者以上的五大思考特徵，《新定位》的作者相應地提出了一些定位的技巧。但我們認為，這五大消費者的思考模式，只是比較籠統地概括、解釋了消費者的信息接收和處理方式，不足以提供品牌定位的全方位理論支持。因此，下面我們介紹另一個有關消費者或者說人類認知和思考的模式，這一模式由美國哈佛大學工商管理學院教授吉拉德·查特曼和他的跨學科合作夥伴提出。他們於1995年在《廣告研究雜誌》（Journal of Advertising Research）上發表了題為《考慮顧客的聲音：基於隱喻的廣告研究》（Seeing the Voice of the Customer: Metaphor-based Advertising Research）的文章，表達了該模式的基本思想。查特曼等在研究過程中提出了消費者認知和思考的九大假設：

（1）思想基於印象；
（2）絕大部分溝通是非語言的；
（3）隱喻①是思想和感情的基本單位，也是理解行為的基本單位；
（4）隱喻在推出或導出潛藏知識時是重要的；

---

① 隱喻（Metaphors）就是用已知的東西說明和解釋未知的東西，常見的是以形象的東西說明抽象的東西。廣告傳播中常用到隱喻方法，如寶潔的廣告說用潘婷洗髮水洗髮就像給頭髮泡了牛奶浴。

(5) 認知是具體的和活生生的；
(6) 在決策過程中，感情和理性同等重要且相伴而行；
(7) 絕大部分的思考、感情和學習都是在無意識狀態下發生的；
(8) 心智模式指引著對刺激的選擇和處理；
(9) 不同的心智模式可以互動。

總之，他們認為隱喻十分重要，人的思維建立在印象的基礎之上，理性和感情對消費者的決策同樣重要。

專欄：小故事・大啟示

寶潔：隱喻運用的「高手」

為什麼隱喻應用在廣告中作為品牌推廣手段時具有重要的作用？因為廣告面對的受眾是普通人，而非專業人士。尤其是，現代產品的科技含量越來越高，科技文字顯然不能夠為一般消費者所理解。那麼，怎樣將品牌產品所蘊含的科學技術成分採用常識性的、生活中的普遍知識來解釋呢？用「隱喻」。

寶潔公司廣告說潘婷是營養頭髮的。怎樣解釋這個「營養」呢？廣告說：使用潘婷就如同給頭髮泡了牛奶浴。這裡的「牛奶」是我們都能夠理解的、有營養的東西；使用潘婷就像給頭髮「喝牛奶」，這裡的營養吸收就比直言專業術語「VB」就容易理解多了。廣告使用的隱喻是：VB＝牛奶、洗髮＝泡牛奶浴。此外，寶潔在玉蘭油（OLAY）、飄柔、舒膚佳等品牌廣告中也大量使用了這樣的隱喻手法。所以，隱喻對大眾的說服力比直白的廣告要強得多！

四、品牌定位的原則

品牌定位是針對目標市場上的消費者進行的定位，為了達到定位的目的，品牌定位的策劃者和實施者要深刻瞭解消費者心智和品牌認知模式。同時，企業遵循一些基本的定位原則也是必要的，這有助於企業更好地進行品牌定位。

（一）品牌定位應實現品牌核心價值的差異化

成功的品牌定位策略，首先應能製造差異，製造特色，能使品牌從眾多品牌中脫穎而出。有一張獲獎照片給了人們很好的啟示：在整張照片上，布滿了擠得密密麻麻的牛，這上百隻牛形體極其相似，唯有一隻卻異常引人注目，在其他牛都低頭吃草的時候，它卻抬頭回眸，瞪著大眼睛好奇地望著攝影鏡頭，神情可愛。每個看到這張照片的人無不一下子就被那頭牛吸引住目光，並對其留下深刻的印象，而對其他的牛則沒有什麼印象。這說明了一個簡單的道理：有差異的、與眾不同的事物才能夠吸引人的注意力。

在生活多姿多彩的現代社會，個性化消費漸成時尚，沒有一個品牌可以成為「大眾情人」，對所有的消費者都產生吸引力。此外，媒體的信息轟炸，使消費者身處廣告海洋的包圍之中，一個品牌的核心價值若與其他競爭品牌沒有鮮明的差異，就很難引起大家的關注，更別奢望消費者認同與接受了，核心價值缺乏特色的品牌是沒有銷售力的品牌。高度差異化的核心價值在市場上一亮相，猶如萬綠叢中一點

紅，令消費者眼睛為之一亮，心為之一動。例如，在品牌多如牛毛的洗髮水市場上，海飛絲洗髮水定位為「可去頭屑的洗髮水」，這在當時是獨樹一幟的，因而海飛絲一推出就立即引起消費者的注意，並認定它不是一般的洗髮水，而是具有去頭屑功能的洗髮水。當消費者需要解決頭屑煩惱時，很自然第一時間就想到它。

（二）成功的定位策略應是市場導向型的

任何一件產品不可能滿足所有消費者的需求，任何一個品牌只能以部分顧客為其服務對象，才能充分發揮優勢，提供更有效的服務。因而明智的企業會根據消費者需求的差別將市場細分，並從中選出具有一定規模和發展前景、符合企業的目標和能力的細分市場作為其目標市場。確定了目標消費者還遠遠不夠，因為這時企業還是處於「一廂情願」的階段。企業需要將產品定位在目標消費者所偏愛的位置上，並通過一系列推廣活動向目標消費者傳達這一定位信息，讓消費者注意到這一品牌並感到它就是自己所需的，這樣才能真正占據消費者的心。如果企業能掌握消費者的所思、所想、所需，投其所好，必能百發百中。因此，企業要想突破信息溝通的障礙，打開消費者的心智之門，關鍵是要想消費者之所想，要千方百計使傳播的信息變成消費者自己想說的話，讓他在聽到、看到企業的宣傳和體驗產品的過程中感到滿意，由此認為「這正是我所需要的，這就是為我設計的」。

（三）品牌定位要簡明，抓住關鍵點

消費者能記住的信息是十分有限的，從本質上他們痛恨複雜，喜歡簡單。因此，品牌定位必須簡單明瞭。「簡單」就是品牌每次只提供有限的信息，多了沒用。消費者沒有興趣也沒有義務去記住很多有關某品牌的信息，事實上消費者是在無意識地學習、瞭解品牌信息；「明瞭」就是消費者不需要費心費力就能知曉並領會品牌定位。因此，企業品牌定位時必須抓住關鍵點。企業面面俱到，過多羅列品牌產品的優點和特色，希望「東方不亮西方亮」的策略是注定要失敗的，這種做法模糊了消費者的認知，也說明品牌定位者並不真正知曉目標市場消費者最關心的問題是什麼。所以，品牌定位者應抓住品牌中一兩個關鍵的獨特點，用簡潔明瞭的方式表達出來，讓消費者易於理解和記憶，產生共鳴。

（四）品牌定位要保持相對的穩定性，並不斷強化

品牌定位往往成為人們區分不同品牌產品的有力工具，有時甚至是唯一的手段。可口可樂與百事可樂有什麼區別？娃哈哈純淨水和樂百氏純淨水有何區別？從實體產品講它們並沒有什麼太大的區別。但我們在購買時卻仍然充分感覺到它們之間的不同，這種不同就是由品牌定位造成的區別，是品牌定位一貫堅持造成的差別。根據消費者認知模式理論，品牌定位及由此塑造的品牌形象，是不易改變的，不會輕易被抹去的；但是這種印象由於企業自身的行為不當和競爭者的強有力攻擊，又是會模糊的。因此，如果品牌定位不一貫堅持，這個形象就會淡化，一旦競爭者乘虛而入，這個形象就可能淡出消費者視野。因此，堅持就意味著始終保持這一地位，除非消費者消費的觀念和價值取向發生改變，否則，堅持是唯一正確的選擇。如美

國萬寶路的牛仔形象和品牌定位六十多年來始終未變，美國寶潔公司的象牙牌（Ivory）肥皂「會漂浮的肥皂」的定位一百多年來亦始終未變。定位刻畫了品牌獨特的性格或特徵，企業只有一以貫之，使其成為品牌的核心內涵，才能真正發揮品牌定位的作用。然而，在品牌運作歷史上，一些知名品牌亦想突破品牌原有的定位，卻以迴歸而告終，如「李維斯」牌牛仔褲、「派克」筆等。

當然，需要指出的是，企業堅持品牌定位的一貫性原則，並不否定品牌定位在必要時的修改和再定位。我們在這裡強調的是，一旦品牌定位確定下來就不應經常、隨意地更改；再就是一個品牌定位成功了，不要輕易更改和擴散，要一以貫之。我們的觀點是品牌定位主題不變，但表現方式則應不斷豐富、不斷現代化。換言之，定位不變，但表現定位的傳播方式和解釋方式應經常更新，以跟上時代發展的要求。

(五) 品牌定位要以情動人，情理交融

怎麼樣來表達這個原則呢？這是個頗費心思的問題。最早的一種方式是「情理交融，以情動人，以理服人」。第二種表達省去了「以理服人」四個字。最後定下來的表達是「以情動人，情理交融」，強調以情動人。吉拉德·查特曼認為理性和情感在人的思維與行動過程中具有同等重要的作用。瓦爾特·玄納特在《廣告奏效的奧秘》一書中指出，人，首先依賴於感情，其次才依賴於理智；大家經常談論的「理智之人」根本就不存在。現實生活中不乏實例，如可口可樂、娃哈哈純淨水、農夫山泉等品牌的定位，使人強烈地感受到「以情動人」在品牌定位中的重要性。就拿一直被看作理性定位要範的樂百氏純淨水的 27 層淨化的廣告片來說，其中也充滿了對人性的關懷。「樂百氏（擬人化地）不厭其煩（表達其一絲不苟，對消費者全心全意的關懷），經過 27 層（十分精確的數字讓人信服）層層淨化……」可見，品牌定位的「以情動人」至關重要，情理交融則幾近完美。任何企業在品牌定位時都不能忘記這一點，不可忽視這一點。

(六) 品牌定位要以圖文並茂的方式展現出來

查特曼認為思想基於印象、認知，都是具體的、活生生的，而文字剛好相反，是枯燥的、死板的，因此品牌定位必須圖文並茂，尤其要充分利用圖像。人們更容易理解圖像，而且圖像認知具有整體性，不像文字是要逐字逐句地認讀，因此成功的品牌定位需要圖像的支持。符號學的研究結論表明，每一件東西都有一個隱藏的意義，任何圖像都能傳遞某種信息，一張簡單圖片能表達出很多意義，它勝過長篇大論。所以，在品牌定位時，品牌定位者應構思一種場景、一個生活畫面、一段故事來表達品牌定位，然後用不多的、簡練的筆墨來畫龍點睛說明或強化這一定位。如此，品牌定位才能讓消費者印象深刻，才能在消費者頭腦中留下深深的烙印，一旦相應的提示性線索出現，消費者即能聯想起這一品牌，而使品牌進入目標消費者的備選集。

第二節　品牌定位分析工具

品牌定位分析工具是選擇品牌定位點、評價品牌定位是否達到目標位置的重要

工具，也是修正傳播策略的方法。品牌定位的分析工具主要有 ZMET 技術、品牌定位感知圖（Perceptual Map）、投射技術（Projective Techniques）。

一、ZMET 技術

ZMET 技術，是 Zaltman Metaphor Elicitation Technique（查特曼隱喻解釋技術）的首字母縮寫。這一技術提出的理論依據是，80% 以上的人類溝通是非語言的。因而，傳統的問卷調查、小組調查、個人訪談等難以獲得人們內心深處的真正感受，因此消費者調查最好採用非語言的方式讓他們表達其思想、觀點、感覺和感情。

ZMET 技術雖然誕生的時間不長（1995 年），但它的客戶名單讓人印象深刻，有 AT&T、可口可樂、杜邦、柯達、通用汽車、寶麗來公司、銳步國際、太平洋天然氣和電力公司等。這項技術已被廣泛應用於與品牌有關的問題。如摩托羅拉公司在為一個新的安全系統制訂營銷計劃時利用了 ZMET 技術。公司詢問顧客對安全（Security）的感覺時，顧客腦子裡呈現出了狗的形象。狗代表舒心和安全，一種受保護的感覺。於是公司為該產品定位於「一個忠實的夥伴」，並把該系統命名為警犬（Watchdog）。

ZMET 技術的應用程序如下：

（1）首先利用電腦動畫技術或照相機拍攝的幾幅圖片，代表品牌（產品）可能象徵的意義。

（2）測試者請測試的顧客選擇，哪一幅圖片恰當地表達了品牌或其產品。通常被測試的顧客人數為 20～25 人。

（3）測試者利用凱利（Kelly）的記憶格聯想測試技術來解釋選擇的背後原因。如杜邦公司利用萊卡®（Lycra®）面料製作的緊身褲，在測試中顯示出女士們有著既「喜歡」又「討厭」的矛盾情感。怎麼回事呢？這時測試者就要通過聯想和講故事的方式層層展現和剝離出隱藏在消費者頭腦深處的感受。研究表明，女士們感到既充滿性感又覺得有點色情。

（4）測試者根據測試分析結果可以畫出一個消費者心智思考圖。圖 6－3 是對美國消費者就汰漬（Tide）洗衣粉測試分析後獲得的心智思考圖。利用這個心智圖，寶潔公司在品牌定位時，選擇了多種策略：洗衣感覺、自我形象、品牌可靠性等，最後形成了該品牌的定位陳述書。當然，ZMET 技術未能提供競爭品牌的類似圖形。但是，它至少已把這個品牌產品和相應的活動——洗衣服的感受都描述出來了，只要測試者把競爭品牌也做一個相同的分析，即可瞭解不同品牌的差異點，從而找到定位點。此外，企業如果想要採用關聯比附定位，那麼，通過對比附對象的充分認識，也能找到可行的定位點。

二、品牌定位知覺圖

它是一種直觀的、簡潔而實用的典型分析工具。研究者可以用 1～3 個變量來刻畫每一個品牌所在的位置，從而識別出行業市場中的空位點，並作為定位點或再定位點；也可用來判斷品牌計劃或期望定位點和實際被感知的點是否一致，以檢討定位運作的實際情況。

图 6-3　汰渍品牌心智图

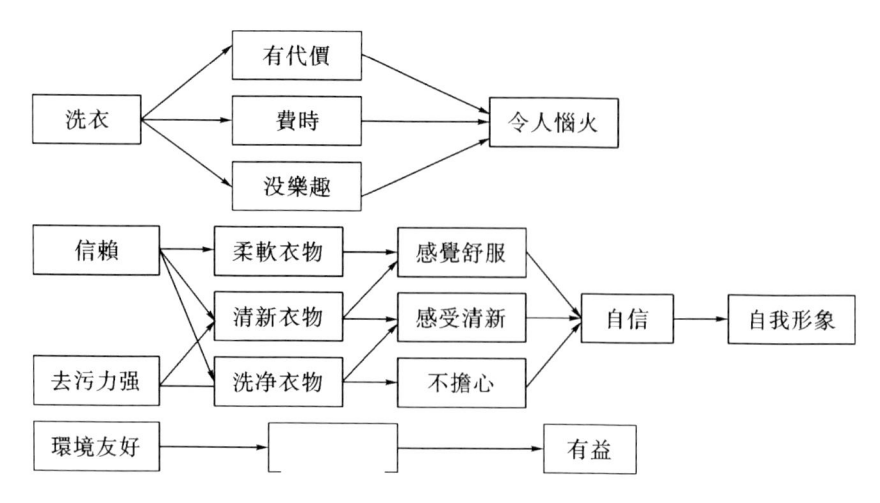

资料来源：[美] GWEN DOLWN CATCHINGS-CASTELLO. Zaltman Alternative [J]. Marketing Research, 2000, 12 (2)：11.

品牌定位知覺圖在各類品牌產品中廣泛使用，如汽車、化妝品、酒類和服務性業務等。目前最常用的知覺圖是二維知覺圖。我們在給出例子前先簡單介紹它的工作原理：

第一步，選擇定位基準變量。這是品牌定位知覺圖最重要的一項工作。調查者正確地選擇變量是品牌知覺圖成功應用的基礎，一旦選錯基準，後面的工作做得再好也將毫無價值。一般調查者在選擇時應將目標市場顧客關心和重視的變量作為定位基準。當然，對某些行業來說，這有一定難度。如轎車市場，是按價格和消費者收入來繪製，還是按價格和消費者的生活方式來繪製呢？是按價格和安全性，還是按價格和穩定性來繪製？這需要 ZMET 或其他技術來確定。

第二步，調查數據資料。假如品牌定位知覺圖的坐標變量已經確定，接下來便是實地調查數據資料階段。調查方法很多，如李克特法等。具體可參見一些專門的市場營銷研究的教材。

當上述兩步工作完成之後，調查者即可著手繪製定位知覺圖了。

下面我們以美國芝加哥啤酒市場為例，來看一看各品牌的定位知覺圖。影響啤酒感覺和認知的變量主要有兩個：一是味道的濃與淡（即啤酒中酒精濃度）；二是口感的苦味與適中（沒有明顯的苦味）。圖 6-4 是美國芝加哥地區啤酒市場各品牌的定位知覺圖。

图6-4　啤酒市场知觉位置图

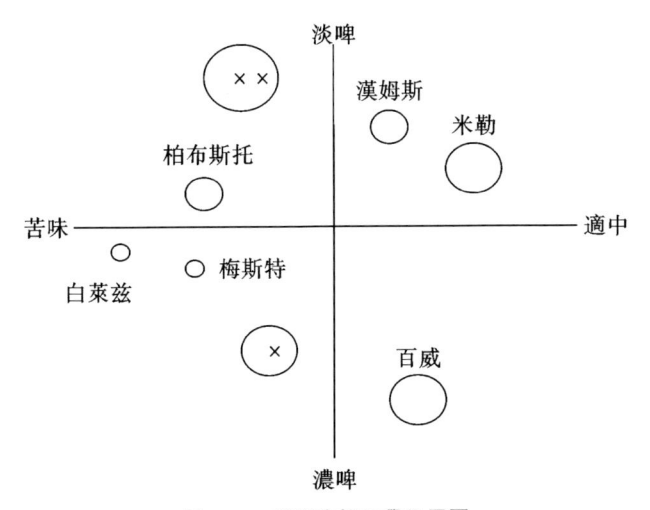

资料来源：[日] 仁科贞文. 广告心理学 [M]. 北京：中国友谊出版公司，1999：22.

从图6-4中可以看出，⊗和⊗⊗是市场空白位置，企业可以考虑进入。但企业在决定进入之前，必须事前深入调研这个市场有没有、大不大，如果市场根本不存在或太小，那么，定位图上的空位就没有实际的意义。譬如，市场研究者可根据被测者的心情、年龄、性别等变量对可能的定位点进行小范围测试，以推测其市场潜力。

我们在这里特别提醒读者注意以下两点：一是一种产品的品牌定位可以从多个角度去绘制其定位图；二是品牌定位感知图与（品牌）产品位置感知图可以是不一样的，也就是说，知道品牌时的产品感知位置有可能与不知道品牌时的产品感知位置不一样。图6-5就是一个很有力的证明。结论是：品牌的定位主张在一定程度上会改变消费者对（品牌）产品的知觉。

（1）知晓品牌的感知图　　　　　　　（2）盲试情况的感知图

图6-5　品牌与产品定位知觉图的差异

资料来源：[美] 凯文·莱恩·凯勒. 战略品牌管理 [M]. 英文影印版. 北京：中国人民大学出版社，

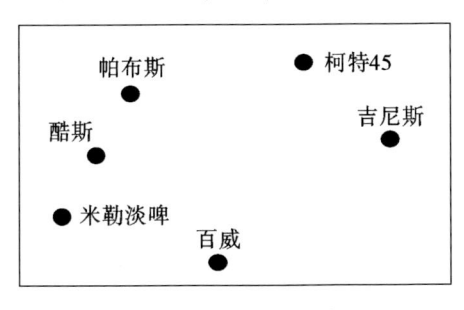

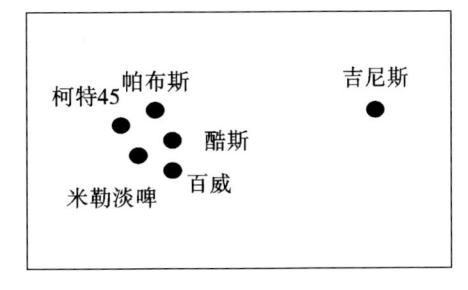

1998：47.

三、投射技術

「投射」是一個心理學名詞，最早由心理學家弗洛伊德提出來，用於人的精神分析。投射技術（Projective Techniques）就是在個體（即被調查的消費者）未能或沒有啓動心理防禦機制的情況下，把其內心深處的真正動機、慾望、感情、想法表達出來。人有本我、自我和超我，三者相互之間不完全協調。就消費者而言，其購買行為可能不完全出於理性，甚至完全出於非理性的考慮。但如果直接詢問，被訪的消費者可能會對其行為做出合理化的解釋，從而掩蓋其真正的購買動機。這種行為被稱為「防禦機制」。投射技術通過提供被訪者一種曖昧的刺激情境，讓他/她在盡可能不受約束的情形下自由做出反應。

調研者在具體應用投射技術時，一是要求被調查對象在看到一張圖或聽到一個詞時，盡快表達出其第一反應，把其內心的想法投射出來；二是借用第三者（而非其本人）來投射被調查者的想法。具體的技術有詞彙聯想、角色扮演、第三人技術、完形填空、看圖編故事法等。

投射技術主要有兩大用途：一是揭示出某種消費行為或態度的真正原因；二是顯示人們購買、擁有或使用某種產品或服務對他們意味著什麼，即品牌有什麼象徵意義。

就投射技術在消費者行為研究中的作用而言，它主要可以解決直接提問無法測度的以下問題：一是被測試者對自己的需要和動機並不十分清楚，因而沒有辦法正確回答調研人員的問題；二是被測試者的情感和想法雖然清楚，但無法直接用語言表達；三是被測試者的行為是非理性的或社會所不認可的，直接詢問時他們不願意承認；四是被測試者出於禮貌，不便表達自己真實的批判性感受和意見。

但一旦利用投射技術，我們就有望獲得消費者的真實感情和內心想法。下面，我們就看看這些投射技術是怎樣應用的。

（一）詞彙聯想（Word Association）

詞彙聯想是動機、感覺等調查方法中比較傳統，也比較容易實施的一種方法。這種方法是指調研人員向被測試者呈現一系列詞彙，要求被測試者問答，在看到這個詞時腦子裡首先閃現的是什麼。

注意，這一技術有兩大要點。要點之一是一系列的詞彙。比如說，我們要瞭解的是，某個品牌的定位是否達到目標？它在消費者心目中的形象如何？我們不是一開始即呈現這個品牌名稱，而是把這個品牌混雜在許多與這個品牌可能存在聯繫的詞彙當中，如水、天空、椅子、上帝、購物、電影、旅遊、汽車等，目的是讓被測試者在無意識和放鬆狀態下，表達出其真實的反應。要點之二是快。調研人員在一個詞一個詞出示時一定要快，讓被測試者沒有任何時間思考，以免「防禦機制」起作用。所以，調研人員在測試時要設定被測試者允許的最長回答時間。

詞彙聯想會產生成千上萬的詞彙和想法，為了評估某個詞語和觀念與特定品牌之間的關係密切程度和相對重要性，以確定品牌的聯想和在消費者心目中的形象，

調研人員在詞彙聯想的基礎上應對目標市場消費者進行直接提問，請他們用 5 分制或 7 分制等評價這些詞語是否適合這個品牌，從「非常適合」到「一點也不適合」，以確定品牌的位置圖。調研人員對競爭者的品牌也可以做相似的研究。在美國，人們對麥當勞做了一個這樣的研究，結果發現麥當勞與「隨處可見」「熟悉」「清潔」「便宜」「小孩」等聯想較緊密。在國內，有研究機構請被調查者說出他們對沃爾瑪的印象，結果得到「便宜」「促銷活動」「閒逛」「各種各樣的商品」「日用品」「食品」「可靠」等詞語。

（二）角色扮演（Role Playing）

角色扮演，是讓參加測試的人假設自己是另一個角色或另一個人，比如說扮演的是某個商店的銷售員角色，然後讓他試著向提出異議的顧客（由其他被測者或者研究者扮演）推銷產品。處理異議的方法可以洩露測試者的態度，只要他在扮演這個角色時不感到不舒服或窘迫，那麼就會充分投射出自己的想法和感覺。

角色扮演，強調的是設想你是他，而不是你自己，即你的行為不代表你，而是代表他，換言之，這裡不是假定你處在他的位置會怎麼辦，而是你認為他會怎麼辦，是對設想的對象的行為推測，並要求測試者用行為表現出來，即為角色扮演。這樣的區分有沒有意義呢？我們認為意義很大。因為如果假定被測試者是本人，他會用職業要求或社會要求來表現某種行為，但如果設定測試者是他人，只表現別人會做什麼，那麼，他就可能把自己本身的想法和感受表現出來，即把自己的真實想法和感覺投射在這個陌生人身上。因此，在採用角色扮演時，調研人員必須講清楚這一點，這是很重要的。

（三）第三人技術（Third-Person Techniques）

第三人技術與角色扮演的基本思路是一樣的，它也是詢問被測試者，就他的朋友、領導或一般人而言，他們在某種設定的情況下會做出何種反應或怎樣思考。在這裡，他們可能會有意無意地把自己的態度投射到這「第三人」上去，從而洩露自己真實的想法。這時，這些參加測試的人可能會說：「我絕對不會這樣想」「我對你沒有任何惡意」「我只是估計他可能這麼想」。調研人員要經常不斷地鼓勵測試者充分表達其觀點，並表示對他本人的尊重和信任，相信他非一般人那樣感情化或情緒化，表揚他分析合乎邏輯、很有道理。這樣可以讓測試者把自己的「本我」感受放鬆地投射到第三人身上。

第三人技術的變體是調研人員列出消費者的購物清單，然後請測試者說出他認為這是個什麼樣的人。比如在兩個購物清單，所有其他產品都相同，其中一個上面寫上「巴黎歐萊雅」，另一個寫上「大寶」，然後調研人員請測試者描述一下這兩個人有什麼區別。這可以用來測試品牌的消費者形象和品牌定位等。

（四）完形填空法（Completion Test）

完形填空最常用的方式是列出一句不完整和模稜兩可的句子，然後請測試者把這個句子填完整。調研人員在應用這個方法時，有兩點要注意。一是句子應該用

「他」「她」或「一般人」這樣的第三人稱來描述，以避免引起自我防禦機制。如面對「一般人認為電視最重要的功能是＿＿＿＿＿」「中國加入世貿組織，一般老百姓認為＿＿＿＿＿」「一般女性認為男人抽菸時她們會感到＿＿＿＿＿」等陳述時，測試者易於洩露自己的真實看法。二是在做完形填空時，調研人員要鼓勵測試者把看到這個不完整句子後的第一個反應寫出來，即第一直覺反應寫出來。任何深思之後的答案往往會有合理化的成分，會降低完形填空的投射效果。

完形填空也可以擴展為一個小故事，先敘述一個故事的一部分，然後，請測試者描述這個故事的進一步發展。當然，這比較複雜一些，更費時間，也需要測試者更豐富的想像力。故事法的好處是問題更加開放，更沒有固定結構，可以獲得更多的消費者的感受、想法和價值觀念。

（五）看圖編故事法（Picture Interpretation）

看圖編故事法，是現在中小學語文教學的一項內容，也是高考作文的測試方法。但語文中的看圖編故事，是編給考官或老師看的，因而，學生大多根據期望的要求在做。在投射測試中，調研人員要求測試者從客觀的角度（其實會發生投射）來描述圖上的故事及故事人物的想法或看法。當然，圖上的情境越模棱兩可，越可以有多重解釋，那麼，投射效果越好。這種測試方法，可以用於對品牌形象、品牌傳播本身、品牌消費者及消費場合等的測試。

目前投射技術還在進一步發展之中，除了上述方法之外，還有案例分析法、圖片歸類法等。投射技術在揭示品牌形象、反應品牌定位、選擇品牌名稱、品牌延伸決策等方面均有廣泛應用。

第三節　品牌定位決策程序

品牌定位決策是品牌管理中的重要決策，為了確保品牌定位的正確、有效，品牌定位者必須遵循一定的程序。根據品牌定位策略運作的過程，品牌定位決策程序可表示如下：品牌定位調研→品牌定位設計→品牌定位整合溝通→品牌定位形成→品牌定位測度、反饋、強化或再定位。

一、品牌定位調研

品牌定位調研，主要包括三個方面的內容：

一是目標消費者調研。品牌定位者要選準目標消費者，深入瞭解他們的所思所想，瞭解他們的價值觀念和生活方式。據《營銷研究中的人本研究：哲學方法和標準》（Humanistic Inquiry in Marketing Research: Philosophy Method and Criteria）一文介紹，為了瞭解盎格魯—撒克遜保守主義白人（WASP）消費者的價值觀念和生活方式，研究者花了大量的時間深入小鎮、街區，參與他們的日常生活和社區活動，與他們一起購物、做禮拜、開會，最後發現，他們的核心價值觀念——務實、保守、個人負責、自控等，在他們的消費方式的各個方面都有表現——從服裝、汽車到休閒方式都在體現這種價值觀念。可見，對目標市場消費者的深入研究，是品牌定位

的基礎。

二是要利用品牌知覺圖和投射技術，掌握現有競爭品牌的定位，確認其優勢，更要挖掘其不足，從而尋找出自身品牌定位點。以娃哈哈非常可樂為例，品牌一開始定位於「非常可樂，中國人自己的可樂」。這確實抓住了非常（不是外國人的可樂，而是中國人自己的可樂）可樂與平常可樂——「可口可樂」和「百事可樂」之根本區別，擊中了它們的軟肋。

但一味地強調這一點是不夠的。在國際化的今天，品牌僅靠激發民族自尊是不能持久的。娃哈哈經過逐漸摸索，開發了「非常」兩字的另一層含義「很」：「非常可樂」，即「很是值得快樂」，並再定位於「快樂之時」。無論是可口可樂還是百事可樂，其定位都顯出了美國式的個人主義色彩，與中國人的「有快樂大家分享」的群體主義有別。所以，「非常可樂」再次定位於「有好事自然非常可樂」，既給了消費者一個為什麼購買非常可樂的理由，又再次擊中了可口可樂和百事可樂定位上的弱點。我們相信，非常可樂明天一定會有「非常」的業績。

三是要分析品牌產品的自身特性和公司經營理念及文化傳統的關係。公司推出的品牌及其產品是公司經營理念和價值觀念的體現，品牌及其產品在定位時要反應出這種理念，也受制於這種理念。品牌可以對公司理念框架有所突破，但絕不能完全脫離。此外，品牌定位從各個方位尋找品牌及產品的特色和特點，也是一項不可忽視的工作。

二、品牌定位設計

品牌定位設計，是確定品牌定位最重要的工作。

首先，品牌定位者應根據品牌定位點的可能開發途經，通過頭腦風暴法、優缺點列表法等，在每一種可能的開發點上列出各種定位點。

其次，品牌定位者對各種定位點進行組合。若每一種定位途徑均有兩個定位點，則 14 種定位途徑總共可形成 $2^{14} = 16,384$ 個備選方案。實際操作中，品牌定位者應對那些明顯不合理的方案予以放棄，留下一些可行的方案。

再次，品牌定位者對這些初步確認可行的方案進行再篩選。具體要檢測以下幾條：

（1）是否填補了目標顧客心智空白點？
（2）是否擊中了競爭品牌的弱點？
（3）是否有效利用了公司資源？
（4）是否與公司發展戰略、經營理念不相衝突？

如果答案是肯定的，則轉入第四步——目標消費者測試。一般來說，經過前面三步，留下來的定位方案不多了，比如說 2～3 個。然後，由市場營銷的研究部門或委託第三方就這幾個定位方案進行小規模的現場測試，看看消費者如何評價。測試完畢後，測試者應撰寫出測試分析報告，指出不同定位方案的優勢及可能存在的問題，並提出建議。

最後，品牌定位者請公司主要領導在幾個方案中選擇出最後的品牌定位方案。品牌定位方案最終應以文字形式表達出來。暫不採用的方案也要保留起來，萬一品

牌初始定位失誤，可作備選方案之用。

可見，品牌定位設計是一個完整的決策過程，而且是一個例外性決策，企業高層管理人員必須對此高度重視。

三、品牌定位整合溝通

整合溝通是企業借助傳播手段和途徑創造性地表達品牌定位，讓目標市場消費者認知品牌定位、引起共鳴、並偏愛這一定位、相信這一定位，進而在消費者心智中打上深深的烙印。品牌定位的最終目的是導向購買，促進銷售。

這裡需要指出的是，整合溝通本身不創造品牌定位，而是表達品牌定位。溝通手段也不只有廣告一種途徑，品牌產品的包裝、價格、營銷渠道、贊助、公共關係、CEO、品牌代言人都是表達定位的溝通手段。當然，廣告是各種溝通手段中最主要的也是最重要的手段，它通過圖文並茂的形式，立體地展現品牌定位，是最強有力的品牌定位表達方式。消費者感知的品牌定位絕大部分是由廣告完成的。

整合溝通的另一層含義是強調不同溝通之間的協調性、互補性和一致性。如果廣告溝通與其他溝通手段，如價格定位、營銷渠道等不協調，就會引起品牌定位感知上的矛盾和不協調。如果把品牌理解為一個人，那麼，就會使人覺得「這個人」有精神分裂症或人格衝突，這樣的品牌是不可能被消費者喜歡的。

整合溝通過程中會有各種干擾，如競爭者的類似定位和表達、商家以自家品牌進行促銷等。因此，整合溝通要有獨創性、獨特的風格；使之不具備可模仿性，如萬寶路的牛仔風格；並在加強公司內部整合溝通管理的同時，強化渠道管理，使品牌定位協調一致，消除噪音的影響。

四、品牌定位形成

品牌定位策略的目的是要在目標市場消費者心智中占據獨特的品牌位置。溝通是實現這一目的的手段。但究竟是否實現了品牌定位的目的？消費者腦中形成的品牌定位與企業期望的結果是否一致？這是品牌定位必須追蹤調查的。企業在考究這個問題之前，深入分析品牌定位形成的因素仍然是很有價值的，對改善品牌定位溝通具有重要意義。

品牌定位的形成受到三大主要因素的影響，即信息的可信度、信息表達的清晰性、信息解碼和理解。信息來源越權威，則其可信度越高，因而越易於被目標受眾接受，這也是眾多企業花大把金錢在中央電視臺各套節目上做廣告的原因。信息表達方式的清晰性和創造性也會影響消費者對定位信息的注意和理解。但在這裡我們更關注目標受眾的解碼過程，它是經由視覺、聽覺或者其他感官獲得刺激，由大腦處理信息即加以解釋的過程。

心理學和傳播學的研究表明，受眾解碼理解信息的過程中受到假設（Assumptions）、文化期待（Cultural Expectations）、動機（Motivation）、情緒（Mood）、態度（Attitude）等的影響。此外，影響傳播和定位有效性的還有消費者的選擇性注意（Selective Attention）、選擇性扭曲（Selective Distortion）和選擇性記憶（Selective Retention）。換言之，品牌定位是否被感知和正確理解有許多不確定因素，因此要形成

品牌定位，信息必須被目標消費者聽到或看到、注意、正確解碼、積極反應並受到刺激。任何一個環節出錯，都會導致定位目標的落空。所以，理解和把握品牌定位的形成過程和形成機理，是定位成功不可或缺的。

五、品牌定位的測度、反饋、強化或再定位

品牌定位的分析工具已在上節中做了較詳細的介紹，這些方法均可用於品牌定位的測度。我們通過對品牌定位的測定以及與期望的或者說設計的品牌定位目標進行比較，即可發現兩者之間是否存在差異。如有差異，需要分析原因：是表達不清的問題，還是沒理解的問題，要不要強化，怎樣強化，或者是否需要重新定位等。這些信息應及時反饋到公司的品牌主管人員那裡，促使公司層對品牌定位策略做出微調，或徹底重來。一般來說，除非經過相當努力，品牌定位仍然無法成功，否則不要輕易放棄原來定位。綜上所述，品牌定位的決策程序可以用圖6-6表示。

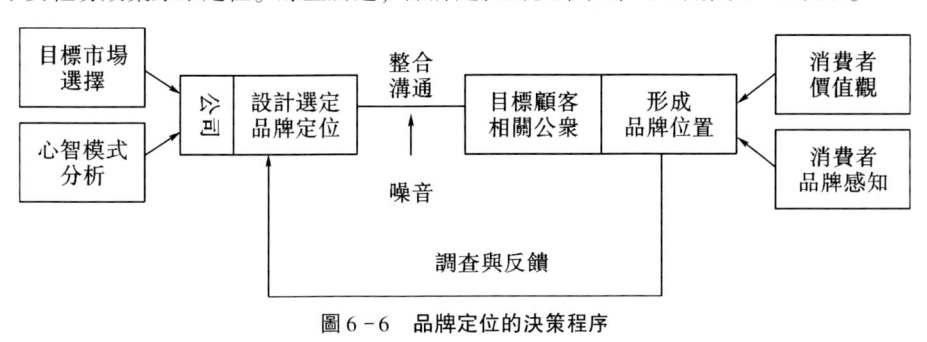

圖6-6 品牌定位的決策程序

第四節 品牌定位策略

品牌定位策略是進行品牌定位點開發的策略，品牌定位點的開發是從經營者角度挖掘品牌產品的特色的工作。必須強調的是，品牌定位點不是產品定位點，品牌定位點可以高於產品定位點，也可以與產品定位點相一致。品牌定位點的開發不局限於產品本身，它源於產品，但可以超越產品。具體來說，企業可以從品牌產品、目標市場、競爭對手、品牌識別的其他方面及品牌關係等全方位角度去尋找和開發品牌的定位點。

一、產品定位策略

（一）以產品功能為基點的定位

產品功能是整體產品的核心部分。事實上，產品之所以能為消費者接受，主要是因為它具有一定的功能，能夠給消費者帶來利益，滿足消費者需求。如果某一產品具有獨特的功能，能夠給消費者帶來特有的利益，滿足消費者特別的需求，那麼品牌就具有了與其他產品品牌較明顯的差異化。比如，施樂複印機在促銷定位時，

137

強調操作簡便、複印出來與原件幾乎一樣，其表現方式是讓一個五歲的小女孩操作複印機，當她把原件與複印件交到她父親手裡時問：「哪一個是原件？」另外，「高露潔，沒有蛀牙」「佳潔士，堅固牙齒」、西門子的「博大精深」、海爾的「007」冰箱（增加-7℃軟冷凍室）等，都是以功能為基點的成功品牌定位。

（二）以產品外觀為基點的定位

產品的外觀是消費者最容易辨識的產品特徵，也是消費者是否認可、接受某品牌產品的重要依據，產品形狀本身就可形成一種市場優勢。由此，企業如果選擇產品的外觀這個消費者最易辨識的產品特徵作為品牌定位基點，則會使品牌更具鮮活性。如「白加黑」感冒藥將「感冒藥的顏色分為白、黑兩種形式」，並以這種獨特的外觀為基礎改革了傳統感冒藥的服用方式。這種全新形式本身就是該產品的一種定位策略，同時企業將其命名為「白加黑」，使名稱本身就表達出品牌的形式特性及訴求點。再如，「Think Small」（想想還是小的好），這是世界廣告發展史上的經典之作。這一廣告訴求主題、品牌精髓，使德國大眾汽車公司生產的大眾金龜車（俗稱「甲殼蟲」）順利進占美國這個汽車王國，並塑造了獨特而可信的品牌形象。眾所周知，在1973年發生世界性的石油危機之前，底特律的汽車製造商們一直都強調汽車要更長、更大、更豪華、更美觀，因為自從人類進入汽車時代以來，轎車作為代步工具在很大程度上一直是身分、地位和財富的象徵。相比之下，既小、又短，還很醜陋的「甲殼蟲」有失常態。但是，這只「甲殼蟲」把工薪階層作為自己的目標市場，針對普通工薪階層的購車慾望，推出了「小的更好、更實惠」的宣傳廣告，十分明確、清晰地表達了「甲殼蟲」的市場定位，消除了消費者的疑慮，堅定了消費者購買實惠車的決心，因為「想想還是小的好」。可以說，金龜車正是憑藉其鮮明獨特而準確的品牌定位，才成功地打入了美國市場及世界其他國家市場。

（三）以產品價格為基點的定位

價格是廠商與消費者之間分割利益的最直接、最顯見的指標，也是許多競爭對手在市場競爭中樂於採用的競爭手段。由此推理，價格亦可作為品牌定位的有效工具。企業以價格為基點進行品牌定位，就是借價格高低為消費者留下一個產品高價或低價的形象。一般而言，高價顯示消費者事業成功、有較高的社會地位與較強的經濟實力，比較容易得到上層消費者的青睞；低價則易贏得大眾的芳心。

二、目標市場定位策略

（一）從使用者角度定位

這種定位點的開發，是把產品和一位用戶或一類用戶聯繫起來，直接表達出品牌產品的目標消費者，並排除了其他消費群體。事實上，這種定位往往與品牌產品的利益點是相關的，暗示著品牌產品能為消費者解決某個問題並帶來一定的利益。如「太太」口服液，定位於已婚女士，其口號是「太太口服液，十足女人味」。這一定位既表達產品的使用者——太太，也表達了產品的功能性利益點——讓太太有

十足的女人味。再如國外有一種減肥藥，定位於已婚或有男朋友的女士，其訴求點卻是「這就是你情敵今年夏天的服裝」，邊上配了一幅畫：一位身材苗條的女士身穿比基尼泳裝在海邊沙灘上漫步。消費者一看即知品牌定位的使用者。再如「精明的母親們選用 Jif 牌」；「吉列牌——男士們所能得到的最好的」；「雕牌」洗衣粉「只選對的，不選貴的」，定位於中低收入者，用下崗工人來展示使用者形象。事實上，使用者定位是十分普遍的定位點開發來源，在表意性品牌中更為普通，如勞力士、斯沃琪、歐米茄等品牌，通常選使用者作形象代言人，展現品牌定位和象徵。

（二）從使用場合和時間定位

來自泰國的紅牛（Red Bull）飲料是最典型的代表，其原先的定位是「困了累了喝紅牛」，強調其功能是迅速補充能量，消除疲勞。現在紅牛的廣告詞改為了「你的能量超乎你想像」，賦予品牌更深刻的內涵，創造出新的品牌聯想。又如致中和五加皮的「回家每天喝一點」；青酒定位於朋友來了喝的酒——「喝杯青酒交個朋友」；「8點以後」馬克力薄餅聲稱是「適合8點以後吃的甜點」；米開威（Milky Way）則自稱為「可在兩餐之間吃的甜點」，它們在時段上建立了區分。8點以後想吃甜點的消費者會自然而然地想到「8點以後」這個品牌；而在兩餐之間的時間，首先會想到米開威。蒙牛「早餐奶」迎合了國人「早餐要吃好」的觀念。

（三）從消費者購買目的定位

在世界各地，請客送禮是一種普通的現象，在中國尤為普遍。但有一個區別，在國外，我們從電影電視上看到，送禮人把禮物送給對方後鼓勵對方打開來看看送的是什麼，並問其是否喜歡；送禮人還會說明為什麼選了這個禮品，想表達什麼意思。我們國人卻與此有所不同，送的禮品往往是包起來的，主人當場不予打開，送禮之人也不鼓勵當場打開，也不說明為什麼選擇這件禮品。基於這一特殊國情，對中國的商家而言，就有一種品牌定位的新開發點：讓禮品的品牌開口代送禮人說話。如「心源素」代表子女說「爸爸，我愛你」，「保齡參」代表女婿的「一心一意」，「椰島鹿龜酒」代表「子女對父母的孝順」等。這些品牌的意義，正是品牌定位的結果。許多兒童用品亦然，而且還多了一層定位，如「好吃又好玩」「吃了還好玩」「有趣」「刺激」等。企業從消費者的購買動機尋找定位點，無疑也是一種可取的途徑。

（四）從消費者生活方式定位

市場研究表明，企業僅從消費者的自然屬性來割分市場越來越難以把握目標市場了；而消費者的生活方式、生活態度、心理特性和文化觀念變得越來越重要，已成為市場細分的重要變量。因此，從生活方式角度尋找品牌的定位點，成為越來越多企業的選擇，如針對職業女性的定位，針對喜歡戶外活動人群的定位，針對關愛家庭的定位等。針對現代社會消費者追求個性、展現自我的需要，品牌通過定位可以賦予品牌相應的意義，消費者在選購和享用品牌產品的過程中，展示自我，表達個性。如貝克啤酒——「喝貝克，聽自己的」強調獨立自主、不隨大流的個性。

三、競爭者定位策略

品牌定位，本身就隱含著競爭性。上面提到的定位方法在選擇定位時並不直接針對競爭者，而是考慮產品性能、功能性利益、使用場合等因素，然後描述出競爭性品牌在什麼位置，再確立本品牌的定位。而企業從品牌的競爭角度定位，則把競爭者作為定位的坐標或基準點，再確定本品牌的定位點。

（一）首次或第一定位

品牌首次或第一定位，就是要尋找沒有競爭者的消費者品牌知覺圖，在這張圖上，打上你這個唯一的品牌。定位論的兩位先驅特別看重這種「第一」，列為定位方法之首位。他們強調消費者往往只記住第一，這猶如體育比賽中，冠軍大家都知道，但第二名、第三名幾乎無人能記住，道理完全相同。這種第一或首次定位，就是要尋找消費者的空白心智，甚至創造性地發現或製造這種空白點。如七喜的非可樂定位，第一個叫出了「非可樂」飲料這個名稱。

（二）關聯比附定位

這時的定位點挖掘是以競爭者為參考點，在其周邊尋找突破口，同時又與競爭者相聯繫，尤其是當競爭者是市場領導者時，這種定位能突出相對弱小品牌的地位。具體操作上，品牌定位者要肯定競爭者的位置，然後用「但……」來強調本品牌的特色。一個不斷被引用的例子是美國 Avis 汽車租賃公司以「我們是第二，但我們更努力」的定位而大獲成功。

在當前關於品牌是走專業化之路還是走多元化之路的爭論中，品牌可從競爭對手的多元化後面另闢蹊徑，強調其精益求精、集中精力做好一樣產品的專業化特點，如「格力——空調專家」。當然，真正的專家，不僅專注於一件事，而且要做得比別人精、比別人好、比別人更令人滿意，這樣才能名副其實。

（三）進攻或防禦式定位

關聯或比附式定位，其原則往往不是去進攻或排擠已有品牌的位置，而是遵守現有秩序和消費者的認知模式，在現有框架中選擇一個相安無事的位置，服務於某個目標市場。但進攻式或防禦式定位點是為了侵占其他品牌的地位或防止其他品牌的進攻而採取的定位點。這個定位點，也稱為競爭性定位點。如飄柔的主定位點是使頭髮「飄逸順滑」，但也把「去屑」作為副定位，這對海飛絲而言就是一種帶有攻擊性的定位。而聯合利華推出的清揚洗髮水聲稱「深層潔淨，持久去屑」更是直接把海飛絲作為進攻對象。

四、其他品牌定位策略

品牌識別是比品牌定位更本質、更內在的東西。卡菲勒認為品牌定位只是品牌豐富含義及其潛在價值的一部分。品牌識別是其內容與形式、風格與文字、圖像與音樂的完整統一體。品牌定位在一定條件下可以調整和再定位，但品牌識別應恆久

不變。因此，品牌定位只是品牌識別的一個方面。品牌定位，可以從品牌識別的多個角度去選擇定位點，具體來說，可從以下幾個角度考慮：

（一）從品牌個性角度定位

品牌的個性可能在品牌設計階段就已確立，也可能是在品牌監護人的運作下自然形成的。但品牌個性一旦形成，即可以作為品牌的定位點，如舒膚佳代表了「媽媽的愛心」，萬寶路代表了「強壯、冒險、勇敢」，李維斯則說「不同的酷，相同的褲」等。品牌個性是通過廣告宣傳逐漸得以強化的。

（二）從品牌文化特徵定位

品牌的文化有品牌自身特有的歷史文化，也有品牌來源的地域文化。品牌的文化定位點也可以從幾個不同的角度去考慮。

如香水，可以定位為真正來自法國的浪漫氣息。再如德國是世界汽車工業的發祥地之一，奔馳公司在一百多年的汽車製造歷史上已形成了獨特的品牌價值觀，那就是質量、可靠性、安全、技術超前等，公司推出的每款新車都不斷地證實這樣的價值。公司的基本定位是「奔馳，通過設計和技術的完美組合，創造質量和性能極優的轎車」，表現在其 SL 型汽車上，便是將古典的優雅和令人振奮的感覺及動力融合在一起。對奔馳這樣的老牌公司，標記和名稱已濃縮了企業的文化和價值理念，本身就是一種無聲的定位。同樣，中國也有許多文化定位的品牌，如紅旗轎車「中國人，坐中國的紅旗車」，南方黑芝麻糊「一股濃香，萬縷溫暖」。

（三）從品牌與消費者之間的關係定位

品牌與消費者的結合點是尋找品牌定位點的又一條途徑。品牌與消費者的關係反應了品牌對消費者的態度：是友好、樂意幫助，是關心愛護、體貼入微，或是其他態度。例如，海爾冰箱每推出一個新產品總有一個訴求點，如「真誠到永遠」——不斷幫助顧客解決他們遇到的各種問題。所以，海爾從與顧客的關係角度出發，定位為「真誠、友好、關心」。西安楊森公司的每一個品牌產品都有一個功能性訴求點，或者說產品定位，而且它總是通過比喻或誇張的手法，解釋其產品的科學道理，像一個老師或學者那樣娓娓道來，表達了「楊森」這個品牌獨特的理念和定位。

本章小結

品牌定位是指在市場細分和調研基礎上，品牌定位者發現或創造出品牌（產品）獨特的差異點，並與目標消費者心智中的空白點進行匹配擇優，從而確定出一個獨特的品牌位置，然後借助整合傳播手段在消費者心智中打上深深的烙印，建立起強有力的聯想和獨特印象的策略性行為。從定位角度講，消費者的心智模式或稱思考模式有以下五個特點：一是消費者只能接收有限的信息；二是消費者好簡煩雜；三是消費者因缺乏安全感而跟隨；四是消費者對品牌的印象不會輕易改變；五是消費

者的想法容易因品牌延伸或修改定位而失去焦點。有效的品牌定位，有助於消費者記住品牌傳達的信息，品牌定位是品牌整合營銷傳播的基礎，任何提高品牌知名度的活動都必須以品牌定位為航標。品牌定位要遵循一些基本的定位原則，即品牌定位應實現品牌核心價值的高度差異化；成功的定位策略應是市場導向型的，即品牌定位者應針對目標消費者的需要進行品牌定位；品牌定位要簡明，要抓住關鍵點；品牌定位要一以貫之，並不斷強化；品牌定位要以情動人，情理交觸；品牌定位要以圖文並茂的方式展現。

品牌定位的分析工具主要有查特曼的 ZMET 技術、品牌定位感知圖和投射技術。

在瞭解消費者心智模式和品牌定位原則後，品牌定位者便可以開始具體的品牌定位工作。品牌定位運作是一個循環的過程，即品牌定位調研→品牌定位設計→品牌定位整合溝通→品牌定位形成→品牌定位測度、反饋、強化或再定位的過程。從策略上講，品牌定位可以從品牌產品、目標市場、競爭者以及其他的品牌識別方面，全方位地去尋找和開發品牌的定位點。

[思考題]

1. 什麼是品牌定位？它與品牌識別是何關係？
2. 為什麼要進行品牌定位？
3. 試舉例說明，如何進行品牌定位？
4. ZMET 技術、品牌定位感知圖和投射技術的基本原理各是什麼？
5. 品牌有哪些定位策略？品牌識別包括品牌價值都可以作為品牌定位的選擇，這種觀念對嗎？

案例

李寧，跟隨戰略能創出自己的品牌嗎？

自 1990 年以來，李寧成就了中國運動服裝第一品牌的地位，這些年來對李寧的品牌討論也不絕於耳。世界品牌實驗室認為無論是從最早的「中國新一代的希望」到「把精彩留給自己」到「我運動我存在」「運動之美世界共享」「出色，源自本色」等，還是現在的「一切皆有可能」（Just do it），李寧始終找不到明確的品牌方向，找不到清晰的品牌定位，沒有具體的品牌焦點。事實上，現在的李寧正逐漸在衰退。

一、李寧為什麼能成功

從品牌塑造的角度來看，首先，李寧公司的成功得益於李寧是世界級體操王子。當初李寧退役之後依靠在中國體育界的影響力，依靠個人作為體育明星的魅力，能夠迅速擴大李寧服裝品牌的影響力。其次，李寧是第一個站出來大聲說話的中國體育品牌。占據第一就有天然的優勢。誰都知道許海峰是中國第一個奪取奧運金牌的運動員，在奧運史上奪取第二塊金牌的中國運動員是誰，恐怕就沒有幾個人記得。許海峰被載入了史冊，正如劉翔也會被載入史冊一樣，這就是占據第一所能取得的優勢。李寧占據了這個優勢，為品牌的迅速崛起提供了更大的可能性。最後，李寧當時沒有強有力的競爭對手。耐克是誰？阿迪達斯是誰？恐怕當時很多消費者並沒有清晰的認識，即使知道，也覺得是遙不可及的，這為李寧的崛起提供了市場機會。

二、李寧品牌戰略暗示李寧的衰勢

李寧成功了，但從李寧的品牌戰略來看，又不可避免地開始衰落。李寧的品牌戰略是典型的跟隨戰略。自李寧在消費者的心智中產生認知以來，一直都是跟隨耐克的戰略。從品牌視覺識別來看，李寧的標誌（Logo）與耐克的 Logo 非常相像；從品牌傳播來看，當耐克在提倡「一切皆有可能」（Just do it）的時候，李寧提倡「我運動、我存在」；當耐克提倡「我能」（I can）時，李寧提倡「一切皆有可能」。李寧的運動主張簡直就是耐克的中文版。這種跟隨戰略，在耐克不想與其競爭，各守一塊陣地時相安無事。但是，一旦耐克對李寧發動進攻，李寧就很容易潰不成軍。從目前的市場情形來看，耐克正一步步侵蝕李寧的市場，李寧還「一切皆有可能」嗎？

李寧曾經依靠個人在體育界的影響力將李寧服裝做大，但是這種影響力能持續多久？如果李寧只是做一代人或兩代人的市場，那也沒必要討論。如果要做成百年品牌，那李寧的個人影響力能繼續支撐下去嗎？20 世紀 90 年代出生的人對李寧已經感到陌生，在他們的印象中，李寧與安踏等一樣是國產品牌，不在他們的考慮範圍之內，他們只相信耐克。那麼延續下去，到 21 世紀 20 年代、30 年代出生的人呢？李寧的個人影響力將會越來越弱，李寧作為服裝品牌，必須要依靠自身的品牌核心理念在消費者心智中建立明確認知，才有可能成為真正的百年品牌。

[討論題]

1. 20 世紀 90 年代李寧品牌能夠做成中國體育運動服裝第一品牌，背後的原因是什麼？

2. 李寧品牌營銷策略有哪些不足之處？李寧品牌到底應該如何定位？

第七章　品牌推廣

企業要實現品牌營銷戰略目標，將品牌定位點真正在目標顧客中打上深刻的、美好的烙印，促進品牌產品的銷售和累積品牌資產，必須經過品牌推廣這一環節。品牌形成的過程就是品牌在消費者中間傳播的過程，也是消費者對某一品牌建立知識結構的過程。所以，品牌推廣是品牌建設的重要環節，對於成功塑造品牌形象具有重大意義。

第一節　品牌推廣的意義

一、品牌推廣含義

（一）品牌推廣的概念

品牌推廣，又稱為品牌傳播，是指在顧客心中建立預期的品牌知識結構和激發顧客反應的一系列品牌與顧客之間的溝通活動。具體來說，就是企業通過一整套有效率的品牌傳播組合工具，諸如廣告、公關等，使品牌為廣大消費者所熟悉，進而提高品牌知名度、品質認知度和品牌美譽度，建立品牌忠誠度，為提升企業競爭力打下堅實的基礎。

理論上，品牌推廣包含狹義的和廣義的品牌推廣兩層含義。狹義的品牌推廣是指品牌知名度的推廣，尤其品牌名稱是整個品牌推廣活動的開端。廣義的品牌推廣是與品牌資產價值形成有關的所有品牌營銷活動。從這個角度看，企業員工及其利益相關者（包括企業的供應商、經銷商、服務商、股東及債權人、社區等）是品牌最好的推廣者。因此，品牌推廣既包括向外的品牌推廣，也包括向內的品牌推廣。很多企業非常重視向外的品牌推廣活動，而忽視了向內的品牌推廣活動，使得企業員工及企業利益相關者缺乏有關品牌的基本知識，包括品牌歷史、品牌價值、品牌識別、品牌定位以及品牌發展戰略目標等。試想一下，如果與品牌直接關聯的企業局內人都不清楚品牌是什麼的話，他們怎麼能夠維護品牌形象與權益，企業怎樣能夠累積品牌資產呢？所以，品牌戰略家們必須高度重視品牌內部推廣活動及其效果。

品牌推廣是產品推廣的高級階段。品牌推廣的目的是，以吸引和挽留目標市場顧客為中心，並與其建立起牢固的、排他性的關係，最終擴大品牌產品的銷量和累積品牌資產。品牌推廣的意義主要表現在：①品牌推廣有利於建立和強化消費者的

品牌認知。品牌推廣總是以品牌定位點推廣為重心，兼顧其他品牌識別要素，採取整合營銷傳播手段，選擇並使用各種品牌傳播工具，使目標顧客建立起有關自己品牌的知識結構，實現品牌定位目標。②品牌推廣有利於滿足消費者的心理需要。消費者不僅有物質方面的需要，還有精神方面的需要。現代社會基於物質產品的多樣化和同質化，追求精神需要在消費者心中占據了越來越重要的地位。而品牌推廣則較好地滿足了顧客這方面的需要，因為它圍繞品牌定位展開市場營銷活動，以產品為載體，出售的是一種特別的東西，我們稱這種東西為品牌個性、品牌內涵。③品牌推廣有利於企業累積品牌資產。因為它不以產品為中心，而以顧客為中心，以尋找、吸引、挽留目標消費者並與他們建立起牢固的排他性合作關係為目的。這種關係一旦建立，就能獲得長期穩定的利益。

（二）品牌推廣內容和工具的關係

我們之所以提出這個問題，是因為許多人搞不清楚「品牌推廣內容與品牌推廣工具」之間的區別，而是將兩個截然不同的問題混為一談。

就問題本身而言，品牌推廣內容應該包括「品牌推廣什麼」「推廣要求達到怎樣的目標」這樣的問題，即品牌推廣對象及其目標。因此，品牌推廣的內容是：作為符號的品牌，也就是品牌知名度的推廣應該是品牌推廣的初始工作，品牌識別元素（4大類、12個元素，具體見品牌識別一章）構成了品牌推廣對象的全集；而品牌定位、品牌文化、品牌核心識別元素和品牌價值體現是品牌推廣的焦點。總之，品牌識別系統極大地豐富了品牌的內涵和品牌推廣內容的選擇空間，加深了顧客對品牌名稱等符號的記憶力。

品牌推廣工具解決的是「怎麼達成既定的目標」的問題，即企業採取哪些工具/方式，來實現品牌推廣計劃目標。品牌推廣工具，除了包括傳統的產品促銷工具（廣告、銷售促進、公共關係與公共宣傳、人員推銷、直接營銷）外，還包括員工、品牌價值鏈成員、品牌代言人、體驗店、網絡營銷、事件營銷與賽事贊助等推廣方式，此外，產品價格、包裝及領導人等也可以作為品牌推廣的途徑。可見，品牌推廣工具十分豐富，企業具體選擇哪些工具應該根據品牌推廣的對象及其目標來確定，這就是所謂的品牌推廣策略問題。

二、信息傳播處理模型

早在1948年哈羅德·拉斯韋爾（Harold Lasswell）就提出了傳播過程的五個要素，又稱為「5W」模式，即「誰（Who）→說什麼（Says What）→通過什麼渠道（In Which Channel）→對誰（To Whom）→取得什麼效果（With What Effects）」。後來學者又增加了反饋和噪聲兩個要素，使得該傳播模式理論更加完善，如圖7-1所示。

從品牌來看，品牌主是品牌信息的發布者，他需要將品牌的有關信息如品牌定位點，以人們能夠理解的某種方式如文字、圖片、電視畫面等表現出來，然後通過傳播媒介向目標受眾（信息的接收者）傳遞，最後需要對照事前確定的品牌傳播目標檢測傳播的實際效果，這些檢測結果要能及時反饋給信息發布者。整個的信息傳

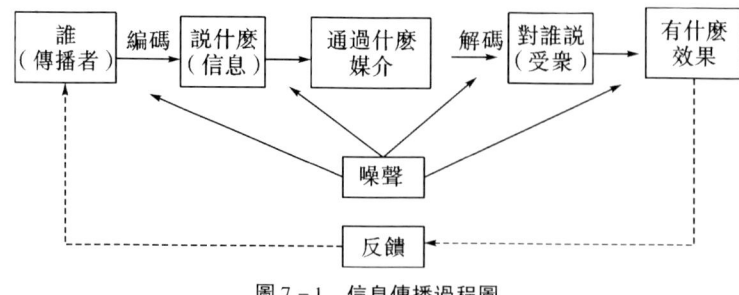

```
┌─────┐      ┌─────┐      ┌─────┐      ┌─────┐      ┌─────┐
│ 誰  │ 編碼 │說什麼│      │通過什麼│ 解碼 │對誰說│      │有什麼│
│(傳播者)│────→│(信息)│────→│ 媒介 │────→│(受眾)│────→│ 效果 │
└─────┘      └─────┘      └─────┘      └─────┘      └─────┘
                 │            │            │            │
                 └────────────┼────────────┘            │
                              ▼                          │
                          ┌─────┐                       │
                          │ 噪聲 │                       │
                          └─────┘                       │
                              ▲                          │
                          ┌─────┐                       │
                          │ 反饋 │←──────────────────────┘
                          └─────┘
```

圖 7-1　信息傳播過程圖

播過程都將受到各種因素的干擾（即噪聲），使得傳播效果無法達到預期的目標，如品牌發布的信息表述不清或者沒有突出重點，目標受眾沒能接觸到這些信息，媒介公司對信息表達方式的設計缺乏吸引力，競爭品牌大量模仿或發布更具吸引力的信息等，都可能對品牌主所期望達到的效果產生負面影響。

事實上，品牌推廣就是企業與其顧客就品牌話題展開的互動溝通活動。任何一次溝通活動都將依序經歷以下環節，如果上一個步驟中止的化，就不會再有下一個步驟：

（1）展示：他（目標受眾，是品牌信息的接收者）必須看到或聽到這個品牌溝通宣傳。
（2）注意：他必須注意到這個溝通宣傳。
（3）理解：他必須理解溝通宣傳傳遞給他的信息。
（4）反應：他必須對溝通宣傳所傳遞的信息做出積極的回應。
（5）打算：他必須根據溝通宣傳的信息準備採取行動。
（6）行動：他必須真正地採取購買行動。

所以，企業制訂一個成功的溝通方案（使品牌產品最終實現銷售），其難點在於以上六個步驟每一步都必須能夠實現，否則就是不成功的溝通。所以，企業要將品牌有關信息傳播給目標受眾並實現最終目標是一件困難而複雜的工作。為了提高品牌信息傳播的有效性，提高品牌溝通的實際效果，企業依據選擇性注意、選擇性理解和選擇性記憶等理論，在傳播過程中的各個步驟應該重點加以注意的是：

（1）展示：目標受眾喜愛的溝通渠道是什麼？也就是說，信息傳播者首先應當清楚地瞭解自己的溝通對象是通過哪些渠道獲取信息的。譬如，某個老年人保健品品牌的營銷者就不應把網絡作為傳播渠道，而這正是經營青年人用品品牌的營銷者的有效溝通渠道。

（2）注意：信息內容和形式與眾不同，且要符合受眾的「口味」。新奇的信息本身對目標受眾具有很強的磁力，對於迅速創建品牌知名度具有很高的價值。例如，「喝生命水，送超值美鑽」是不是很有吸引力？生動而有趣的廣告藝術形式徵服了無數消費者的心。同時，信息要符合受眾的「口味」，比如品牌代言人——明星、CEO等形象要與目標受眾的形象或者他們所期望的形象相一致。

（3）理解：傳遞的信息要通俗易懂，符合當地的語言習慣效果更好。如果你看到某品牌紅酒的電視廣告是一位來自法國的釀造大師說著一大堆法語向你介紹該品

牌，你做何感想呢？有多少中國人懂法語？品牌傳播一定要使用當地人能夠識別的語言文字，而且越通俗易懂、越本土化，效果越好，這就是為什麼廣告中大量使用隱喻技術和方言的原因，因為他們無形中拉近了品牌與顧客之間的關係。

（4）反應：信息要和目標市場顧客的文化傳統相匹配。品牌傳播的信息一定要符合當地人的價值觀、風俗習慣、宗教文化，這樣品牌才能夠被當地人接受。

（5）打算：品牌定位要填補顧客心智空白點。心智空白點是顧客想得到，而沒有得到的東西。品牌定位填補了顧客心智空白點，可以使顧客感受到：這個品牌產品所提供的東西正是我一直想要的，好像為是我定制的。

（6）行動：傳播的信息要具有煽動性和刺激行動的作用。例如，在目前流行的光棍節（11月11日）那天，各大商務網站推出的品牌讓利優惠活動，極大地刺激了消費者購買慾望，同時也提高了品牌知名度。

三、品牌推廣模式

（一）單品牌推廣模式

顧名思義，單品牌推廣是指一個或多個品牌獨立進行各自品牌推廣活動。對於實施單一品牌戰略的企業來說，就是在所有的品牌宣傳、推廣中使用統一的品牌名稱，但在該品牌名下可以有多個系列和多個品種的產品。這是目前常見的一種品牌推廣模式。這種模式的優點在於品牌名稱突出，有利於企業創建統一的品牌形象，有利於產品線延伸，有利於集中營銷資源，取得品牌規模效益。這種模式的缺點在於隨著品牌名下產品線數量的增多，品牌識別與價值體現將變得模糊不清，市場不知道品牌到底是幹什麼的。品牌名稱覆蓋的範圍越廣，問題就越突出。因為顧客有許多品牌可供選擇，當然不會花精力去琢磨你這個品牌代表什麼。另外，企業使用統一的品牌推廣主題，必然會抹殺各種產品的特性，使得顧客區分品牌產品變得十分困難；並且當一種產品出現問題時，必然會殃及企業其他產品。

另一種情況是，如果廠商擁有多個品牌，每一個品牌各自獨立地進行品牌推廣活動，就極可能導致各個品牌之間的推廣活動方案不協調、目標不一致的情況，引起企業資源浪費，而且企業整體品牌推廣效果也會不好。假設，同屬於一個汽車製造商的兩個汽車品牌，一個汽車品牌在進行品質形象方面的塑造，而另一個汽車品牌則在大肆進行降價促銷活動。你看到這種情形會做何感想呢？因此，對於實施品牌組合戰略的企業來說，協同組織各品牌推廣活動是十分必要和重要的事情。

（二）品牌聯合推廣模式

如今，越來越多的品牌採用品牌聯合推廣模式，英特爾、可口可樂、麥當勞等因此而獲得了成功。該模式是指品牌營銷者從提升品牌價值、促進產品銷售的目的出發，借助多個品牌聯合向消費者提供產品或服務的推廣模式。這些品牌既可以是來自內部的品牌，也可以是同外部企業品牌的聯合。與單一品牌推廣模式相比，品牌聯合推廣模式可以借助內外品牌優勢，從戰術層面的廣告宣傳、公關活動和促銷活動到戰略層面上的品牌聯盟、品牌規劃發揮協同優勢和效應，從而豐富品牌內涵，

提升品牌形象；同時，可以強化品牌個性，突出差異化，為目標消費者提供更具價值的產品和服務。

品牌聯合推廣模式分為橫向聯合型和縱向聯合型。橫向聯合型大多是聯合品牌基於某一目標市場，進行小範圍局部的短時期的推廣活動，如「小天鵝」與「碧浪」在大中專院校聯合開辦的「小天鵝碧浪洗衣房」對於提高小天鵝洗衣機和碧浪洗衣粉品牌知名度都起到了積極的作用。與橫向聯合相比，縱向聯合是指處於同一價值鏈的上下游品牌之間的聯合。這其中最著名的實例當屬英特爾的「Intel Inside」。1991年，英特爾做出一項重大決策，以附加優惠條件的形式要求採用其處理器的各家電腦廠商如IBM、戴爾等在電腦主機、說明書、包裝和廣告上，加上英特爾商標。結果，在短短的18個月內，出現「Intel Inside」字眼的廣告高達9萬頁以上，如果將這個數字換算成曝光次數，那麼該商標的曝光次數更是高達100億次。就在這18個月裡，知曉英特爾品牌名稱的電腦終端用戶，從之前的46%上升到80%，英特爾品牌知名度迅速提高。

(三) 縱聯品牌推廣模式

縱聯品牌推廣是指生產者控制著整個品牌增值過程，從產品開發直到商品零售。其中，最具代表性的是生產者將自己的品牌產品在專賣店進行銷售。這一模式在服裝、藥品、食品、化妝品、家電、汽車等許多行業較為流行，如「阿迪達斯」品牌專賣店遍及世界各地。與傳統的品牌經營只注重產品的開發、設計、製造，然後銷售給零售商，並提供售後服務與廣告宣傳相比，縱聯品牌推廣具有一定的優勢。首先，它可以更好地瞭解和滿足顧客的需求。由於生產者能夠接觸市場信息的源頭，因此能夠直接聽取顧客對產品及服務的各種反應，並及時、準確的反饋給企業內部各部門，避免做出盲目的決策，從而對市場需求變化做出快速靈活的反應。其次，它可以降低成本。縱聯品牌推廣避免了生產商、批發商、零售商三者之間的摩擦成本，並把這種成本所獲得的實惠傳遞給消費者，提升品牌競爭力；能夠有效進行市場細分和物流配送，減少時間上的延誤成本；同時，減少了顧客維護成本，最終提高顧客忠誠度。最後，它有利於突出和提升品牌形象。縱聯品牌具有統一的店面形象，統一的廣告製作與發布，統一的員工形象，而且還具有統一的企業理念，對消費者形成了強烈的視覺效果和環境氛圍，增加親和感和信任感。

(四) 直銷推廣模式

傳統的消費品製造商，都是以中間商作為產品銷售的渠道，經由批發商、零售商傳遞到消費者手中。而雅芳則在20世紀40年代的時候，首開直銷推廣方式。產品由雅芳小姐通過組織朋友家庭聚會等方式進行推介銷售，並給予相應的培訓與指導，取得了巨大的成功。如今，這一模式進一步發展，戴爾及淘寶網上各品牌的網上直銷便是這種模式在信息時代的發揚光大。

(五) 柔性推廣模式

柔性推廣又名模塊推廣，該模式源於現代生產方式中的柔性生產——一種多產

品線的先進生產組織方式。它將品牌形象/價值/個性分成若干個模塊，又進一步將這些模塊組合成「核心模塊」和「選擇性模塊」兩類。核心模塊是企業不論在何時何地都必須遵守的方法與規則，選擇性模塊則允許企業根據不同的市場需求、消費習慣、風俗、文化背景靈活地對其加以掌握，然後再把二者進行有效的組合。這樣做的好處是，既保證了品牌核心競爭力的穩定性，又能最大限度兼顧不同消費者的多樣化需求，最大限度地爭取更多的消費者，使同一品牌在不同市場上保持共性的前提下發揮個性。例如，麥當勞在世界各地進行品牌推廣時始終遵循「QSCV」的經營原則，Q代表品質（Quality），S代表服務（Service），C代表清潔（Cleanness），V代表價值（Value）。這些原則就是麥當勞品牌推廣的核心模塊，是麥當勞品牌形象的核心，是在任何時候、任何地方都不得改變的。它使得人們不論在任何時候、任何地方，都能很自然地把麥當勞與「Q」「S」「C」「V」聯繫在一起。同時，麥當勞公司又根據不同消費群體的文化背景、風俗習慣採取了具有一定差異的經營方針、措施。這些方針措施就是麥當勞的「選擇性模塊」。

第二節　品牌推廣的方式

一、品牌推廣方式組合

　　品牌推廣方式（也可稱為品牌推廣或者品牌傳播工具、方法、手段、渠道、媒介）有許多選擇，比如電視、廣播、報紙雜誌、公司網站、公關關係與宣傳等。事實上，每一個品牌的推廣活動都包括許多傳播媒介，是它們共同作用的結果，因而品牌推廣可稱為品牌推廣或者品牌傳播（方式）組合。

　　按照是否有媒體參與品牌傳播活動，品牌推廣方式可分為媒體推廣方式和非媒體推廣方式兩類。媒體推廣方式是指那些主要通過媒體（大眾媒體和自主媒體）進行品牌推廣的方式，它分為兩種不同的情況：一種是企業不能夠控制的傳播媒介（大眾媒體），主要包括商業廣告、公關關係與宣傳、社會名流等；另一種是企業可以自主選擇與控制的傳播媒介（自主媒體），主要包括官方網站、博客、微博、企業公眾微信號等社會化媒體，企業內部刊物，內部電視廣播等。非媒體推廣方式是指那些不主要依靠媒體而是企業自主進行品牌推廣的方式，它也分為兩種情況：一種是不主要依靠媒介，而是企業自主實施的品牌推廣方式（我們將其稱為專門工具），主要包括銷售促進、人員推銷、直接營銷等；另一種是那些本身並非專門作為傳播媒介使用，但對傳播品牌信息具有重要作用的載體（我們將其稱為非專門工具），主要包括產品包裝、企業家、員工、企業建築物及內裝飾、辦公設備等。品牌推廣方式組合見表7-1。

表 7-1　　　　　　　　　　品牌推廣方式組合

媒體推廣方式		非媒體推廣方式	
大眾媒體	自主媒體	專門工具	非專門工具
·商業廣告 ·公關關係與宣傳 ·社會名流	·社會化媒體 ·企業內部刊物 ·內部電視廣播	·銷售促進 ·人員推銷 ·直接營銷	·產品包裝 ·企業家 ·員工 ·企業建築物及內部裝飾 ·辦公設備

最後我們需要說明兩點：一是，品牌推廣工具隨著信息技術的飛速發展而不斷創新，企業對於這些現代信息溝通技術應該給予足夠的重視並擅加利用。比如，基於第三方應用程序 APP 開發的博客微博等社交網站，不但用戶數量眾多，影響範圍廣，而且信息傳播速度快，具有互動性，並且成本低，這些溝通方式也為品牌提供了方便、快捷和經濟的推廣方式。二是，以上的各種品牌推廣工具並不是互相孤立的，而是相互聯繫、互為補充的。成功的品牌推廣必然是在品牌推廣戰略的指引下，結合不同時間、地點，進行多種工具的有效組合，從而達到整合傳播的效果。

二、媒體推廣方式

(一) 商業廣告

1. 廣告在品牌推廣中的作用

廣告是付費的大眾傳播，其最終目的是傳遞信息，改變人們對廣告商品或品牌的態度，誘發購買行為。廣告是現代市場經濟激烈競爭的產物，也是不可缺少的品牌推廣手段。國際商界有這樣一句俗語：「推銷商品而不做廣告，猶如在黑暗中向情人傳送秋波。」一個品牌，即使它的產品質量再好，款式再新，沒有廣告來助威，就沒有幾人知曉，更談不上購買，甚至有的時候消費者完全憑廣告去購買產品。

商業廣告在品牌推廣中的作用主要有：①建立和提升品牌知名度。廣告的基本功能是傳遞信息。由於市場中品牌及產品的極大豐富，某企業要想銷售產品，就必須積極、主動地向消費者傳遞有關自己品牌/產品的信息，這是實現銷售目的的前提條件。因為只有品牌信息被消費者知曉，消費者才有可能做出購買你的品牌產品的選擇。因此，廣告推廣不但需要並且應當定期重複，以提醒或提示目標顧客。尤其對於行業的新進入者來說，建立品牌名稱的知名度及其同行業間的聯繫是整個品牌推廣首先應當重點投入的工作。②刺激和誘導消費。廣告在傳播信息的基礎上，又增加了勸說和誘導的因素。這種勸說和誘導通過各種廣告創意和廣告手法來激發，它能創造出極有誘惑力的煽動效果，使消費者在短時間內產生購買慾望和衝動。可口可樂公司有一句名言：「我們賣的是水，而顧客購買的是廣告。」翻看一下中央電視臺和廣告公司向企業發出的招標說明，映入眼簾的盡是「決戰利器」「制勝法寶」之類的煽動性語言以及某某企業中標後銷售額、利潤翻番的數據說明。③塑造品牌形象。動機研究之父、心理學家厄內斯特·狄切特（Ernest Ditcher）曾經說：「品牌

形象，部分是產品塑造，部分是廣告塑造。」廣告雖然無法直接言明產品的品質，但其傳遞的品牌形象卻可以顯示出產品品質。

2. 廣告推廣計劃的程序

（1）市場和競爭者分析。市場和競爭者分析是企業實施廣告推廣策略的第一步。在基於市場調查的基礎上，企業通過一系列的定量和定性分析得出市場容量、發展趨勢等，以及競爭對手及其產品的市場地位、銷售狀況等，為後續的決策提供依據，做到知己知彼，有的放矢。

（2）消費者分析。不同的消費者由於年齡、性別、職業、文化程度、風俗習慣的不同，對廣告的感覺也不同。首先，這就要求企業針對不同的目標消費者群體採用不同的廣告表現形式，如對農民和知識分子的廣告表現是絕對不同的，對國內消費者和國外消費者的廣告表現也是不相同的。其次，企業要瞭解消費者的需求方向和心理嗜好，要瞭解他們對產品及廣告的認可程度，對廣告本身的滿意程度以及對廣告效果的評價等。

（3）廣告定位。廣告定位是指確定產品在市場中的最佳位置。它是指企業根據消費者對某種產品屬性的重視程度，給產品確定具有競爭力、差異化的市場定位，為自己的產品創造一定的特點，再力圖用廣告手段表現出來，以滿足消費者的某種偏好。一般來說，廣告定位有實體定位和情感定位兩方面：實體定位是從產品的功能、品質、價格等方面出發，突出產品在廣告中的某價值，強調產品與同類產品的不同之處，以及能夠給消費者帶來的獨特利益；而情感定位是突出產品所代表的價值中所具有的象徵意義。情感定位是無形的和心理的，如親情、友情、愛情、氣質、地位等，這種定位對較感性的購買者具有較強的刺激作用。

（4）確定廣告目標。廣告目標是企業進行廣告宣傳所要達到的歸宿點，從不同角度有不同的分類方式。例如，廣告目標從時間上看有長期目標、中期目標、短期目標，從對品牌的影響來看有提高品牌知名度、品牌市場佔有率、品牌利潤率，以及消除品牌誤解等。我們在制定目標時，應盡可能量化，這樣才能更好地檢驗廣告效果。

（5）編製廣告預算。廣告預算是廣告主根據廣告計劃對開展廣告活動所需費用的估算，是廣告主為進行廣告宣傳活動而投入資金的使用計劃。編製廣告預算是制訂廣告計劃的重要內容，是確保廣告活動有計劃並順利展開的基礎。廣告預算編製額度過大，會造成浪費；編製額度過小，則又無法達到廣告宣傳的預期效果，影響廣告目標的實現。一般來說，廣告投入與廣告效果成正比例，但研究發現，廣告效果呈邊際遞減的趨勢。影響廣告預算的因素很多，主要有產品的生命週期、行業市場競爭狀況、品牌市場地位及廣告頻次等因素。

（6）選擇傳播媒體。廣告主確定好廣告預算之後，就要根據目標的不同和各種媒體的特點來選擇適合的媒體，並且加以組合。通常有五種常用的媒體可供選擇，它們各自的優缺點如下：①電視。這是拼搶最為火熱的媒體。優點：速度快、範圍廣、表現手法多樣、富有吸引力；缺點：時效性差、費用高昂。②報紙。優點：讀者廣泛、穩定、信息量大、時效性強、費用低、可信度高等；缺點：缺乏動感和音像畫面、吸引力較弱。③雜誌。優點：針對性強、印刷精美、保存期長、費用較少；

缺點：閱讀範圍較小、週期長、時效性差。④廣播。優點：傳遞快、範圍廣、較大的靈活性和適用性、費用低廉等；缺點：覆蓋率較窄、聲音無形、不利於品牌產品表現等。⑤網絡媒體。這是一種新興的媒體形式，越來越受到企業的重視。優點：速度快、靈活、製作精美、針對性強、費用低甚至免費等；缺點：易受人為的干擾與破壞等。除了這些媒體以外，還有郵寄廣告、路牌廣告、賣點廣告（POP）等形式供選擇。

（7）製作廣告創意和廣告語。廣告定位僅僅是一種思想或觀念，如何把它們表現出來，怎樣表現得更富有感染力，就是廣告創意和廣告語要回答的問題。這是指廣告設計和製作者根據廣告主題，經過精心思考和策劃，運用藝術手段，用所掌握的材料，塑造成一個形象或一個意念的過程。

（8）廣告實施計劃。這是指廣告主將選定的廣告創意和廣告語以具體系統的形式加以規範，形成更具體、更詳細的書面策劃方案，使其具有可操作性。

（9）廣告效果評估與監控。在廣告推廣計劃實施過程中，廣告主要隨時根據廣告的目標監控廣告的效果，並及時將情況反饋給相關部門，以採取必要的調整措施。

3. 廣告推廣的注意事項

（1）廣告的訴求應做到簡潔而鮮明。有的廣告，篇幅巨大，商品的八大優點、九大好處全部通通描述一番。其結果是消費者不知所雲，不清楚到底廣告在講什麼，也就難以打動消費者。

（2）嚴格履行廣告承諾。廣告的成功在於真實，廣告的失敗也在於真實。廣告從要約角度看就是品牌對消費者的承諾，這種承諾必須使廣告內容與產品實際情況基本相符，當然適當的藝術雕飾也是必要的。如果這種承諾不能履行或是廣告出現虛假內容，那麼必然將惡化品牌形象。

（3）要改變把廣告看作是推銷滯銷商品的手段。現實中存在這樣一個誤區，人們認為商品銷售狀況良好時就不需要廣告，只有滯銷的商品才打廣告。這種看法是嚴重錯誤的。事實上，廣告具有保護品牌的功能，即使產品銷售狀況再好，也不能停止做廣告。這一誤區造成的後果是，有的企業有錢不願做廣告，產品滯銷了又沒錢做廣告，最終導致市場營銷的失敗。

（4）中小企業同樣可以打廣告。有人認為，由於廣告在市場競爭中的作用越來越大，而中小企業不可能花大量的資金去從事廣告，因此必然被排擠出廣告市場，似乎廣告與中小企業無緣。實際不然，一則並非廣告費用越高，效果就越好；二則大公司不可能壟斷所有媒體。中小企業由於市場狹小，可以同產品市場細分一樣在局部地區取得廣告比較優勢。

（二）公關關係

1. 公共關係在品牌推廣中的作用

企業是社會物質財富的生產者，也是社會體系中的一個組織。因此，在整個社會系統內，企業必定面臨這樣或那樣的社會關係。現代企業運作離不開良好的社會環境，品牌的發展也離不開良好的公共關係。

從公共關係學角度看，按照美國公共關係權威期刊《公共關係新聞》創始人丹

尼‧格里斯沃爾德（Denny Grisworld）給出的定義，公共關係是一種管理職能，用以評估公眾態度，從公眾興趣的角度出發來決定企業政策和程序，計劃並實施行動方案以獲取公眾的理解與認可。它包括三個層次：一是迎來送往搞接待的層次，二是新聞報導、廣告宣傳的層次，三是專業的、高層次的公共關係策劃。

公共關係包括員工關係、政府關係、媒體關係、顧客關係、社區關係等多個方面的關係，其中後面四種統稱為外部公共關係。品牌推廣主要考慮外部公共關係。

（1）顧客關係。顧客是公司產品或服務的購買者，是公司生存和發展的決定性力量，顧客關係是所有外部公共關係中最重要的關係。

（2）政府關係。所有的商業關係無不涉及政府。柯達把這樣一句話寫在了員工手冊上：「與中國政府建立友好、相互信任和可持續的關係，並利用它促成有利於中國和中國人民的政策、法規和做法，同時增強柯達目前和未來的商業機會以及保護柯達在大中華區的投資。」政府是社會統一管理的權力機構，企業作為社會一部分，必然服從政府的領導與管理，尤其要加強與政府的信息溝通與協調，特別是在政府力量很強的某些發展中國家。

（3）媒體關係。新聞媒體是企業對外宣傳的重要渠道。企業同媒體保持良好的關係，一方面可以通過媒體獲取大量的社會信息，另一方面也可以通過媒體的影響力宣傳企業的方針、政策和經營成就等。

（4）社區關係。社區是社會學上的一個概念，意為具有社會功能的一定地理區域，如城市、街道、小區、學校、工業園區等，是人們共同活動的生存空間。任何一個社會組織的存在都離不開一個具體的社區，也必然要與社區發生或多或少的關係。這一類關係處理的好壞，直接影響組織在社區的生存與發展，不容忽視。

從品牌推廣的角度考慮，公共關係指企業舉辦社會活動或製造事件，再通過大眾傳播媒介的報導，引起社會大眾或特定對象的注意，造成對自己有利的聲勢，達到塑造企業品牌形象，增強品牌競爭力的目的。具體講，公共關係在品牌推廣中的作用主要表現在：

（1）傳播、溝通信息。企業通過公共關係渠道傳播和溝通信息，瞭解社會公眾對企業品牌的看法，建立起品牌與公眾之間相互信任的信息交流渠道，爭取公眾對品牌的認可與信賴。這種傳播過程分為兩個方面：一是收集信息的過程，包括政府決策信息、輿論信息、企業形象信息、競爭對手信息、消費者信息等；二是向公眾傳播與品牌有關的信息的過程，包括產品服務信息、企業信息、社會評價信息、諮詢建議信息等。企業通過這種雙向的信息交流來消除誤解，傳達正確信息，進而塑造良好的品牌形象。

（2）協調關係，營造良好的外部環境。每個企業與社會都是相互聯繫、相互依存的關係。企業的各種生產經營活動與推廣活動必然會對社會產生一定的影響；反過來，社會的變化也會對企業的發展產生影響，尤其是公眾意志和社會輿論的變化。因此，公共關係的又一重要使命是代表組織，通過各種方式與公眾進行交流，化解雙方的誤解，協調雙方的關係，為企業的發展鋪平道路。

（3）塑造品牌形象。品牌形象是企業的無形財富。企業的一切推廣活動在一定程度上來說都是為了建立起良好的品牌形象，這也是公共關係的一項基本職能。品

牌形象分兩部分組成：一是品牌知名度，表示公眾對一個企業品牌的知曉程度；二是品牌美譽度，表示公眾對企業品牌的信任程度。

（4）化解社會危機。企業品牌的發展不可能是一帆風順的。有些社會危機甚至會演變為品牌危機，而社會問題產生的原因是多方面的。從內部來看，原因有可能是產品質量問題、銷售問題、服務問題和溝通問題；從外部來看，原因有可能是顧客問題、渠道成員問題和競爭問題。不管問題發生的原因是什麼，其影響都可能是十分嚴重的，甚至會危害企業生存。因此，如果企業在品牌推廣中，不對這些問題運用公共關係等手段及時處理，則會引發嚴重的社會矛盾及後果。

2. 公共關係推廣方式

（1）公共關係新聞傳播。公共關係的新聞傳播，是指企業利用新聞報導的形式為公眾提供信息，吸引公眾注意力，從而提高品牌知名度、美譽度。它具有可信度高、傳播面廣、傳播費用低等特點。企業利用新聞媒體進行公共關係推廣，首先必須熟悉新聞傳播的特點，這是處理與媒體關係的前提。當我們瞭解到這些特點之後，我們就可以根據自己經營方針需要，恰當地選擇合適媒體，把握好時機，進行有利的品牌形象宣傳推廣。其次企業要與新聞界人士建立友好關係。企業同新聞媒介打交道，不能只追求一時、一事功利，應該經常與他們接觸，建立友誼。企業與新聞媒體的接觸形式主要有：①及時主動地向新聞媒體提供有價值的新聞素材。②組織記者招待會或新聞發布會。③邀請新聞界人士實地參觀訪問。④策劃新聞事件。策劃新聞事件，又稱事件營銷，即「製造新聞」，是指企業在不損害公眾利益的前提下，有計劃地策劃和組織舉辦有新聞價值的活動、事件，製造新聞熱點，使企業成為新聞報導的主角，達到擴大組織影響的目的。策劃新聞事件是組織一項具有創新性、組織性、針對性很強的公共關係推廣工作，其目的是引起「轟動效應」。據有關人士統計分析，企業運用事件營銷手段所取得的投資回報率約為傳統廣告的三倍。企業策劃一個成功的新聞事件，必然應當注意以下幾點：第一，其主題應與社會公眾有密切關係，具有時代性，不但能夠吸引公眾，而且還要有益於公眾；第二，它是組織有意識、有計劃的策劃，而不是隨意產生的；第三，應該有政府官員、權威人士、輿論界人士的參與，以擴大影響力，盡可能增強事件的重要性。

（2）公共關係廣告。我們經常在媒體上看到各種公益廣告，就是公共關係廣告的一種形式，此外它還包括企業形象廣告。公共關係廣告不同於商業廣告，它向社會展示的是企業關心社會、服務社會的高尚情懷和強烈的責任意識。其內容囊括社會公益的方方面面，能夠引起公眾的心靈共鳴和情感交流，博得社會的認同和好感。所以，公共關係公益廣告現在已為越來越多的企業所運用。

（3）展覽會。展覽會是指企業通過運用各種實物、文字圖像、聲音等媒介，在某一特定的時間和地點向公眾展示企業的產品、服務、企業形象和品牌形象的活動。與其他公共活動相比，展覽會具有以下特點：互動性、生動性、新聞性。互動性是指企業和消費者直接面對面交流，一方面企業通過講解、演示、諮詢等形式使公眾瞭解企業；另一方面也通過意見徵詢，調查瞭解公眾對企業的意願和要求。生動性是指展覽會通過各種媒介，增強了展覽的直觀性、知識性和趣味性，有很強的吸引力。新聞性是指展覽會往往會成為新聞媒體跟蹤報導的對象，企業應該加以利用，

積極與新聞界溝通，保持接觸，擴大對企業的宣傳。

展覽會能否取得成功，取決於以下兩個條件：一是展覽內容是否代表行業未來發展的方向；二是展覽會能否獲得行業協會和行業主要代表人物的支持和合作。如果展覽會具備這些條件，則無疑增加了展覽會的聲譽和可信度，使之規模不斷擴大，並帶來巨大宣傳效果和影響力。

（4）贊助活動。贊助活動是企業以資金無償提供者的身分參與各種社會活動，這亦是企業常使用的一種公共關係推廣活動。這些贊助活動概括起來，目的主要有：一是體現企業的社會責任感，追求長遠的社會效益；二是聯絡公眾感情，促進企業與公眾建立親善友好關係；三是配合廣告宣傳，增加廣告的社會影響力。贊助活動的形式多種多樣，有贊助體育賽事、贊助文化活動如音樂會和演唱會等、社會慈善事業和福利事業如抗震救災等、贊助教育事業如設立獎學助學基金和贊助希望工程等。

一個成功的贊助活動應該具有以下特點：①良好的品牌形象和聲譽是通過連續的、有計劃的贊助活動建立起來的。在整個贊助過程中企業應該有一個完整的活動規劃，杜絕臨時性的贊助行為；贊助活動需要企業投入資金並有效整合一系列的宣傳、促銷等推廣活動。②有明確的贊助定位。贊助活動應該根據產品的性質、活動的性質、影響力，目標群體的心理特徵進行，選擇合理的贊助形式，避免盲目投入大筆資金。③贊助系統之間的協調配合。贊助是一個複雜的系統活動，即只有當參與活動的四方，即贊助者、被贊助者、媒體和仲介機構都旗鼓相當、精誠團結、同心協力、密切合作時，才能獲得好的收效。

另外，公共關係推廣還有開業典禮、週年慶典等方式。

3. 公共關係推廣原則

任何組織開展任何活動都必須遵循一定的原則和行為規範，才能實現活動的目的。公共關係推廣的主要原則有：

（1）誠實守信原則。同人與人之間交往一樣，公共關係活動也必須遵循這一基本原則。這一原則要求企業把實事求是作為一切公共關係工作的出發點，以掌握事實及其規律為基礎，以如實反應事實為依託，不唯虛，只唯實。同時，這一原則要求企業不向公眾承諾無法做到的事項，對自己的言行承擔完全的社會責任，才能獲得社會的信任與支持。

（2）平等互利原則。該原則要求組織以公眾利益為出發點，通過對雙方利益的協調與平衡，使企業和公眾的利益都得到滿足，謀求雙方的共同發展。平等互利原則既不允許組織損害社會公眾的利益，也不允許組織工作人員毫無意義地出讓組織利益。

（3）協商溝通原則。企業只有通過與公眾的互信與溝通，才能既保證社會公眾加深對自己的瞭解，塑造企業品牌，又保證企業不斷瞭解公眾的真實需要，調整實際工作，使企業的組織活動將社會利益、公眾利益和組織利益融合在一起。

（4）創新原則。現代社會的信息量是如此巨大，如何才能將公眾注意力吸引到公共關係推廣活動中來，是擺在企業面前的一個難題。這就要求企業的公共關係推廣活動必須具有一定的新穎性和獨特性。因此，企業的公關人員必須具有開拓創新

精神，要力圖使組織開展的每一項活動都具有一定的新意，能最大限度地發揮組織的創新力和對公眾的吸引力。

(三) 代言人

1. 代言人在品牌推廣中的作用

代言人可分為三種，即企業形象代言人、品牌代言人和廣告代言人。企業之所以聘用社會名流做代言人，是因為名流具有很高的知名度，在公眾心目中具有某種獨特的形象，具有名人效應。企業啟用他們做代言人，能夠拉近消費者與品牌之間的距離，能夠突出品牌個性，能夠利用個人形象傳達品牌形象，從而達到塑造品牌形象、促進銷售的目的。例如，德國阿迪達斯公司起初是一個名不見經傳的小作坊，甚至稱不上企業。其運動鞋由人工製造，產量很小，沒有銷路，但質量卻是一流的。1931年公司把運動鞋送給美國著名田徑運動員杰西·歐文試穿，結果歐文奪得了四枚金牌，阿迪達斯也因此名聲大振。此後，公司每年都邀請著名運動員為其做宣傳。

可見，企業啟用名人作為品牌的代言人能起到「四兩撥千斤」的作用。企業可利用他們的影響力，在輿論中迅速「聚焦」，詮釋品牌個性，增強消費者與品牌之間的情感關係，賦予產品更多的附加價值；消費者會因為明星的推介，產生模仿的衝動與行動，並對品牌及產品產生好感。

2. 代言人的選擇

（1）圍繞品牌個性選擇代言人。品牌個性是品牌價值體系中的關鍵環節，是企業品牌產品從眾多產品中脫穎而出的法寶。而人的個性千差萬別，或沉穩老練，或青春活潑，或溫文爾雅，或粗獷樸實。企業只有將品牌個性與代言人個性相匹配，才能有效地樹立品牌形象，否則反差越大，副作用越大。百事可樂在早期用邁克爾·杰克遜作為代言人十分成功；而起用副總統候選人費羅拉則是失敗的，其原因就在於她的個人形象與百事可樂的品牌個性不協調。

（2）不選用有爭議的名流做代言人。有爭議的名流做品牌代言人雖然可以提高品牌的知名度，但同時也會遭到一些對代言人持批評意見的人的反對，從而影響銷售。

（3）企業代言人的選擇，並不一定非得用名流，有時也可以用凡人。這種策略力求還原生活現實，以普通人的手法拉近與普通大眾的心理距離，從而產生強烈的認同感。此策略運用得當，可以收到出奇制勝的效果。如以前「步步高」無繩電話廣告中溫柔地說著「小莉呀…」的滑稽男人形象，可謂深入人心，取得了意想不到的效果。

（4）運用卡通形象做品牌代言人。現實中，很多企業一方面聘請諸如明星之類的社會名流做代言人，另一方面也塑造自己的代言人——具有獨特個性並被賦予了生命力的品牌圖標、吉祥物等，如海爾的「海爾兄弟」、美的「美的熊」、旺旺的「旺仔」等。卡通代言人模式在全世界範圍內都得到了極大的推廣，取得了很好的效果。以IBM為例，IBM為了改變在歐洲客戶中的刻板形象，推出了長著一條長長絨毛和粉紅色尾巴的頑皮、合群的「紅豹」，這一卡通形象一反歐洲計算機行業的單調枯燥，引起了歐洲人的強烈興趣。

3. 品牌與代言人關係的維護

（1）企業對代言人的使用不能僅僅停留在廣告模特的身分上，僅讓他們拍一兩個廣告即算了事。企業應當讓代言人參與品牌形象提升的整個流程，參與各種大型的品牌推廣活動。

（2）不宜頻繁更換代言人。一方面，企業頻繁更換代言人，消費者很難將某一品牌形象與某一特定的代言人聯繫在一起，企業就不能很好地突出品牌個性；另一方面，代言人多了之後，一旦某個代言人出現了問題，則很有可能波及品牌形象。

（3）代言人的專有性。企業同代言人訂立合同時，就應該明確告知：在合同期內，代言人不能為別的產品做代言，至少不能為同行業的其他品牌做代言。一旦違背原則，其代言品牌在消費者中的品牌形象就會受到稀釋，這時企業則應該採取行動加以制止。

（四）官方網站

1. 官方網站的內涵及類型

消費者瀏覽品牌網站時將接觸到各種各樣的信息，這些信息可能會激發他們積極或者消極的情緒，並將其附加在品牌之上。例如，寶馬成功通過網站激發瀏覽者的積極情感。在其國外官方網站中，消費者可以按照自己的要求對汽車進行裝配，製作定制化的個人汽車。網站還展示了寶馬汽車藝術並支持在線購買。寶馬網站為其粉絲提供與寶馬親密接觸的機會，在瀏覽網站過程中，粉絲們已經潛移默化地將正面的情感轉移至品牌之上。品牌官方網站按照其所提供信息內容可以分為三種類型：

（1）基本信息網站。它定位於發布品牌信息的功能，官網以介紹品牌基本情況，幫助樹立品牌形象為主，這些信息包括：消費者關心的產品方面的信息，如產品規格、外觀、結構、使用等；企業方面的信息，如企業規模、文化、經營理念、新聞等；消費者購買方面的信息，如常見問題的解答、意見建議等。這類網站如果能夠吸引消費者對品牌的關注，將有助於提升品牌形象，維持品牌忠誠，並增加線下交易的機會。

（2）綜合門戶網站。它整合了各種信息系統的功能，可以為企業雇員、消費者、合作夥伴及供應商提供目的明確的服務，並兼具品牌形象宣傳、產品演示等傳播功能。例如，聯想集團公司網站就是這類網站的代表。聯想官網是中國企業門戶網站中的佼佼者，它在突出在線銷售功能的同時也重視品牌塑造的作用，在網站首頁突出品牌名稱和 Logo，內容包括公司概況、在線商城、產品動態、社區等。

（3）主題宣傳型網站。它是為了配合品牌主題營銷活動而建立的互動平臺。例如，每當百事可樂發起一項宣傳主題時就會建立專門設計的網站，發布活動主題、活動視頻、線上遊戲等吸引顧客參與互動的信息，這類網站不僅能夠提高主題營銷活動的效果，還能表現百事可樂年輕、時尚的品牌定位。

2. 運用官方網站推廣品牌的建議

（1）導入鮮明的品牌形象。品牌網站在視覺上應與品牌識別系統相符合，在內容上與品牌文化、理念和精髓相符合，營造與目標顧客相符合的空間。可口可樂公

司網站的 Logo、色彩、標準字等圍繞該品牌識別系統設計，鮮豔的紅色和獨享的字體產生品牌連接，讓瀏覽者過目不忘。此外，可口可樂還在其官方網站上展示品牌的發展歷史、員工形象、公益活動等。

（2）提高審美和趣味性。為了讓消費者在上網過程中產生積極的情感，品牌網站應該通過豐富的信息內容提高生動性，提供視聽方面的感官體驗。提供生動活潑、豐富的連結和信息資源的網站更受瀏覽者的喜愛並使其產生積極的情感。但在提供豐富內容的同時，品牌網站要注意對信息進行分層，使消費者通過點擊三個以內的連結就能準確找到他們所需要的內容。

（3）鼓勵消費者參與。品牌網站要鼓勵用戶參與互動，為其提供良好的互動體驗。例如，2008 年麥當勞的 Happymeal.com 網站與動畫版《星球大戰》合作，為孩子們提供飛往遙遠星球的虛擬體驗。他們在網站上註冊並登錄依據《星球大戰》原型創建的虛擬世界，然後使用麥當勞歡樂套餐包裝盒上提供的號碼即可參與虛擬游戲。在參與游戲的過程中，孩子們將有趣、好玩變成對麥當勞的記憶並在大腦中儲存起來，不自覺中增加了對品牌的好感。

（五）社會化媒體

1. 社會化媒體的內涵及方式

從品牌推廣角度看，社會化媒體是企業借助移動網絡技術，在品牌與消費者之間實現即時、雙向溝通的平臺。只要在微博、人人網等社會化媒體上註冊一個帳號，品牌就可以像人一樣展現自己的魅力，建立自己的社交圈，達到傳播品牌信息、塑造品牌形象的效果。社會化媒體的傳播方式正處於快速發展時期，新的傳播方式不斷產生。以下介紹幾種可用於品牌推廣的社會化媒體：

（1）網絡百科。網絡百科是允許用戶自己增加、移除和改變文本信息內容的平臺，以維基百科、百度百科為代表，這些是消費者獲取品牌相關信息和認知品牌的重要渠道。

（2）博客。品牌可通過註冊自己的帳號與其他博客用戶互動，發動與品牌相關的活動，能夠起到提高品牌知名度和塑造品牌形象的目的。例如，2012 年江西省旅遊局啓動「搏動江西·風景獨好」活動，從騰訊、新浪、搜狐網站中選出擁有上百萬粉絲的作家、攝影家和旅行家奔赴贛東北、贛西、贛中南，對當地旅遊景點進行實地體驗，並將見聞以圖片和文字的形式上傳到博客中。江西省旅遊局希望借助意見領袖的影響力，提升江西旅遊品牌知名度，取得了很好的效果。

（3）社區網站。社區網站是用戶分享信息的平臺，以豆瓣網、土豆、優酷、雅虎網絡相冊（Flickr）、YouTube 為代表，可以作為品牌傳播的媒介。成都市為宣傳城市品牌，以「快城市慢生活」為特色拍攝旅遊宣傳片《成都，一座來了就不想離開的城市》，並投放到優酷、土豆等視頻網站，該片從帶著奶奶期望的一位男子的角度，展示了杜甫草堂、都江堰、火鍋川菜、川劇、老茶館等成都文化元素，向社會宣傳成都旅遊品牌，使成都成為許多人向往的旅遊目的地。

（4）社交網絡。它是用戶同朋友分享生活體驗的平臺，以人人網、開心網、Facebook 為代表。在社交網絡中，品牌借助消費者的社交圈擴大信息傳播的範圍。比

如，美國一家花店開發了一款 Facebook 的應用程序「Gimme Love」，為用戶提供向家人朋友發送虛擬花束的功能，當然用戶也可以直接連結公司網站並給他們送上真的鮮花。

（5）虛擬游戲。品牌可以通過開發專屬的虛擬游戲讓用戶進行品牌體驗，傳播品牌信息。例如，2011 年雅士利攜手騰訊打造「體驗好奶源，玩轉新西蘭」品牌定制化的社交游戲。用戶可以在虛擬的雅士利牧場親自體驗——從種植無污染牧草，到飼養健康奶牛，再到奶製品加工的全過程，從而感受雅士利奶製品所具有的高品質。

2. 運用社會化媒體推廣品牌的建議

品牌應通過策劃與品牌相關的熱點事件接觸目標受眾，與他們進行持續的互動。營銷者在激發一個語境後，要整合和發布具有關聯性、吸引人們關注和討論的內容，鼓勵用戶閱讀、評論和分享內容，並與品牌建立聯繫，進而形成圍繞品牌的網絡社群。

（1）巧用免費模式。企業可以利用消費者喜歡獲得贈品這一點來鼓勵消費者關注、參與和轉發信息，以提高品牌知名度。比如，麥當勞通過即時通信應用開展免費獲贈 200 萬杯飲料的病毒傳播活動，鼓勵用戶積極參與，起到了喚醒品牌記憶的作用。

（2）抓住意見領袖。網絡沒有絕對的權威，但有意見領袖，他們在自己的社交圈內具有很高的人氣和話語權，其觀點對圈內人有著重要的影響。因此，品牌若能夠讓意見領袖們為自己說話，則更容易獲得消費者的關注、信任甚至共鳴。譬如，2009 年福特嘉年華希望改變自己在年輕人心中的品牌形象，發起一項全國競賽並從中選擇 100 名司機，他們獲得了試駕新車六個月的機會，並被要求每月參加品牌活動，且在 Fiesta Movement.com 網站中分享他們的博客和駕駛體驗。福特汽車借助 100 名司機與消費者的互動，對品牌信息進行了二次傳播，收效甚好。

（3）言之有物。在當今海量信息的社會中，品牌必須言之有物，要通過優秀的內容讓消費者感受到自己是一個善意有趣、能夠提供有用信息的朋友。在社會化媒體中，品牌要針對目標受眾，創造符合他們需要、與其生活或情感相匹配的內容，使他們產生情感共鳴，自發地對品牌信息進行傳播，通過轉帖在其社交圈內對品牌進行分享、推薦。例如，凱迪拉克微電影《66 號公路》通過男女主人翁駕駛著凱迪拉克 SRX 穿越美國極具文化內涵和標誌性的 66 號公路，將忠於自由、迴歸真我的浪漫之旅同凱迪拉克自由、開拓、夢想的品牌精髓融為一體，使目標受眾不自覺地接受了廣告的說服，並且會點擊鼠標與人分享，成為品牌傳播者。

（4）鼓勵參與。進行社會化媒體傳播時，品牌必須想方設法調動消費者參與的積極性，幫助同類型的消費者組織網絡社群，並協助加強社群成員、社群與社群之間的聯繫與歸屬感。例如，2012 年海飛絲為了宣傳其男士專用洗髮護髮系列產品，將產品線「快速、持久、深入」的價值理念與籃球游戲結合，即針對社交網絡中年輕的 NBA 球迷，採用游戲設計思路，開發了名為「海飛絲實力訓練營」的應用。用戶可以邀請好友組建自己的球隊，各支球隊相互比拼實力分值，累積一定分值可獲得相應的獎勵。此外，海飛絲還設計了一套訓練手冊，裡面涉及 NBA 球隊和海飛絲的相關知識，用戶通過答題也可以獲取相應分值，並通過分值來兌換籃球裝備。該應用推出一段時間後，有 6 名用戶被選出，與海飛絲男士產品系列品牌代言人彭於

晏一同前往美國觀看比賽，並在微博上及時上傳行程情況，此舉在深入產品理念同時也提升了海飛絲男士的品牌形象。

專欄：小故事·大啟示

四個靠自動販賣機創意營銷的企業品牌

一、可口可樂擁抱販賣機

2012年4月，可口可樂擁抱販賣機出現於新加坡國立大學，意在傳播歡樂，減少學生考試壓力。一個擁抱，一罐可樂，基於幸福能夠蔓延，可口可樂設計了獨特的擁抱販賣機活動，用創新的方式去傳播幸福與快樂。你需要做的只是去給可口可樂的販賣機一個擁抱，接受它的愛，然後獲得一罐免費的可樂，這個有趣的活動同時在網上產生巨大的反響。僅僅一天，一些網絡平臺如臉譜（Facebook）、推特（Twitter）和博客就出現了數以萬計的關於「可口可樂擁抱販賣機」的視頻和圖片，討論接踵而至。同時，鑒於「可口可樂擁抱販賣機」在新加坡的熱烈反響，此活動計劃擴展到整個亞洲，希望帶給更多消費者同樣的快樂與幸福。

二、BOS推文販賣機

2012年6月，南非飲料公司BOS推出了世界上第一臺用推文支付的自動販賣機「BEV」。這臺販賣機位於南非開普敦溫布利（Wembley）廣場，機身頂端有LED顯示屏，顯示想要得到飲料需推文的內容「#BOSTWEET4T」，以及推文者的帳號名稱，並為消費者倒數飲料送出的時間。只要站在販賣機前發一條推文，你就可以免費獲得BOS冰茶一瓶。

三、Rugbeer啤酒販賣機

2012年6月，阿根廷的啤酒廠商Cerveza Salta推出一臺必須用身體去狠狠撞擊才能出啤酒的「Rugbeer啤酒販賣機」。當地人都瘋狂迷戀橄欖球，這臺販賣機結合了「橄欖球」與「啤酒」，上面甚至還配有一個力度測量計，讓買啤酒喝成為一個有趣的體驗，在擴大品牌知名度和積極態度的同時，提升了銷量。

四、互動式販賣機「Delite-o-matic」

2012年7月，澳大利亞零食製造商為了宣傳旗下Delites薯片而專門打造的互動式「Delite-o-matic」販賣機具有幾分「逗你玩」的戲弄氣氛。人們只要按照屏幕提示完成它規定的動作，就可以得到一包免費的Delites薯片，比如，這臺淘氣的販賣機可能會讓你按上5,000次按鈕，讓你跳一段舞，甚至會蠻不講理地要你在大庭廣眾下對它跪拜。結果發現，很多消費者真的按照指示，完成規定的動作，Fantastic將這個有趣的街頭實驗拍成一段3分鐘的視頻放在網上，引來市場對品牌的關注。

三、非媒體推廣方式

（一）銷售促進

1. 銷售促進的內涵

銷售促進是品牌直接給予目標受眾某種形式的獎勵、回報或承諾，從而鼓勵消費者做出購買決定或者做出預期的反應。銷售促進增大了品牌與消費者之間的接觸

點，發揮了傳播品牌信息的作用。因此，銷售促進具有傳播信息、刺激和邀請三個明顯的特徵。

銷售促進既可以分為對消費者的促銷和對中間商的促銷，也可以分為貨幣性促銷和非貨幣性促銷。無論其類型或方式如何，銷售促進都是通過給目標受眾某些好處邀請他們參與交易而達到傳播品牌信息、促進品牌產品銷售的目的。

2. 運用產品包裝推廣品牌的建議

（1）銷售促進和品牌形象應保持一致性。銷售促進能夠為品牌產品提供附加價值，是提升品牌認知和影響消費者行為最為直接有效的品牌推廣方式。但在促銷活動中，企業應當盡力保持促銷主題是從品牌核心概念出發，使促銷活動和品牌形象形成一致的互動，從而形成「以品牌拉促銷，以促銷推品牌」的良性循環。而能否做到良性互動，關鍵在於企業在確定品牌促銷手段時，是否考慮了品牌資產因素，是否堅決避免採用可能會損害品牌價值的促銷手段。例如，荷蘭啤酒商策劃的2010年世界杯足球賽上的「偷襲營銷」對巴伐利亞啤酒品牌的長期影響無疑是負面的。

（2）銷售促進應與其他品牌推廣活動相互促進。在銷售促進活動中，企業應充分考慮不同銷售促進方法間的組合運用，使之功能互補、互為促進，從而產生整體效果最大化。與此同時，銷售促進活動必須從品牌建設的全局出發，綜合考慮各種促銷手段的組合運用。廣告、公共關係等都是品牌構建的基石，它們在功能上與銷售促進形成互補，企業對其進行整合，可以傳遞更加豐滿、立體的品牌形象。

2012年9月27日，屈臣氏推出了屈臣氏版的撲蝴蝶手機應用——i蝶兒，顧客下載了「i蝶兒」軟件之後，只要走近屈臣氏零售店，就會有美麗的蝴蝶在手機屏幕中飛過，如捕捉到蝴蝶，即可馬上走進店裡兌換相應的優惠。顧客若是在微博上分享此次活動的信息或者捕捉到蝴蝶圖片還可能獲得抽獎機會，贏取意外的獎品。「i蝶兒」推出後即受到消費者的喜愛，讓屈臣氏在活動期間單店銷售額平均增長15%以上。

（3）合理使用打折促銷。打折促銷雖然具有吸引消費者注意力，增加其購買行為的作用，但頻繁的價格折扣促銷會降低品牌「身價」，削弱品牌忠誠。因此，品牌應合理使用打折促銷，避免其對品牌資產的傷害。比如，凡客誠品的社交營銷就是一個成功的價格促銷實例。用戶上傳身穿凡客誠品產品的照片，在凡客誠品的達人街拍頻道、單品消費詳情單和頻道頁展示出來，其他用戶只要是通過這些圖片產生購買活動，這些用戶都能獲得10%的銷售分成，他們能夠隨時通過後臺查詢自己的分成金額，即時提現。除了給予消費者一定的價格獎勵外，凡客誠品還開通了「凡客達人明星計劃」，用戶有機會成為品牌的簽約模特，並在電子雜誌——LOOKBOOK達人志中成為封面明星。

專欄：小故事·大啟示

荷蘭啤酒商「偷襲」世界杯[①]

據荷蘭阿姆斯特丹電臺報導，36名年輕女性穿著荷蘭球迷常見的紅白色服裝，

---

① 案例根據《華夏酒報》相關文章改編。

在世界盃荷蘭—丹麥比賽中，進入場館前排觀賽。但比賽開始不久，她們就脫下外衣，僅穿橙色迷你裙，利用唱歌和跳舞的動作吸引現場觀眾和攝影記者的注意，多次出現在了電視轉播的鏡頭中。國際足聯認為她們的行為是在「偷襲營銷」，在比賽進行到下半場時將這 36 名女性驅逐出場，並進行了長達數小時的問詢。

按照國際足聯的定義，「偷襲營銷」就是一種在「世界盃中未被授權的或未經許可的商業性活動」。世界盃的「偷襲營銷」，又稱「埋伏式營銷」，是指那種企業不願意花費高昂的贊助費，卻通過運用一些營銷技巧而搭上世界盃「便車」的行為。6 月 16 日，兩名穿著橙色性感迷你短裙的荷蘭女性因涉嫌在周一的比賽中實施「偷襲營銷」而被約翰內斯堡警方逮捕。

國際足聯表示，有證據表明，巴伐利亞啤酒公司從荷蘭至少派來了兩名組織者幫助開展「橙色短裙」的品牌營銷活動，這群年輕女性多為南非籍，受雇於荷蘭巴伐利亞啤酒公司。他們設計了一整套營銷策略，其中包括在賽前對南非本地雇傭的女性進行培訓。而且，有證據表明，兩名被捕女子去南非的機票和在南非的食宿都是由巴伐利亞啤酒公司支付的。國際足聯同時表示，該公司可能分發了數百套這種橙色迷你裙，穿著這種裙子的女球迷分散在場館的各個角落。

另據英國《衛報》報導，這些服裝是荷蘭啤酒生產商巴伐利亞啤酒公司（Bavaria Beer）從世界盃前夕就開始的促銷活動作為贈品發放的，上面帶有一個非常小的巴伐利亞商標。人們從外觀很難看出是什麼品牌，但在此之前，巴伐利亞公司邀請一名荷蘭籍皇家馬德里球員的妻子穿著這身短裙公開亮相，所以很多球迷看到這件裙裝就會聯想到巴伐利亞啤酒。同時，該報認為百威英博作為世界盃足球賽的官方啤酒贊助商，為此支付了相當可觀的贊助費，卻可能算不上這場啤酒世界盃的真正贏家之一。

隨著全世界媒體目光都集中在這些短裙美女身上，巴伐利亞啤酒公司成了人們關注的焦點。該公司網站的訪問量驟增，一時出現網路擁堵。美國互聯網權威流量監測機構益百利（Experian Hitwise）發布的統計數據顯示，其在英國的點擊量僅次於卡林（Carling）、蛇王（Cobra）、百威和嘉士伯四大啤酒品牌。這家監測機構的一位調查總管說：「雖然這一事件飽受爭議，卻明顯地提高了該公司網站的訪問量。儘管這些女性被驅逐出賽場，公司可能還要面臨官司，但對其品牌的知名度而言，這個活動確實起了巨大的效果。」巴伐利亞英國公司一位營銷總管也認為：「這一事件無疑提高了巴伐利亞的品牌認知度，在 Twitter 及一些社交網站經常看到人們在談論。這一事件，無疑會對銷售產生積極的影響。」

據悉，巴伐利亞啤酒公司並不是第一次和「偷襲營銷」扯上關係。2006 年德國世界盃期間，在斯圖加特進行的一場比賽中，一群荷蘭球迷穿著印有「巴伐利亞啤酒」字樣的橙色皮短褲入場觀戰，不幸的是此舉被賽場工作人員發現，最終這幾位球迷不得不穿著內褲觀看完了比賽。

值得一提的是，在這場角逐中，從驅逐「橙衣寶貝」離場到警方的調查，最終到該事件風波的平息，這一事件在全球沸沸揚揚，無人不知，國際足聯無疑成了輸家。而巴伐利亞啤酒公司卻在沒有贊助世界盃的情況下，獲得了不啻贊助商的成果。不管怎麼說，知名度提高總不會是一件壞事。

(二) 產品包裝

1. 產品包裝的內涵

產品包裝是流通過程中保護產品、方便儲運、促進銷售的輔助物的總稱。對於品牌而言，產品包裝是品牌提供給消費者的視覺識別物，能讓消費者產生良好的第一印象，能幫助品牌從競爭者中脫穎而出，是一種不可忽視的品牌傳播媒介。文字、圖案和造型是產品包裝傳播品牌信息的三個要素。

2. 運用產品包裝推廣品牌的建議

在品牌傳播中，企業應結合品牌的視覺識別系統，將各種品牌元素融入包裝設計之中，展示品牌的獨特性。

（1）體現品牌核心理念。企業在設計產品包裝時，應該融入品牌理念，使消費者能夠從產品包裝中聯想到品牌理念。比如，家具品牌宜家就成功地使用產品包裝來傳播「為消費者創造 DIY 家具的樂趣和美好感受」的品牌理念。為了方便顧客搬運、安裝，宜家家具多採用易於拆裝和組合的包裝結構設計，讓顧客體驗親手組裝家具（Do It Yourself）的樂趣，使消費者潛移默化地接受宜家的品牌理念。

（2）統一視覺形象。企業在設計產品包裝時圍繞品牌理念，整合各品牌要素，形成統一的品牌視覺形象，能使消費者對品牌印象深刻。宜家在策劃產品包裝時，就特別注意線下線上產品包裝的整合傳播，對於同一型號產品，網上展示的包裝與賣場中的一模一樣，使顧客在選購產品時有所參考，為購物帶來便捷，也增加了他們對宜家的好感和滿意。

（3）與品牌活動相互配合。營銷者將產品包裝融入品牌整合營銷傳播方案中，使其與其他的傳播活動產生關聯和呼應，互相促進，能提高品牌傳播活動的效果。如可口可樂借助社會熱點事件吸引消費者對品牌的關注，其產品包裝圖案常出現在贊助的世界杯、奧運會或歌星演唱會等活動畫面中。

(三) 企業家

1. 企業家的內涵

企業家是在企業內居於某一領導職位，擁有一定領導職權，承擔領導責任和實施領導職能的人。企業家的儀容儀表、言行舉止、個性、道德水平等個體特徵都會通過各種社會活動表現出來，形成其個人形象。對於品牌而言，企業家也可能成為品牌傳播的方式，因為消費者會對企業家個人形象與品牌形象進行關聯。因此，良好的企業家形象將有助於公眾對品牌的認知和持有積極的態度。比如，俞敏洪是「新東方」品牌創始人，他時常以新東方為背景出現在各大媒體的鏡頭中，他在通過發表演說塑造個人品牌形象的過程中，也將新東方的品牌形象帶入公眾的視野。企業家品牌傳播的方式主要有新聞或專題報導、事件營銷、社會化媒體、公關關係、廣告代言等。

2. 運用企業家推廣品牌的建議

通過企業家進行品牌推廣是企業家在塑造個人品牌的基礎上，在消費者心中建立個人與品牌之間的關聯，從而擴大品牌資產價值的過程。

（1）以企業的品牌形象為準則。企業家個人品牌的塑造能與品牌形象形成合力，塑造積極的品牌資產。企業家面對社會公眾時，應該以企業的品牌形象為準則，思考自己的言行舉止對塑造企業品牌的影響。2012年聚美優品CEO陳歐代言的廣告火遍中國，其中充滿正能量的廣告語「我是陳歐，我為自己代言」，在網絡上迅速走紅。陳歐的個人名氣不斷上升，而與他關係密切的聚美優品在品牌知名度和影響力上也有了很大的提升。

（2）為個人品牌定位。企業家需要通過定位塑造差異化的個人形象，其中要兼顧個人特質和企業品牌形象。為與萬科理念「創造健康豐盛的人生」相契合，王石成功地借助媒體塑造出自己崇尚健康生活的理念。他一直通過登山、探險、出版書籍等活動創造熱點事件，代言品牌形象。

（3）提高曝光率。企業家個人品牌傳播要時常向媒體、公眾發出自己的聲音，要關注業界熱點事件並做出評論，要積極參與社會活動並表現出強烈的社會責任感。比如，北京市華遠房地產股份有限公司原董事長任志強、SOHO中國董事長潘石屹、搜狐公司董事局主席兼首席執行官張朝陽等無不是此道中的高手。

（四）員工

員工與企業存在勞動關係，員工品牌是消費者腦海中對企業員工形成的整體性認知，員工品牌能影響企業品牌。企業在運用員工推廣品牌時，應當高度重視前沿員工的個人形象對品牌形象的影響，因為前沿員工是直接面對社會、顧客的人，包括門衛、話務員、推銷員、服務員、營業員等。

此外，我們對企業運用員工推廣品牌的建議是：

（1）員工內部品牌化。品牌化的初始受眾應當是企業自己的員工，一個連員工都不理解和認可的品牌，是無法被社會所接受的。品牌形象塑造需要全體員工齊心協力，將品牌理念、價值觀和願景在日常工作中踐行。品牌化行為應成為員工的共識和自覺行動。企業應經常對員工進行品牌化教育，幫助員工將個人價值觀和品牌價值觀聯繫起來，要為員工制定行為準則，保證統一的行為和形象。新加坡航空公司為確保品牌體驗能夠得到充分而持續的貫徹，始終對其機組及空乘人員進行全面而嚴格的培訓，久而久之，「新加坡空姐」成了新加坡航空的品牌標杆。

（2）鼓勵員工建立個人品牌。企業除了要重視員工行為和修養外，還應運用傳播手段幫助員工塑造個人品牌，以建立起品牌與消費者之間的信賴關係。傳播員工個人品牌的具體方式有製作反應員工精神風貌的廣告片；發布展示員工風采的新聞報導、專題報導、紀實性文章和著作；在網站或內刊中樹立和推廣一批先進員工的典型，通過榜樣的力量，產生全體員工的情感共鳴，走進員工的內心世界。比如，因為沃爾瑪注重員工培訓和形象展示，顧客總會將熱情周到、笑容滿面的店員形象同公司品牌形象產生聯想。

第三節　品牌推廣計劃的制訂

計劃是行動的指南和基礎。一個科學合理的品牌推廣計劃能夠指明推廣的目標、

重點、階段和原則，從而有利於企業整合各種推廣工具，減少行動的盲目性，做到突出重點環節，循序漸進地開展品牌推廣的具體活動，從而保證品牌推廣計劃任務目標的實現和各項工作的順利進行。

一、品牌推廣計劃程序

(一) 確定目標受眾

確定目標受眾，就是推廣計劃制訂者要明確品牌推廣的對象是誰。品牌推廣不是面向所有人，而是品牌的現實顧客和潛在顧客以及可能對顧客消費行為產生影響的組織或個人。比如，對於那些生產高檔老年人保健品的廠家來說，他們的品牌推廣對象應該主要是60週歲以上的、城鎮高收入的老年人，以及可能對他們產生影響的醫生、醫療機構、媒體和政府衛生部門等。一般來說，目標受眾界定得越明確，品牌推廣工作效率就越高，效果就越好。

(二) 確定品牌推廣目標

目標是行動的向導，是品牌推廣活動所要求達到的結果。目標有長期目標、中期目標和短期目標。目標的實現是分階段的，是循序漸進的過程。也就是說，品牌在不同發展時期隨著環境及資源條件的變化而存在不同階段的品牌推廣目標。比如，在品牌發展初期，品牌知名度就是品牌推廣的主要目標之一；在企業資源累積達到一定規模時企業就可以制定更宏大的目標和計劃。另外，目標既要有定性目標，也要有定量目標，企業要盡量將各種目標指標化、定量化。

企業在制定品牌推廣目標時，應該全面而深入地分析市場環境，包括宏觀市場營銷環境和微觀市場營銷環境；這樣才能夠在品牌推廣過程中利用環境中的積極因素，消除和克服消極的不利因素，做到審時度勢，趨利避害。同時，企業必須充分考慮自身的技能和資源條件，這樣才能使計劃具備實施的可行性，才能保證計劃目標的實現。

(三) 設計品牌推廣信息

企業設計品牌推廣信息的內容需要考慮品牌推廣主題、品牌內涵和目標受眾的普遍偏好。品牌推廣主題應根據品牌推廣目標來確定，一般情況下在某一個特定時期品牌推廣只應有一個主題，參與其中的所有個人和組織、各種品牌推廣活動及傳播信息的提煉都應該圍繞這一品牌主題展開。品牌內涵主要是指品牌主、品牌名稱、品牌產品所屬行業、品牌核心識別、品牌價值體現、品牌文化、品牌定位以及其他的品牌識別元素，它構成了品牌推廣主題的選擇內容。最後，品牌推廣信息必須符合目標受眾的消費心理、消費嗜好、文化價值觀念和語言接受習慣，企業要以有趣而生動的信息表達方式潛移默化地將品牌信息傳播給目標受眾。

(四) 選擇和組合品牌推廣工具

品牌推廣是指企業面向受眾傳播有關品牌的信息，因而品牌傳播者必須根據目

標受眾接收信息的渠道進行品牌推廣工具、渠道的選擇決策。如對於生產老年人保健品的廠家品牌來說，企業應根據老年人接收信息的習慣，選擇電視、報紙、老人社交網絡、老人社區、健康講座等渠道，向老年人灌輸品牌信息。另外，每一種品牌推廣工具都有各自的特性。各種工具之間並不是相互獨立，而是相互影響的關係，需要相互協調才能發揮各自最大的作用。品牌推廣者在選擇推廣工具時一定要根據品牌所處行業特點、品牌推廣目標和預算費用安排來進行組合。一般來說，經營個人消費品的品牌一般把大部分資金用於商業廣告，而對於經營行業生產用品的品牌則會將資金主要用於人員推銷。

（五）編製品牌推廣費用預算

對於每一個企業來說資源是有限的，而品牌推廣則是一項長期的、繁雜的工作，因此有必要對企業的品牌推廣費用加以分類，然後根據實際情況制定合理的預算。從大的方面來說，品牌推廣預算分為商業廣告預算、銷售促進預算、公共關係與宣傳預算、文化推廣預算等。每一種又分為若干項目。以廣告推廣費用為例，又分為廣告調查費用、廣告策劃與設計製作費用、廣告行政費用、機動費用和其他費用。企業應根據實現品牌推廣目標所需要進行的任務來安排品牌推廣費用預算，即充分運用目標任務法。

（六）實施、監測和協調品牌推廣活動

品牌推廣計劃制訂後，品牌推廣者就應當精心地組織品牌推廣活動，嚴格按照計劃內容實施品牌推廣計劃。然而，實施情況和計劃目標之間常會出現偏差，因此品牌推廣者需要在品牌推廣計劃實施過程中，密切追蹤和仔細評估各項品牌推廣活動的實際執行情況，監測推廣活動對目標受眾的影響效果。檢查推廣效果可以採用定量的方法，如統計、對比分析銷售額的變化，這是衡量受眾行為最直觀的方法；也可採用定性的方法，如採用訪談法詢問目標受眾，瞭解他們是否能夠識別和記住品牌信息，他們看到或聽到幾次，記住了哪些，感覺如何，以及對品牌及產品過去與現在的態度等。企業如果發現品牌推廣活動產生的效果與計劃目標存在差距，就需要深入分析原因，並及時採取必要的措施加以修正，以防止偏差進一步擴大化，甚至失控。

二、品牌推廣的基本原則

品牌推廣最基本的原則就是「整合營銷傳播」（Integrated Marketing Communication，簡稱 IMC）。整合營銷傳播思想最早是由營銷專家唐·舒爾茨教授（Don E. Schultz）提出的，其理論核心是用同一種聲音說話。美國廣告代理商協會（簡稱4A）對整合營銷傳播給出的定義是：這是一個營銷傳播計劃概念，我們要充分認識用來制訂綜合計劃時所使用的各種帶來附加價值的傳播手段，如普通廣告、直接反應廣告、銷售促進和公共關係，並將之結合，提供具有良好清晰度、一致性的信息，使得傳播影響力最大化。可見，整合營銷傳播理論的核心思想是「一致性」，包括品牌傳播信息的一致性和品牌傳播行動的一致性。

我們知道，品牌資產的形成是與品牌相關的所有品牌推廣活動的產物。企業進行品牌推廣，首先應當瞭解品牌傳播的每一句話和所做的每一件事，也就是搞清楚品牌與消費者的每一個接觸點，在正確的地方、合適的時間、採用恰當的方法傳播一致的品牌信息。所謂品牌信息的一致性是指企業綜合協調所有的品牌形象、品牌定位和口碑的信息。品牌信息的一致性同品牌推廣策略、品牌所作所為的一貫性是緊密聯繫的。站在消費者的角度看，品牌傳播行動的一貫性代表著「這個品牌總是這樣做，而不會做出令人感到怪怪的事情」，這樣消費者就很容易識別品牌。為此，一些著名的國際品牌常採用品牌使用手冊來規範和協調各種傳播環節和方式，以確保每次傳播都能夠正確地闡釋品牌的核心識別及價值、品牌定位和品牌適用的行業範圍。湯姆·鄧肯（Tom Duncan）在《廣告與整合營銷傳播原理》中認為品牌必須從六個方面保持一致性：企業核心價值觀與企業任務、以客為尊的營銷哲學、品牌識別標誌的一致性、產品與服務的一致性、品牌定位的一致性和執行上的一致性。

此外，以下幾點也應當引起注意：一是，品牌定位要與眾不同。品牌需要向目標市場顧客積極溝通自己的品牌定位，而要引起他們的關注及購買行為，品牌定位點應實現差異化。如寶潔公司象牙牌香皂是「會漂浮在水面上」的香皂，七喜是「非可樂」。二是，品牌核心識別元素及其價值體現是品牌推廣的重要主題，因為這些方面自始至終都是品牌的靈魂。如菲利浦公司「讓我們做得更好！」的廣告語無處不在。三是，品牌名稱及其與所屬行業類別之間的聯繫必須是品牌推廣的開端。因為消費者只有記住了品牌名稱和知道品牌是什麼東西，才有可能將品牌產品寫入他們的購物清單，因此品牌知名度、品牌與行業之間的關聯度是任何一個品牌都必須開始就做和經常做的品牌推廣主題，這樣才能夠實現品牌產品的銷售。如英特爾公司不惜花費巨大的代價擴大「Intel－inside」的曝光率，而格力公司則一直高喊「好空調格力造」。四是，有目的提升品牌名稱的身分。這對於初創的品牌尤為重要。如海爾就是這方面的「高手」，像最初的琴島利勃海爾到現在的海爾紐約人壽保險公司。

本章小結

品牌推廣，又稱為品牌傳播，是指企業在顧客心中建立預期的品牌知識結構和激發顧客反應的一系列品牌與顧客之間的溝通活動。它是品牌營銷的重要環節。品牌推廣包含狹義的和廣義的品牌推廣兩層含義。狹義的品牌推廣是指品牌知名度的推廣，而廣義的品牌推廣是與品牌資產價值形成有關的所有品牌營銷活動。企業在品牌推廣中既要重視向外的品牌推廣活動，也要重視向內的品牌推廣活動。企業進行品牌推廣的目的是，以吸引和挽留目標市場顧客為中心，並與其建立起牢固的、排他性的關係，最終擴大品牌產品的銷量和累積品牌資產。品牌推廣的內容和推廣的工具是兩個不同的問題，我們尤其要分清楚二者的區別。信息傳播處理模型是指任何一次品牌傳播活動都將依序經歷展示、注意、理解、反應、打算和行動，成功的品牌傳播需要這六個步驟中每一步都能夠實現，否則就是不成功的。品牌推廣模式有單品牌推廣、品牌聯合推廣、縱聯品牌推廣、直銷推廣、柔性推廣五種模

式。各種推廣模式之間並不是截然分開的，企業更多的情形是同時採用多個模式。

品牌推廣方式按照是否有媒體參與品牌傳播活動，可分為媒體推廣方式和非媒體推廣方式兩類。媒體推廣方式是指那些主要通過媒體進行品牌推廣的方式，它又分為大眾媒體和自主媒體兩種情況；而非媒體推廣方式是指那些不主要依靠媒體而是企業自主進行品牌推廣的方式，它也分為專門工具和非專門工具兩種情況。

商業廣告是重要而昂貴的品牌推廣方式，由於它對建立和提升品牌知名度、刺激和誘導消費以及塑造品牌形象都有重要的作用，因此國內不少企業不惜代價打廣告。企業在運用商業廣告推廣品牌時，應嚴格按照廣告計劃程序進行，並注意廣告的訴求應做到簡潔而鮮明。公共關係指企業舉辦社會活動或製造事件，再通過大眾傳播媒介的報導，引起社會大眾或特定對象的注意，造成對自己有利的聲勢，達到塑造企業品牌形象，增強品牌競爭力的目的。公共關係在品牌推廣中具有傳播溝通信息、營造良好的外部環境、塑造品牌形象和化解社會危機的作用。公共關係推廣方式包括公共關係新聞傳播、公共關係廣告、展覽會和贊助活動，幾種方式各具特點。企業啟用名人作為品牌的代言人能起到「四兩撥千斤」的作用，但品牌代言人的選擇及品牌與其關係的處理問題十分重要。現在越來越多的人傾向於通過品牌官方網站來獲取信息。品牌官方網站可以分為基本信息網站、綜合門戶網站和主題宣傳型網站三種類型。企業運用官方網站推廣品牌的建議有：導入鮮明的品牌形象、提高審美和趣味性、鼓勵消費者參與等。從品牌推廣角度看，社會化媒體是借助移動網絡技術，在品牌與消費者之間實現即時、雙向溝通的平臺。社會化媒體有許多傳播的方式，本章只簡要介紹了網絡百科、博客等方式。企業運用社會化媒體推廣品牌的建議有：巧用免費模式、抓住意見領袖、言之有物、鼓勵參與等。

非媒體品牌推廣方式主要有銷售促進、產品包裝、企業家、員工等。銷售促進是品牌直接給予目標受眾某種形式的獎勵、回報或承諾，從而鼓勵消費者做出購買決定或者做出預期的反應。銷售促進增大了品牌與消費者之間的接觸點，發揮了企業傳播品牌信息的作用。因此，銷售促進具有傳播信息、刺激和邀請三個明顯的特徵。企業運用產品包裝推廣品牌的建議是：銷售促進和品牌形象應保持一致性，應與其他品牌推廣活動相互促進，合理使用打折促銷。產品包裝是流通過程中保護產品、方便儲運、促進銷售的輔助物的總稱。對於品牌而言，產品包裝是品牌提供給消費者的視覺識別物，能讓消費者產生良好的第一印象，能幫助品牌從競爭者中脫穎而出，是一種不可忽視的品牌傳播媒介。文字、圖案和造型是產品包裝傳播品牌信息的三個要素。企業運用產品包裝推廣品牌的建議是：體現品牌核心理念，統一視覺形象，與品牌活動相互配合。良好的企業家形象將有助於公眾對品牌的認知和持有積極的態度。運用企業家形象推廣品牌的建議是：以企業的品牌形象為準則，為個人品牌定位，提高曝光率。員工品牌能影響企業品牌。企業在運用員工推廣品牌時，應當高度重視前沿員工的個人形象對品牌形象的影響。

品牌推廣計劃是品牌推廣活動的行動指南。品牌推廣計劃程序包括確定目標受眾、確定品牌推廣目標、設計品牌推廣信息、選擇和組合品牌推廣工具、編製品牌推廣費用預算、實施監測和協調品牌推廣活動等步驟。品牌推廣最基本的原則是整合營銷傳播。整合營銷傳播理論的核心思想是「一致性」，包括品牌傳播信息的一致

性和品牌傳播行動的一致性。此外，還有其他的一些原則，如品牌定位要與眾不同，品牌核心識別元素及其價值體現是品牌推廣的重要主題，品牌名稱及其與所屬行業類別之間的聯繫必須是品牌推廣的開端，有目的提升品牌名稱的身分等。

[思考題]

1. 什麼是品牌推廣？它與產品推廣有何不同？
2. 怎樣理解品牌推廣內容和品牌推廣工具之間的差別？
3. 什麼是信息傳播處理模型？
4. 品牌推廣主要有哪些模式？
5. 什麼是商業廣告？企業運用商業廣告推廣品牌的注意事項有哪些？
6. 什麼是公共關係？公共關係推廣品牌的作用和方式有哪些？
7. 企業運用官方網站推廣品牌的建議是什麼？
8. 企業運用社會化媒體推廣品牌的建議是什麼？
9. 什麼是銷售促進？它有哪些特徵？
10. 企業運用產品包裝推廣品牌的建議是什麼？
11. 企業運用企業家推廣品牌的建議是什麼？
12. 企業運用員工推廣品牌的建議是什麼？
13. 品牌推廣計劃程序包括哪些步驟？
14. 什麼是整合營銷傳播？

案例

新可樂

一想起品牌成功的故事，你可能便會想到可口可樂。確實，它是世界上最知名的品牌之一，每天售出近十億份飲料。

但是1985年，可口可樂公司曾決定終止最受歡迎的軟飲料而代之以一種新配方，以「新可樂」的名字命名。我們要想理解它為什麼會做出這種「暗藏災禍」的決定，有必要先來瞭解一下軟飲料市場當時的情形，我們尤其要格外關注在推出新可樂之前可口可樂與百事可樂之間數年甚至數十年來日益加劇的競爭。

20世紀50年代，可口可樂銷售額以5：1的比例超出百事可樂，但在接下來的10年裡，百事可樂重新把自己定位為年輕人的品牌，定位在與競爭對手老成而傳統的形象相對立的位置上。當百事可樂被看作是「年輕人的飲料」時，它成功地縮小了與競爭者的差距。

20世紀七八十年代，百事可樂繼續對可口可樂發動攻勢。它簽約雇用像唐·約翰遜和邁克爾·傑克遜這樣的知名人物來開闢目標市場，這種策略一直沿用到新千年後。

到1981年，可口可樂老人的地位開始變得岌岌可危，其市場份額不但輸給了百事可樂，還輸給可口可樂公司生產的其他飲料，如芬達、雪碧等。1983年可口可樂的市場份額滑至歷史最低點——不到24%。

很顯然可口可樂應該採取措施以重獲苦其至高無上的地位，可口可樂對「百事

挑戰」現象做出的第一個反應就是推出1984年的廣告宣傳攻勢，突出讚揚可口可樂的口感沒有百事可樂甜的特點，電視廣告由喜劇演員比爾·科斯比充當代言人。他在當時是享譽全球的人物，而且很顯然他的年齡太大，並不大適合反擊「百事新一代」。

這種意欲將可口可樂與競爭對手區分開來的努力效果十分有限，可口可樂的市場份額仍是老樣子，而百事可樂的份額卻在節節攀升。

可口可樂意識到問題出在產品身上。「百事挑戰」已經無數次地強調：可口可樂總是在口感上輸給百事可樂。這一點更被健怡可樂的成功所證明，該種可樂在口味上與百事可樂更接近。所以，比較合理的反應就是可口可樂開始研製新配方。一年後他們配置出了「新可樂」。有了新配方之後，這個坐落在亞特蘭大的公司就進行了20萬次的口感測試以檢驗其進展情況，結果是非常可喜的，它不但口感好於傳統可口可樂，而且較之於百事可樂人們更喜歡它。於是，公司決定拋棄傳統可口可樂，而代之以新可樂。

問題是可口可樂公司大大低估了老品牌的實力。當決定宣布之後，大多數美國人立即決定要抵制這個新產品。1985年4月23日新可樂被推出，幾天後，傳統可口可樂停止生產。自那以後，這兩個決定一直被稱為「歷史上最大的營銷失誤」，新可樂銷售低迷，而公眾因買不到傳統可口可樂而憤怒的情緒持續高漲。

不久之後，可口可樂清楚地看到，它除了恢復最初的品牌和配方之外別無選擇。公司董事長戈伊·蘇埃塔在1985年7月11日的記者招待會上說「我們聽到了你們的聲音」，然後他就讓公司的首席執行官唐納德·基奧宣布恢復原產品生產的決定。

基奧這樣說道，「事實再簡單不過了，我們在新可樂的消費者研究方面所投入的所有時間、金錢、技術都沒有估量到許多人對傳統可口可樂的那種深切、持久的感情。這種對傳統可口可樂的激情——是的，是這個詞『激情』——讓我們非常吃驚，這是一個奇妙的美國之謎，一個可愛的美國之謎，它就像愛、尊嚴或愛國精神一樣是無法衡量的。」

可口可樂公司最終上了百事可樂的圈套，而這樣做的結果就是出讓了它最關鍵的品牌資產——原創性。在20世紀的大部分時間裡，可口可樂在形形色色的廣告宣傳中充分利用了它「原創」的地位。可口可樂公司推出新可樂之後，便與它最初的營銷努力背道而馳。人們最不願意將可口可樂與「新」這個詞聯繫起來，這個公司比其他任何公司都更能讓人聯想起美國遺產。20世紀50年代，獲普利策獎的一家堪薩斯州報紙的編輯威廉·艾倫·懷特曾將該飲料比作「美國所代表的本質——體面的、誠實製作的、全球分銷的、不斷盡力完善的事物」，因此將一個品牌的重要性歸結為口感是完全錯誤的。像許多知名品牌一樣，象徵意義要比產品本身重要得多，而且如果有哪種飲料能代表「新」，那也是百事可樂，而非可口可樂，即使百事可樂只不過年輕10歲。所以，可口可樂雖然圍繞新可樂的推出進行了大張旗鼓的宣傳，它卻注定要失敗。雖然可口可樂的市場研究者對樹立品牌有著足夠的瞭解，他們知道如果口感測試不是在不知情的情況下進行，消費者就會順著自己的品牌偏好做出選擇，可是他們卻沒有認識到一旦產品推出之後，這種品牌偏好仍將存在。

當可口可樂重新推出傳統可樂，在美國市場上將其定位為「經典可樂」時，媒

體的興趣重新回到了品牌偏好上，它被視為一件富有意義的事件而被美國廣播公司的新聞節目和其他美國電視網絡當作重要新聞播出。數月之內，可口可樂重新回到老大的位置，而新可樂則幾乎銷聲匿跡。

具有諷刺意味的是，通過新可樂的失敗，人們對傳統可樂的忠誠度反而加深了。事實上，甚至有人認為整件事情就是可口可樂為了加強公眾對可口可樂的喜愛而故意實施的營銷策略。畢竟，為了讓人重視這個全球品牌的價值，還有什麼更好的方法能比得上讓它全身隱退呢？

[討論題]

1. 百事可樂為什麼定位在與可口可樂對立的位置上？
2. 20世紀七八十年代，百事可樂和可口可樂各自採取了哪些品牌推廣方式？效果如何？
3. 到底是產品支撐品牌呢，還是品牌支撐產品？
3. 如何理解「這種對傳統可口可樂的激情——是的，是這個詞『激情』——讓我們非常吃驚，這是一個奇妙的美國之謎，一個可愛的美國之謎，它就像愛、尊嚴或愛國精神一樣是無法衡量的」這句話？
4. 可口可樂公司推出的新可樂為什麼會失敗？
5. 查找資料，瞭解近年來在品牌推廣上可口可樂和百事可樂是怎樣展開競爭的？

171

第八章　品牌維護

品牌營銷活動是在不斷變化的環境裡實現的，品牌營銷活動的成敗由企業對環境的適應能力所決定，當然也受制於企業所處環境的突變性。品牌危機就是由於企業外部環境的突變和品牌營銷管理的失常，而對品牌整體形象構成的不良影響，這種影響會在短時間裡波及開來，最終使企業陷入困境。

第一節　品牌診斷

一、品牌診斷的必要性

（一）品牌診斷及其目的

所謂品牌診斷是指企業定期或不定期開展品牌的自我檢查，分析品牌狀況，找出薄弱環節，以便及時採取必要的糾正措施。品牌診斷不是有了問題才檢查，而是通過檢查來防範問題的發生，因此品牌診斷工作應當制度化。

品牌診斷是為品牌做「體檢」，目的在於及時、及早發現問題，未雨綢繆，防患於未然。如，近年來醫院的性質發生了很大的變化。以「救死扶傷、治病救人」為宗旨的醫院紛紛開設了保健、體檢、康復、理療等新型業務，沒開設的醫院也正在向這些業務領域邁進。乍一看是醫院的改變，但實質是消費者變了，消費者開始更多的由病後救治轉向病前預防了，面對需求的變化，醫院當然要順應潮流。在中國，在經歷三十多年市場經濟洗禮，經過質量、價格、渠道、廣告、終端等營銷策略的較量後，品牌成為今天的企業立足市場的最強大的競爭武器。每一年，都有眾多的品牌在誕生，也有許多的曾經擁有良好市場表現的品牌「因病不治而亡」。看來就如同人一樣，要減小品牌的死亡概率，保持品牌的健康成長，品牌建設也需要改變觀念，變「病後救治」為「病前預防」。

（二）品牌診斷方式

根據診斷人員的不同，品牌診斷分為內部診斷和外部診斷。內部診斷，即由企業內部工作人員承擔品牌診斷的任務，一般是定期進行，一般在年中或年末進行，有時對於一些突發性問題企業也可採取臨時性的問題診斷。其優點是費用低、時間靈活、診斷人員熟悉工作環境。但是，內部診斷也可能出現一些影響診斷質量的問

題，比如診斷人員對問題習以為常，視而不見；或者心存顧慮，即使發現問題也不願意把問題反應出來。這樣做，品牌診斷就很可能流於形式而失去了診斷的意義。

因此，企業定期（如每隔 1～2 年）聘請企業外部專業人員對品牌進行全面診斷，即外部診斷，也是十分必要的。就外部診斷而言，診斷者因專業知識和經驗十分豐富，並且身處事外，所以他們能夠公正、客觀地發現並反應問題。其不足之處是診斷者可能對企業缺乏深入瞭解（如果企業與診斷者建立了長期的合作關係，這個問題就很好解決了），而且診斷費用較為昂貴。

此外，值得注意的是，作為診斷人員，應當掌握基本的診斷技巧：診斷人員不是檢察官，而是偵探；傾聽是一種美德，鼓勵被訪者暢所欲言；把複雜問題簡單化，要找到問題產生的主要原因，而不能「眉毛胡子一把抓」；不要輕易相信被訪者的結論。

(三) 品牌診斷分類

品牌診斷按診斷目的的不同，一般分為品牌戰略診斷和品牌戰術診斷。品牌戰略診斷考察品牌的市場表現、價值傳遞及其競爭前景，其主要目的是找出目前品牌建設中存在的或潛在的深層次問題。品牌戰術診斷，又稱市場營銷診斷，是期望從企業外部和企業內部，找到出現品牌問題的原因，如表 8－1 所示[①]。

表 8－1　　　　　　　　　　　品牌戰術診斷

品牌戰術診斷	外部營銷環境	技術、政策、文化、自然因素影響；經濟衰退、市場低迷；行業競爭加劇；消費趨勢、消費行為變化
	內部營銷環境	營銷觀念落後；營銷人員素質欠缺；企業文化荒漠化；營銷機構設置不合理；績效評價系統有失公平；流程管控系統缺乏效率；信息反饋系統不暢通
	營銷組合	產品品質存在問題；產品線不合理延伸；產品定位不準；價格體系不合理，價格政策落實不到位；通路結構不合理，通路管控不力；廣告計劃和媒體策略問題；公共關係與促銷問題
	銷售管理與執行	銷售費用使用不合理；銷售人員行動管理不力；缺乏銷售培訓計劃；缺乏專業化銷售程序設計；銷售人員考核與激勵機制不完善

二、品牌戰略診斷的內容

我們洞察一個品牌的過去、現在和未來，瞭解一個品牌的競爭力和健康程度，需要從三個角度去綜合考慮，那就是品牌對消費者的價值傳遞、品牌在市場中的直觀表現和品牌的競爭前景，如圖 8－1 所示。

價值傳遞是品牌的物質基礎，沒有價值，品牌就失去了存在的根基；市場表現則是品牌的歷史發展的結果，是診斷品牌的歷史依據，也是診斷品牌未來的起點；

---

① 曾朝暉. 診斷：品牌診斷實案解密［M］. 北京：機械工業出版社，2005：44－82.

173

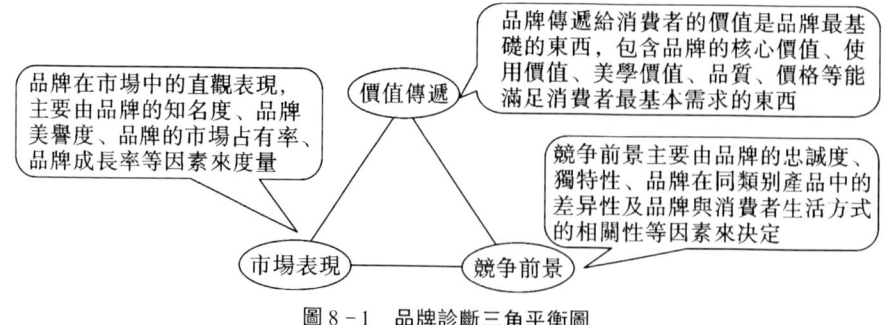

圖 8-1 中：
- 價值傳遞：品牌傳遞給消費者的價值是品牌最基礎的東西，包含品牌的核心價值、使用價值、美學價值、品質、價格等能滿足消費者最基本需求的東西
- 市場表現：品牌在市場中的直觀表現，主要由品牌的知名度、品牌美譽度、品牌的市場占有率、品牌成長率等因素來度量
- 競爭前景：競爭前景主要由品牌的忠誠度、獨特性、品牌在同類別產品中的差異性及品牌與消費者生活方式的相關性等因素來決定

圖 8-1　品牌診斷三角平衡圖

競爭前景是對品牌未來的展望，對品牌競爭力與成長動力的洞察。企業根據品牌在這三大要素方面表現的強弱程度，可以清晰地界定出品牌的市場位置、品牌策略的市場效果、品牌競爭能力及品牌管理的改進方向。基於三大要素表現的平衡程度，我們可以得出如下八種品牌戰略診斷的結果，如圖 8-2 所示。

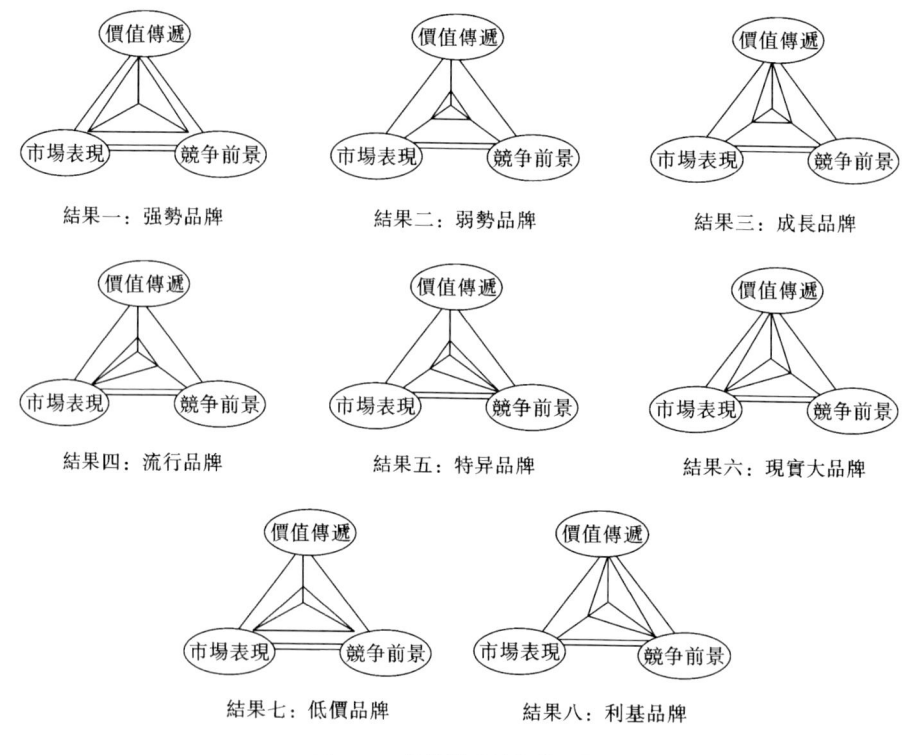

結果一：強勢品牌
結果二：弱勢品牌
結果三：成長品牌
結果四：流行品牌
結果五：特異品牌
結果六：現實大品牌
結果七：低價品牌
結果八：利基品牌

圖 8-2　品牌戰略診斷結果圖

（1）強勢品牌：這種品牌具有穩固的品質基礎和已經建立起來的市場基礎，而且在同類別產品中建立起了獨特的和不可替代的品牌形象，並表現出與消費者生活

方式的高度相關性，屬於典型的領導品牌。

（2）弱勢品牌：這種品牌已不具有任何競爭力，也缺乏基本的價值傳遞功能和市場基礎，屬於淘汰性品牌。

（3）成長品牌：這種品牌有穩固的品質基礎，但處於產品市場開發階段，在產品同質化的市場中表現平平，缺乏品牌運作的能力。企業如果加大品牌傳播力度，挖掘品牌內涵和實施完善的品牌戰略，將具有很強的成長性。

（4）流行品牌：這種品牌價值認知度不高，也不具備差異化和獨特性，但市場的表現很好，屬於典型的跟風品牌。

（5）特異品牌：這種品牌既沒有好的品質認知，也沒有好的市場表現，但具有比較強的差異性和獨特性。它有兩種情況：一是典型的概念炒作型品牌，但炒作效果並不理想；二是邊緣細分型品牌，即與某一類特定人群（這類人群的容量並不大）的生活方式有很強關聯性。

（6）現實大品牌：這種品牌雖然具有穩固的品質基礎和市場基礎，但抵禦其他品牌競爭衝擊的能力較弱，前景不容樂觀甚至面臨衰退，需要進行品牌活化與策略創新。

（7）低價品牌：這種品牌沒有很好的品質傳遞，但卻有比較好的市場表現，它與市場中的低收入消費群有很強的關聯性。這類品牌只能是低價模仿產品，依靠價格優勢搶占比較大的市場份額。

（8）利基品牌：這種品牌是一個高度精確的細分品牌，以突出的品牌價值滿足了特定目標群的差異化消費需求，雖然市場的總體表現因細分市場消費人群所限而不理想，卻可以在自己的目標市場內精耕細作，獲取超額利潤。

（一）品牌價值傳遞的診斷

這裡的「價值」指品牌對消費者基本需求的滿足能力和滿足程度，即「顧客讓渡價值」，它通過品牌的顧客總價值和顧客總成本兩大要素的差值來度量。我們在品牌價值傳遞的診斷中，主要研究和明確以下三大問題：

1. 品牌是否滿足了消費者的基本需求

這是一個品牌賴以生存的基礎，也是產品或服務存在的基礎。譬如，我們要診斷一個飲料品牌的基本需求滿足狀況，不僅需要診斷其口味、口感、營養性、解渴效果、新鮮度、安全性這些產品要素，還需要診斷產品包裝的美感、購買的方便性這些滿足消費者時間、體力及精力方面需求的因素。這些診斷要素的設定對不同的產品（品牌）各不相同，企業在實際操作中需要根據具體產品而定，如對汽車品牌就會出現與飲料品牌完全不同的診斷要素，諸如載重量、馬力、速度、可靠性、耐久性、舒適感等。

2. 品牌是否具有最優的性價比

消費者購買產品都追求最好的質量和最低的價格，以獲得消費利益最大化，這就是性價比。需要說明的是，我們對性價比的診斷不是直觀地對產品技術這些硬性質量指標和市場價格的實際值來展開對比，而是從消費者角度來獲取他們對產品的質量與價格的感覺值。因為消費者在評判一個品牌產品的性價比是否最優時，會綜

合考慮與品牌產品相關的多種利益滿足而得出直觀的印象，這個印象即消費者的真實感知與反饋。

3. 品牌是否實現了卓有成效的價值溝通

企業進行價值傳遞診斷的第三個內容就是需要檢驗產品（品牌）是否與消費者實現了有效果的溝通，具有了迎合消費者需要的使用價值，也提煉出了產品的核心「賣點」。如果出現了與消費者的溝通裂痕，價值的傳遞就會受到阻礙，價值的實現就會大打折扣。因此，在諸多的價值要素中，品牌要抓住消費者最關注的那幾個要素，即價值傳遞是否選擇了最合適的傳播媒介和方法，品牌的核心利益點在目標消費者中的熟悉程度、吸引程度、可信程度如何，等等。

總之，品牌只有將消費者最需要的價值實體和價值信號通過合適的載體準確地傳遞給了最適合的目標人群，並得到預期中的品牌認知和理解，價值傳遞才是完善的，運行才是健康的。

(二) 品牌市場表現的診斷

品牌的市場表現直觀地反應了一個品牌的狀況，也最直接地反應了企業所採取的品牌策略及這些策略的市場效果。品牌診斷主要由五大要素指標來度量，如圖8-3所示，即品牌再識率、品牌迴歸率、品牌市場佔有率、品牌市場成長率、品牌美譽度。其中，品牌市場佔有率是指在一定時間內購買過你的產品的消費者在整個品類市場消費群中的比例。它是指消費者的佔有率，而非銷售額、銷售量角度定義的市場佔有率。品牌成長率是指今年某一時段中你的品牌的消費者佔有率與去年同一時段中你的品牌的消費者佔有率的比值。之所以選擇兩年的同一時段而不選擇一年的兩個時段進行比較，是因為我們需要考慮產品和市場的季節性等因素的影響。我們將這個比值同一年來新進入的消費者、流失的消費者、核心的消費者等消費者基本資料結合起來分析，能夠直接反應出一年來企業的品牌策略的實施效果。

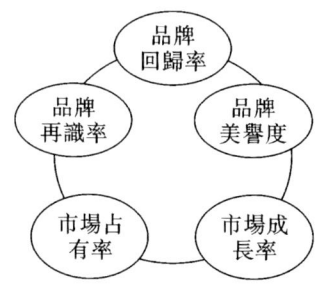

圖8-3　品牌市場表現診斷五要素

品牌再識率與品牌回憶率通過相關性分析形成的矩陣分析圖，如圖8-4所示，可以直觀地反應出在市場表象上的品牌格局。假若圖8-4中的每個黑色方塊代表一個品牌，則每個品牌都被二維指標鎖定在四個象限與中間的趨勢線的不同位置，從而就形成了單從市場表現上來看，這一品類的十一個品牌的市場格局（如強勢品牌、成長品牌、利基品牌、衰退品牌等）。由於該矩陣僅僅立足於市場表現，因此只能反

應出企業的一些策略效果和市場現狀，不能用來評判品牌的競爭能力和未來前景。

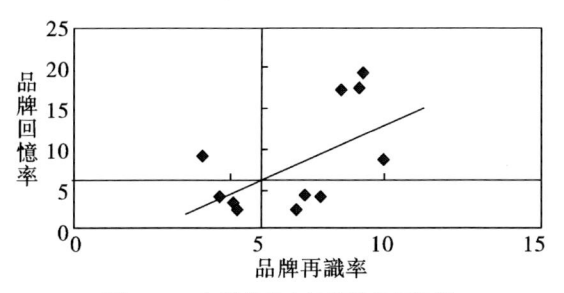

圖 8-4　市場表象上的品牌格局矩陣

(三) 品牌競爭前景的診斷

品牌競爭前景是指你的品牌是否具有良好的競爭能力、持續的成長動力。在品牌運行中，品牌競爭前景可以通過三大要素指標來度量，如圖 8-5 所示。

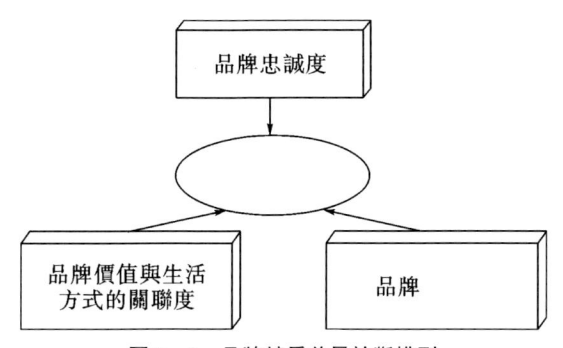

圖 8-5　品牌競爭前景診斷模型

1. 品牌忠誠度

品牌忠誠度是決定品牌競爭力和成長前景的重要指標，它是消費者對品牌各要素所體現出的綜合實力表示滿意的結果，也是消費者對品牌購買和消費做出的承諾，這種承諾就是對企業的直接回報，表現在持續購買、持續消費、口碑傳播等方面。

在具體的品牌忠誠度診斷中，我們可以通過連續兩年或三年中始終將你的品牌作為在同品類中消費的首選品牌或是唯一品牌的消費者比例來度量。因此，品牌忠誠度的度量需要企業持續地跟蹤，而不是某一次診斷所能準確反應的。一次診斷只能反應出結果和事實，而不能反應出變化和趨勢。

2. 品牌價值與消費者生活方式的關聯性

從產品到品牌的跨越，產品被給予了活的生命。產品通過其使用價值滿足消費者最基本的需求，而品牌則通過其存在的方式、蘊涵的精神來滿足消費者更深層次的精神與情感需求。品牌可能是一套屬性、一種價值、一份情感，但偉大的品牌則是一種生活方式、一種生活態度、一種人生追求。品牌就是通過這種生活方式的影響力，使其購買者、擁有者成為有同種生活方式和價值觀的大集體中的一員，從而

177

產生群體歸屬感。

可見，品牌價值與生活方式的關聯性是品牌存在與發展的消費基礎，我們要診斷品牌的競爭前景，這個關聯度是必不可少的指標。為此，我們在診斷時需要清楚：消費者目前的生活方式、生活態度是怎樣的？不同生活形態類別的消費群體在社會中的比例及各群體的消費者背景特徵如何？你的品牌的價值訴求是否與某種生活方式具有緊密的聯繫，能夠融入這種生活方式的消費群體的容量如何？你所傳遞的要素信號（品牌理念、品牌主張、品牌利益等）在目標消費者中的熟悉程度、吸引程度、可信程度如何？你的品牌理念、品牌主張、品牌利益的訴求是否對你的目標消費群的購買與消費行為產生了實質性的影響？

3. 品牌差異度

品牌的核心競爭力就是品牌所具有的不可模仿性和不可替代性。供過於求、同質化嚴重的市場，就要求品牌最核心的價值訴求、精神訴求或實現這種訴求的手段和方式具有差異性，如此才能保證品牌具有自身的權利資源。其診斷內容為：

（1）品牌的自由聯想。這是指企業不給予消費者任何提示，只告訴消費者品牌名，由消費者展開聯想，來檢驗產品屬性、品牌利益、品牌態度、企業行為等方面的聯想廣度與強度、聯想美譽度和聯想獨特性。

（2）品牌載體的形象，如名稱形象、包裝形象、渠道形象、傳播形象、品牌代言人形象等。

（3）品牌的個性特徵。品牌是有精神、有個性、有生命的，鮮明的個性特徵是最具差異化的要素。診斷品牌的獨特性與差異化，我們必須對品牌個性進行檢核，主要從兩個方面開展：一是直接的個性特徵檢核，如哈雷品牌是「叛逆的」，酷兒品牌是「時尚與快樂的」，TCL 手機是「漂亮與浪漫的」，摩托羅拉手機是「霸氣與有身分的」，三星手機則是「智慧與典雅莊重的」。個性決定人的行為方式，品牌的個性來自品牌行為產生的影響，反過來也影響品牌行為的走向。二是品牌的使用者屬性檢核，即該品牌在消費者心中是屬於哪類人群消費，具有怎樣的使用者形象，比如是男性、女性還是沒有性別差異，是兒童、青年還是老年等。

在實際操作中，我們需要對上述各細分內容分別進行檢核，然後為每個要素設定權重，最後通過加權平均計算，從而得出自由聯想的差異度、載體形象的差異度和個性特徵的差異度。

由此可見，品牌忠誠度反應了品牌在現有消費者中的整體實力，品牌價值與生活方式的關聯度反應了品牌一定時期內的消費基礎，品牌的差異度則反應了品牌在滿足同類生活方式和消費觀念的市場中的不可替代性，三者共同決定了品牌的競爭前景，我們可以用下面的公式來計算：

$$\frac{品牌的競爭}{前景指數} = (品牌忠誠度 \times \frac{品牌價值與生活}{方式的關聯度} \times \frac{品牌的}{差異度}) \times 100$$

品牌診斷是一個複雜的系統工程，包含的具體內容和要素指標非常多，比如還有溝通策略的診斷、識別系統的診斷、形象系統的診斷、品牌的內部診斷等各方面內容，都需要做詳細具體的分析。

總之，品牌不是掌握在品牌管理者手中，而是存在於消費者的腦海裡，消費者

如何看待品牌，比品牌管理者希望消費者如何看待這個品牌更重要，更有意義。品牌需要體檢、需要保健，需要適時的康復與理療，防微杜漸遠比亡羊補牢要好，系統診斷也遠勝於頭痛醫頭的效果。品牌管理者只有計劃性地對自己的品牌進行體檢，才能尋找到品牌工作的差距所在，從而驗證品牌建設的有效性。

第二節　品牌維護

一、品牌維繫

品牌維護包括品牌維繫和品牌保護兩方面行為，其目的是維持、提升品牌競爭力和保護品牌權益，累積品牌資產。

品牌維繫是指用於鞏固和提高品牌市場地位、聲譽的營銷活動。品牌維繫應以品牌診斷為依據。品牌維繫可分為兩種形式，即保守型維繫和積極型維繫。前者包括品牌危機處理和常規品牌維繫，也就是企業在經營戰略中採取非進取性的用於加強鞏固品牌地位和聲譽的傳播及經營手段；後者包括科技創新、管理創新、營銷創新以及品牌形象更新、品牌再定位等，是一種積極地開拓市場和提升品牌形象的進取性戰略，其核心是緊隨消費者心理變化、市場變化和技術進步，不斷創新。

對於企業而言，品牌維繫是一個必須長期堅持的過程，需要從每一件具體的業務和業務的細節做起，日積月累才能在消費者心中樹立牢固的品牌形象，而稍有不慎則可能滿盤皆輸。所以，品牌維繫要求每一位員工從細節和小事認真做起，從每一天努力做起。可見，企業員工是品牌維繫最好的工具。具體來說，常規的品牌維繫主要包括產品保證、質量管理和廣告宣傳三個方面。

（一）產品保證

產品是品牌的基礎，保證產品質量和服務是維繫品牌的必要條件。名牌產品在維繫其市場地位時，必須從市場需求出發，堅持產品的高質量、優美的外觀設計和優質的服務。任何產品質量的設計都要從滿足消費者的需要出發，考慮到產品的安全性、耐用性、適用性和新穎性。

安全可靠是消費者對產品質量的最起碼的要求。安全性能是否良好，直接關係到產品的市場發展前景和品牌形象。尤其對那些可能造成重大安全問題的產品，比如汽車、充電電池、熱水器等，這一點更是至關重要。

結實耐用是產品質量的基本要求。能夠長期無故障使用的產品，更容易受到消費者的喜愛。當然，從現在的消費觀念來看，耐用性不一定符合時尚性需求的市場發展趨勢。比如前些年，人們對服裝的要求是耐穿，一件衣服可能會穿幾年、幾十年甚至幾代人，而現在，人們出於對時尚的追求，有些衣服只穿一季甚至一次，因此對很多產品而言，耐用性已顯得無足輕重。

適用性是指企業完全從目標市場的消費者需求出發，調整產品的局部性能，以增加產品對消費者的有用性。有些產品本身融入了許多高科技成分，功能齊全，操作複雜，但多數消費者恐怕只需要其中最基本的某幾項功能，而可能不會嘗試使用其他功能。

嚴格來說，產品的新穎性不能算產品的質量範疇，但從市場競爭角度來看，產品具有新穎的功能往往能使產品的質量明顯提高。如日本三洋電器公司發明了自動關閉的磁性冰箱門。原來的冰箱都是在外面用插銷插上的，結果多次發生兒童鑽進冰箱，外面被插上的悲劇。磁性冰箱門的使用，解決了這一安全問題，又使冰箱更方便使用，更靈活美觀。

人們隨著生活水平的提高，對美的追求越來越豐富，越來越強烈。企業應積極考慮對產品的設計、包裝加以改進，以適應甚至引導消費者的不斷更新的審美觀，使產品在消費者心目中始終保持美好、新穎的形象，也使品牌在消費者心目中歷久常新。可口可樂、百事可樂這些世界著名品牌都非常注重產品外觀的更新，百事可樂的易拉罐上不斷更換明星形象，一時是郭富城，一時是王菲，一時又是著名球星，始終凸顯百事可樂是「新一代的選擇」。

由於現代消費者選擇商品，更注重產品之外的附加利益，所以企業要注意加強競爭性配套服務，以增強品牌競爭力，維繫品牌地位。如空調公司提供的銷售、包裝、運輸、安裝和維修的一條龍服務，和路雪冰淇淋公司為其零售商提供冰櫃和運送服務等，這些服務措施有效地維繫了消費者的品牌忠誠，維繫了企業的品牌形象。而中國許多品牌早因包裝呆板不變、服務不周到而喪失競爭力，進入老化狀態。

(二) 質量管理

「質量第一」是品牌維繫的根基。企業要制定切實可行的質量發展目標，積極採用國內外的先進標準，形成一批高質量、高檔次的名優產品，提高品牌產品的市場佔有率，突出品牌形象。質量管理包括以下三個方面：

一是質量維繫。它是通過SDCA循環來進行的。S是標準（Standard），即企業為提高產品質量編製的各種質量標準體系文件；D是執行（Do），即企業執行質量標準體系；C是檢查（Check），即企業對質量體系的內容審核和各種檢查；A是行動（Action），即企業通過對質量標準體系執行情況的評審，做出相應處置。不斷的SDCA循環將保證質量體系有效運行，以實現預期的質量目標。

二是質量改進。它是指企業不斷提高產品和服務的質量，是通過PDCA的循環來實現的。P是計劃（Plan），D是執行（Do），C是檢查（Check），A是行動（Action）。質量改進要注意定期更新產品，使產品升級與市場保持一致；保持和發揮產品的特色，以滿足不同的消費者；根據市場變化做出迅速、準確的反應，降低成本，提高產品性能。

三是重點分配。企業對品牌的維繫應根據品牌的優勢，分配產品質量控制和研發更新的重點，以保持產品差異優勢。許多擁有多個品牌的企業不可能對每種品牌都投入大量的資金和精力，且對於缺乏競爭力和市場表現差的品牌，這種投入也是不必要的。所以，企業應把管理和創新的重點放在業績較好的品牌和產品上。

(三) 廣告宣傳

現代廣告對企業形象的塑造，企業知名度的提升，獨特品牌形象的建立和傳播，品牌的推廣和維繫，起著不可低估的作用。在很多企業的發展中，廣告是其翅膀，

它能在較短的時間內將品牌信息傳遞給消費者。合理的費用開支，合理的媒體選擇，有效的廣告創意及發布，能夠不斷重複品牌在消費者心中的印象，引導消費者在品牌選擇中建立品牌偏好，逐步形成品牌忠誠。

需要強調的是，企業用廣告作為引導消費者購物的重要手段，應注意：一是應不斷強化品牌聲譽。公共輿論的集體效力、專家學者的權威效力對品牌聲譽的樹立和強化都很有作用。二是應加大廣告宣傳力度，使產品有形而且有「聲」。企業通過品牌廣告促進產品銷售，通過產品銷售提升品牌市場地位。三是應堅持廣告宣傳的長期化。廣告宣傳出來的品牌只是知名度較高的準品牌，其市場地位仍然非常脆弱，企業要鞏固其品牌地位還需要從產品質量、管理上下功夫，並輔助以持續的廣告宣傳。此外，現代廣告只注重產品功能的介紹，而不把品牌形象放在重要的位置；因為同類產品太多，不同產品可能具有同種功能或類似功能，企業如果只注重產品廣告而忽視品牌宣傳，就可能使廣告為他人做「嫁衣」。

其他的用於品牌日常維繫的宣傳方法還有促銷、公關與宣傳、網絡營銷等。

二、品牌保護

品牌是一項重要的無形資產，尤其是歷史性品牌、國內外著名商標更具有極高的品牌價值，是企業的一筆巨大財富。企業必須對自己的品牌進行充分保護，使這筆巨大的無形資產和寶貴財富不受侵犯。

（一）品牌保護的必要性

所謂品牌保護，就是企業對品牌的所有權人、合法使用人的品牌（商標）實施各種保護措施，以防範來自各方面的侵害和侵權行為。它包括品牌的法律保護和品牌的自我保護兩種行為。

我們知道，創立一個品牌難，要維護和發展一個品牌更難。如果一個為社會所公認的品牌，企業沒有很好地加以維護，則有可能前功盡棄，將品牌毀於一旦。當前中國經濟正處於轉變經濟增長方式與經濟結構的關鍵時期，品牌的作用將越來越重要和突出。但由於某些企業的思想觀念和行為還沒有完全轉變到市場經濟軌道上來，對市場經濟體制中品牌與經濟增長的關係、品牌與企業生存發展的關係、品牌與產品及市場的關係等尚缺乏清晰的認識，因而面對市場中不正當競爭對品牌的強大的衝擊，就顯得有些盲目被動，束手無策。

市場對國內品牌的衝擊主要來自假冒偽劣產品的衝擊、國際品牌的衝擊和自砸牌子的行為。企業作為使用、保護品牌的主體，應當增強對品牌的自我保護意識，樹立對品牌主動保護的觀念，並在品牌營銷戰略的整個實踐過程中，採取全方位的、動態的保護措施。

（二）品牌的法律保護

法律保護是品牌保護中的基本手段之一。在中國頒布的《中華人民共和國民法通則》《中華人民共和國商標法》《中華人民共和國專利法》《中華人民共和國反不正當競爭法》《中華人民共和國刑法》《工業產品質量責任條例》等法律法規，對商

標的創建、使用和違法懲罰都有明確的規定。對一個企業來說，首先不得具有侵犯他人品牌的違法行為，然後就應根據法律法規的規定，對自己的品牌採取相應的保護措施。

品牌的法律保護，主要涉及兩個方面：一是註冊權的保護，二是商標權的保護。其中，商標權的保護是品牌保護的核心。商標權是對商標擁有的各種權利的統稱，它包括商標專用權、續展權、許可權、轉讓權、訴訟權和廢置權等。

1. 註冊權的保護

品牌獲得法律保護的前提是經過註冊獲得商標專用權，這就客觀上要求企業要強化註冊意識。企業若淡化商標意識，品牌不註冊或註冊滯後或註冊遺漏等，都將給企業在未來激烈的市場競爭中留下隱患，最終使企業蒙受損失，付出高昂的代價。品牌註冊權保護的具體原則如下：

(1) 註冊類別要寬

商標權的範圍以商標註冊時核准的商品為限，超出核准的商品範圍的商標不能得到法律的保護。近年來，越來越多的企業意識到品牌或商標是參與國內外市場競爭的有力武器，故多採用一標多品的註冊原則。一標多品註冊，也被稱為占位註冊，它有利於防止競爭對於使用與自己商標相同的商標生產經營其他類別的商品，以免在市場上引起混淆，減損品牌的市場利益。也就是說，如果品牌註冊範圍過於狹窄，就會為其他企業搶位留下餘地，進而有可能影響自己品牌的經濟利益。

當然，商標占位雖然能一定程度地保護品牌所有者的合法權益，但畢竟要交付一筆註冊費用。企業應根據自身實力與對未來發展的預測來選擇商標占位的寬度或是否占位。一般來說，如果是小企業則可能沒有必要採用較寬的占位策略，只需選擇較窄的占位策略，甚至不需要什麼占位；而對大型企業來說，宜採取比較寬的占位註冊策略，占滿與本企業產品或服務相關的幾個或十幾個大類別中的商標位子。

(2) 多樣化註冊

多樣化註冊是品牌保護的另外一種手段。它實際是註冊防禦商標的問題。在獲準註冊的多個近似商標中，一個為正商標，其他的近似商標則為防禦商標。防禦商標有兩種表現形式：其一是以正商標文字的交替顛倒而形成的防禦商標，其二是以正商標的主要文字衍生而成的親族型防禦商標。

值得說明的是，防禦性商標的註冊可以為正商標構成一道法律防護牆，進而保護商標所有者的合法權益免受侵犯，但同時也容易形成商標的「壟斷」。一般認為，企業註冊防禦商標是有原則的，即在正商標有一定的知名度並且廣大消費者對該商標或品牌下的商品產生偏好時，註冊防禦商標才是法律允許的行為。

(3) 註冊區域要廣

考慮到進占異國和異地市場，企業在品牌的營運實踐中，對品牌註冊要堅持地域輻射原則，不能僅在某個國家或地區註冊，應意識到品牌在異國或異地受到法律保護的重要性，在多個國家或地區註冊，以獲得該國或該地區法律的保護。

企業實施商標地域輻射策略有兩種具體做法：一是申請國際註冊；二是到各國逐一註冊。

2. 商標權的保護
(1) 商標專用權的保護
專用權是商標經核准註冊或經法律規定賦予商標所有人對其商標的獨占使用權。商標所有人在核准註冊時指定的商品範圍內享有完全獨占使用其商標的權利。但有一個例外，就是商標成為世界級馳名商標後，如萬寶路、可口可樂等，其商標就不受指定範圍的限制，商標所有人可在商品的一切領域內享有完全獨占使用其商標和自動取得法律保護的權利。商標專用權是全部商標法律保護權利的核心，也是品牌創新、發展的基礎。品牌所有人應當加強對自己商標專用權的保護，主動關注市場上相同或類似的商品使用與自己相同或類似的商標的侵權行為，並及時依法追究其法律責任。

(2) 商標續展權的保護
續展權是商標所有人在其商標註冊後保持商標繼續有效的一種權利。法律對它的保護，就意味著商標效力在時間上的延續。續展權的保護首先要注意法律對註冊有效期的規定，商標權具有時間性，即商標權有有效期限。在有效期限之內，商標權受到法律保護；超過有效期限，商標權不再受到法律保護。各國規定的商標權的有效期限長短不一，中國規定為十年。到期後企業一定要及時申請續展商標權，否則將喪失商標權。同時每一個企業還應知道遞交續展註冊申請的期限，各國一般規定在有效期截止日前六個月內遞交申請，而且還規定可以在有效期日後六個月內補辦續展申請。其次，商標所有人應當妥善保存商標實際使用資料，包括標籤、合同、發票和帳單等，因為有些國家或地區規定在辦理續展時要提供這些實際使用證據。最後，商標所有人應當保存好商標註冊證，不得隨意在上面塗改。商標所有人在註冊人名稱、地址、內容等變更後應及時辦理變更手續。註冊證的塗改、遺失和變更不當都有可能導致商標權的喪失。

(3) 商標許可權的保護
許可權是商標所有人許可其他個人或組織在一定期限、一定區域，以一定的條件使用自己的註冊商標的權利。許可分為獨占使用許可和普通使用許可兩種。許可權是商標所有人的一項重要權利，也是品牌增值的一個重要手段。對許可權的使用事項的各個方面，協議條款要盡可能的細緻、完備。企業在實踐中自砸牌子的行為，很大一部分就是許可使用人不當使用造成的。商標使用許可經雙方當事人達成協議後，還應將文本遞交商標主管機關備案，不備案的許可協議，往往在事後得不到法律和國家權力機關的有效保護。

(4) 商標轉讓權的保護
轉讓權是指商標所有人出於某種原因，而將自己的商標權轉移給他人的權利。各國法律對轉讓的規定各不一樣，有的允許商標可以單獨轉讓，有的則要求商標必須連同企業一併轉讓。但幾乎所有的國家的法律都規定，對一個商標註冊所包含的內容不能部分轉讓即分割轉讓，如果是聯合商標，不能只轉讓其中的一個，必須將整個商標一併轉讓。商標權的轉讓有兩種情形，一種是繼承轉讓，另一種是合同轉讓。不論哪一種形式，轉讓人必須向商標主管機關申請辦理轉讓手續。

法律的保護具有權威性、嚴肅性、公正性，把品牌保護納入法律範圍就有了最

可靠的法律保障。近年來,中國人民代表大會通過了一系列法律法規,加強了知識產權立法,營造了品牌法律保護的氛圍。

(三) 品牌的自我保護

運用法律手段保護企業擁有的合法權益是實施品牌保護行之有效的手段,但在實踐中,受執法力度的局限,品牌法律保護並不是十全十美的保護手段。因此,為了提高品牌保護力度和效果,企業還應注意在品牌營銷過程中的自我保護。基本舉措包括:

1. 嚴格管理與持續創新是最重要的自我保護

企業對品牌的自我保護,最重要的是企業對自己嚴格要求、嚴格管理和永不自滿、不斷創新的精神和行動。它們應體現在企業活動的各個方面和全部過程,其目的是為了保持和提升品牌競爭力,使品牌更具活力和生命力,成為市場上的強勢品牌。

(1) 堅持全面質量管理和全員質量管理

「質量第一」是品牌自我保護的根基。「以質取勝」是永不過時的真理。企業要樹立「質量是企業的生命」的觀念,並把它貫穿到企業的一切活動和全部過程中。企業要制定切實可行的質量發展目標,積極採取國際標準和國外先進標準,形成一批高質量、高檔次的名優產品,提高名牌產品的市場佔有率。企業要建立從產品設計到售後服務全過程的、高效的、完善的質量保證體系,嚴格執行標準,重視質量檢驗,加強工藝紀律,搞好全員全過程的質量管理。企業要深入開展全面質量管理、質量改進和降廢減損活動,認真貫徹質量管理和質量保證的國家標準,積極推進質量認證工作,並借鑑國外企業科學的質量管理方法,推進「零缺陷」和可靠管理,提高企業的質量管理水平。企業要以市場為導向,面向市場,以滿足消費者的需要為目標,建立技術創新體系,加快產品更新換代,努力開發一批適應國內外需求的新產品,全面提高產品檔次和質量水平。符合市場需求的高質量,是企業對品牌自我保護的重要法寶。

(2) 堅持成本控制和成本管理

企業要在提高效率的同時降低成本費用,取得低成本領先優勢,提高品牌的競爭力。低成本優勢也是企業對品牌自我保護的又一法寶。如果企業對成本不加控制,疏於管理,那麼嚴重的浪費就會把企業前程葬送。為了控制成本,實施成本領先優勢,企業就必須採用先進技術,提高勞動生產率,使成本降低建立在先進技術的基礎上,同時加強企業的資金管理、費用管理、財務管理、物資管理、設備管理、原材料管理、能耗管理和其他管理,把成本降到最低水平。

(3) 嚴格品牌商標管理

企業要防止任意擴大品牌商標使用範圍的情況,否則可能會導致品牌信譽度下降而遭受嚴重損失。

掌握品牌許可使用擴散程度,這也是品牌自我保護的一項重要內容。眾所周知,品牌的許可使用能夠帶來幾何倍數效應;但品牌許可使用擴散是有限度的,它不但要受到時間、地點的限制,還要受到品牌自身聚合能力和品牌管理能力的限制。當

品牌許可使用擴散程度超過其自身聚合能力時，品牌的綜合競爭力就會減弱和消失。也就是說，當品牌失去它原有的質量、技術和服務標準時，那麼其對品牌本身的損害也就開始了。在實際經濟生活中，的確有一些知名品牌的企業，為了圖一時的蠅頭小利，隨意轉讓註冊商標使用權，過度擴散品牌許可使用權，造成信譽下降，倒了牌子。這都是我們應該牢記的教訓，千萬不能重犯這樣的錯誤。

（4）創新

創新是企業的靈魂，是企業活力之源，不斷創新是企業生存與發展又一重大的永恆課題。創新也是一個系統工程，包括多方面的內容，主要有：

①觀念創新。思想觀念是行動的先導。沒有觀念創新就不可能有實踐的創新。企業要樹立「創新是企業的靈魂」的觀念，堅持用創新思維指導實踐；要研究社會經濟的現狀和發展趨勢，研究技術與市場結合的方法，掌握最新的市場信息。

②技術創新。技術創新是指企業應用創新的知識和新的加工技術工藝，採用新的生產方式，提高產品質量，開發生產新的產品，提供新的服務，占據市場並實現市場價值。企業是技術創新的主體。技術創新是企業發展高科技、實現產業化的重要前提。企業要從體制改革入手，激活現有科技資源，加強面向市場的應用研究開發，不斷進行技術創新並形成技術領先優勢，才能夠大大提高企業的品牌競爭力，加強品牌的自我保護。在技術創新過程中，企業要勇於突破，不斷否認自己，不斷超越自己。

③質量創新。質量不是一個靜止的概念，而是一個動態的概念。企業必須緊跟科學技術進步的步伐，不斷提高產品的科技含量，滿足不斷變化的市場需求，使質量創新為消費者所接受。

④管理創新。在加強基礎管理的同時，企業要根據新的情況不斷引進新的管理理念、管理制度和方法；要通過企業管理實踐，創造出新的、有效的管理模式，推動企業管理水平不斷提高。

⑤服務創新。服務是永無止境的，企業要在為消費者服務的過程中，不斷創新服務內容、服務項目、服務方法，提高服務水平和服務效果，使消費者享受到最好、最滿意的服務。

此外，企業還要進行市場創新、組織創新、制度創新等，即全方位、高效地進行創新。只有這樣，企業才會有無窮的生命力和永不枯竭的動力，才能不斷發展壯大。創新也是企業對自己品牌最好的自我保護手段。

2. 品牌的技術保密性

品牌之所以是品牌，總有它本身的特色，而特色往往是由支撐品牌商品生產經營的技術訣竅、秘方和特殊工藝等專有技術所組成的。某些商品在長期生產經營活動中累積形成的這些「秘密」往往正是決定其品牌能夠長盛不衰的奧秘所在。可口可樂是這樣，同仁堂也是這樣，如果這些技術被洩露，那就會給企業乃至國家、民族帶來不可估量的損失。

3. 建立和完善品牌價值專門臺帳

按中國現行的財務制度，品牌價值增值是不能單獨地從財務報表中反應出來的，而企業經營的現實又要求及時瞭解品牌價值增值的狀況以滿足資源分配等方面的需

要。為此，經營者應當從品牌的長遠利益考慮，學習國外企業一慣的做法，以動態的方式把品牌的價值累計單獨列帳，為品牌從無形資產價值形態轉化為獨立的有形價值形態提供完整的原始經濟數據，以便為企業在對外評估時和用品牌對外投資、轉讓、許可使用或向銀行貸款時提供資產依據。這樣做不但能有效地維護品牌的價值和聲譽，還能擴大品牌的影響。

最後，我們認為，企業積極借助政府部門的力量打擊侵權行為，也是實施品牌自我保護的有效手段。因為政府有責任、有義務規範市場秩序，因此品牌所有人和合法使用者可以積極尋求政府部門的幫助，嚴厲打擊假冒偽劣商品經營者和不合法經營者，以捍衛自身的市場地位，保護品牌權益。

第三節　品牌危機

企業經營充滿風險和挑戰，為謀求發展取得更好的效益，一批企業家們「戰戰兢兢，如履薄冰」。海爾提出，市場中的企業如同放在斜坡上的球，它受到來自市場競爭和內部員工惰性而形成的壓力，如果沒有動力，就會下滑。各個企業正是在這種提升力和阻力的綜合作用下經營發展，一些前進了，一些則衰落了。

相對於常規狀態下的經營壓力和阻力，危機如同前進道路上潛藏的陷阱，偽裝粉飾後耐心等待莽撞者闖入。那些不慎被危機撞到的企業，往往要使盡渾身解數方能脫身，而脫身乏術者只能被危機吞噬。「人無遠慮，必有近憂」，如何及時及早發現危機陷阱，減少危機衝擊是企業經營者必須面對的課題。

一、品牌危機及其影響

品牌危機是指由於企業外部環境的突變和品牌營銷管理失敗而對品牌整體形象構成的不良影響，這種影響會在短時間內波及開來，最終使企業陷入困境，甚至破產倒閉。突發性和蔓延性是品牌危機的兩個主要特徵。

多年來，由媒體曝光引發的品牌危機事件接連不斷，被危機擊中的名牌企業包括麥當勞、肯德基、高露潔、雀巢奶粉、光明乳業、三鹿集團、雙匯集團等，其中食品行業最為集中，而臺灣發生的「黑豬油」事件也使統一集團、頂新集團、奇美食品等一批知名企業同樣被捲入危機的風暴中。

通過對上述品牌危機事件的分析，我們認為，品牌危機按性質可以分為兩類：第一類是產品質量問題引發的危機，第二類是非產品質量問題引發的危機。第一類危機事件之所以引人關注，在於其品牌的突出知名度和此前的良好形象，在於其產品的大眾日常消費品特徵及由此而擁有的龐大消費群體，在於其產品直接關乎消費者的身體健康和生命安全。比較而言，對第二類危機事件，消費者關注程度較低。

兩類危機引發的原因和影響有較大差別。第一類是產品質量問題直接引發消費者不信任和不購買，隨之造成銷售量的大幅下滑，引發企業經營危機和困境。第二類非產品質量問題而是企業內部某方面失誤引起的經營危機和困難，如資金問題、法律訴訟、人事變動等，內部問題逐漸向外傳遞造成客戶對企業不信任。

二、品牌危機的表現

如果企業缺少適應環境的能力，疏於內部管理，就可能隨時陷入品牌危機。歷史記錄下了品牌危機事件。以往發生的品牌危機的主要表現有：

1. 產品構想的失敗

其原因是企業堅持認為自己比消費者知道得更多，所以企業堅持推出了一些沒有人需要的、糟糕的產品品牌。如同可口可樂犯了「新可樂」錯誤一樣，百事可樂在1992—1994年先後推出了「水晶」系列的百事可樂，以滿足「消費者對純潔的新要求」——因為當時消費者對「依雲」等礦泉水的需求很大，但卻沒有人對百事「水晶」可樂產品感興趣。

2. 品牌延伸的失敗

如果企業不能正確理解自己品牌的實質，那麼結果將是災難性的。譬如，做藥品的品牌向食品行業延伸，「榮昌」在肛泰產品成功後就曾經推出過「甜夢」口服液，因「部位」不對而失敗；「恩威」在潔爾陰「難言之隱，一洗了之」成功後延伸出「好娃友」兒童口服液，市場形象反差太大，難以被消費者接受。許多雄性荷爾蒙過剩的哈雷擁有者身體上都刺有哈雷·戴維森這一品牌名字和形象的紋身；哈雷曾利用這種品牌情感優勢大肆擴展連鎖店經營的商品，標有哈雷·戴維森品牌商標的商品幾乎無所不包，T恤、內褲、襯衫、領帶、襪子、打火機、香水，甚至還包括嬰兒尿布及服飾。這些延伸嚴重損害了品牌的核心價值「強壯、粗獷、陽剛之氣」的品牌形象。

3. 公共關係的失敗

某些企業並不能很好地處理社會危機，他們認為最好的處理辦法是否認危機的存在。其中最為著名的當屬「麥當勞誹謗案」。1986年國際綠色和平組織分支機構——倫敦綠色和平組織印發了一本名為《麥當勞怎麼了?》的宣傳冊，指出了麥當勞產品對人體健康有損害的問題。由此，海倫·斯蒂爾和戴夫·莫里斯兩人被捲入了此次衝突。1994年法庭對該案進行審判就花費了313天，成為英國歷史上耗時最長的一次審判，僅法官的審判書就超過了1,000頁。儘管1997年6月19日的最終裁決結果是：麥當勞獲勝，斯蒂爾和莫里斯負責賠償麥當勞6萬英鎊，可是180個證人講述了有關麥當勞的各種故事——食物中毒、拖欠法定加班費、虛假的再利用聲明、派遣間諜滲透到倫敦綠色和平組織等，讓麥當勞經歷了一次又一次的羞辱。尤其是，網站、報刊、書籍、電視節目的宣傳，使該案件在全世界範圍內廣為流傳，對麥當勞形象的損害是無法修復的。1997年6月20日英國《衛報》評論道：「這是場得不償失的勝利。」

4. 文化的失敗

許多企業在行動上會犯同一個錯誤，就是混同了全球化時代，在一處市場上一種產品的成功讓他們假定在另一處也會取得同樣的成功。這些企業以為，只需使用當地的語言建立一個網站，發動幾次廣告促銷活動，建立類似的分銷網絡，就算是大功告成了。然而，他們卻忘記了另一個國家地區不僅僅是語言、貨幣和國內生產總值（GDP）的差別，國與國之間甚至是一個國家內部文化的差異也能夠極大地影

響品牌的成功機會。例如，2005 年明基移動（BenQ Mobile）在收購西門子手機部門後次年就虧損累累，不得不折羽而歸，主要原因就是東西方文化的差異。

5. 人的失敗

「魚的腐爛從頭開始」。品牌背後的領導人是它最重要的形象大使；任何品牌要在軌道上正常運行最終需要依賴的是人的行為。例如，美國能源巨頭、德克薩斯州的安然公司不但是美國第七大公司，而且在《財富》雜誌「最適宜工作的公司」排行榜上名列前茅，連續 6 年榮獲該雜誌授予的「美國最具創新精神公司」的稱號，安然公司為世人展示了良好的企業形象。然而，2001 年公司被證明利潤報表是虛假的，並且隱瞞巨額債務。同年 12 月該公司宣布破產。「安然事件」對美國政治、經濟、法律的影響是十分巨大的。

6. 品牌命名的失敗

一些企業在為產品命名時沒有認真思考品牌的寓意。比如，春蘭集團曾經雄心勃勃，推出「春蘭虎」「春蘭豹」系列摩托車——期望顯示摩托車強悍、堅韌和牢固的產品個性，這樣做就把一個柔美的名字「春蘭」與虎豹為伍，讓人望而生畏！而有的公司為了追趕時代潮流或者為適應國際化的要求，冒著拋棄歷史遺產的風險，而做出了更改品牌名稱的決策。像豐田汽車公司將其旗下品牌「花冠」更名為卡羅拉（Corolla）、「佳美」更名為凱美瑞（Camry），「凌志」更名為雷克薩斯（Lexus），當時就引發了中國車主的強烈反對！

7. 互聯網、新技術的失敗

科特勒曾說：「不要老是向客戶叫賣你的產品，要不斷為他們創造價值。」事實上，一些從事電子商務的公司只是重視網站建設和推廣，而忽略了電子商務存在的根本價值在於為客戶提供增值服務。只有名氣而不能夠為顧客帶來任何價值甚至增加顧客負擔的各種網絡平臺，終究是要顯出「原形」，被市場所拋棄。

8. 疲憊的品牌

品牌老化是品牌甚至是國家衰亡的原因，從日不落帝國英國到現代版的柯達歷史一直在驗證著這條法則——無論是個人，還是企業、國家，無論是誰，都必須與時俱進，才能夠生存和發展。

此外，在中國，企業過度的廣告投入而忽視品牌美譽度，過度的價格競爭（殺人一千、自損八百）和售後服務質量低劣等品牌營銷與管理方面的漏洞也會導致危機。品牌危機絕不是偶然的事件！

三、品牌危機的防範與處理

隨著市場經濟的發展，危機管理已成為中國企業品牌管理戰略的一個重要課題。危機管理可分為危機預警和危機處理兩類。前者是在危機發生前及時預見，建立品牌危機預警系統；後者指在危機發生後企業如何處理應付危機。

（一）品牌危機的預警系統

品牌危機預防著眼於未雨綢繆、策劃應變，企業應建立危機預警系統，及時捕捉品牌危機徵兆，為可能發生的品牌危機提供切實可行的應對措施。其具體措施有：

第一，企業要組建一個由具有較高專業素質和較高領導職位的人士組成的品牌危機管理委員會，制訂與審核危機處理方案，清理危機險情。一旦危機發生，品牌危機管理委員會及時遏止，減少危機對品牌乃至整個企業的危害。

具體講，品牌危機管理委員會的工作職責包括：全面、清晰地對各種危機情況進行預測；為處理危機制定有關的方針、程序和策略；監督有關方針和程序的實施；在危機發生時，對危機應對工作進行指導或諮詢。品牌危機管理委員會的關鍵作用在於盡可能確保危機不發生。他們應該針對企業存在的各種潛在威脅制定相應的防範方針政策，在制定這方面的政策時，可以參照已有的準則，這有助於把握政策的框架和深度。具體的做法是，他們要考慮這樣一些問題：這種危險情況是否影響到企業目標的實現；所鑑別出的潛在危機其真實性如何；企業現有的行為能否阻止或遏制危機的產生；所制定的方針政策是否經得住社會考驗；企業是否具備行動所需之資源；這種資源消耗對於企業來說是否能夠承受；是否有採取行動的決心；不採取行動的結果將會怎樣。積極的危機管理要求組織對所制定的防範方針的貫徹落實情況進行定期檢查與審核。

第二，企業要建立高度靈敏的信息監測系統，可以及時收集相關信息並加以分析處理，根據捕捉到的危機徵兆，制定對策，把危機隱患消滅在萌芽狀態。危機信息監測系統要便於對外交流，適於內部溝通。其信息內容要突出「憂」，信息傳遞速度要強調「快捷」，信息的質量要求「再確認」。品牌危機管理委員會分析後的緊急信息或事項要實施「緊急報告制度」，將危機隱患及時報告主管領導，以便能及時採取有效對策。

第三，企業要建立品牌自我診斷制度，從不同層面、不同角度進行檢查、剖析和評價，找出薄弱環節，及時採取必要措施予以糾正，從根本上減少乃至消除危機發生的誘因。

第四，企業要開展職工危機管理教育和培訓，增強職工危機管理的意識和技能，一旦發生危機，職工才具備較強的心理承受能力。企業要向員工宣講危機和企業生存發展之間的關係，提高所有員工的警覺性，教育員工看到市場競爭的殘酷性，使企業員工感到危機時刻在他們身旁，並威脅著他們及企業的生存和發展；要教導員工「從自我做起，從現在做起」，積極獻計獻策，並使員工掌握應對危機的基本策略，臨危不亂。

(二) 危機處理

品牌危機處理著眼於對已發生的危機的處理，力求減少或是扭轉危機對品牌的衝擊和給企業帶來的危害。企業在處理危機時，應堅持以下一些基本原則：

(1) 主動性原則。任何危機發生後，企業都不能迴避和被動應付，而要積極地面對危機，有效控制局勢，切不可因急於追究責任而任憑事態發展。

(2) 快捷性原則。企業對危機的反應必須快捷，無論是對受害者、消費者、社會公眾，還是對新聞媒體，都應盡可能成為首先到位者，以便迅速、快捷地消除公眾對品牌的猜疑。

(3) 誠意性原則。保護消費者的利益，減少受害的損失，是品牌危機處理的第

一要義，企業斷不可只關心自身品牌形象的損失而推諉責任。

（4）真實性原則。危機爆發後，企業必須主動向公眾講明事實的全部真相，而不必遮遮掩掩，否則反而增加公眾的好奇、猜測乃至反感，延長危機影響的時間，增強危機的傷害力，不利於企業控制危機局面。

（5）統一性原則。危機處理必須冷靜、有序、果斷，指揮協調統一、宣傳解釋統一、行動步驟統一，而不可失控、失序、失真，否則只能造成更大的混亂，使局勢惡化。

（6）全員性原則。企業員工不應是危機處理的旁觀者，而是參與者。企業讓員工參與危機處理，不僅可以減輕企業震盪，而且能夠發揮其宣傳作用，減輕企業內外壓力。

（7）創新性原則。企業危機處理既要充分借鑑以往成功的處理經驗，也要根據危機的實際情況，借助新技術、新信息和新思維，進行大膽創新。

（三）品牌危機的公關策略

所謂危機公關就是指由於企業的管理不善、同行競爭甚至遭遇惡意破壞或者是外界突發事件的影響，而給品牌帶來極大的負面影響，企業對此所採取的一系列維護社會公共關係的行動，包括消除影響、恢復形象等。危機公關屬於危機管理系統的危機處理部分。

儘管企業採取諸多防範措施，危機仍難以完全消除，一旦危機發生，就應該立即有組織、有計劃、有步驟地展開公關行動。企業在遇到危機時，決不能聽之任之，應該立即組織有關人員，尤其是危機處理專家參與成立危機公關小組，調查危機情況，掌握事件真相，對危機的影響做出全面評估，以制訂相應計劃控制事態的發展。

品牌危機的公關策略可以概括為1F4S：

一是FAST：行動迅速。品牌危機出現之後的12～48小時是有效處理危機事件的「黃金時間」；企業如果沒有利用好這短短的兩天時間，也許未來兩年或更長時間的努力，也難以彌補時間上的損失。因此，一經發生危機，企業就必須以最快的速度啟動危機處理機制，傾注全力爭取在盡可能短的時間內平息危機風波。

二是SORRY：真心道歉。公眾不僅關注事實真相，在某種意義上更關注當事人對事件所採取的態度。事實上，90%以上的危機惡化都與當事人採取了不當的態度有關，比如冷漠、傲慢、敷衍或拖延。

三是SHUT UP：不狡辯、不爭辯。企業應始終把品牌形象放在首要位置，瞭解公眾輿論，傾聽他們的意見，確保企業能把握公眾的情緒，並設法使公眾的情緒向有利於自己的方面轉化。

四是SHOW：展示行動和事件真相。值得注意的是，沉默並不是金。企業之所以閉嘴，是不與消費者爭辯。但企業務必重視與消費者的溝通，建立有效的溝通渠道，與新聞媒體保持良好的合作關係，主動把自己所知道的和自己所想的，盡量展示給公眾，不要試圖去欺騙或愚弄公眾；否則，會給人留下傲慢、不誠實和不尊重消費者的形象。

五是SATISFY：使消費者滿意。「公眾利益至上」是危機公關的基本要求。我們

會原諒一個犯錯誤的人，但不會原諒一個不承認錯誤的人，因此企業必須勇於承擔自己的責任，以贏得公眾的理解和信賴。

市場風雲變幻莫測，突如其來的危機對於一個品牌來說，就像流感一樣防不勝防。對一個企業來說，建立品牌危機預警系統很重要，但最重要的還是態度，態度決定結果，企業應勇於承擔責任。

本章小結

品牌診斷是指企業定期或不定期開展品牌的自我檢查，分析品牌狀況，找出薄弱環節，以便及時採取必要的糾正措施。品牌診斷是為品牌做「體檢」，目的在於及時、及早發現問題，未雨綢繆，防患於未然。品牌診斷可分為內部診斷和外部診斷，也可分為品牌戰略診斷和品牌戰術（營銷）診斷。品牌診斷的內容包括品牌價值傳遞、品牌市場表現和品牌競爭前景的診斷。

品牌維護包括品牌維繫和品牌保護兩方面行為。品牌維繫是指企業用於鞏固和提高品牌市場地位、聲譽的營銷活動。它分為保守型維繫和積極型維繫。常規品牌維繫主要包括產品保證、質量管理和廣告宣傳等。所謂品牌保護，就是企業對品牌的所有權人、合法使用人的品牌（商標）實施各種保護措施，以防範來自各方面的侵害和侵權行為。它包括品牌的法律保護和品牌的自我保護兩種行為。品牌的法律保護涉及註冊權和商標權的保護。為了提高品牌保護的力度和效果，企業應採取積極的措施加強品牌的自我保護。

品牌危機是指由於企業外部環境的突變和品牌營銷管理失敗而對品牌整體形象構成的不良影響，這種影響會在短時間里波及開來，最終使企業陷入困境，甚至破產倒閉。突發性和蔓延性是品牌危機的兩個主要特徵。品牌危機的主要表現有產品構想的失敗、品牌延伸的失敗、公共關係的失敗、文化的失敗、人的失敗、品牌命名的失敗、互聯網與新技術的失敗、疲憊的品牌等。品牌危機的管理可分為危機預警和危機處理兩類。品牌危機的公關策略可概括為「1F4S」，即迅速、道歉、閉嘴、展示和滿意。

[思考題]

1. 什麼是品牌診斷？其目的是什麼？
2. 內部診斷與外部診斷的區別是什麼？
3. 品牌戰略診斷與品牌戰術診斷的目的是什麼？
4. 品牌診斷包括哪些內容？
5. 常規的品牌維繫包括哪幾個方面？
6. 品牌保護從哪些方面做起？
7. 什麼是品牌危機？其主要表現有哪些？
8. 怎樣做好品牌危機的防範和處理？
9. 品牌危機的公關策略是什麼？

案例
某品牌回奶事件

2005年入夏以來，某市不少市民反應，最近在超市裡很難買到塑料軟包裝的某品牌純牛奶。5月29日，記者來到幾個大超市，都沒有找到這種純牛奶。超市工作人員都說，這種牛奶進入夏季就要撤櫃，而撤櫃的主要原因是天氣太熱，容易臭。

記者在這種某品牌純牛奶的包裝上清清楚楚地看到，常溫保存30天，這樣的保鮮期並不算短，為什麼要在入夏時匆匆撤櫃呢？對於這個疑問，某品牌牛奶的廠家促銷員沒有正面回答，但提醒記者最好別買這種品牌的純牛奶，給出的理由是：「奶質特別稀。」

一位廠家促銷人員無意中透露：牛奶撤櫃之後都返廠了。一位知情人士向記者透露了一個驚人的消息：那些返廠牛奶沒有被銷毀，都露天放著，很多都被太陽曬壞了，然後這些變質牛奶又被重新拿去生產了。

記者喬裝打扮，經過六天的明查暗訪，終於為我們揭開了一個牛奶生產的黑幕。

一、記者喬裝發現黑幕

5月30日早上7點左右，記者經人介紹，來到位於某市秦嶺路北段的一家工廠應聘散工。一進門記者就看到，數千件某品牌牛奶露天堆放，雖然這些牛奶都還沒有拆箱，但都沾滿了塵土，有些箱子已經破損腐爛，周圍蒼蠅亂飛。其他散工告訴記者，那些露天堆放的某品牌牛奶，都是過期沒人要而返廠的。

上午9時許，當上散工的記者和其他散工一起把那些露天堆放的某品牌牛奶搬進一個車間開始拆箱。紙箱剛被拆開，整個房間立刻彌漫著一股惡臭。成堆的軟袋牛奶被放在地上，有人不時用腳把堆積的軟袋牛奶撥到劃奶工手邊，這些工序沒有任何消毒措施。

劃奶工每天的工作就是不停地拆箱，劃開奶袋，把牛奶倒進大桶，為回奶工序準備奶原料。從包裝袋上看，這些牛奶早已過期。

這些混合著各種污染物的變質牛奶裝滿一大桶之後，就被推進了車間，每桶大概有100多斤（1斤＝500克）重，工人用管子把這些牛奶都吸進一個被稱為回奶罐的金屬容器裡。工人們邊干邊說：「不兌好奶了，不兌了。」

記者看到，這個車間一共有4個回奶罐，總容量是32噸。記者在生產線上看到幾張白色卡片，上面清楚地寫著「某品牌回奶」的字樣。這兒的工人告訴記者，回奶生產一般都在晚上進行。

在正門口，記者看到了「某市某品牌乳業有限公司」的金字招牌。這個廠和某品牌乳業究竟是什麼關係？記者電話聯繫了上海某品牌乳業股份有限公司總部，對方告訴記者，2003年12月15日，某品牌乳業兼併成立了某市某品牌乳業有限公司，是某品牌乳業在某市唯一的子公司。

二、追蹤送貨車

6月1日是國際牛奶日，記者再次來到某市某品牌乳業有限公司。記者看到，廠區內燈火通明，放置回奶罐的車間裡不斷有人走動，回奶生產線則機器轟鳴，幾名工人正在包裝剛剛下線的產品。車間外，工人們正在忙著裝車。

6月2日凌晨零時許，貨車駛出廠區，向某市西區方向開去，記者特意留心了這輛沒有標明某品牌字樣的貨車車牌號。

　　零點20分，這輛貨車在某市工人路路邊停了下來，工人開始卸貨。

　　記者看到，車上裝的是滿滿一車乳製品，從所用的簡易包裝箱上可以看出這些都是塑料軟袋包裝的乳製品，而接收這些乳製品的商舖，門上十分明顯地寫著某品牌乳品配送中心的字樣。

　　凌晨1點左右，送貨車又來到隴海路上第二個送貨點，這裡仍然是一家某品牌乳品配送中心。經過一路跟蹤，記者證實，從回奶生產線上下來的產品都被送到了某品牌乳品的配送中心。

　　6月2日中午，記者首先來到了位於某市天明路上的這家某品牌乳品配送中心，在這裡銷售的正是記者在回奶車間裡見到的那些塑料軟袋乳製品。當記者表示要購買時，商店老闆兩次拿給記者的竟然都是過期產品。

　　商店老闆向記者解釋，這些過期牛奶是還沒有來得及返廠的，他們是某市某品牌乳業有限公司的簽約配送站，公司生產的塑料軟袋牛奶主要就在他們這裡銷售。

　　三、廠家嚴重違規

　　那麼牛奶的加工和生產是否允許使用這種過期變質的回奶呢？用回奶加工成的乳產品品質是否還能有保證呢？記者諮詢了國家質量監督檢驗檢疫總局，被告知使用過期變質的回奶加工成乳產品是絕對不允許的，應聯繫省質量技術監督局查處。

　　截至記者發稿，某市某品牌乳業有限公司的回奶生產線仍然在繼續運轉。

　　四、某品牌的反應

　　某品牌乳業董事長在接受《每日經濟新聞》採訪時，斷然否認了某品牌乳業某市子公司加工生產過期奶，「某品牌不可能做這個事情」，並表示，報導所稱的牛奶不是過期奶，而是沒有出廠的奶，是「當天沒有處理好的奶，就放進回奶罐，第二天再處理」。

　　該董事長稱報導出現後，某品牌高度重視，並於6月8日在其官方網站上刊登了《誠告消費者書》，明確表示「某市某品牌從來沒有做過『將變質牛奶返廠加工再銷售』的行為，請廣大消費者放心」。某品牌已從上海派出副總裁、質量總監和地區總經理到某市進行調查。目前某市某品牌正在積極配合省、市衛生防疫及工商部門進行檢查。

　　該董事長還坦陳，某市子公司的管理確實存在問題，「請大家監督，並相信某品牌」。《誠告消費者書》也承認某品牌管理上存在疏漏，將可常溫存放的產品堆放在外面，這樣「在存放過程中如果發生滲包現象就會造成一些污染」。不過，在關鍵的被剪包牛奶最終流向何方問題上，某品牌《誠告消費者書》明確指出，這些牛奶已報廢，而且有報廢單可查，最後還表示，上海廠不可能出現任何問題，請消費者放心。

　　[討論題]

　　1. 某品牌乳業的品牌危機屬於哪一類？會產生什麼影響？

　　2. 你認為，某品牌乳業在此事件發生後的做法明智嗎？應該採取怎樣的公關策略？

　　3. 結合本章所學，談談你對某品牌乳業在建立品牌危機防範系統上的建議。

第九章　品牌創新

產品都具有生命週期，品牌也可能因為缺乏創新、維護等問題而使生命週期提前結束。兩者的區別在於，品牌的生命週期具有極大的彈性，品牌可以通過及時、持續性的創新而防止老化，保持旺盛的生命力。可見，品牌創新是永葆品牌生命力的最有力、最基本的手段。品牌營銷者更應關注品牌創新，而不僅是市場份額的大小。

第一節　品牌老化

一、品牌老化與品牌短命的區別和聯繫

（一）品牌資產價值流動模型

為了清楚地說明品牌老化與品牌短命的區別和聯繫，我們首先需要介紹品牌的生命週期。品牌的生命週期常常通過品牌資產價值流動的三個階段來表示，如圖9-1所示。[①]

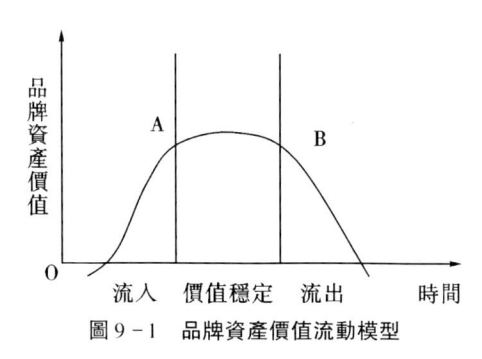

圖9-1　品牌資產價值流動模型

從上面的模型我們可以看出，在 A 線左邊是品牌資產價值的流入階段，即品牌的成長期，企業在此階段經過一系列的品牌推廣，隨著品牌知名度和美譽度的提升，品牌逐漸得到消費者的認可，這表現為品牌的資產價值開始增長，品牌開始獲取利

---

① 薛可．品牌擴張：延伸與創新 [M]．北京：北京大學出版社，2004：93．

潤；A 與 B 之間是品牌資產價值穩定階段，即品牌的成熟期，在此階段品牌的形象已經趨於穩定，得到了消費者的認可和支持，品牌開始創造較為穩定的價值流；B 線右邊是品牌的衰退期，它表示如果品牌得不到有效的維護、創新，就無法保值增值，品牌必將衰退，品牌的資產價值也必將流出，並將隨著時間的推移而消失殆盡。

(二) 兩者之間的關係

品牌老化是指由於內部或外部的原因，品牌在市場競爭中知名度和美譽度下降、產品銷售量減少、市場佔有率降低等品牌衰落現象。品牌老化最突出的表徵之一是高知名度和低認可度。處於這個境地的品牌，往往有這樣一個特點：提起這個牌子人人都知道，即知名度已經相當高，但在買東西時就不記得了；或者是記得起，但沒有購買慾望。例如，被譽為中國「國車」的紅旗牌轎車，一度曾是中國民族工業水準的象徵，但它在不斷變化的市場環境下，幾十年不變，質量水準沒有明顯的提升，製作工藝落後，設計款式陳舊，油耗高性價比低，多次停產，最終只能淪為博物館裡的陳列物品，成為人們緬懷歷史、追尋往昔的物質寄托。

品牌短命是指一個品牌在市場上的存續時間較為短暫，可能是幾個月，也可能是幾年，但往往不超過十年便從市場上消亡，如昔日人們熟悉的愛多 VCD、華生電扇、黃河電視、三株口服液、旭日升冰茶、智強核桃粉等。品牌短命是一個相對的概念，即它是相對於那些已經存續了幾十年、上百年甚至幾百年依然生機盎然的品牌而言的，如國際名牌寶潔（P&G，Procter & Gamble，始於 1837 年）、雀巢（Nestlé，始於 1867 年）、飛利浦（Royal Philips Electronics，始於 1891 年）、雅芳（AVON，始於 1886 年）、奔馳（Benz，始於 1886 年）；再如中華老字號同仁堂（始於 1669 年）、全聚德（始於 1864 年）、恒源祥（始於 1927 年）等。

概括地講，品牌老化與品牌短命的區別主要表現在以下幾個方面：

1. 發生階段不同

品牌老化發生在品牌資產價值的流失階段，它經歷過品牌推廣和成長階段，也享受過由品牌成熟所帶來的巨大利潤收益，只是由於品牌維護、創新不當而風光不再。品牌短命可能發生在品牌生命週期的任何一個階段，如果發生在品牌資產價值的流失階段，多半是由品牌老化所致。

2. 強調內容不同

品牌短命強調的是品牌在市場上的存續時間很短，一般不超過十年。品牌老化強調的是品牌的高知名度和低認可度；強調的是一個知名的品牌，一個曾經充滿活力的品牌，無法再為企業創造出穩定的價值流，甚至將要從市場上消失的現象。事實上，品牌的生命週期或長或短，彈性相當大，品牌老化大多情況下與品牌的存續時間無關。例如，老字號「王麻子」剪刀始創於清朝順治八年（公元 1651 年），已經有著三百多年的歷史，截至 2002 年 5 月 31 日，企業資產總額為 1,283.66 萬元，負債總額為 2,779.98 萬元，資產負債率高達 216.6%。2003 年 1 月，「王麻子」剪刀廠向法院申請破產。

3. 研究目的不同

品牌短命研究的目的是如何延續品牌生命力，即如何成功推出一個品牌，促使

其快速健康成長並永葆活力。品牌老化是針對已經存在的、比較成熟的、能夠為企業創造出較為穩定的價值流的這樣一個品牌，研究如何保證它的保值、增值並永遠煥發出生機與活力。譬如，美國百年老牌——可口可樂和麥當勞，其市場銷售業績在某一段時期內也可能走下坡路。2002年第四季度，麥當勞公司出現了有史以來的首次季度虧損，該公司關閉了175家快餐店，並大舉削減成本；可口可樂公司則是連續三年業績下滑。這種現象是什麼原因造成的？這就是品牌老化的研究目的。

二、品牌老化的表現

（一）市場萎縮

從企業自身的角度講，品牌老化發生在品牌資產價值的流失階段，所以市場萎縮是品牌老化的最直接、最主要的表現，即品牌產品在市場競爭中銷售量、市場佔有率、知名度、美譽度、忠誠度等都在持續下降。我們從旭日升冰茶的市場變化可以直接看出其品牌老化的速度。中國飲料行業協會統計資料顯示，2000年，旭日升在中國飲料十強中排名第二，並一度占據茶飲料市場70%的份額，品牌價值達到160億元，被譽為中國的「茶飲料大王」。然而不久，各種茶飲料品牌異軍突起，行業市場開始迅速洗牌。此後，市場又盛傳旭日集團欠債數億元，導致旭日升的市場份額迅速丟失。2001年年底，旭日升的市場份額從70%驟跌至30%，2002年下半年停止鋪貨，2004年，人們在市場上已難覓旭日升品牌痕跡，神話終於破滅了。

（二）形象僵化

從消費者的角度看，品牌形象僵化是品牌老化最直接的外在表現。品牌的形象是由品牌的名稱、標誌，產品的品質、特色、包裝及服務，還有品牌的整合營銷等所傳遞給消費者的一個綜合的印象。品牌形象的僵化主要體現在以下兩個方面：

1. 產品形式老化

產品形式老化是指品牌一直缺乏創新，老態橫生，隨著時間的流逝，不能適應時代的變遷，無法賦予產品新的形象而造成品牌內涵的缺失，漸漸地被新生代的消費者視為敝屣而棄之牆角，一部分老顧客也會因為更好的其他替代產品的出現而移情別戀。上海知名品牌「大白兔」便是典型的一例。「大白兔」瘋狂時期曾進軍美日市場，但漸漸地，「大白兔」在琳琅滿目的糖果市場上漸漸消失了。究其原因，其仍是十年來一成不變的老配方、老味道、老包裝，根本無法跟上市場的變化和產品更新換代的需要。相反，已成為西班牙高品質商品代表的羅意威（LOEWE）皮革製品，不僅在款式、圖案上創新，而且就連其產品的任何小配件，如拉鏈、金屬小扣式鎖頭等，也都盡可能推陳出新，從而在競爭中顯出了自己的優勢，確保了品牌資產價值的保值增值。

2. 品牌傳播內容與方式固定化，並形成路徑依賴

以廣告為例，由於廣告效果具有不確定性，國內很多企業在通過廣告傳播品牌時往往形成很強的路徑依賴，不能隨著現代品牌傳播方式的發展和消費者喜好的變遷而與時俱進，而是始終堅持固定化的傳播手段，沿用一成不變的廣告訴求，這不

僅造成很大的廣告浪費，而且給人一種過時、落伍的印象。像衡水老白干「行多久，方為執著；恩多久，方為遠見。時間，給了男人味道。衡水老白干喝出男人味！」等僵化的廣告語，看得國人「發吐」，你會去喝嗎?！相反，國際知名品牌，像可口可樂、百事可樂、阿迪達斯等，其廣告則能不斷創新，緊緊跟隨甚至引領時代潮流。

三、品牌老化的原因

品牌老化的原因是多方面的，既有外因也有內因。外因主要有市場競爭的加劇和消費者消費行為的變化，內因可以概括為三個方面：品牌意識不全面、對市場不敏感及品牌擴張戰略的失誤。

(一) 市場競爭加劇

市場的本質是競爭，中國加入世界貿易組織（WTO）以後，對於中國各行各業的企業來說，面臨的是更加激烈的競爭。市場競爭的加劇主要表現在以下幾個方面：

1. 行業競爭的加劇

行業競爭的加劇主要表現在同類產品品牌繁多且嚴重同質化。中國國內日用品品牌已多達十幾萬種，各類產品的質量與性能幾無差別，產品之間的替代性大大地增強。據統計，2011年國家工商總局註冊商標總數就已超過220萬個，其中本土商標170萬個。中國已經是世界上註冊商標數量最多的國家。這正是中國眼下的所謂「品牌泛濫」的真實寫照。產品同質化的一個直接後果是品牌營銷費用的急遽提升，即企業推廣一個品牌或者維持一個品牌的高知名度需要付出更高的成本。20世紀80年代，「春都火腿腸」用6,000萬元就響遍了全國，1996年「秦池」用了1.3億元才獲取中央電視臺的「廣告標王」，而2005年寶潔（P&G）獲得「標王」花了3.851,5億元，到了2011年五糧液競得8個A（5—8月份除外的新聞聯播「及時單元」就花掉了4.05億元。難怪有人評論說，「這還是錢嗎?！」）如果企業因為費用不足而造成營銷不力，勢必加大品牌被消費者遺忘的可能性。產品同質化的另一個直接後果是可能發生的價格大戰，而長期激烈的價格戰，必將減少企業的利潤空間，使企業的自我累積能力減弱，更重要的是品牌的魅力可能會喪失殆盡，從而加速品牌老化。看來，在當今市道中「造牌」已不是面對競爭的辦法，與眾不同的創新才是良策。

2. 競爭範圍的擴大

由於金融業的快速發展，融資日益便利；隨著政府干預的減少，行業壁壘的設置越來越少，從而引發了更多的跨行業、跨部門競爭。多元化發展似乎成了當今國內大公司的必然選擇，原來做飼料的延伸到了金融領域，制衣的現在也做起了房地產。知名的杜邦（DuPont）公司的經營範圍除了傳統的化工行業領域，其業務跨越的行業範圍還包括醫藥、衣服纖維、汽車配件以及家庭用品等領域。一直做飲料和休閒食品的百事可樂，近來也悄悄地進入了背包、運動鞋、收錄機等行業，雖然其產量及銷量均不大，但因其品牌的知名度、企業雄厚的資金實力，必定會對原行業的許多品牌形成巨大的威脅。

3. 不正當競爭問題突出

不正當競爭直接導致「劣幣驅逐良幣」、市場秩序混亂、市場「商風」日下的嚴重後果。不正當競爭現象其主要表現有：一是評獎太濫。近年來，國內品牌評獎之風日盛，而且不少組織者的評獎多以出錢多少「論英雄」，使一些質量差的產品居然披著名牌產品的華麗外衣堂而皇之地進入市場，排擠了同行業中真正優質產品品牌的市場。就拿過去的「馳名商標」為例。中國對馳名商標的認定主要有兩種方式：一種是主動認定，由國家工商總局領導組織認證實施工作。另外一種是司法認定，這是由各地區司法部門在審判商業侵權案件時通過司法裁決而間接做出認定的方式，因而又稱為被動認定。據報導，前幾年沿海某些省市馳名商標的認定數量屢創新高，其中絕大多數認定形式都屬於司法認定。二是假冒偽劣產品充斥市場，極大影響了中國品牌的健康發展。近些年，雲南玉溪卷菸廠為了保護品牌合法權益，僅每年花費的打假費用就高達上億元。更有甚者，有些名牌產品被擠出了市場，陷入破產的窘境。武漢黃鶴樓酒廠生產的小黃鶴樓酒被假冒後，昔日「門庭若市」的酒廠變得「車少客稀」，假酒橫行於市，而真酒卻被擠進倉庫。國家工商行政管理總局的資料顯示，2012年全國工商系統共查處銷售不合格和假冒偽劣商品案件11.88萬件，查處有關服務領域侵權案件2.31萬件。

4. 科技進步導致產品的更新換代速度越來越快

現代社會，科學技術進步速度越來越快，技術上的創新往往帶來產品的創新甚至行業的革命。許多行業出現了替代性的新產品或服務。打火機的發明幾乎顛覆了整個火柴行業，數碼相機市場的成長威脅著傳統相機和膠卷製造業的生存，互聯網的迅猛發展對新聞、郵政、文化和娛樂等行業造成巨大的衝擊……

（二）消費者消費行為的變化

消費者消費行為的變化可以通過邊際效用遞減規律和庫恩（Alfred A. Kuehn）提出的品牌學習模型來解釋。

1. 邊際效用遞減規律

邊際效用遞減規律是指消費者連續消費同質產品邊際效用遞減，即消費者對所消費的每一單位的產品或服務感受到的功能滿足、情感滿足程度隨著消費單位的增加而減少。所以，即使是對十分優秀的產品或服務，當消費者消費的數量達到一定程度的時候，他們也會轉而嘗試其他的產品或服務。

由表9-1可知，假如市場上只有A和B兩種固定形象的產品和服務，且價格相等。消費者初始消費選擇和再次消費選擇必為B，當消費者做出第三次消費選擇的時候，如果消費者還是選擇B的話，其所產生的效用要小於初次消費A所產生的效用，所以理性消費者往往轉而選擇A產品或服務。

表9-1　　　　　　　　A、B品牌與效用比較

產品或服務	第一單位效用	第二單位效用	第三單位效用	第四單位效用
A	12	10	6	1
B	20	16	10	2

2. 品牌學習模型

消費者本期購買、使用過的某品牌商品，對其將來再次購買此類商品的品牌選擇有著重要的影響。在市場上沒有永遠的品牌忠誠者，也沒有永遠的品牌背叛者。這點可以通過庫恩提出的品牌學習模型得到解釋，如圖9-2所示。

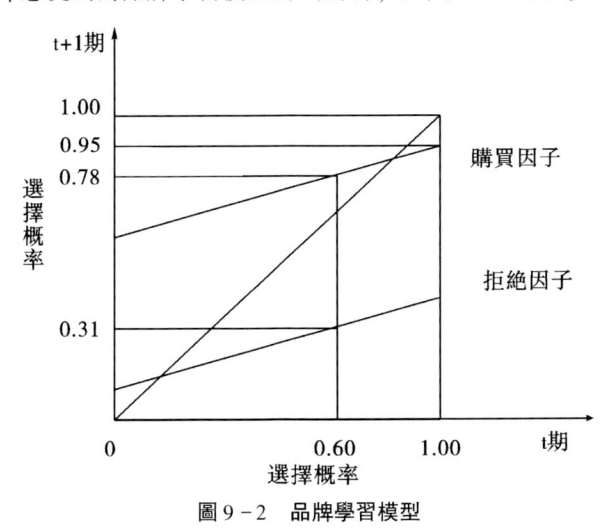

圖9-2 品牌學習模型

圖9-2中的橫坐標表示消費者在 t 期選擇品牌 j 的概率，縱坐標表示消費者在 t+1 期選擇品牌 j 的概率。購買因子線和拒絕因子線表示品牌 j 在當期是否被購買及消費者滿意與否，對消費者下期購買品牌 j 的概率影響。如果消費者本期購買品牌 j 某商品的概率為0.60，並且感到滿意，由購買因子線得知，下期該消費者購買該品牌商品的概率為0.78；如果不滿意，則對應拒絕因子線，那麼下期購買該品牌商品的概率為0.31，遠小於 t 期的購買概率0.60推到極限，即使消費者對品牌 j 的本期購買概率為1.00且感到十分滿意，下期還是可能購買其他品牌的商品，縱然是被消費者長期忽略的品牌，在下期消費時還是有被選擇的可能。

通過邊際效用遞減規律和品牌學習模型可知，消費者有可能轉向購買其他品牌的產品或服務，如果某一品牌不能給消費者提供持續增長的價值滿足，則很有可能被消費者拋棄，從而加速品牌的老化。

(三) 品牌意識不全面

品牌資產是由品牌知名度、品質認知度、品牌聯想、品牌忠誠度等因素構成的；其中任何一方面構成要素存在缺陷都可能導致品牌失敗。然而許多企業把品牌資產僅僅看成是品牌的知名度，把品牌的創建看成是打打廣告而已，而忽略了其他方面的提高，使整個企業非平衡發展，品牌出現老化問題。早在20世紀80年代初期，燕舞集團就憑藉強大的廣告攻勢，在收音機、收錄機產品上獲得了非常大的名氣，然而市場調研結果顯示，「燕舞」牌產品知名度高、美譽度低、返修率高、檔次比較低。20世紀80年代中後期，燕舞就從市場上消失了。

(四) 對市場變化不敏感

今天，很多國內企業對市場的變化不敏感。原因如下：首先，市場經濟體制在中國的確立到現在只有一個較短的時間，國內企業的市場經驗相對較少。而且與西歐國家相比，中國的市場化程度不高，地方保護主義的存在也使一些企業對外界的變化不敏感。其次，國內的企業普遍缺乏一整套的品牌運行監控機制。再者，一部分企業享受著由當前的高知名度、高認可度所帶來的品牌收益，自我封閉，而忽視了品牌的維護和創新。福特公司（Ford Motor Company）1908 年研製出「T」型車以後，以其物美價廉的優勢和強大的廣告攻勢，控制了北美的汽車市場。巨大的成功使亨利・福特（Henry Ford）陶醉起來，忽視了市場對性能更優越、乘坐更舒適、外形更美觀的汽車的需求，仍然醉心於生產外觀比較粗陋的「T」型車，從而造成福特汽車的市場佔有率從 1923 年的 57% 迅速下滑到 1925 年的 25%，福特品牌形象也大打折扣。可見，市場環境在變、消費者也善變，唯一不變的是「變化」；企業只有時刻關注變化，及時應對變化，才能在激烈的市場搏殺中贏得市場，否則企業會隨時陷入品牌老化危機。

(五) 品牌擴張戰略的失誤

企業領導者獨斷專行或缺乏戰略眼光，也會導致品牌的延伸或者創新失敗，促使了原品牌的老化。派克（Parker）鋼筆曾經號稱「鋼筆之王」，是一種高檔產品，消費者購買派克鋼筆更主要的是購買一種形象、體面和氣派。1982 年派克公司新任總經理彼得森上任後，熱衷於生產經營每支 3 美元以下的大眾鋼筆。沒過多久，派克品牌不僅沒有順利地打入低檔筆市場，反而讓其競爭品牌克羅斯（Krause）乘虛而入，致使其高檔筆市場佔有率下降到 17%，銷量只有克羅斯的一半。同樣，企業在缺少資源保障的情形下，盲目進行品牌擴張也是極不明智的作法。

四、品牌老化的危害與監控

品牌老化對企業造成的直接危害是：品牌所有者不僅沒有能夠爭取到更多的新顧客，還丟掉了一部分老顧客。品牌老化更深層的危機還在於：頹勢一旦形成就很難逆轉。企業改變消費者對品牌的印象會遇到高知名度的障礙，因為很少有人願意花時間進一步瞭解一個他們原本已經很熟悉的品牌。高知名度的品牌如果得不到市場認可，有可能會成為一蹶不振的衰退品牌。

所以，企業有必要對品牌的運行狀況進行監控，以便及時地發現品牌老化的徵兆，適時地採取措施，防止因可能出現的品牌老化造成品牌資產價值流失。企業對品牌運行的監控一般有下面三種方法：一是市場營銷的監控，即企業通過對銷售額、市場佔有率、銷售額與費用比率的分析和顧客態度的跟蹤，來監控品牌的市場運行狀況；二是品牌價值監控，即企業通過適時地對品牌資產價值進行評估，瞭解企業品牌在品牌排行上的地位和變動情況，從而及時地發現品牌老化的跡象；三是建立品牌研究機構和品牌監測信息系統，企業及時收集相關信息並加以分析處理，根據捕捉到的品牌老化徵兆，制定對策，把老化危機隱患消滅在萌芽之中。總之，企業

通過品牌監控只是有可能及時地發現品牌老化的徵兆，而防止品牌老化、保持品牌常青的最根本方法還在於對品牌的創新。

第二節　品牌創新

一、品牌創新的內涵

創新理論的提出源於經濟學家約瑟夫·A. 熊彼特（Joseph A. Schumpeter）1912年出版的德文版著作《經濟發展理論》。熊彼特認為，創新就是企業實現對生產要素的新的組合，包括：引入一種新的產品或提供一種產品的新用途；採用一種新的生產方法；開闢一個新的市場；獲得一種原料的新供給；實行一種新的企業組織形式。他認為，通過上述途徑，企業就能夠將新知識、新技術和新觀念導入管理活動中去，從而促進企業的增長與發展壯大。[①] 從創新理論出發，品牌創新即品牌再造、品牌更新的定義可表述為：企業依據市場變化，對品牌識別要素實施新的組合，也就是說，品牌創新是指企業如何防止品牌老化。品牌的每一個識別要素都可以作為品牌創新的維度與工具來實現品牌創新。

站在消費者的角度看，品牌創新的核心是品牌的價值創新，即企業在一定的成本範圍內，通過一系列的創新，如改進產品品質、更新廣告形象、完善服務等為消費者創造出更大的價值滿足。只有這樣，企業才有可能留住老顧客、吸引新顧客，從而增加或占據穩定的市場份額，立於不敗之地。

站在企業自身的角度看，品牌創新的目的是品牌形象的創新，即企業通過更新品牌識別來強化品牌資產而煥發品牌新的活力——提高品牌熟悉度、強化品質認知、改變品牌聯想、延伸顧客群和提高品牌忠誠度，而不僅僅是為了增加品牌產品的銷售量。

品牌形象的創新是一種創新的結果，而不是創新的過程或者創新的維度。品牌是和企業緊密地聯繫在一起的，消費者頭腦中的品牌形象也往往是通過企業識別系統（Corporate Identity System，CIS）形成的。企業識別系統由以下四個方面構成：

MI（Mind Identity）：企業理念識別。這主要包括經營方針、精神、標語口號、企業經營風格、企業文化、企業戰略、企業建築、招牌、制服、吉祥物等，是企業所蘊含的內在動力，影響著企業其他活動的開展和進行，同時，也是 CIS 其他方面的決定性因素。

BI（Behavior Identity）：企業行為識別。這主要包括教育培訓、福利待遇、禮儀規範、環境規劃、營銷活動、溝通活動、公益活動等，是行為活動的動態形式，偏重過程的實施與形式，是 CIS 外化的最主要的表現形式之一。

VI（Visual Identity）：企業視覺識別。這包括企業名稱和標誌、標準字、標準色、廣告設計、辦公用品、交通工具、輔助產品設計等，是 CIS 系統中最外在、最直觀的部分，直接刺激人們的視覺神經，在人的大腦裡迅速形成記憶。

AI（Audio Identity）：企業聽覺識別。這包括企業團隊歌曲、企業形象音樂、廣

[①] ［美］熊彼特·經濟發展理論［M］. 孔偉豔，朱攀峰，婁季芳，譯. 北京：北京出版社，2008：38.

告用語、廣告音樂等。它以聽覺的傳播力來感染媒體，把企業理念、文化特質、服務內容、企業規範等抽象事物，轉化為具體的事物，以聲音的手段塑造企業形象，彰顯個性。

可見，上面四「I」之中，任何一個「I」的改變都會引起品牌形象的改變，而品牌形象的改變也往往是通過上述四個「I」的綜合改變而實現的。

專欄：小故事・大啟示

「六神」花露水的前世今生

誕生於1990年、主打傳統中醫藥理念的六神花露水，堪稱上海家化的明星產品，其市場佔有率最高時超過70%。2008年以來，一向以現代科技為賣點的寶潔、聯合利華、巴黎歐萊雅等跨國巨頭亦如法炮制主打中藥牌，隆力奇等國內競爭者也開始貼身肉搏，六神品牌一度危機四起。2008—2010年消費者研究報告指出，消費者認為六神的品牌形象是「老土」「傳統」「不時尚」等；而消費者對產品功能也有負面的反應，認為「香味不好」「包裝陳舊」「功能單一」等。為了順應市場趨勢，上海家化與時俱進，在2011—2012年對六神進行了品牌創新，為這個名牌注入了新的活力。

作為品牌創新的重要內容，上海家化對六神產品進行了革新。為此，2012年六神推出具有新功能利益訴求的多種系列花露水，如「持久清涼」的六神勁涼提神花露水，「除菌消炎」的六神艾葉健膚花露水，「冰蓮清香」的六神噴霧驅蚊花露水……在消費群拓展方面，2011—2012年六神推出了針對0～6歲的「寶寶花露水」，同時相繼推出了祛痱、驅蚊、止癢型的漢草精露系列產品。「隨身花露水」則針對22～28歲的城市年輕女性，包裝極富創意，不但小巧，而且一改傳統色調，推出了粉紅色、橘黃色等「另類」色彩。這些重磅出擊的產品革新，改變了市場對六神的刻板印象。

此外，上海家化還對六神採用了更為年輕人所樂於接受的傳播方式，例如開通網絡B2C（商對客）傳播渠道，數字化傳播也是其新的嘗試之一。六神將目標受眾設定為18～35歲的年輕人，表現手法亦採用喜聞樂見的動畫形式。《花露水的前世今生》動畫片長達4分30秒，涵蓋了產品、歷史文化等諸多領域。「如果這麼多的信息在傳統媒體中去投放，成本是不得了的。」上海家化事業部總監秦奮華感慨地說。此外，網絡視頻的製作週期短至數天，較傳統廣告的半年週期快得多，靈活性使其易於結合當下熱點。

伴隨2011—2012年六神在產品和傳播上的突破性創新，六神花露水的市場份額在市場總體增長停滯的環境下依然有所上升，而其他主要品牌的市場份額則有所下降。現在，六神依然占據花露水市場絕對領導地位。在2012年1—6月，六神花露水市場份額同比增長10%，六神寶寶系列花露水市場份額同比增長50%，夏日隨身系列花露水市場份額同比增長80%。

上海家化對六神的品牌創新很及時，使其在眾多本土的、外資的沐浴露及花露水產品合圍之時，依然能迅速吸引年輕消費群的眼球，並對六神的喜愛度大幅提升；最終，六神取得了其他品牌花露水難以企及的市場份額。六神在其發展歷程中通過

創新成功解決了品牌老化的問題。

二、品牌創新的原則

品牌創新的原則主要由三個方面構成：一是從消費者的角度考慮創新，為「消費者原則」；二是從企業自身的角度考慮創新，有「全面性和成本性原則」；三是從創新的時機上看，有「及時性和持續性原則」。

（一）消費者原則

消費者原則是指品牌創新的出發點是消費者，創新的核心是為消費者提供更大的價值滿足，包括功能性和情感性滿足。「消費者原則」是一切原則中的根本原則。忽略了消費者感受的品牌創新，注定是沒有前途的。

寶潔公司的香皂與洗滌劑分部就犯了這方面的錯誤。該公司開發的「濃縮超級絨軟」（Ultra-Downy）牌產品，採用了小紙箱包裝來銷售，消費者需要把濃縮液倒進其他容器內，並摻入三倍的水。寶潔的科學家認為這既給公司節省了包裝費用、運輸費用，同時也向消費者表達了公司對環保的態度。創新的結果是，原來忠誠的「絨軟」（Downy）牌消費者也不願意購買這種新產品，消費者認為其使用過於繁瑣，並且比起競爭對手以相同價格提供的大塑料瓶包裝來，小紙箱包裝使消費者混淆了價格與價值的關係。雖然一年後，寶潔公司將其改回瓶裝，但是「濃縮超級絨軟」品牌的特徵已使該產品品牌形象受到破壞，在競爭中失去了忠實的消費者。

隨著空氣質量的下降和沙塵暴問題的日益突出，人們對清新、健康空氣的要求也與日俱增。海爾集團順應民心，早在 20 世紀初及時推出「健康金超人」和「數碼太空金超人」兩款空調新產品，並採用了當時世界上最新的雙離子技術。該技術通過等離子對微塵進行強力吸附，清除空氣中各種微塵，並且以負離子發生器消除空氣中的異味、灰塵和病菌，增強人體攜氧抗病能力，使人們能夠在一個清新、健康的環境中享受空調帶來的舒適。

（二）全面性和成本性原則

全面性原則是指企業對品牌的某一個維度進行創新時，往往需要其他維度同步創新的配合，才能達到較好的結果。比如，品牌的定位創新常常需要進行品牌的科技創新，科技創新往往需要通過產品創新來體現，產品創新也經常要求廣告等傳播手段的創新，另外還可能需要進行品牌的組織創新、管理創新等。抽象地講，品牌創新的全面性原則，其本質是一種「全面品牌創新」（Comprehensive Brand Innovation，CBI），它是以品牌創造與品牌培育為核心的綜合性一體化創新，把創新納入品牌營運的所有環節中，通過有效整合和協同，形成系統性。

全面性原則可以增強企業內部整體系統的有機性；可以使創新後的品牌對消費者產生較為一致的品牌形象，不至於因其他維度沒有及時地創新而發生形象識別紊亂，從而強化了新的品牌形象的說服力。

成本性原則，是指任何維度的品牌創新，都是有代價的，包括可能的巨額研發費用、營銷費用、管理費用等，而且隨著市場競爭的加劇，這一代價呈現出遞增的趨

勢。如果企業沒有做好資源的準備與使用計劃，將大部分的人力、物力、財力集中於某一品牌創新的話，雖然創新成功的結果可能在短時間內產生極大的經濟效益或社會效益，但創新最終可能因資源供應不濟的問題而半途而廢，甚至導致品牌慘烈犧牲。

根據成本性原則，企業在進行品牌創新時，一方面應該根據內外環境分析，比如 SWOT 分析，結合自身資源能力等條件進行創新；另一方面，不妨通過聯合品牌戰略來達到減少風險、降低成本、提高收益的目的。許多個人電腦生產廠商在產品和廣告上標註「Intel-inside」，借助 Intel 的技術優勢來提高產品信譽；固特異公司（Goodyear）聲稱其生產的輪胎是奧迪（Audi）和梅賽德斯—奔馳（Mercedes – Benz）車推薦使用的部件。競爭對手之間也可以優勢互補，通過相互合作來實現低成本、高效益品牌創新的目的。

(三) 及時性與持續性原則

及時性原則是指品牌創新要能夠及時迅速地跟上時代步伐、滿足消費者對產品或服務的需求變化。創新不及時，產品或服務必將落伍，品牌必然老化。

吉列（Gillette）公司就曾因為創新不及時險些從地球上消失。早在 1962 年，吉列的高級藍色刀片非常受歡迎，這種刀片能防止因毛屑黏附在刀片上而妨礙剃鬚的情況發生，並成為吉列公司的主要盈利產品。其後，英國一家叫維爾金森（Wilkinson）的公司，開發出一種不銹鋼剃鬚刀片，因其使用壽命長且防腐，市場反應良好。此時的吉列公司不以為然，認為儘管不銹鋼刀片的使用壽命比藍色刀片長四倍，但不如藍色刀片好使而遲遲不肯研發新產品。直到 1963 年秋天，不銹鋼刀片進入市場整整六個月之後，吉列公司才發現自己的市場已被大片占領，才順應市場需求開發不銹鋼刀片。只是這時，該類產品的市場早已被他人瓜分了，吉列要從別人的手裡奪過來，就要花費更大的代價了。

企業通過品牌營運狀況的監控，可以較早地發現品牌老化的徵兆，當徵兆出現時，便意味著需要品牌創新了。此時進行的品牌創新即為及時的品牌創新。

持續性原則，是指世界上沒有一勞永逸的品牌創新。索尼（SONY）公司持續不斷的創新，創造了多個世界「第一個」的產品，如第一臺磁帶錄音機、第一臺晶體管半導體收音機、第一臺晶體管電視機、第一部隨身聽（Walkman）、第一臺激光唱片機等，對世界其他企業包括美國蘋果公司產生了巨大的影響，甚至蘋果公司創始人史蒂夫·喬布斯認為公司的目標就是成為「美國的索尼」。

持續性原則和及時性原則是緊密相連的：企業只要較好地把握住「及時性創新」，一個個連續不斷的「及時性創新」便構成了有效的「持續性創新」；「持續性創新」是多個「及時性創新」在時間維度上的外在表現，是其呈現出來的結果。

綜上所述，「消費者原則」是品牌創新成功的前提；「及時性與持續性原則」是品牌創新的基本要求，也是品牌創新的意義所在；「全面性和成本性原則」是品牌創新成功的保證。三者有機地統一，在品牌創新體系及其執行過程中缺一不可。

三、品牌創新的階段

在上一節分析品牌老化問題時，我們是用品牌資產價值的流動階段來表示品牌

生命週期的。品牌資產價值的流動也可對應分為三個階段：流入期、穩定期和流失期，在品牌生命週期的不同階段，品牌創新的內涵與特點各不相同。

（一）品牌資產價值流入期的品牌創新

這個時期品牌創新的特點是強調創造出不同於競爭對手的具有鮮明屬性的品牌，以求得立足於市場。因此，品牌屬性的差異化是此階段創新中最重要的因素。在洗髮水市場，由於「寶潔」卓越的多品牌洗髮水把許多細分市場牢牢占領，再加上「寶潔」財力雄厚，所以其他品牌的洗髮水如果沒有差異化的價值點切入，無異於飛蛾撲火。早在 20 世紀末「重慶奧尼」別出心裁地對市場進行細分，把洗髮水分為化學和植物兩類，於 1997 年推出「百年潤發」植物洗髮露，於 1998 年又推出「新奧尼皂角洗髮浸膏」，強調「不燥不膩，爽潔自然」的純天然價值，終於撬動了被「寶潔」封鎖得像鐵桶一般的市場。人們一般認為看電視對眼睛不好，尤其是對兒童的傷害更大，「創維」推出一款「不傷眼」的電視機，很快得到了消費者的認同。「舒膚佳」（Safeguard）進入市場時，以「除菌」為核心價值，經過近十年的宣傳，其市場佔有率超過老牌香皂「力士」（Lux），位居香皂品牌的榜首。

（二）品牌資產價值穩定期的品牌創新

品牌從步入穩定期開始，品牌資產價值逐漸達到良好的狀態。隨著品牌的日趨成熟，同類產品競爭更為激烈。此時，品牌的創新顯得十分的關鍵和必要，稍有松懈，就會前功盡棄；加把勁，則有可能一躍成為行業的佼佼者，保持品牌發展的優勢。在此階段，品牌的創新要做好兩手準備：

一方面，品牌創新應對原有的品牌發展戰略做進一步的強化，加深消費者對品牌的認知，鞏固已有市場並開拓新市場，可主要通過廣告等傳播媒介的創新，以競爭性、強化性宣傳為主，突出品牌的特性和個性，深化消費者對品牌的印象。百事可樂的核心價值「年輕、未來一派，緊跟時代步伐」的精神特質，十多年來一直未變，但廣告片更換了不下 50 個；耐克的核心價值「超越、挑戰自我」，也是幾乎每隔半年就會有一條新的廣告片。這些知名品牌變著花樣不斷地帶給消費者視覺聽覺上的新感覺，使品牌茁壯成長、永葆活力。另一方面，企業也應該借助這一難得的穩定階段，及時、持續性地進行科技創新，不斷推出新產品，留住老顧客，吸引新顧客，鞏固和提升品牌產品的行業市場地位。微軟從 1990 年開始連續不斷地進行 Windows 視窗系統的研發，推進產品升級換代，從 Windows 3.0 到 Windows 95、Windows 98、Windows 2000，再到 Windows XP，通過科技與產品的不斷創新，實現了品牌資產價值的提升。

（三）品牌資產價值流出期的品牌創新

在這一時期，品牌的形象開始老化，原有產品已逐步變得過時，新產品則已逐步進入甚至開始替代企業的現有產品，品牌資產價值出現了衰弱。因此，企業在此階段能否及時地進行品牌創新、品牌創新成功與否，關係到品牌的生死存亡。這一階段，企業通過品牌創新獲得成功的例子也很多。

1. 通過開發新產品，使品牌重新進入增值狀態

「雅馬哈」（Yamaha）鋼琴在20世紀80年代因為音響、電子琴的普及而使其原有的市場份額以每年10％的速度急遽下滑。為了走出已飽和的鋼琴市場，1959年公司推出了一種電子控制的鋼琴「雅馬哈—蒂維卡維爾」，它集彈奏、錄音、放音、變音、調速、重放式教學、練習、娛樂等功能於一體，可供使用者邊彈奏、邊錄音或邊放音。這款新產品在推向市場後馬上得到了消費者的高度認同，僅僅三年時間就成為市場上的領導品牌，從而重振了下滑的鋼琴市場。

2. 通過產品的新配方、新包裝，重新煥發出生機和活力

上海冠生園「大白兔」作為新中國第一代糖果，曾經在長達數十年裡，以一成不變的形象面對幾代消費群體，並由此遭到人們的非議：「大白兔」還蹦得動嗎？「大白兔」會遠離年輕消費群體嗎？2002年，「大白兔」大變臉：在品質上，全新的大白兔奶糖的鮮奶含量增加10％以上，奶香更為濃鬱，同時不含香精和色素，彈性更足、口感更滑軟；在包裝材料上改用不易皺褶的高檔材料，包裝圖案由原來靜臥的大白兔改為奔跑的卡通兔。通過品牌創新，大白兔品牌顯現出高檔、時尚、充滿童趣的美好形象。「變臉」後的大白兔，蹤跡現已遍及五大洲40多個國家和地區，並在東南亞、南非還設立了生產企業，沃爾瑪（Wal-Mart）商場和泰國2,000多家便利店已為「大白兔」敞開大門，在市場經濟大潮中，這一滬產老名牌終於「動如脫兔」。

3. 通過品牌的重新定位，增加新的消費群體，走出品牌的低谷

一百多年來，發酵粉是美國大眾烤焙蛋糕與麵包的必需品，銷量一直穩定增長。可是到了20世紀60年代，蛋糕預調配方的出現，取代了部分發酵粉市場；到了70年代，由於冷藏蛋糕的問世，發酵粉的銷量一落千丈。美國市場上的斧頭牌（AXE）發酵粉也未能幸免，遭遇了空前的危機。當時，有人發現，發酵粉除了能夠烤焙蛋糕外，還能放置到冰箱內消除異味，把它倒入馬桶中，還能消除惡臭。公司的營銷經理據此對斧頭牌發酵粉進行用途的重新定位，並製作了題為「我發現了一個秘密」的系列電視廣告，宣稱：把用剩的斧頭牌發酵粉放在冰箱內，可以消除異味；冰箱內的發酵粉放置一段時間後，其功效會降低，此時應換新的發酵粉，然後把舊的發酵粉倒入廚房內的水槽或廁所下水道中，能消除惡臭。這一再定位，引起消費者的極大興趣和反響，美國各地經銷商的訂貨電話也蜂擁而至。

應該注意的是，這一階段的品牌創新通常是全面性的創新，即品牌的創新涉及多個維度的協同創新，而往往最根本的則是企業的內部機能創新，比如組織創新、管理創新等。企業之所以沒有在品牌資產價值穩定期這一最有利的時期進行及時的品牌創新，往往與企業自身的組織結構的合理性、管理的科學化程度有最直接、最根本的關係。所以，保證品牌能夠常青的根本大法還在於從品牌發展的戰略角度進行企業內部機能的創新；企業內部機能的創新也不僅僅是在品牌的資產價值流失的階段才開始進行的，同樣需要及時性、持續性的創新。

第三節　品牌創新維度

品牌的創新維度即創新內容從總體上看，可以歸結為三大部分，即品牌的戰略

創新、營銷創新和管理創新。品牌戰略創新主要包括品牌的定位創新、標示創新和科技創新；品牌營銷創新主要包括品牌的產品創新、渠道創新及品牌傳播方式的創新；品牌管理創新主要包括組織管理創新、人力資源管理創新和經營管理創新等。

品牌戰略創新是直接關係到品牌未來生存和發展的狀態，關係到品牌能否引領潮流、保持競爭優勢的關鍵性創新；品牌的戰略性創新也往往要求相應的營銷創新。營銷組合是品牌與消費者之間溝通的橋樑，企業通過營銷組合創新，可以實現品牌與消費者的良性互動，更有效地滿足消費者的需求變化，增加消費者對品牌的認可度；品牌的管理創新是在品牌管理中執行管理職能創新的過程。品牌管理的主要內容就是本教程 4～12 章講述的內容，管理基本職能包括計劃、組織、指揮、協調和控制。

一、品牌定位創新

一般而言，品牌核心識別是品牌存在的價值和意義所在，一經確定就不能輕易改變。然而，市場消費者的需求偏好不是一成不變的，市場競爭環境亦是不斷改變的，因而一旦目標市場上品牌定位出現老化的時候，企業就應當考慮採取新的品牌定位策略，以建立新的品牌聯想。品牌再定位（Re-positioning）就是指企業對品牌定位的更新，旨在擺脫經營困境，使品牌與時俱進，煥發新的活力。它不是對原有品牌定位的一概否定，而是對其的「揚棄」。

品牌定位創新，通常有以下幾種情況下的創新：

（一）初始定位失誤

如果某品牌的定位策略得到了很好的執行，在消費者心目中開闢了一席之地，但無法借此達到營銷目標，市場佔有率、利潤等均不理想；那麼，失敗原因只能是定位決策的根本失誤，企業需要考慮品牌的重新定位。

「萬寶路的變性手術」是一個很好的例子。在 20 世紀 20 年代，美國的年輕人被稱為「迷惘的一代」，女青年抽菸是一種時尚。「萬寶路」剛進入市場時，其定位是女性香菸品牌，它的口味也是特意為女性吸菸者而設計的：淡而柔和。萬寶路創始人菲利浦·莫里斯（Philip Morris）注意到，女性們抽菸非常注意自己的紅唇，常常抱怨香菸的菸嘴沾染上她們的唇膏，使嘴唇變得斑斑點點，很不雅觀。為此，萬寶路打出了一條不朽的宣傳口號「櫻桃紅色菸嘴陪襯點點紅唇」（A Cherry Tip for Your Ruby Lips）。從產品的包裝設計到廣告宣傳，萬寶路都致力於明確的目標消費群——女性菸民。不僅如此，萬寶路還把原本是地名的「Marlboro」這個名稱賦予新解，宣傳為「Man Always Remember Lovely Because of Romantic Only」的縮寫，其含義是「僅僅由於羅曼蒂克，男人總是記得女人的愛」。然而，儘管當時美國吸菸人數年年都在上升，萬寶路香菸的銷售狀況卻始終表現平平。20 世紀 40 年代初，莫里斯公司被迫停止生產萬寶路香菸。萬寶路經過周密的市場調查發現，女性愛美之心使得她們擔心過度吸菸會使牙齒變黃，膚色受到影響，在吸菸時要比男性菸民節制得多，因此難以形成容量較大的女性菸民市場，這客觀上使女性菸的市場開拓受阻。後來，廣告大師利奧·貝納（Leo Burnett）在為萬寶路做廣告策劃時，做出了一個重大決

定，決定沿用萬寶路品牌名，將其進行定位為男子漢香菸，並把它與西部牛仔的形象結合起來。目光深邃、粗獷豪放、多毛的手臂下的手指中間夾著一支冉冉冒菸的萬寶路香菸的美國西部牛仔，成了消費者追求的新偶像。[1]

萬寶路的命運由此發生了轉折。一年時間，「萬寶路」的銷售量就提高了三倍，成為美國第十大名牌香菸。至 1968 年，「萬寶路」的市場份額已位居全美第二，僅次於「溫絲頓」（Winston）。如今「萬寶路」每年在世界上銷售的香菸多達 3,000 億支，美國市場上每賣出四包香菸，就有一包是「萬寶路」。「萬寶路」由脂粉氣的女性菸轉化成鐵骨錚錚的男性菸，這種品牌個性更新獲得了巨大的成功。

（二）品牌延伸的需要

有的品牌在其初創時期，由於產品種類單一，品牌定位比較狹窄，隨著品牌向更多類產品的成功延伸，企業應對其進行再定位。

中國娃哈哈集團的娃哈哈品牌的最初定位是兒童營養品，並由此生產了兒童營養液、果奶、酸奶等產品，廣受市場歡迎，成為中國兒童營養品的知名品牌。隨著娃哈哈向成人茶飲料、水飲料系列的延伸，娃哈哈集團決定對定位進行創新，使其轉向「中國飲品大王」上。這一創新不僅使其擴大了市場份額，同時也提高了品牌知名度，為其最終目標的實現奠定了基礎。

海爾也是其中一例。從 1984 年至 1991 年，海爾只生產一種產品——電冰箱。從 1992 年到 1995 年，海爾品牌逐步延伸到冰櫃、空調等制冷家電產品。1997 年，海爾又進入黑色家電領域。1999 年，海爾品牌的電腦成功上市。現在海爾集團已擁有包括白色家電、黑色家電、米色家電在內的 58 大門類 9,200 多個規格品種的家電群，幾乎覆蓋了所有家電產品，在消費者心目中樹立了海爾家電王國的形象。其品牌定位顯然不宜再用「海爾冰箱，為您著想」這樣狹窄的界定，而啟用了「海爾，真誠到永遠」「海爾，中國造」「海爾越來越高」等以優質服務、民族自信、卓越品質為特色的定位。這一重新定位有力地支持了海爾的品牌延伸，成功塑造了海爾家電王國的新形象。

（三）產品進入衰退期

產品是品牌的載體，當產品進入衰退期，為了避免品牌隨著產品的衰退而衰退，企業可以進行產品的包裝創新、服務創新或者產品的更新換代抑或營銷創新來部分解決問題。還有一種方法，企業不妨看看產品有沒有其他新的用途，或者產品有沒有可能開發出新的消費群體，通過用途的重新定位或者消費群體的重新定位來使產品走出衰退，實現品牌的增值。

多年前，臺灣地區市場上有一種叫「仙桃牌通乳丸」的產品。這種產品是針對哺乳期婦女開發的，服用通乳丸，可使奶水不足的婦女奶水充足。近年來，由於人們生活水平的提高，婦女營養不良、奶水不足的現象已逐漸減少，再加上嬰兒配方奶粉的問世，使得嬰兒對母乳的依賴程度降低。因此，通乳丸的銷路不暢，在市場

---

[1] 黃江松. 品牌戰略［M］. 北京：中國金融出版社，2004：134.

上逐漸走下坡路。但這種瀕臨消失滅亡的產品，卻在企劃人員的精心策劃下，枯木逢春。他們將過去的推銷對象改為未婚的少女，訴求重點改為使乳房發育健全。目標市場和訴求的改變，使得「通乳丸」能以嶄新的面目重現市場，並得到未婚少女的青睞。

強生（Johnson & Johnson）公司兒童用品部生產的兒童洗髮劑在美國第二次世界大戰後生育高峰期間非常暢銷，但到了20世紀70年代，出生率不斷下降使得兒童洗髮劑前景黯淡。為此，約翰遜決定將產品重新定位，進軍成人洗髮劑市場。現代人追求頭髮自然蓬鬆和柔順的美感，洗髮時，他們特別警惕肥皂和洗髮劑的成分，不願用不自然的方式來達到「自然美」的目的。公眾把約翰遜公司生產的兒童用品看成是安全的，約翰遜公司利用這一原有產品定位的優勢，在市場上採用了「如果它對兒童是安全的，那麼……」作為標示語來促進兒童洗髮劑的推銷。現在公司的兒童洗髮劑已成功地重新定位於家庭洗髮劑，它已不再是偶爾使用的產品，而是已經成為家庭的日常必需品了。

（四）消費觀念和行為的變化

消費者的消費觀念、消費行為不可能是一成不變的，品牌應該及時創新以適應消費者需求的變化。必要時，品牌的核心價值也應該進行重新定位。

「金龍魚」食用油在發展初期的品牌定位是「溫暖大家庭」，因為他們調查發現，一種新的消費模式首先是以家庭為基礎而被接受的，為此，他們採用了符合中國老百姓心理要求的傳統紅色和黃色組合，以富貴、喜慶的形象把家庭的溫馨、親情的濃鬱這一理念根植於消費者心目中。隨著經濟的發展，人民生活水平的提高，「健康」這個概念已成為消費者追逐的時尚，「金龍魚」重新定位於「健康營養」，推出第二代調和油，並宣稱其食用油中的飽和脂肪酸、單不飽和脂肪酸、多不飽和脂肪酸的比例符合聯合國糧農組織提出的「1∶1∶1」的膳食脂肪酸比例。「金龍魚」這次重新定位，為「金龍魚」品牌提供了巨大的發展空間。

除了上述四點之外，企業經營戰略的改變，也會促使品牌的重新定位。三星電子過去在消費者心目中是檔次不高的韓國貨，為了改變形象，三星推出了全新的品牌戰略，重新定位於「e公司、數字技術的領先者、高檔、高價值、時尚」的高端「三星數字世界」。

二、品牌標示創新

（一）品牌名稱更新

縱觀世界上的成功品牌，雖其名稱各具特色，卻又都遵循著「好聽、好讀、好記、好意義、好傳播」的「五好原則」。如果因在最初的品牌設計中考慮不周，致使品牌名稱不利於傳播，或者因品牌發展導致現有名稱不能詮釋品牌的內涵，企業可以考慮更新品牌名稱。

作為日本三大音響品牌之一的健伍品牌（KENWOOD）便是經典一例。健伍的原名稱為TRIO，曾因跟不上市場發展的腳步而一落千丈。儘管經營業績不佳的原因

是多方面的，卻與品牌名稱設計不無關係。TRIO 這一名稱作為音響品名，雖然比較簡潔卻有明顯的缺憾，主要表現在它的發音節奏性明顯不強，從 TR 到 O 有頭重腳輕之感，達不到朗朗上口的效果。20 世紀 80 年代，公司將其更名為 KENWOOD，KEN 與英文 CAN 諧音，WOOD 又有短促音的和諧感，兩者結合起來，讀音響亮、節奏感強。品牌名稱投入使用後，企業發現凡標註 KENWOOD 的產品都得到了廣泛的認同，因此 TRIO 三年後銷聲匿跡，KENWOOD 得以在所有的產品上推廣。

摩托羅拉公司也將其原「MOTOROLA」的名稱簡化為簡潔明快的「MOTO」。它來自於臺灣地區年輕消費者之間流傳的、對摩托羅拉的昵稱，是消費者在感受到摩托羅拉人性化移動科技後發自內心的聲音。「MOTO」用一種消費者自己的語言向公眾傳遞著「全心為你」的公司理念。「MOTO」的效果與中國《讀者文摘》改名為《讀者》、美國消費者將「Coca-Cola」簡稱為「Coke」，有異曲同工之妙。

必須指出，企業更新品牌名稱，不僅包括品牌名稱字符本身的變更，也包括品牌名稱字符不變而是賦予新解的品牌名稱更新。

「TCL」原始的意思很簡練，就是電話通信有限公司（Telephone Communication Limited）的英文縮寫。這個英文縮寫的品牌簡潔明快，易於辨認，朗朗上口，易於記憶，並符合國際規範，不受漢字文化的限制，易於通行世界。如今的「TCL」已成為電話、電視和移動電話市場上富有競爭力的品牌。「TCL」人不滿足已取得的業績，又為自己樹立了新的攀登目標，並將其蘊涵在品牌中，使「TCL」有了新的釋義：Today China Lion（今日中國雄獅）。於是，「TCL」這三個字母，重新演化成給人以東方睡獅如今猛醒，大有怒吼震天、威風凜凜的形象意蘊。

（二）品牌的標誌更新

只有名稱是不夠的，企業還必須為品牌設立一個標誌，即抽象標示。品牌標誌（Logo）是指品牌中可以通過視覺識別傳播的部分，包括符號、圖案或明顯的色彩和字體，如英荷殼牌石油公司（Royal Dutch Shell）的貝殼造型、耐克（Nike）的對鈎，IBM 的字體和深藍的標準色等。

心理學的分析結果表明：人們憑感官接收到的外界信息中，83% 的印象來自視覺，11% 來自聽覺，3.5% 來自嗅覺，1.5% 來自觸覺，1% 來自味覺。標誌正是對人的視覺的滿足，是創造品牌知名度和品牌聯想的關鍵。

品牌標誌是品牌與消費者溝通的一種方式，如果企業不能根據消費者的變化適時地對品牌標誌進行調整，就可能會出現溝通障礙、面臨失去新的消費者的危險。

1999 年，和路雪（Wall's）公司在全球範圍內推出精心設計的、更富有內涵的紅白搭配的「雙心」新品標，以取代存活於市場幾十年的和路雪舊品標（紅條映襯下的藍色標誌），儘管舊品標已享有較高的品牌知名度，為廣大消費者所認知，但因其缺乏人情味、過於冷漠而顯得不合時尚，不足以恰如其分地反應出企業與消費者日益緊密默契的關係。新品標紅白相間的色彩給人以溫暖、親切的感覺，體現了輕鬆自然、珍愛生活、快樂共享的品牌理念，為和路雪更好地贏得顧客奠定了宣傳基礎。

2003 年，可口可樂在中國啟用了新標誌，標誌最大的變化體現在中文字體的設

計上。香港著名廣告設計師陳幼堅設計的全新流線型中文字體，與英文字體和商標整體風格更加協調，取代了可口可樂自1979年重返中國市場後沿用了24年的中文字體。公司試圖通過此舉扭轉中國消費者認為可口可樂活力不足、傳統、老化的印象。可口可樂改變的不僅是標誌，也是與消費者的溝通方式。

「百事可樂」品牌不僅將名稱從「PEPSI-COLA」更改為簡潔的「PEPSI」，而且其標誌從1898年註冊至今，已進行過九次更新。特別是它現在採用的全藍色標誌，以飲料色彩中少用的藍色來強調其「反叛、真我、獨立」的個性，徹底地表示出它與紅色浪潮「可口可樂」的本質區別：「百事，新一代的選擇」（The choice of a new generation）。

三、品牌的科技創新

在科技浪潮洶湧澎湃的今天，誰擁有新技術，特別是擁有新技術的研發能力，誰就可以形成品牌的「先動優勢」，就可以擁有市場，從而擁有未來。所以，科技的創新已成為品牌創新的支撐點和後盾，對高科技企業來說，尤為如此。

英特爾，世界上最大的計算機芯片生產商，就是靠技術上的不斷創新來保持企業的持續發展。從286到586，然後到奔騰4，等等，其技術遙遙領先於競爭對手。比如，當其在386市場上享受高利潤時，競爭對手也推出了同等產品來與其競爭，但英特爾立即推出功能更強大的486，同時386降價一半。這樣，它又在486市場上盡享高利潤，看著其競爭對手在386市場上苦苦掙扎。同樣，舉世聞名的微軟公司，從一般的磁盤操作系統DOS，到Windows視窗系統，一直處於技術開發的前列，其他品牌始終望塵莫及。

四、產品創新

產品創新是品牌創新的基礎，是實現品牌創新的基本途徑。產品創新主要包括產品品質創新和產品包裝創新。[①]

（一）產品品質創新

它主要是指產品的開發和創造、產品質量的提高、性能的改善以及產品品種的增加等多方面的創新。基於產品創新的方向，產品品質創新可分為後向創新和前向創新。

後向創新是指企業在運用新工藝的基礎上，對老品牌加以改進、完善，使之適應現在市場的需要，不需要調整或改變生產體系，只是通過對生產技術和工藝的改變而達到創新的目的。像「康師傅」在「綠茶」成功之後，又推出的「低糖綠茶」「蜂蜜綠茶」「紅茶」「檸檬紅茶」等就屬此列。前向創新是指企業創造出一種全新的產品，更好滿足和適應市場的需要。哈根達斯（Häagen-Dazs）為了適應阿根廷市場就開發出了一種具有當地風味的「卡拉梅茲」（Caramelize）牛奶冰淇淋，深受消費者歡迎。肯德基（KFC）針對中國市場推出的「榨菜肉絲湯」「老北京雞肉卷」

---

① 薛可. 品牌擴張：延伸與創新［M］. 北京：北京大學出版社，2004：333.

等都可歸為此類。

通過產品品質的創新，企業可以不斷地製造出差異性，減少品牌在增值過程中的障礙，為延長品牌的生命力和塑造強勢品牌奠定基礎。

「喬伊」（JOY）玩具的春風三度便是一個很好的例子。20世紀70年代，美國陷於越戰的泥沼中，美國人無不希望出現一位機警靈活、刀槍不入的「超人」，拯救美國於水深火熱之中，「喬伊」玩具作為這個時代的產物，扮演了人們期望的角色。「喬伊」上市後，其銷售量直線上升，達到頂點時，年銷售額達2,200萬美元。但上市三年後，其銷售額直線下降，甚至從貨架上消失。妙手可以回春，捲土重來的「喬伊」完全拋棄了先前的個人英雄主義，帶領了一批精銳的「部隊」，勇士們神態各異、配備不同。雖然每個玩具的定價僅為3美元，可是人們購齊全組勇士系列需要花費200美元。即使如此，「喬伊部隊」銷售狀況仍是節節上升。使「喬伊」春風三度的是，公司在原來的勇士系列中又增加了精心設計的「壞人」系列。「好人」和「壞人」的整套組合一經推出，便大受歡迎。說不定，公司以後還有可能推出「喬伊」星球系列呢。通過產品的不斷創新，「喬伊」可謂占盡了市場的風頭。

(二) 產品包裝創新

產品包裝的更新是賦予品牌新形象最直觀的手段。改變包裝物的容積和採用新的包裝材料、包裝技術、包裝設計，既方便了顧客，又改變了品牌原有的形象，還會起到無聲的推銷作用。

全球著名品牌百事可樂便是靠包裝絕處逢生的。百事公司曾淪落到希望以5萬美元的價格出售給可口可樂公司卻沒有被接受的地步。為此，百事可樂破釜沉舟、背水一戰，在包裝上下起了功夫，發動了一場大容量的戰略進攻。百事的訴求概念是：同樣是5分錢，原來只可買6.5盎司（1盎司＝0.028,3千克）一瓶的可口可樂，現在卻能買到12盎司一瓶的百事可樂。可口可樂在這場進攻中被逼得走投無路，因為他們不可能改變瓶裝量，除非下決心丟棄10億個左右的6.5盎司的瓶子；也不能降低售價，因為市場上已有數十萬臺可用5分幣投幣購買的冷飲機無法改造。包裝的改變使百事可樂絕處逢生：1936年賺了200萬美元，1937年賺了420萬美元；到1953年可口可樂的銷售量下降了3%，而百事可樂的銷售量增加了12%。

另一個生動的例子是日本森永公司的包裝創新。在日本的番茄醬市場上，以「森永」和「可果美」兩家最具競爭力。長期以來，雖然「森永」的質量和「可果美」一樣，廣告宣傳的投入比「可果美」還要多，可是其銷量只有後者的一半。後來，公司接受員工的建議：將番茄醬包裝瓶的瓶口改大，大到人們可以用湯匙伸進去掏。這一包裝創新解決了消費者在食用番茄醬時，因瓶口太小需要用力上下搖動的麻煩。新包裝產品投入市場後，大獲成功：沒過半年時間，其銷量就超過了「可果美」，一年後，占領了日本大部分市場。

五、渠道創新

分銷渠道既是商品銷售的渠道，也是商品展示的場所，因此企業在一定程度上可以通過渠道的創新實現品牌形象的創新。

品牌渠道的選擇，往往應以品牌的定位為前提。法國歐萊雅（L'ORÉAL）旗下十幾個品牌的美容、護膚、護髮產品落戶中國後，分為四大類，歐萊雅針對四類產品建立了四大不同的銷售渠道。高檔化妝品，如蘭蔻、碧歐泉、赫蓮娜，精心選擇銷售渠道，主要集中在中高檔百貨商店銷售，以便能提供給消費者極高質量的服務；大眾化的產品，如巴黎歐萊雅、美寶蓮、卡尼爾，主要集中在百貨店、大型超市銷售，以滿足消費者購物的方便；專業美髮產品，如卡詩、歐萊雅專業美髮，主要在中高檔美髮店銷售；微姿、理膚泉則專門在藥店銷售，因為只有極少數的化妝品品牌能夠通過嚴格的醫學測試得以進入藥房。

三星電子為改變其檔次不高的「韓國貨」形象，推出了全新的品牌戰略，重新定位為「e公司、數字技術的領先者、高檔、高價值、時尚」。為此，三星以壯士斷腕的勇氣，進行了渠道創新，放棄了三星產品的主要零售商沃爾瑪公司，因為再將產品擺在面向大眾的折扣店裡，對三星建立高端形象的努力會造成不利影響。

與三星的渠道創新截然相反的是德國漢高（Henkel）公司的渠道創新。1999年漢高毅然將Fa（身體護理品及化妝品）從大商場化妝品專櫃中撤出，將自身定位於中檔的基礎護膚品，擺進了大型超市的貨架，以適應老百姓對超市購物的習慣與喜愛。這一渠道創新，讓中國的消費者感覺到，Fa這個國際品牌是如此的貼近他們的生活，從而樂於購買。這不僅提升了企業的盈利能力，也為企業自身的發展提供了廣闊的空間。

六、品牌傳播方式的創新

品牌的定位創新、科技創新、產品創新需要通過傳播方式的創新來體現，以便企業及時、準確地將品牌創新的信息和內容傳達給消費者，取得消費者的理解和信任。企業品牌傳播方式的創新，不僅是實現品牌形象創新的簡單、有力的工具，而且可以使自己的「攤子」熱鬧起來，以吸引消費者的眼球，保證消費者的持續關注，防止品牌的老化。

（一）廣告創新

廣告是消費者最常見的一種傳播方式，是企業塑造品牌形象的重要法寶。廣告的創新主要體現在以下兩個方面：

1. 創意

如果廣告的創意與傳播枯燥陳舊，缺乏表現力，不具現代感，那麼在今天消費者面對的海量廣告信息中，根本不會引起什麼關注，更不可能有多少號召力。新、奇、特的廣告創意總會給人以新鮮感，為品牌的形象注入新的活力。

美國無線電公司RCA是電視機的發明者，有著幾十年的成功歷史。20世紀80年代，來自日本的松下、索尼等品牌，以精美的外觀和高科技的形象趁機搶占了市場。與松下、索尼等日本品牌相比，RCA的品牌形象嚴重老化，既有的老顧客在一年年減少，而年輕一代又少有人問津，RCA面臨生死考驗。

RCA有一個沿用已久的品牌形象——小狗Nipper，在RCA的老客戶中廣受歡迎。但是隨著時間的遷移，品牌形象開始老化，年輕人對它根本不感興趣。於是，

RCA 決定新舊兼顧，讓 Nipper 生下了一只狗仔 Puppy，專門用來「對付」年輕人，並有意在廣告中將 Nipper 和 Puppy 塑造成兩代人。在 RCA 的一支廣告片中，主人起床後要穿鞋，Nipper 很聽話地將鞋叼了過來，而 Puppy 卻叼著一只鞋徑自走了。廣告出來後，年輕人在 Puppy 身上找到了自己的影子。於是，RCA 在鞏固老客戶的基礎上，又獲得了年輕人的認同。

2. 代言人的選擇

企業用一個全新的代言人來做廣告，也能給人耳目一新的感覺。如海信在一貫地採用技術人員做廣告之後，請寧靜做代言人，在原來比較「硬」、比較「板」的科技形象的基礎上又賦予了海信品牌以輕鬆、愉悅的感受。可口可樂、百事可樂等知名品牌不斷地請當紅的影星、歌星或體育明星做其形象代言人，其目的和意義在於保證品牌形象的時代性、潮流性，吸引年輕消費者，並與他們同步前進。

(二) 在線營銷的運用

網絡可以使品牌與消費者面對面溝通，可以經濟、便捷地實現品牌的時尚營銷、娛樂營銷和體驗營銷，為品牌形象的建立、傳播和發展提供了前所未有的舞臺。在「百事中國」的網站上，你可以看到「百事游戲」「百事音樂」「百事新聞」「百事體育」「百事俱樂部」「百事下載」等多個板塊，這些板塊較好地實現了百事與消費者的互動，有力地推動了品牌的發展。

網絡系統還可以跟蹤記錄用戶信息，形成客戶數據庫，企業可通過數據分析，瞭解用戶的操作習慣、個人興趣、消費傾向、消費能力、需求信息，有利於充分地展開個性化營銷。美國的李維斯是家著名的牛仔服裝生產廠商，它可根據顧客在公司網頁上輸入需要的尺寸、顏色、面料等信息，設計製造出顧客需要的服裝，並在三周內送貨上門。海爾集團曾提出了「您來設計我來實現」的新口號，由消費者在網上向海爾提出自己對家電產品的需求模式，包括性能、款式、色彩、大小等，海爾將根據顧客網上的要求定制冰箱，並在七天之內送貨上門，受到消費者的高度讚譽。

綜上所述，品牌創新的方式是多種多樣的，我們不能完全照搬某一知名品牌的創新方式，而應根據自身情況來確定最適合本品牌的創新方式。實際上，品牌的各種創新維度也是常常被綜合地利用，以達到最佳的創新效果。

本章小結

本章的主要內容是品牌創新，品牌創新的意義在於防止品牌老化。如果一個品牌不能與時俱進，必將遭到消費者的冷落，導致品牌的老化，造成品牌資產價值的流失直至喪失殆盡，品牌的意義蕩然無存。

品牌老化是指由於內部或外部的原因，品牌在市場競爭中知名度和美譽度下降、銷售量減少、市場佔有率降低等品牌衰落現象。品牌短命是指一個品牌在市場上的存續時間較為短暫，可能是幾個月，也可能是幾年，但往往不超過十年便從市場上消亡。兩者的區別主要表現在發生階段不同、強調內容不同和研究的目的不同。品

牌老化的主要表現有市場萎縮和形象僵化。品牌老化的原因主要有市場競爭加劇、消費行為的變化、品牌意識不全面、對市場變化不敏感和品牌擴張戰略的失誤等。擠奶戰略是指企業避免向該品牌及產品或者該業務投入資源，而是減少營運支出，或者提價，以使短期現金流最大化。擠奶戰略目的是從該品牌中榨取更多的短期利潤，而置該行為對品牌的長期影響於不顧。企業在日趨下降的行業中做出品牌決策主要受到行業市場發展前景、市場競爭的激烈程度和品牌強度以及企業能力幾方面因素的影響。

品牌創新是指企業依據市場變化，對品牌識別要素實施新的組合。品牌的每一個識別要素都可以作為品牌創新的維度與工具來實現品牌創新。品牌創新的原則主要有消費者原則、全面性和成本性原則、及時性和持續性原則。在品牌資產價值流入期、穩定期和流出期，品牌創新的內涵與特點有所相同。

品牌的創新維度可歸結為品牌的戰略創新、營銷創新和管理創新三大部分。本書主要分析了前兩種創新。品牌戰略創新主要包括品牌定位創新、標誌創新和科技創新，品牌的營銷創新主要包括品牌的產品創新、渠道創新及品牌傳播方式的創新。

[思考題]

1. 品牌老化和品牌短命是一回事嗎？如何防止品牌短命呢？
2. 如何理解品牌創新是品牌維護的最好方式？
3. 品牌創新的原則有哪些？
4. 如果做人如做品牌一樣，試想一下，你現在有品牌老化的跡象了嗎？如果沒有，請問你是如何做到的？如果有，請問你將如何進行個人品牌創新，以保持勃勃生機？
5. 為什麼要進行品牌創新？是不是所有的品牌都有創新的必要？為什麼？
6. 注意一下你身邊的品牌，想一想哪些是品牌創新的成功典範，它們是如何做到的？
7. 如何進行品牌戰略創新？

案例

海爾，成就源自品牌創新

創新是品牌活力的源泉。海爾品牌之所以能夠成為中國乃至世界的強勢品牌，根本原因在於海爾一直堅持自主創牌戰略（Own Branding and Manufacturing, OBM），而不是貼牌生產（Original Equipment Manufacturing, OEM）。

思想支配行動。企業創新意識及認識決定創新的成敗，海爾前進的主導力量是在理念及理念實踐上不斷創新。正是「鍥而不捨，目標如一，千萬遍不厭其煩地重複正確」使海爾成為全球最知名的中國企業之一。每當國人在紐約、東京鬧市上林立的廣告中，豁然看到海爾廣告，都會油然升起一股自豪之感。

一、海爾對創新和創牌的理解

（一）海爾對創新的理解

（1）海爾人的勞動就是創新。有了創新勞動，才會有有品位、品格、品質、品

215

德的海爾品牌。

（2）佛教禪宗有句話：凡牆都是門。只要肯創新，凡牆都是門。不創新，門也是牆。

（3）創新的目的就是創造有價值訂單；創新的本質是創造性破壞；創新的途徑是創造性模仿、借鑑、整合。

（4）企業要進行全方位、全過程的自主創新，真正成為自主創新主體，才不會受制於人，才會有良性的持續發展。

（二）海爾對創牌的理解

海爾創牌道路，本質上就是品牌和顧客之間關係的不懈創新，即海爾不斷提高顧客滿意度和忠誠度的過程。「海爾，真誠到永遠」「顧客永遠是對的」等口號很好地解釋了海爾對創牌的理解。

（1）一個品牌最持久的含義應是它的價值、文化和個性。僅有好的產品，還不能成為品牌，有了好的公司才能成為品牌。

（2）創新不是創利，只有滿足客戶需求的創新才是高層次創新。用戶需求是市場的指南針，少了用戶需求，企業創新就找不著「北」。

（3）只有淡季思想，沒有淡季市場。企業要從小處做起，在小處追求不同，在臨近市場需求點上下功夫。

（4）來自終端客戶的渴望，是我們開發超前新產品的創意之源。一方面是把用戶渴望轉化為技術開發的創意；另一方面，就是通過整合一切資源轉化為用戶滿意的產品技術，並繼續把客戶的滿意與不滿意轉化成新的創意，這才能使競爭力在良性循環中得到發展。

二、海爾商業模式創新

20世紀末，在國內家電市場已處於惡劣競爭環境和消費者需求不足的情勢下，海爾開始大力推進國際化戰略，以「縫隙產品」進入美國這個世界最大的家電市場。時至今日，海爾已成為美國消費者認可的家電品牌，樹起了中國自主品牌的新形象。

海爾集團2008年總結暨2009年戰略方針解讀動員大會主題是「為客戶創新」，明確提出海爾創新思維的四大重點，即機制創新（建立充滿活力的，讓每位員工幹部在創造市場價值的同時，體現個人價值的自主經營體的機制）、網絡創新（打造滿足虛擬櫃臺、虛擬超市需求的供應鏈）、商業模式創新（創建零庫存下即需即供模式）、戰略轉型（從過去以產品為中心的製造商，轉向具有第一競爭力的美好住房生活解決方案的提供商）。下面，以美國市場上海爾的商業模式創新為例。

（一）摸準了「營消」單元生態基礎，抓準了生活方式演進的大致路徑

每個企業同它的客戶群是一個魚水相連——經營者與消費者生死與共的，營銷者與消費者融為一體的「營消」單元。最初，海爾家電出口到美國市場時發現，在美國160立升以下的市場需求量不大，像GE、惠而浦這樣的國際大公司都沒有投入多少精力去開發這個市場。海爾經過深入的市場調研發現了這一商機——消費客戶群的消費方式正在悄悄逆轉。由於美國家庭人口正在變少，小型冰箱日益受到歡迎；同時，小冰箱更受到獨身者和留學生的喜愛。可這小型冰箱正是現有世界級品牌打造者們不生產的「縫隙產品」。海爾摸準了這一脈動，開始集中優勢兵力打殲滅戰，

把火力多集中到 160 立升以下，向全局市場開火。海爾冰箱上市後很快風靡美國大學校園，並迅速占到美國市場 50% 的份額。事實最終證明海爾冰箱靠這種源自生活、需求本身的市場細分之差異化戰略，贏得了美國新生代的認可。第一批大學生參軍後仍然點名購買海爾冰箱。

（二）扣準了營銷「核心用戶對象」的需求脈搏，抓準了具體的目標客戶群

這就是說，海爾從實實在在的生活底蘊視角上建立起了同美國年輕一代息息相通的企客互動的融合關係。

（1）他們自身生活習慣傾向於「用小不用大」。在美國社會中，有許多獨身者和留學生，從他們的生活習慣來講，他們在冰箱的容量上並沒有太大的需求。由於是一個人，也就沒有太多的食物需要儲放；再者對於留學生來講，他們多半住在學生公寓裡，需求更趨向於既方便又實用的小型冰箱，因此對大冰箱並不「感冒」。

（2）尚未形成對大冰箱的觀念性依賴。對於年輕一代來講，他們剛開始擁有自己的第一個公寓或者正在建立自己的第一個家，買自己的第一臺電冰箱，對家電還沒有形成固化的購買使用模式，在此當口冰箱以新型消費理念進入比較容易。由此，海爾冰箱定位於年輕人的戰略不僅順利地贏得了市場，並進而成為美國新生代的首選品牌。

（3）GE、惠而浦等並不重視他們。由於長期受二八定律慣性思維的影響，在美國市場上，主流產品大多盯在 160 立升以上的冰箱，對於 GE、惠而浦這樣的大牌家電企業來講，它們看重的是主流產品帶來的龐大利潤。然而，也正因為在它們並不太在意的情況下，海爾發現並有效地抓住了它們忽視的環節——新的客戶群、新的市場，並逐步由此發展成為國際知名度較高的中國自主品牌，打造出了美國年輕消費者的首選品牌。

（三）本土化「營消」價值鏈形成

海爾在南卡羅來納州設廠，打造價值鏈，形成美國海爾的最徹底本土化「營消」體制。海爾冰箱並不滿足於在縫隙中求生存，而是在美國努力開拓出獨有市場的同時，科學有效地打造出了三位一體的本土化海爾冰箱品牌。其實，海爾冰箱從出口那天開始，就堅持以自有品牌出口為方針。通過在海外與高手過招，海爾不斷提升自身素質。1998 年，海爾在美國洛杉磯、硅谷設立了自己的設計分部和信息中心。一年後，海爾成立了美國海爾貿易有限公司，接著選定南卡州建廠，最終完成了集「設計中心、營銷中心和製造中心」為一體的登陸北美的「三位一體」戰略佈局，成為一個非常有競爭力的，具備在當地融資、融智功能的本土化海爾。

（四）向高端「營消」進軍

歷經多年本土化鍛造的艱辛、磨煉和拼搏，海爾終於在 2007 年世界著名的美國國際廚房及浴室設備博覽會（KBIS）上推出了冰箱業最高端的超級空間法式對開門、美式變溫對開門冰箱，引起了當地主流品牌的極大關注，被美國主流媒體《今日美國》「USA TODAY」譽為「走進變溫時代」的旗幟性產品。美國南卡州州政府官員獲悉海爾法式對開門冰箱和美式對開門三門、四門冰箱受到歐美客商的稱讚後，專門向海爾美國工廠發來賀電，祝賀海爾冰箱取得的成就。事實上，海爾冰箱已經成為南卡州州政府招商引資時的「招牌」，在南卡州州政府看來，海爾冰箱已經成為美

217

國人自己的優秀品牌了。海爾的自主原創研發能力、海爾直接為美國消費者創造需求的嶄新營銷模式已開始讓歐美老牌家電廠商感到威脅，這標誌著海爾在美國本土化商業模式創新的成功。

［討論題］

1. 為什麼創新是品牌活力的源泉？
2. 海爾關於創新和創牌的理解對你有何啓發？
3. 為什麼說「海爾創牌道路，本質上就是品牌和顧客之間關係的不懈創新，即海爾不斷提高顧客滿意度和忠誠度的過程」？
4. 收集相關資料，比較海爾中國商業模式與其美國商業模式有何不同。

第十章　品牌增值

「在當前所處的 21 世紀，擁有品牌的並不是營銷者自身，相反地，品牌最終是通過消費者的眼睛來定義的。」[1] 事實上，品牌是企業和消費者共同創造的產物，消費者有關品牌的體驗和記憶形成了其與品牌之間的聯繫。品牌只有為自己的顧客不斷創造價值，才能夠實現品牌增值，享有品牌權益；這樣，品牌的增值過程就是企業通過創造性的營銷活動不斷增加顧客利益的過程。

第一節　品牌附加價值

一、品牌權益與品牌附加價值

（一）品牌權益的內涵

品牌權益（Brand Equity）這一概念起源於 20 世紀 80 年代初期，首先在股票市場興起，當時人們普遍認為，品牌權益指的是品牌是企業一項重要的金融資產。20 世紀 80 年代後期，營銷界開始普遍重視對品牌權益問題的研究。Farquhar 將品牌權益定義為，它是「相較於無品牌產品，品牌給產品帶來的超越其使用價值的附加價值」[2]。1993 年，凱勒（Keller）提出了基於顧客價值的品牌權益概念（Customer–based Brand Equity，簡稱 CBBE），認為品牌之所以存在價值是由於它對顧客存在價值，並將其定義為顧客品牌知識所導致的對營銷活動的差異化反應[3]。夏克（Shocker）等人認為可從企業和消費者兩個角度來解釋品牌權益，從企業角度看品牌權益是有品牌產品和無品牌產品相比獲得的超額現金流，從消費者角度看它是產品物理屬性所不能解釋的效用、忠誠和形象上的差異。[4] 可見，品牌權益即品牌資產就是品牌給企業帶來的諸多所有者權益，而基於顧客價值的品牌權益（本書稱之

---

[1] ［美］芭芭拉・卡恩. 沃頓商學院品牌課：憑藉品牌影響力獲得長期增長［M］. 崔明香，王宇杰，譯. 北京：中國青年出版社，2014：63.

[2] FARQUHAR P H. Managing Brand Equity［J］. Marketing Research，1989（30）.

[3] KELLER K L. Conceptualizing Measuring and Managing Customer–based Brand Equity［J］. Journal of Marketing，1993（57）.

[4] SHOCKER D A，RAJEND K S，ROBERT W R. Challenges and Opportunities Facing Brand Management：An Introduction to the Special Issus［J］. Journal of Marketing Research，1994（31）.

為品牌附加價值）是對品牌權益來源的解釋。

品牌權益對於企業的價值體現在企業參與市場競爭所獲得的經濟、戰略和管理方面的優勢。經濟優勢體現在品牌為企業獲取經濟效益提供保證，即品牌市場份額的規模、市場份額的穩定性、品牌帶給產品的超額利潤以及品牌帶來的其他的所有者權利。戰略優勢體現在品牌具有威懾潛在競爭對手的能力，並迫使零售商選擇這一品牌，以防止顧客流失。管理優勢體現在品牌能夠增強企業凝聚力，為企業提供更加穩固的、充滿自信和積極奮發的經營團隊，為企業經營管理活動創造良好的內部環境。因此，品牌權益是指品牌給所有權人帶來的利益。它不僅代表品牌帶給企業的經濟優勢，還意味著品牌帶給企業的戰略優勢和管理優勢。

（二）品牌附加價值的內涵

品牌附加價值（Brand Additional Value）是指品牌能夠給消費者帶來的利益。它是由感受功效、社會心理涵義和品牌名稱認知度構成的。感受功效和社會心理涵義是品牌附加價值的內在因素，主要表現在兩方面，即品牌是否能夠給人以安全感和信任感，以及消費者是否能夠獲得品牌的榮譽感和滿足。品牌名稱認知度在很大程度上決定品牌附加價值是否能夠實現或者起到強化的作用。

無論消費品、服務或工業品市場的購買者都把產品或服務視為能使他們的需要得到滿足的價值的集合。品牌營銷者必須認識到這一點，並通過開發品牌附加價值來創造與眾不同的品牌。為了取得品牌營銷成功，企業在確定品牌附加值時必須有一個整體的規劃方案。這些方面包括：與競爭者不同，品牌名稱能使消費者聯想到品牌價值的獨特性；附加價值不只是滿足顧客基本功能方面的需要，還能夠創造性地滿足顧客情感方面的需要；品牌名稱使人認識到購買品牌產品是低風險的；消費者容易購買；品牌名稱經註冊，取得商標的法律專屬權，實現品牌化。成功的品牌不只是體現在這五個方面的某一個方面，而是各方面的整合及相互促進。

舉個簡單的例子，當你需要找搬家公司搬家時，你可能並不很清楚不同搬家公司之間有何具體的差別。可是，當你詢問各家公司的服務時，差別就出現了。有的搬家公司可以隨叫隨到，另一些則不然；有的搬家公司有小冊子介紹公司能夠提供的服務業務，並建議你如何把物件分類收拾成便於搬運的小捆。這表明，對於無差別的業務，基本的服務內容是相同的；在這種情況下，某一品牌被顧客認同的提供服務的方法，就是勝過競爭者的附加價值之所在。

那麼，品牌附加值是怎樣與品牌建設結合在一起的呢？企業通過優良的技術系統把價值注入品牌之中，使其功能價值超過競爭者。但問題是競爭者可以進行模仿。對此，英特爾的辦法是不斷開發出功能更強大的計算機芯片。企業還可以把富有意義的價值注入品牌之中，使消費者更清楚地知道品牌的屬性。例如，牢固耐穿是李維斯牛仔褲公認的功能性價值，李維斯可以在品牌傳播中加入更具意義的個性宣傳，如休閒度假、不拘束、甚至性感等；蘋果計算機品牌的富有意義的價值可能是創造性與個性化。再就是企業把核心價值加到品牌上，顯示品牌的靈魂是什麼。核心價值體現了品牌信念，在更深的層次上反應了其所持的倫理價值觀或民族感情等，如消費者購買耐克品牌產品或是出於自我超越的感受，而喝可口可樂可能是分享美國

的民族精神。

(三) 品牌附加值和品牌權益的關係

品牌權益和品牌附加值之間的關係在很大程度上可以解釋為因果關係,前者是「果」,後者是「因」。也就是說,品牌權益在很大程度上取決於品牌附加值的大小,兩者成正向關係。品牌為其顧客提供的附加價值越大,品牌權益就越大,這是因為消費者能夠從權益大的品牌消費中獲取更多的利益。相反,不能為顧客提供增值的品牌,品牌權益就無從創造,最終品牌也必將消亡。

那麼,品牌附加值相同的品牌,品牌權益即企業所獲得的利益是否相同呢?答案是否定的。這是因為不同品牌各自的營銷因素會影響品牌附加值與品牌權益之間的關係。譬如,銷售渠道發達的品牌比銷售渠道少的品牌,品牌權益更高,因為經銷渠道多,意味著消費者購買該品牌產品更為方便、機會更多。品牌之間價格上的差異也會影響品牌附加值和品牌權益之間看似簡單的關係。比如,儘管價格昂貴的品牌產品可能代表其品牌附加值高,但由於多數消費者受收入水平的限制,這些品牌只能吸引小部分的消費者來購買。就以保時捷來說,許多消費者都會認為這一品牌具有很高的品牌附加值,但因其價格高昂,最終只有很少的消費者可以真正成為其附加值的享受者。總之,儘管品牌權益和品牌附加價值之間的關係受各種因素的干擾而產生不一致的情況,但實際生活中兩者總是呈現出方向一致的關係。

二、品牌產品層次與品牌附加值的確定

(一) 基本層次

在基本層次上的產品或服務是企業能在市場上銷售的普通產品或服務。比如,福特或大眾汽車公司生產的汽車、蘋果或聯想生產的計算機、長虹或康佳生產的彩電等。在這個層次上,競爭者很容易開發出「我也一樣」的產品,市場上充斥著各種各樣的汽車、計算機與彩電就是例證。普通產品或服務很少能夠保持品牌的領先優勢,因為功能性價值是容易被「克隆」的東西。例如,由 TCL 最先設計出的灰色電視機外殼,一度受到消費者的熱捧,可在很短的時間內,市場上就出現了這種顏色的各種品牌電視機。

(二) 期望層次

期望層次上的產品與服務則是為了更好地滿足不同特徵的消費者的不同需求的產品與服務。比如,品牌名稱、包裝裝潢、款式設計、價格、質量等。為了確定這些特徵,企業應該對顧客進行深入的調研。對於期望層次上的品牌競爭,在消費者對不同競爭品牌及其價值之間的差別不甚瞭解的情況下經常可以見到。在這種情況下,消費者主要關心的是購買的品牌產品能否滿足他們的需要。例如,他們對於熱飲料就有不同的需求——為了放鬆、能量、暖和、刺激等,消費者通過品牌名稱、包裝說明、價格、促銷宣傳來得出一個總體印象,哪個品牌更適合滿足他們何種需要。在市場發展的早期階段,不大可能出現多個品牌在滿足消費者需求方面是完

一樣的情況，此時附加價值就應當具有功能性特徵，因而品牌定位就十分重要了，即明確品牌是幹什麼的，能夠滿足消費者的什麼需要。

(三) 附加利益層次

當顧客的品牌經驗豐富以後，他們就會與其他品牌進行比較，尋找最佳的價值，同時也開始關注價格的高低。為了使顧客繼續保持忠誠，並且維持差價，企業就需要通過提供額外的利益來增加品牌附加價值。為了確定什麼價值能夠增強品牌的競爭優勢，企業必須對有經驗的顧客進行深入的調查，向他們詢問不同品牌產品所存在的問題以及他們希望品牌作何改進。實際上，在附加利益層次上，消費者通常是在眾多的品牌中選擇幾個自認為能夠滿足自己需要的品牌；然後比較它們之間的差異性；最後購買適合自己生活方式的品牌。可能有幾個品牌都能夠較好地滿足消費者的需要。這時，消費者的關注就會轉向那些差別因素，諸如尺寸、形狀、顏色、方便性和安全性等因素，也可能是反應不同品牌個性的情感性因素。如福特公司和雷諾公司都生產適合在城市使用的經濟型汽車，但都有明顯的品牌個性，使得這兩種性能相似的汽車品牌具有了明顯的區別，福特的嘉年華（Fiesta）汽車適合努力工作的男人，而雷諾則比較適合於愛熱鬧的女青年。

(四) 潛在層次

現在越來越多的消費者已將附加利益看成是品牌必須提供的正常價值了。為了防止附加利益的品牌重新回到更關心價格的期望層次上，企業必須更重視創新，並不斷地開發出新的品牌附加價值，把品牌提升到潛在層次。然而，這是一項具有挑戰性的工作，可能會受到企業研究人員缺乏創造性或資金不足的限制。

企業確定向有經驗的購買者提供新的附加值的基本思路是：從生產製造者到使用者兩方面回顧一下品牌發展的道路，在發展過程的每個階段都應該知道是誰在使用和如何使用品牌產品的；對消費者進行抽樣調查，仔細詢問他們的喜好，喜歡什麼、不喜歡什麼以及有關改進的意見。我們可以從航空公司身上看到品牌層次的這一演進過程。幾年前，航空公司都以準點到達目的地為目標，注重準時性和可靠性，在服務功能層面上展開競爭。隨著旅客更多地在空中旅行和航空業競爭的加劇，航空公司自然而然地開始尋找更多的表達可靠性的方法。現在，旅客會被形形色色的吸引他們感性需求的宣傳所打動。大多數航空公司在廣告中強調的已不僅僅是具有傳統意義上的可靠性，還強調會提供使旅客身心感到舒適的優質服務。

從長遠來看，由於產品功能越來越容易被競爭者仿效，一個品牌如果想要取得成功，就必須提供超過其基本功能性特徵的品牌附加價值。從服務角度來看，當功能性因素與競爭對手相同時，企業提供有關服務方面的附加價值是取得成功的簡便手段。在工業品市場上銷售工程師可以向顧客展示一些事實，諸如企業良好的信譽、全面而嚴格的質量測試、所達到的國際品質標準（如 ISO 國際質量標準認證體系）以及客戶的好評等，來證明本品牌是決不會給顧客帶來任何風險的。同時，企業必須把附加價值與消費者的基本需要聯繫起來，而不能僅從廠家和分銷商的角度考慮價值問題，認識這一點非常重要。如果轎車生產商宣稱自己的產品如何「智能化」、

提供了多少附加價值，卻不配備安全帶。那麼，用不了多長時間人們就會發現，消費者對那種「智能化」根本不感興趣。再者，消費者覺得一個品牌的確提供了附加價值，是因為他們接收到了廠商發送的某些信號。客戶的眼睛是從多個不同的角度去審視品牌，而不是只盯著價格。但是，如果產品價格上漲，而同時一個特定渠道傳遞的信息（如交貨的可靠性很低）相對於其他渠道的信息（如產品質量有所提高）來說又比較弱，消費者就會認為品牌價值降低了，因而很有可能選擇競爭對手的品牌。最後，消費者總是會選擇那些在特定的條件下能使自己保持身心舒適，而且支持自己理念的品牌。值得注意的是，這一現象已經被許多研究人員記錄了下來。例如，人們在購買汽車和衣物時，總是傾向於選擇那些他們認為與自我形象相匹配的品牌。消費者常把品牌作為與其處於同一消費水平的人群進行交流的手段。例如，一家公司的老總自豪地買了一輛價格不菲的凱迪拉克轎車，不僅因為它的品質精良，更因為它可用於顯示自己優越的身分、地位和個人價值；人們小心翼翼地挑選服裝的品牌，是想透過品牌傳達禮節、身分甚至誘惑的信息。當經營者意識到自己的品牌被消費者用作表達個人價值觀的工具時，就應該及時調整市場營銷策略，以適應並支持這樣的顧客環境。在某些情況下，這就意味著，促銷活動應該面向同一層次的消費群體，使這一層次的所有消費者都能體會到這個品牌的確是屬於他們的。

我們描繪了這樣一幅品牌遠景：面對競爭對手，除非品牌所提供的品牌附加價值獨特且為消費者樂於接受，否則品牌的生命會非常短暫。如果沒有這個遠景，企業就會在創建品牌的道路上迷失方向。

第二節　品牌增值及其分類

一、什麼是品牌增值

品牌增值的概念是品牌營銷理論中的一個重要範疇。從品牌權益與品牌附加價值關係的角度，我們將「品牌增值」定義為：與消費者相關的、能夠被消費者感知的、超出和高於產品基本功能性作用的那些價值。品牌之所以能夠維持超出其商品形態的價值而溢價，是因為消費者能夠感覺到與這些品牌相關的增值；如果品牌提供的附加價值，不能被消費者感受到，或者消費者並不需要這些價值，那麼品牌就不能實現真正的增值。

企業面臨的挑戰是理解那些支持某品牌的所有市場營銷資源是如何相互作用而創造出在消費者看來是該品牌所特有的附加價值的。品牌的有形部分或服務與通過廣告、公關、包裝、價格和分銷等手段傳播的象徵成分以及品牌形象結合為一體，便有了新的意義。這些意義不僅僅能夠使該品牌具有差異性，而且為它帶來了增值。消費者理解隱含在某個品牌背後的市場營銷活動的意義，把價值賦予該品牌，使該品牌具有了吸引消費者的特性。許多研究人員揭示出消費者在選擇品牌時的傾向如同認真地挑選自己的朋友。通過認知品牌的特性，消費者在購買某個品牌時會感到更加愉悅。這一點可能來自各種原因。例如，消費者對某品牌有一種「舒適」的感覺——就好像我們與老朋友在一起聊天一樣，或者這個品牌能夠與消費者形象或者

所期望的自我形象相匹配。

企業實現品牌增值有兩種基本方式：一種是通過採用先進成本控制方法，降低成本，進而降低價格，以使顧客獲得更多的性價比利益，採用這種方式實現增值的品牌可稱為「成本驅動品牌」；另外一種是通過為顧客提供更多的除價格之外的其他附加價值來實現品牌增值，採用這種方式實現增值的品牌可稱為「增值品牌」。

二、成本驅動品牌

成本驅動品牌關鍵在於企業不斷努力地降低成本。在全球零售業中，沃爾瑪（Walmart）可以說是成本驅動品牌的典範。沃爾瑪通過全球採購降低進貨成本、高效的全球物流配送系統降低存貨成本、壓縮廣告費用開支減少品牌推廣成本等方法來保證其「天天平價，始終如一」的承諾。圖 10-1 顯示成本驅動品牌的總成本低於行業的平均總成本。由於總成本低，即使與競爭者相當的邊際成本，其銷售價格仍然低於競爭對手的平均價格，可以保證獲取與競爭對手相近或更多的利潤。

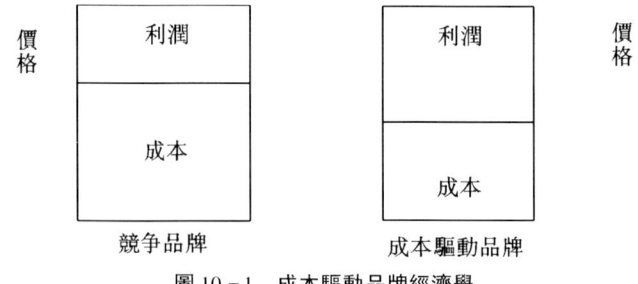

圖 10-1　成本驅動品牌經濟學

有些企業迴避成本驅動的觀點，因為他們擔心低成本意味著低質量，而現實中確實存在這種結果。但是，降低質量標準不是降低成本的唯一方法，同時它也是不可取的方法。企業要降低成本可以通過諸如規模經濟、比競爭者更快速地獲得技術和經驗、更有效地選擇供應商、準確瞭解目標顧客需求等方法來實現。

如同所有的戰略一樣，企業開發成本驅動品牌戰略也有風險：如可能會導致「營銷近視症」以及忽視對市場環境變化等問題。因此，在實施成本驅動品牌戰略前企業必須很好地考慮其適用性：當競爭者都降低產品價格時，購買者的反應如何；企業形象能承受低價格嗎；保證和支持企業低成本的條件如何。

三、增值品牌

（一）增值品牌的類型

品牌增值是建立在消費者感知基礎之上的，也就是說，品牌所提供的附加價值只有被顧客感覺到，才能真正地轉換為品牌競爭優勢。比如，某大學外的一家快餐外賣店所提供的菜品種類、口味和分量與其他競爭者基本相同，而該外賣店宣傳自己使用了更優質的包裝盒，並將高出的成本通過加價而轉嫁給顧客，你認為這種差別能夠被大學生顧客感知到嗎？顧客會心甘情願地為此買單嗎？

從消費者感知角度，我們可以制定出一些較為實用的參照標準，幫助理解各種類型的品牌增值。這些參照標準包括了以下幾種類型的增值品牌：

（1）來自個人購物經驗的增值。通過重複使用某個品牌，消費者對該品牌擁有了信心，並且該品牌一貫的可靠性，使得消費者感到購買該品牌無風險。尤其是在食品店購物時，消費者往往在一個超級市場面對成千上萬的各種商品，這種增值尤其有用，它能夠使消費者通過選擇自己認可的品牌而迅速完成購物過程。另外，當消費者在嘗試了不知名的品牌後記住了這些品牌，這是對這種增值類型的進一步證明。

（2）來自相關群體效應的增值。廣告使用名人效應來支撐一個品牌的傳播方式被許多目標市場上的消費者所熟知，它將消費者所渴望的生活方式通過品牌代言人與品牌建立起聯繫。

（3）來自品牌是有效的這一信念的增值。認為某一品牌有效，這一信念極大地影響著消費者對該品牌真實性的認同。例如，在西裝市場上，你常常聽到男人們談論在特定的場合穿一套特定的西裝會感覺更舒服些。

（4）來自品牌外觀的增值。在消費者對品牌的印象中有很大一部分是來自品牌產品的包裝和品牌標示。高價餅干市場尤其如此，包裝設計人員用精美的金屬包裝來提高品牌的價格定位。從表10－1可以看出百事可樂和可口可樂的品牌標示對消費者的影響。

表10-1　　　　　品牌標示對購買行為影響的測試

	無品牌標示（％）	有品牌標示（％）
喜歡無糖百事可樂	51	23
喜歡無糖可口可樂	44	65
相同或不知道	5	12
合計	100	100

（二）增值品牌的功能

增值品牌能夠為客戶提供比競爭者的品牌更多的利益，因而價格也高一些，從而獲得品牌溢價增值收益。克雷研究（Cray Research）超級計算機具有巨大的數據處理能力以及與其他計算機相兼容的競爭優勢。它可以運行任何語言編寫的程序，並具有強大的軟件庫支持，同時配有一個在線支持小組隨時幫助客戶高效地使用機器，使機器達到99％無問題運行，每臺售價高達上千萬美元。這個品牌使許多計算機科學家與工程師夢想成真。

為了經營增值品牌，企業的成本通常比行業競爭者的平均水平要高，必須付出更多的知識、勞動才能創造這種品牌的特性。消費者將會注意到品牌差異所帶來的附加值，從而願意以更高的價格購買該品牌產品。因此，經營增值品牌的企業就可以採取比競爭者更高的定價。而且這種價格反應了增值品牌所能帶給客戶的特殊利益。例如，在百貨零售業中，哈羅德食品大廳（Harrods Foods Hall）就是增值品牌

的典型，公司累積了經營日用百貨的豐富經驗以及上調商品價格的可能性。消費者都知道它銷售高品質的商品，並且接受無條件退貨。消費者在幽雅的購物環境中享受到熱情而又精通業務的服務，而馳名商標「哈羅德」（Harrods）形象進一步增加了其品牌價值。增值品牌經濟學如圖 10-2 所示。

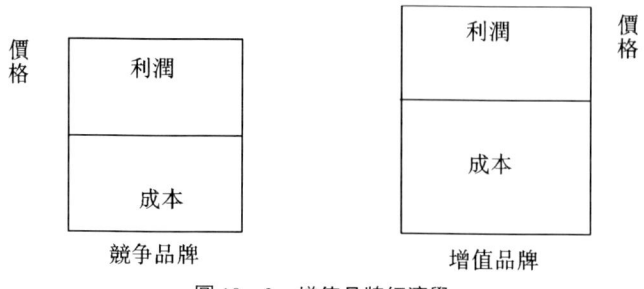

圖 10-2　增值品牌經濟學

四、品牌增值戰略

不要認為品牌增值只有成本驅動競爭優勢，或者增值品牌競爭優勢。實際上，有些品牌成本驅動成分多一些，另一些品牌則增值成分多一些。企業需要考慮自己的品牌是以成本驅動為主，還是以增值為主。根據成本驅動與增值因素對品牌增值作用大小，企業可以確定品牌類型，制定相應的品牌增值戰略，如圖 10-3 所示。下面以旅行社為例來說明品牌增值戰略類型。

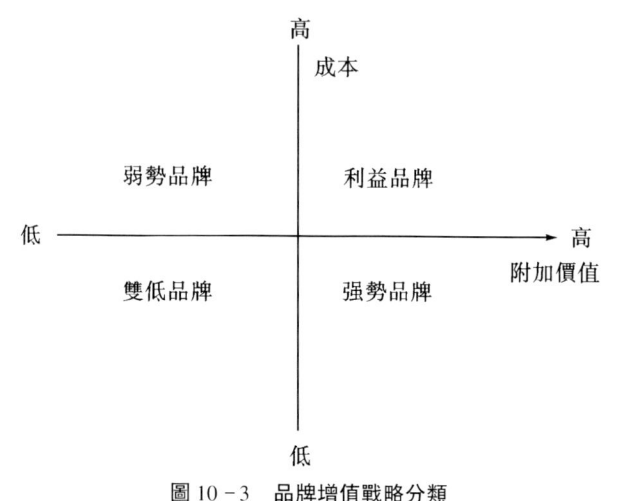

圖 10-3　品牌增值戰略分類

（一）雙低品牌

低成本和低附加值商業品牌的例子是小城市的旅行社。在那裡，旅行社基本沒有競爭對手，而且也不知道附近城市裡有競爭性的、顧客導向的旅行社存在。它可

能是家獨自經營的小企業，只有很小的辦公室；營業時間是星期一至星期五的上午九點至下午五點，週末營業時間是上午十點至下午四點；室內所能提供的只有與大旅行社合作的遊行手冊；雇員的任務僅僅是向顧客展示手冊和接受訂單，他們能向遊客提供的假日旅行的幫助僅限於自己的經驗，加之沒有經過培訓，也不能提供手冊中提到的一攬子旅行服務；任何有關優惠機票、其他旅遊目的地及設施等問題，他們都不能迅速給顧客一個滿意的回答，自然更談不上為顧客提供增值服務。這種商業品牌為顧客提供的服務非常糟糕，一旦新的價格更低和服務更優的旅行社開業時，其生存就將難以為繼了。

（二）利益品牌

利益品牌，又稱為「雙高品牌」，即不能讓遊客很省錢，卻能提供特別好的服務的商業品牌。典型的利益品牌是為公務出差人員服務的旅行社。這些旅行社有很好的計算機網絡系統，只需要很短的時間就能為出行的經理們預訂好行程複雜的機票，安排好旅館、負責機場接送的出租車，代辦簽證、購買保險、兌換外匯等事項，員工們都經過良好的培訓，能及時獲得有關全球旅行的最新信息。他們花費很多時間與精力盡可能與航空公司、出租車行、百貨公司、高級賓館等建立起密切的聯繫。這些旅行社的目標市場定位在為單位提供服務，這些單位有許多管理人員出差的需求，除了與個別客戶之間的協議外，一般不提供折扣優惠。

（三）弱勢品牌

弱勢品牌的典型例子是提供低價旅行安排的旅行社。這些旅行社總是不斷地在市場上尋找哪裡的旅行價格最低，其媒體廣告與櫥窗陳列都是一個主題即低價旅遊。大旅行社為許多旅遊城市提供廉價而服務差的旅遊服務，而小旅行社提供的城市範圍小一些。

（四）強勢品牌

強勢品牌是成功的品牌，能夠為客戶提供許多與旅行相關的額外利益。由於顧客滿意度高，它們具有很高的市場佔有率，從而獲得規模經濟效益。他們把所節約的成本中的一部分回饋給消費者，這樣就能降低服務價格，因而比競爭者具有價格優勢。著名的國際旅行社托馬斯·庫克（Thomas Cook）就是典型的強勢品牌。公司擁有知識淵博的員工，能提供到許多地方的假日旅遊服務，營業時間很長，還可以使客戶兌換外匯，員工通曉世界各地假日旅遊情況，能為客戶提供旅行線路、旅館等方面的合理建議與安排，公司在外匯匯兌、旅行支票以及保險費用等方面的價格也很有競爭力。

第三節　實現品牌增值的途徑

實現品牌增值是品牌營銷的最終目的。品牌增值是企業通過增加品牌產品總的銷售收入和利潤來實現的；而增加品牌產品銷售總收入和總利潤的方法多種多樣。

值得注意的是，品牌增值必須使企業和顧客實現「雙贏」，也就是說，企業在實現品牌權益即品牌增值過程中，必須為顧客創造更大的品牌附加價值，這是實現品牌增值的前提條件。概括地講，企業實現品牌增值的途徑主要有以下幾類：

一、增加品牌產品的使用率

某個品牌的產品使用率主要取決於每個購買者對該品牌產品的使用次數和每次的使用量，它直接影響著品牌產品的銷售量，進而決定品牌權益的實現程度。企業提高品牌產品使用頻率和單次使用量有許多方法。

（一）提示性廣告

通常情況下，銘記在心的品牌或使用環境是購買行為的驅動因素。問題在於儘管某些人知道該品牌，但在沒有外界刺激的情況下他們不會想到使用該產品。這時企業就需要採用提示性廣告，以使消費者回憶起該品牌和使用產品的利益點。例如，Jell-O 布丁曾經發布了這樣的提示性廣告，「媽媽，您上次給我們吃布丁是在什麼時候？」

（二）產品定位於經常使用

企業可以通過產品使用知識的宣傳活動，影響消費者的產品使用習慣，提高產品的使用頻率。例如，企業通過宣傳活動告知人們要每餐飯後刷牙，或是定期保養汽車等。

（三）使得使用產品變得更加便利

在生活中，幾乎每一位消費者都會遇到難於使用的產品，像滑絲的瓶蓋或者剛拉開拉環就脫落了的罐頭蓋，這些經歷都會讓消費者對這些品牌「望而生畏」。詢問消費者為什麼不經常使用某產品，常常可以使企業獲得讓產品使用變得更加簡單容易的辦法。例如，產自美國的玻璃瓶裝啤酒不需要使用啤酒開瓶器，而只需輕輕一擰就打開了；南方黑芝麻糊從 2010 年開始將過去的大袋包裝改為杯裝。這些辦法大大提高了產品使用的便利性，從而促進了銷售的增長。

（四）提供刺激

促銷是最為常見的一種刺激方式，如肯德基快餐店對搭配購買的顧客給予更多的價格折扣。但刺激方式絕不僅限於此，其他的如「事件營銷」在激發顧客購買行為方面也能夠起到很好的作用。例如，聚美優品「我是陳歐，我為自己代言」感動了眾多追求自己夢想的青年人。

（五）減少提高使用頻率所產生的不良後果

如果顧客擔心經常使用某品牌產品會導致不良後果，他們就會減少使用的數量，漸漸地，品牌就可能因市場形象的惡化而變得老化。一旦出現這樣的情況，企業必須採取能夠消除或減少這種擔心的營銷策略，以恢復或增加品牌產品使用率。例如，

面對顧客普遍存在的、因食用其出售的高熱量食品而導致肥胖的擔心，麥當勞一方面努力降低食品熱量，如推出沒有蛋黃只有蛋白的漢堡；另一方面將出售食品的營養成分信息（專家一致認可的和顧客所理解的營養概念最為相關的 5 種營養元素——卡路里、蛋白質、脂肪、碳水化合物和鈉元素）以圖表的形式直接標註在食品外包裝上，以期擺脫「製造肥胖」的品牌形象。

（六）建立與產品使用情景相關的積極聯想

將品牌同消費者日常生活情景聯繫起來，能夠提高品牌產品的使用率。例如，王老吉涼茶在廣告中說「怕上火喝王老吉」，提醒消費者在熬夜、吃火鍋等可能引起上火的情景下使用該品牌產品。

此外，企業發現產品更多的新用途，改進產品質量、特點和式樣，以及改進營銷組合等也可以增加品牌產品的銷售量，實現品牌增值。

二、通過品牌擴張實現品牌增值

品牌擴張，即企業擴大品牌產品的市場覆蓋面，其目的在於吸引更多的消費者購買本品牌產品，增加品牌使用者人數，從而擴大品牌產品市場銷售量，實現品牌增值。品牌可以從擴大品牌所覆蓋的行業經營範圍來實現品牌增值，即行業擴張；也可以從擴大品牌所覆蓋的地理市場範圍來實現品牌增值，即地理擴張，如品牌國際化。在品牌營銷實踐中，品牌擴張戰略主要有品牌聯合（Co-branding）、品牌授權（Brand License）和品牌延伸（Brand Extension），其中，品牌延伸是品牌擴張和實現品牌增值最主要的途徑。

（一）品牌聯合

它是指兩個或兩個以上的獨立品牌、產品和其他資產、資源的短期或長期組合與合作。品牌聯合通常可以為其帶來積極的市場效應，如提高消費者感知質量，提升產品服務形象；企業也可以利用品牌聯合提升品牌知名度和品牌形象，或者作為衝破貿易壁壘，擴展市場銷售渠道的手段。但是，品牌聯合的前提是作為品牌聯合的參與者都在積極尋求雙贏的結果，否則這種聯合關係就很難維持。品牌聯合的例子不勝枚舉，如 1936 年，德國奔馳汽車公司和戴姆勒汽車公司強強聯手合併為「梅賽德斯—奔馳」（Mercedes-Benz）公司。1980 年，紅龍蝦（Red Lobster）在假日酒店（Holiday Inn）聯合開設餐廳。1985 年 6 月，海爾集團與德國利勃海爾（Liebherr）聯合推出了「琴島—利勃海爾」牌電冰箱，這是中國第一臺四星級電冰箱。

成分品牌是品牌聯合一種常見的方式。成分品牌，也稱為要素品牌（Ingredient Branding），是指這些品牌的產品只是作為最終產品的組成部分，如部件、原料或其他成分。也就是說，成分品牌的產品不直接提供給消費者使用，生產這些產品的企業只是其他企業的供應商，如英威達（Invista）公司的萊卡品牌（LYCRA&reg）生產的萊卡面料，禧瑪諾（Shimano）生產的自行車齒輪及煞車等部件。「如果你的產品直接面向終端消費者，那你就能利用各種渠道；如果你的產品只是其他公司產品的某個成分或要素，那你和消費者之間的關係就只能依賴提供最終產品的公司，而

這個公司可能不願幫你聯繫他們的客戶。在這種情況下，要素品牌或許可以幫助增強供應商的力量，創造客戶需求，從而提高銷售額。」① 最能體現成分品牌對產品銷售刺激作用的案例當屬20世紀80年代初英特爾集團借助「Inter-inside」的品牌推廣活動所取得的巨大成功。

(二) 品牌授權

品牌授權又稱為品牌許可，是指品牌擁有者利用自身的品牌優勢，允許被授權者使用品牌的名稱、圖標或其他品牌識別元素，在一定時間和範圍內，生產、銷售某類產品或提供某種服務，並向品牌擁有者支付授權費用的經營方式。這裡需要注意的是，品牌擁有者即授權商始終擁有品牌的最終所有權，而被授權方則是通過向授權方繳納授權費的方式取得一定期限內、某些地理範圍或某些產品服務的品牌使用權及由此所產生的品牌控制權。

在品牌授權中，有關品牌的授權內容是不同的。一些授權商只允許被授權方使用商標及某些識別元素，而不允許被授權方使用自己品牌的名稱，這種方式被稱為品牌認可策略。比如，五糧液只允許金六福、瀏陽河、京酒等被授權品牌使用五糧液的商標圖案、瓶蓋瓶身和在標籤上使用「宜賓五糧液股份有限公司監制」的字樣，但不允許這些品牌使用相同或相近的品牌名稱。有些授權商允許被授權方銷售品牌產品，但不允許他們生產品牌產品。例如，肯德基專賣店統一銷售授權品牌產品，並且肯德基負責各加盟專賣店的產品供貨、店鋪裝修、人員培訓、組織設計與管理等，而絕不允許這些品牌加盟店自行生產各種速食食品。還有些授權商將其品牌授權給相關產品領域具有專業技能的第三方，以避免因經營自己不熟悉領域所帶來的風險。這方面的品牌大多集中於文化娛樂品牌之中，如由美國著名卡通畫家查理·舒茲 (Charles M. Schulz) 1950年創作的卡通形象史努比 (SNOOPY) 通過漫畫和卡通片傳播而風靡全球50多年，而查理·舒茲先生則通過卡通品牌授權獲得了巨大的財富，僅2002年全球就有超過2萬種與史努比有關的商品。

對於品牌授權商來說，授權商獲得了出讓品牌使用權的授權費，實現了品牌增值而不會產生任何需支出的費用。對於被授權方而言，他們得以使用一個經過市場檢驗的品牌，而不必冒著從頭開始創建品牌的風險，也不需要為品牌建設投入資本。因此，品牌授權意味著巨大的時間成本優勢，並且獲得強勢品牌的授權，也可以獲得溢價收入。

但是，品牌授權對於雙方也隱藏著風險。對於授權商來說，一旦將品牌授權給另一方，便失去了品牌控制權，就可能出現被授權方濫用品牌授權的隱憂。例如，1994年五糧液開始快速推廣品牌授權，短短的8年時間裡，為五糧液所授權的品牌就擴大到一百多個，而其中絕大多數品牌不但品牌知名度低，而且品質低劣，相互間大打價格戰，相互詆毀，使得五糧液的品牌美譽度大打折扣。對於被授權方，品牌授權同樣存在巨大的風險。如某些知名品牌利用這種優勢，大肆搞品牌授權來達

---

① [美] 菲利普·科特勒, [德] 瓦得馬·弗沃德. 要素品牌戰略: B2B2C的差異化競爭之道 [M]. 李戎, 譯. 上海: 復旦大學出版社, 2010: 3.

到圈錢的目的，而忽視品牌建設和管理，使得品牌價值快速縮水。

最後，我們需要指出品牌授權與品牌聯合、品牌延伸之間的區別，以避免混淆。首先，品牌授權不同於品牌聯合，在品牌聯合中各方參與者的地位是平等的，也不存在一方向另一方支付費用的關係。而在品牌授權中，授權方在地位上優於被授權方，而被授權方不但需要向授權方繳納一定數額的授權費，而且只能在合同約定的時間、地點和行業範圍內使用品牌。其次，品牌授權也不同於品牌延伸。品牌延伸是品牌擁有者利用自己的品牌資源進行品牌擴張的方式，即不存在向自身繳納費用的問題，也不存在地理或者行業的限制，完全屬於品牌擁有者及企業的自主性行為，這顯然不同於品牌授權。

三、通過增值服務實現品牌增值

企業為顧客提供優質而全面的服務，既可以留住老顧客和吸引新顧客，也可以提高產品價格。服務競爭在現代市場競爭中的地位和作用越來越突出，這是現代市場競爭的一個重要趨勢。

質量概念不僅包括產品質量，也包括服務質量。對於製造業企業來說，只講產品質量，不講服務質量的觀點，是片面的質量觀。現在，高明的製造商不僅關注產品質量，而且更關注服務質量。他們懂得，服務是公司獲得競爭優勢和品牌增值的一個不可忽視的角色。正是基於這樣的認識，沃爾瑪提出了「顧客永遠是對的」的顧客觀念，海爾集團始終踐行「星級服務」的服務理念。

（一）服務質量創造品牌形象

品牌形象從根本上講是產品質量和服務質量的綜合表現。產品質量差，品牌不可能有好形象；而只注重產品質量不注重服務質量，品牌同樣不會有好形象。從這個意義上說，產品質量創造品牌形象，服務質量同樣創造品牌形象。海爾提出，「營造服務的品牌與營造質量的品牌一樣重要」。

（二）服務可「增值」亦可「減值」

我們在品牌營銷中提出「服務增值」的概念，是因為同等質量的產品，可以因服務好而「增值」，也可以因服務差而「減值」。在企業所有經營活動中，服務已經成為一個至關重要的競爭手段，而且它提供了形成巨大競爭優勢的潛力。同樣，服務也代表著一個重大的潛在利潤領域。行業領先的製造商往往是在其產品生產領域之外通過增加服務而增加了品牌價值。

學者在評論 IBM 公司的東山再起與郭士納對其傳統企業文化的改革時認為，IBM 的衰落並不是由於它的技術不如人，而是由於同客戶的緊張關係，為此郭士納把處理公司同客戶的關係作為提高品牌營銷質量的核心問題來抓，用他自己的話來說，「公司要圍著客戶的需求轉，針對客戶的需求來開展公司的經營活動。」樹立客戶為本的經營理念，搞好服務，這是 IBM 東山再起的一個重要原因。

（三）顧客購買商品的同時也在購買服務

我們必須看到，消費者購買一件商品，同時也在購買服務。在現今產品之間的

差異性越來越小的情況下，服務水平就顯得更為重要。

　　企業所提供的服務內容、特別是服務質量，往往要受到服務提供者當時的主觀精神狀態、心理情緒、成本費用的影響。這就要求作為服務提供者的員工要提高、訓練自己的心理素質，要注意職業道德修養，具備良好的精神狀態。所以，服務競爭的背後實際上是員工綜合素質的較量。而一旦一個企業的服務文化、服務風格和服務氣質形成以後，就成為獨有的精神文化財富，這是競爭者難以模仿的。服務是形成企業差異化競爭優勢的一個重要領域。因此，在服務的全過程中，企業必須擺正與顧客的關係。從某意義上說，服務創新就是創造顧客，創造顧客就是創造市場。雖然顧客並非總是對的，但顧客永遠是第一位的。企業必須真正確立顧客第一、顧客至上的觀念。

　　在滿足顧客的服務需求中，企業需要注意滿足顧客的個體需求。企業如果不懂得使服務如何滿足那些具有相似需求的顧客群或單個需求的顧客的需求，那將會失去有分量的市場機會。而一些先進企業在這方面技高一籌，讓顧客自己設計產品，這對企業如何處理好「標準化設計」與「個性化設計」「標準化服務」與「個性化服務」的關係問題提出了更高的要求。

四、通過品牌文化實現品牌增值

　　企業在品牌之中注入符合目標顧客需要的文化元素，既可以強化品牌與消費者的關係，也可能提高品牌產品的售價，獲得超額收益，實現品牌增值。如腦白金利用中國傳統的送禮文化而一舉成為中國保健品第一品牌，肯德基利用所謂的美國飲食文化而在中國大獲成功。

　　品牌文化是指以品牌為中心構建的為目標顧客認同的一系列品牌理念、品牌行為和品牌識別元素。品牌理念，即品牌價值觀，是指品牌如何看待其與顧客之間的關係，如飛利浦「創新為你」的品牌價值觀。品牌行為就是品牌過去和現在的所作所為，它直接決定和影響品牌形象，並對消費者未來的購買行為產生極其重要的影響。某些品牌識別元素可以起到展示品牌文化的作用，這些元素可能來自於品牌名稱、商標、產品設計、包裝物、文字、圖形、宣傳標語、員工形象和代言人等。例如，紅豆牌襯衣將唐代詩人王維「紅豆生南國，春來發幾枝？願君多採擷，此物最相思」的相思意境寄托在品牌名稱之中。

　　品牌文化除了採用品牌識別元素來直觀形象地表達品牌的文化內涵之外，還可以通過營造儀式化氣氛、塑造英雄人物、創建品牌社區、傳播品牌傳記或傳說、建立品牌博物館等方式，塑造品牌文化。[①] 例如，香奈兒（Coco Chanel）與品牌創始人加布里埃・香奈兒（Gabrielle Bonheur Chanel）的傳奇故事、雲南蒙自過橋米線傳說中秀才與賢惠妻子的愛情故事、海爾與張瑞敏掄大錘砸冰箱的故事，在民間廣為流傳，感動和吸引了無數消費者。

---

① 王海忠. 品牌管理［M］. 北京：清華大學出版社，2014：282－286.

五、通過營銷方式的創新實現品牌增值

營銷方式的創新不僅為消費者創造了巨大的利益，同時也為企業實現品牌增值創造了巨大的機會。電子商務、感官營銷、饑餓營銷等現代營銷方式的發展方興未艾，它們不僅是品牌產品銷售渠道，而且是品牌推廣、培育品牌忠誠的方式。企業需要利用和嘗試新的現代市場營銷方式，才能有效地應對現代市場經濟的挑戰。

（一）電子商務

近年來，中國互聯網的普及和應用技術的飛速發展使得互聯網經濟即電子商務出現了迅猛增長。2014年中國電子商務交易額約占國內社會消費品零售總額的一半，而且未來仍將保持兩位數的增長速度。

根據商務部發布的《第三方電子商務交易平臺服務規範》，電子商務系指交易當事人或參與人利用現代信息技術和計算機網絡（包括物聯網、移動網絡和其他信息網絡）所進行的各類商業活動，包括貨物交易、服務交易和知識產權交易。按照交易對象的不同分類，常見的電子商務形式有：B2B（Business to Businessm，即企業對企業）、B2C（Business to Consumer，即企業對消費者）和C2C（Consumer to Consumer，即消費者對消費者）等，其中B2B是交易額最大的電子商務。有分析認為，未來電子商務市場中發展速度最快的領域是移動電子商務和線上線下混合電子商務模式（O2O），O2O模式有利於增強消費者的品牌體驗和黏性，但企業也需要處理好線上與線下渠道相互衝突的矛盾。

網絡經濟環境創造出了許多新型的網絡品牌。這些網絡品牌可分為三類：一是平臺式品牌，是在電子商務活動中為交易雙方或多方提供交易撮合及相關信息服務的網絡品牌，如天貓商城、京東商城、蘇寧易購、騰訊電商、亞馬遜中國、當當網、國美電商等。二是依託電子商務平臺發展起來的網絡品牌，如早期由淘寶商城推出的淘品牌（現更名為天貓原創）。經過多年的發展，目前比較成功的天貓原創品牌有尼卡蘇、麥包包、韓都衣舍、裂帛、芳草集、小狗吸塵器等。三是綜合性網絡品牌，這類網絡品牌有自己獨立的電子商務平臺，既銷售自有品牌商品，也銷售第三方品牌商品，如1號店、凡客誠品、夢芭莎等。

（二）感官營銷

感官營銷（Sensory Marketing）是指企業利用人類的五種感官——視覺、聽覺、嗅覺、味覺和觸覺，影響消費者行為的營銷活動。感官營銷是指企業利用消費者感官感受，增強品牌獨特的感官訴求，創建感官品牌（Sense Brand），提升品牌價值，實現品牌增值。「感官品牌的終極目標就是在品牌和消費者之間建立一條強大、積極而持久的紐帶，從而使消費者對某一品牌始終保持忠誠，而不會去『投奔』其他同類品牌……忽略感官接觸點是品牌的大忌。記住，涉及多種感官可增強品牌信息，從而使品牌有較大的突破機會。感官品牌研究認為，品牌與人類感官之間的關係越

緊密，信息發布者和接收者之間的連接就越牢固。」①

1. 視覺營銷

人體有 70% 的感覺器官集中在眼睛。視覺也是至今為止五官中被應用得最為充分的元素。法國人有一句經商諺語：即使是水果蔬菜，也要像一幅靜物寫生畫那樣藝術地排列，因為商品的美感能撩起顧客的購買慾望。視覺營銷就是指企業通過視覺刺激的方式，達到銷售目的的一種營銷方式。企業在塑造品牌中，文字、圖標、產品的形狀及包裝、色彩、廣告、陳列設計和店鋪設計等因素都需要具有視覺營銷的思維。例如，在所有色彩中，紅、綠、藍、黃、白、黑在視覺中能夠給人留下較深刻的印象，因此有紅塔山、綠箭、藍月亮、黑人牙膏等許多以這些色彩命名的品牌。

2. 聽覺營銷

聽覺營銷是指企業利用獨特的聲音，吸引消費者的聽覺注意，形成品牌聽覺差異和影響消費者消費行為。聽覺營銷較早地受到市場的重視，如在品牌命名中克咳止咳藥恰當地描述了咳嗽的聲音，誕生於 1998 年並註冊了聲音商標的英特爾廣告末尾中輕快、動感的「三連音」使人產生的第一反應是「附近有電腦商店，而且商店裡有英特爾公司的產品」。產品在消費過程中發出的獨特聲音能形成品牌記憶，如汽車的關門聲。研究顯示，當音樂與產品形象和消費者心情匹配時，可以使消費者心情發生改變，進而產生時間錯覺，從而影響人們的消費行為。當餐廳播放慢速音樂時，消費者的就餐時間要比播放快速音樂時長得多，從而增加了飲食消費支出。在超市中慢節奏音樂讓顧客心情平靜，從而增加購物數量。

3. 嗅覺營銷

嗅覺營銷是指企業利用特定氣味吸引消費者關注、記憶、認同以及最終形成對企業品牌的忠誠度。在人類全部感官中，嗅覺是最敏感的，也是同記憶和情感聯繫最密切的感官。科學證明，每個人的鼻子可以記憶一萬種味道，而嗅覺記憶的準確度比視覺要高一倍。每天，我們都生活在氣味中，氣味對人類的生活影響甚大，淡淡的香味如同標籤一樣，讓消費者一聞就想起特定的品牌。營銷者可以通過優化產品本身的香氣來刺激消費者的購買慾望，如星巴克對於咖啡的味道和香味要求近乎苛刻，並成為星巴克特有的品牌文化；而那種好聞的、混雜著少許令人興奮的皮革香氣的「新車味」，是促使不少購車者做出購買決策的潛在因素。另外，與銷售環境相適宜的氣味也有利於強化消費者品牌記憶。

4. 味覺營銷

味覺營銷是指企業以特定氣味吸引消費者關注、記憶、認同以及最終形成消費的一種營銷方式。研究顯示，人會把氣味與特定的經驗或物品聯繫在一起。味覺營銷的思想用在品牌塑造方面就是企業通過給消費者留下難以言傳的美味，實現品牌個性的潛移默化式傳遞。味覺營銷多用在與口味有關的食品飲料行業，特別是在終端銷售渠道上。在促銷中，儘管現場陳列（靠視覺）是購物者最先注意的手段，但免費品嘗和試用才是最能影響消費者的營銷手段。例如，德芙巧克力「牛奶香濃，絲般感受」的味覺聯想，留蘭香型兩面針牙膏早已成為幾代人的記憶就是味覺營銷

---

① ［美］林斯特龍. 感官品牌［M］. 趙萌萌，譯. 天津：天津教育出版社，2011：137.

的成功例子。

5. 觸覺營銷

觸覺營銷是指企業在觸覺上給消費者留下難以忘懷的印象，宣傳產品的特性並刺激消費者的購買慾望。消費者所獲得的產品及其包裝的觸覺感受會直接影響消費者對產品及服務的評價。但凡能被人體皮膚感知的因素，如質地、溫度、重量、硬度等都是觸覺營銷的組成部分。例如，在軟木塞紅酒與螺紋蓋紅酒之間，大多數人會選擇軟木塞紅酒。其實，這與紅酒本身的品質無關，人們在乎的是手指碰觸到軟木塞時，所聯想到的紅酒在氣味芬芳的木桶中慢慢發酵的過程。另一個案例是，希爾頓連鎖飯店在浴室內放置一只造型極可愛、手感舒適的小鴨子，客人多愛不釋手，並帶回家給家人做紀念，小鴨子給人的手感上的舒適和希爾頓給顧客帶來的舒適正好呼應。這個不在市面銷售的贈品為希爾頓贏得了口碑，並成為顧客喜愛希爾頓飯店的原因之一。

(三) 饑餓營銷

日常生活中，我們常常碰到這樣一些現象，顧客買新車要交定金排隊等候，買房要先登記交定金，甚至買手機也要排隊等候，我們還常常看到某些品牌「限量版」產品的搶購等現象。在物質豐富的今天，造成這些供不應求現象的原因許多與饑餓營銷有關。饑餓營銷是指營銷者有意調低產量，有意製造供不應求的「假象」，以提升品牌形象和維持產品較高售價的市場營銷策略。饑餓營銷的經典案例包括蘋果公司推出的各新款電腦和手機、小米手機、華為的Mate7手機等。

饑餓營銷屬於快速撤脂策略，即企業通過限量供應調節供求關係來提高終端售價，達到在產品進入市場初期時快速賺取高額利潤的目的，同時，饑餓營銷也有利於樹立高附加價值的品牌形象。饑餓營銷一般僅限於知名度很高的強勢品牌使用，而知名度不高的品牌幾乎沒有任何「資本」搞饑餓營銷。同時，饑餓營銷能否成功主要與產品市場競爭度、消費者成熟度和產品的替代性三個因素有關。也就是說，在市場競爭不充分、消費者消費心理不夠成熟、產品綜合競爭力和不可替代性較強的情況下，饑餓營銷才能較好地發揮作用，否則，廠家就只能是一廂情願。

本章小結

品牌權益即品牌資產就是品牌給企業帶來的諸多所有者權益，而基於顧客價值的品牌權益是對品牌權益來源的解釋。品牌權益對於企業的價值體現在企業參與市場競爭所獲得的經濟、戰略和管理方面的優勢。品牌附加價值是指品牌能夠給消費者帶來的利益。它是由感受功效、社會心理涵義和品牌名稱認知度構成的。品牌權益在很大程度上取決於品牌附加價值的大小，兩者成正向關係。品牌產品可分為基本層次、期望層次、附加利益層次和潛在層次，不同層次的品牌產品所提供的品牌附加價值是不同的。

從品牌權益與品牌附加價值關係的角度，我們將「品牌增值」定義為：與消費者相關的、能夠被消費者感知的、超出和高於產品基本功能性作用的那些價值。實

現品牌增值有成本驅動品牌和增值品牌兩種基本方式。成本驅動品牌關鍵在於企業不斷努力降低成本。從消費者感知角度，增值品牌可能來自於消費者個人購物經驗、相關群體效應、品牌是有效的這一信念和品牌外觀。增值品牌能夠為客戶提供比競爭者的品牌更多的利益，因而價格也高一些，從而獲得品牌溢價增值收益。企業可根據成本驅動與增值因素對品牌增值作用大小，制定相應的品牌增值戰略，即雙低品牌、利益品牌、弱勢品牌和強勢品牌策略。

實現品牌增值是品牌營銷的最終目的。品牌增值必須是企業和顧客實現「雙贏」。企業實現品牌增值的途徑主要有增加品牌產品的使用率、品牌擴張、增值服務、品牌文化以及營銷方式的創新等五類途徑。

[思考題]

1. 怎樣理解品牌權益和品牌附加價值之間的關係？
2. 什麼是品牌產品層次及其附加價值？
3. 如何認識品牌增值的內涵？
4. 品牌增值戰略有哪些類型？
5. 實現品牌增值的主要途徑有哪些？
6. 怎樣增加品牌產品的使用率？
7. 品牌擴張戰略有哪些類型？它們之間有何區別？

案例

民間小錢　溫州本錢

一、背景

早在20世紀80年代初，溫州就開始鼓勵發展民營經濟。溫州人從掙別人看不上眼的「小錢」做起，用20多年完成了資本的原始累積。現在（2003年）溫州資本開始發力了，而且出手就以規模優勢占據顯著位置。現在溫州是全國最大的皮鞋生產基地，眼鏡加工業位居全國第一，打火機生產全國佔有率第一。現在，溫州有個體工商戶28萬餘戶，私營及股份合作制企業4萬戶，個體私營經濟占95%以上，稅收占地方稅收的80%。

溫州號稱「中國鞋都」，是全國最大的皮鞋生產基地。溫州現有鞋革企業6,000家，年產量達20億雙，產值380億元，佔有全國市場45%的份額。在這個產業裡，100%是私營企業，其中，34歲的王金祥堪稱奇才——2002年8月，王金祥投入1,180萬元的「小錢」，採用貼牌加工方式買斷中國鞋業第一品牌「雙星」（皮鞋）6年的經營權。

二、手上有錢干啥

普通的民房——130平方米的四室二廳，房間裡陳列著各式皮鞋，外加8名員工，這就是王金祥的辦公地，而且是租來的，月租金2,000元，很像個「皮包公司」。再一問，王金祥連自己的生產線都沒有。

但就是在這樣一個地方，昨天上午卻擠滿了來自全國的20多位代理商看樣選貨。就是從這裡出發，王金祥擁有了4省市可下訂單的知名加工企業，擁有了覆蓋

全國 20 多個省市的銷售網絡，開始了他作為溫州市最大一家購買知名品牌使用權的虛擬經營之路。他說，「耐克也沒有自己的工廠，但它的產品覆蓋了全世界。」

2002 年春節後，王金祥從自己有三成股份的一家鞋廠管理層退出，手上有了一筆錢。是用這點錢自創品牌，還是借用品牌？王金祥沒有像溫州的眾多私營企業主一樣，馬上利用手頭可見的資源設廠開工，而是選擇了「借雞下蛋」，「傍」知名品牌。「自己創品牌速度比較慢，而且消費者的認知度與忠誠度在短期內無法建立，而這恰恰是消費者購買行為的關鍵之處。」

三、借來一只金鳳凰

要借就借金鳳凰，擁有全國鞋業第一個馳名商標的雙星集團成了王金祥的首選。王金祥瞭解到，以旅遊鞋和膠鞋為主打產品的雙星正準備實施「皮鞋戰略」。借助於一位朋友的關係，王金祥向雙星集團總裁汪海電話陳述了自己的想法。數天後，汪海派兩個人到溫州考察，但考察者直搖頭：一是王金祥沒有自己的生產線；二是沒有銷售網絡。兩個月後，汪海仍然沒有回音。王金祥不得不再次撥通了汪海的電話：「給我 10 分鐘，我想見見你。」汪海同意了。

面對年紀比自己大一倍、在業界德高望重的汪海，王金祥直言不諱：對於要做國際制鞋王國的雙星而言，不做皮鞋，恰如少了一只胳膊。這話說到了汪海的心坎上。15 分鐘後，汪海興奮地一拍王金祥的肩膀：「雙星皮鞋以後就交給你了。」數天後，雙方簽了一個協議，王金祥以 1,200 萬元買斷了雙星皮鞋及兒童皮鞋 6 年的經營權。

四、全國開始下蛋了

幾天後，王金祥就把公司註冊了下來。靠著王金祥在溫州鞋業的口碑，靠著「雙星」的名氣，兩個月後，溫州雙星發展了 20 多個實力代理商，公司銷售網絡迅速地搭建了起來。

隨後，王金祥將自己的廠房租給了別人，然後根據不同的皮鞋類別，在溫州、廣州、成都、重慶找了 20 多個廠家貼牌生產。所有的款式都由貼牌廠家設計，王金祥從每個貼牌廠家的產品中挑出最優產品，進行風格組合，就解決了目前自己沒有研發能力的問題。由於採取了比較合理的價格策略，4 個月下來，溫州雙星的銷售量達到近 30 萬雙。

[討論題]

1. 王金祥為什麼要「買牌」代替「創牌」？這屬於哪種類型的品牌增值？
2. 雙星皮鞋交由王金祥經營，可能對雙星品牌產生什麼影響？
3. 查閱資料，看看中國還有哪些「買牌」代替「創牌」的案例，並總結其經驗和教訓？

第十一章　品牌延伸

事實上，品牌延伸是品牌名稱力量的體現，是最重要的品牌增值方式之一；同時，品牌延伸有助於新產品進入市場。據統計，每年進入市場的新產品絕大多數採用的是品牌延伸方式，因此品牌延伸對於企業多元化經營，進而做大做強有著非常重要的意義。

第一節　品牌延伸與形象轉移

一、相關概念

（一）品牌延伸

品牌延伸是企業利用已經獲得成功品牌的知名度和美譽度，擴大品牌名稱所覆蓋的產品集合或延伸產品線，推出新產品，使其盡快進入市場的整個品牌管理過程。簡單講，品牌延伸就是企業將現有的品牌名稱用於新產品上。倘若新產品與現有產品屬於同一類別，這樣的延伸就稱為產品延伸，如「康師傅」麻辣排骨面就是「康師傅」方便面的一種產品延伸。產品延伸通常是通過產品的描述性「標籤」將不同的產品區分開來的。如果將現有品牌用於相同性質但不同種類的產品，這種延伸被稱為名稱延伸，譬如「康師傅」名稱用於「康師傅」冰紅茶，方便面與冰紅茶兩者都屬於食品。而概念延伸是指企業將原有品牌擴展到不同性質的產品上，如將「寶馬」名稱用於「寶馬」牌服裝。

品牌延伸中，我們將首先使用某品牌名稱的產品稱為「原產品」，而將人們最易由某品牌名稱聯想到的產品稱為「旗艦產品」。很多「原產品」就是「旗艦產品」，但也有例外的情況。例如，一提到「康師傅」人們馬上就會想到方便面，康師傅方便面既是原產品又是旗艦產品，而一提到 IBM 人們首先想到的不是它最初的產品「天平」，而是電腦。在品牌延伸中我們關心的不是某一產品是否是原產品，而是它是否是旗艦產品，因為品牌延伸是企業期望把旗艦產品的良好形象轉移給新產品。

（二）形象轉移

所謂形象轉移是指消費者將對某一產品富有意義的聯想轉移到另一個產品上。在品牌延伸中，它是指企業使消費者把這種聯想從「旗艦產品」轉移到「新產品」

上，從而使新產品迅速地打入市場。顯而易見，形象轉移至少需要兩個「實體」，即發生形象轉移的個體和接受形象轉移的個體：來源體和目標體。首先，來源體必須在人們心目中已經激發了某種聯想，然後通過形象轉移將聯想轉移到目標體。要想使聯想從來源體轉移到目標體，那麼這兩個實體之間必須存在共性，如在品牌延伸中旗艦產品和新產品擁有共同的品牌名稱。其次，目標體也應擁有能夠激發人們這種聯想的屬性，如寶馬通過品牌延伸生產高品質的服裝，寶馬的服裝也能像寶馬車一樣能使人們聯想到較高的社會地位。當來源體和目標體具備這兩個條件以後，根據人們的心理調節作用，就能實現形象轉移。

二、與形象轉移有關的認知調和理論

美國心理學家弗里茨・海德（F. Heider）提出的認知平衡理論闡明了作為人的兩個個體和一個共同議題之間的關係，它假設兩個人彼此相識而且都很熟悉該議題。該理論認為其中的人尋求的是協調平衡的關係，當關係失衡時，最弱的關係必須改變以便建立新的平衡。下面的例子中，如圖11-1所示（符號「+」表示讚成或積極，「-」表示反對或消極的關係），前面兩種情況（a）和（b）是平衡的關係，但是，第三種情況（c）是失衡的關係。在（c）中，從個體甲或者個體乙的角度看，他要麼改變與議題之間的關係，要麼改變與另一方之間的關係，這依賴於兩者之間哪一個關係更弱。

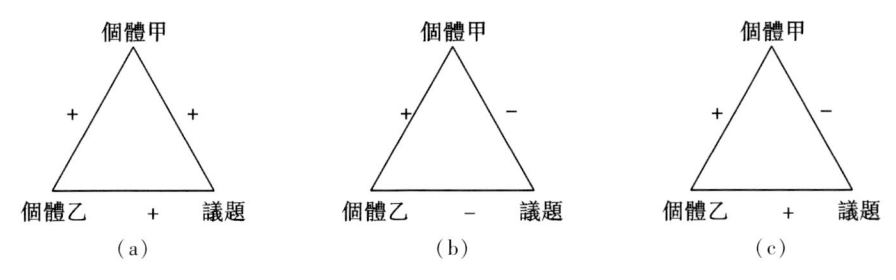

圖11-1　兩個個體和一個議題之間的關係

協調論也能解釋形象轉移的發生。協調論（Congruency Theory）與認知平衡理論具有相似性，只不過認知平衡理論是用定性的方法表示相關者之間的關係（積極、消極），而協調論則是用定量的方法來測度相關者之間的關係。協調論常用的衡量方法為語義區分量表，如圖11-2所示。

消極 | -4 | -3 | -2 | -1 | 0 | 1 | 2 | 3 | 4 | 積極

圖11-2　協調論量表

我們將這兩種理論用於分析形象轉移的話，三角形中的個體甲變為了消費者，個體乙變為來源體，議題則變為目標體，如圖11-3所示。在形象轉移中，我們假設消費者對來源體持有積極的態度，同時來源體和目標體之間的關係也是積極的。

以品牌延伸為例，開始時，消費者對新產品（目標體）毫無聯想，因此消費者和新產品之間的關係也就無所謂積極或消極。隨後，企業通過營銷傳播使消費者認知到新產品的存在及其與旗艦產品（來源體）之間的積極的聯繫，為達到認知上的平衡，消費者和新產品（目標體）之間也應當建立起積極的關係。反之，如果因各種原因消費者對目標體的最終認知是消極的，那麼這種消極認知也會轉移到來源體，因而為了阻止消費者和來源體的關係發生變化，企業只有改變來源體和目標體的關係，如放棄延伸出來的新產品；否則，目標體和消費者之間的關係，將會由積極關係轉變為消極關係。

圖 11-3　形象轉移

心理學家李昂・費斯汀格（Leon Festinger）提出的認知失調理論（Cognitive Dissonance Theory）也可用於解釋形象轉移。這一理論認為，人們傾向於減少認知上的衝突以避免由此帶來的緊張關係，即認知失調，要麼較弱的關係趨向較強的關係，要麼較強的關係趨向較弱的關係。對於形象轉移來說這意味著消費者會根據對來源體的印象來調整對目標體的印象，同樣也會根據對目標體的印象來調整對來源體的印象。

在形象轉移中，我們可用「海綿」來比喻目標體與來源體之間的關係。海綿只有在浸透水以後才能出水，而來源體也只有在浸透「聯想」後才能轉移聯想。而目標體可能是一塊有水海綿，也可能是一塊無水海綿。如果目標體本身不能激發多少聯想的話，就比較容易從來源體那裡吸收聯想。海綿的比喻使我們認識到「浸水」的形象比「干渴」的形象改變起來要困難得多，這點在分析目標體對來源體的反饋時很重要。倘若來源體本身已經建立了非常清晰的聯想，並且來源體的品牌附加價值也積極且強大（就像浸透水的海綿），那麼目標體對來源體的反饋影響就可能非常的小。舉個例子來說，我們把沃爾瑪當作來源體，而把在沃爾瑪銷售的某一不知名的商品當作目標體，那麼這種商品對沃爾瑪的形象影響不會很大。由於消費者可能會認為在沃爾瑪銷售的商品的質量可靠，且性價比高，因此沃爾瑪反而能夠顯著地提升這種商品的形象。

三、形象轉移的實現條件

品牌延伸中形象轉移的實現需要具備相應的條件。首先，在來源體的品牌附加價值（即感受功效、社會心理涵義及品牌的認知度）水平較高的情況下，形象轉移才能成功。倘若來源體的品牌附加價值水平中等或較低，最好是延緩品牌延伸的步伐，首先要做的是通過增加品牌推廣費用的投入、加強質量管理以提升產品品質等

手段使品牌附加價值達到足夠高的水平。海爾在這方面做得非常好。1984 年 12 月，張瑞敏率眾砸掉了 76 臺不合格的冰箱，宣告了海爾創造優質名牌的開端。從此以後，張瑞敏開始抓全面質量管理，並且專心做冰箱，一做就是七年。1988 年，海爾獲得了中國冰箱行業歷史上第一枚質量金牌。1989 年冰箱市場發生「雪崩」，各冰箱廠紛紛降價以保生存，海爾則提價保品牌，廠門前仍然是車水馬龍。1991 年，海爾榮獲中國馳名商標的稱號。1992 年海爾電冰箱總廠成為國內第一家通過 ISO9001 認證的企業。與此同時，海爾通過各種促銷手段和傳媒渠道來打造名牌「海爾」，從而使海爾的品牌附加價值水平不斷地提高。這七年間海爾忍受了同行業超規模生產、紛紛向彩電等其他暴利產品延伸的誘惑，「傻傻地」修煉品牌，這也為海爾在 1992—1998 年通過收購 18 家破產企業而迅速進行品牌延伸打下了堅實的基礎。

　　影響形象轉移實現的因素還有來源體和目標體之間相匹配程度：產品相關性、目標群體相似度以及視覺上的相似性。

　　就產品相關性而言，倘若來源體與目標體在產品屬性方面相差不大，那麼形象轉移就比較容易成功。例如，「康師傅」方便麵延伸到「康師傅」麻辣排骨麵，「紅雙喜」由乒乓球、乒乓球拍延伸到乒乓球桌；前者都是方便麵，只是口味不同的產品而已，而後者都與乒乓球運動相聯繫，消費者很自然就把對紅雙喜乒乓球、球拍高質量的聯想轉移到乒乓球桌上。

　　其次，如果來源體與目標體瞄準的是同一目標消費群體，形象轉移也很可能成功。譬如，娃哈哈集團以生產「娃哈哈兒童營養液」起家，通過有效的營銷溝通使娃哈哈在兩年之內成功地成長為一個有極大影響力的兒童營養液品牌。之後，娃哈哈又推出了針對兒童的「娃哈哈果奶」，娃哈哈的這次品牌延伸很快得到了市場的認可，並一度占據了市場的半壁江山。

　　最後，倘若來源體與目標體具有某種視覺上的匹配，形象轉移成功的可能性也很大。在品牌延伸中，視覺匹配往往體現在產品的包裝上。當不同的產品包裝使用相同或相似的外觀時，我們稱之為視覺上的相似性。樂百氏推出了「脈動」功能性飲料後，又推出了一種延伸產品：脈動動動茶。這兩種飲料都使用相同形狀的包裝瓶，消費者一看到「脈動動動茶」就知道它是「脈動」的一種新產品，從而使這種延伸產品能夠迅速地獲得消費者的認同。

　　應注意的是倘若來源體與目標體相匹配的程度不夠高，只要來源體的形象與目標體所期望的形象不會使消費者產生心理衝突，企業通過增加營銷傳播的力度還是可以成功地實現形象轉移的。例如，康師傅最初是國內第一個也是最著名的方便麵品牌，之後，頂新集團把康師傅這個品牌延伸到茶飲料上，這兩種產品匹配程度並不高，但是通過加大廣告促銷的頻率（康師傅在全國 26 個城市的 56 個頻道中都有廣告的投放，其廣告投放量占茶飲料廣告的半數以上），康師傅成功地實現了形象轉移，其茶飲料迅速地獲得了消費者的認可，市場佔有率位居行業之首，成為茶飲料市場的領導者之一。

第二節　品牌延伸的動因與潛在危險

　　品牌延伸對於企業的成長有著非常重要的戰略意義。許多企業成長的歷史就是

一部品牌延伸的歷史。譬如,「康師傅」由方便面延伸至飲料、糕餅等產品後,頂新國際集團才借以由名不見經傳的臺資小企業發展成資產達數百億元的國際化企業集團;海爾也是依靠品牌延伸,從冰箱擴展到洗衣機、電視、空調等家電產品,才實現了企業資產的快速增長。然而,品牌延伸在充滿誘惑的同時,也布滿了各式各樣的陷阱。例如,「活力 28」曾是中國日化領域的一面輝煌旗幟;第一個提出超濃縮無泡洗衣粉的概念;第一個在中央電視臺投放洗衣粉廣告;第一個上市;第一個將廣告牌樹立在香港鬧市。但是,活力 28 顯然不甘心僅僅局限在日化洗滌用品領域,洗髮水、香皂、衛生巾、殺蟲劑都很快進入了活力 28 家族。但活力 28 很快就嘗到了品牌延伸的惡果。香皂因定價太高而滯銷,最後只能作為福利發給自己的員工;洗髮水因品質不過關,根本無法上市;至於「活力 28 礦泉水」,總是讓消費者覺得喝的水裡面有洗衣粉的味道,產品推出以後幾乎無人問津,公司因此損失慘重。

一、品牌延伸的動因

安索夫的公司成長矩陣為我們理解企業的發展提供了一個很好的角度。如圖 11-4 所示,安索夫從產品與市場兩個維度來看待企業成長戰略,這兩個維度組合在一起產生了四種不同的戰略:市場滲透戰略、市場開發戰略、產品開發戰略、多樣化成長戰略。其中,市場滲透戰略和市場開發戰略都是指企業充分發掘現有產品的市場潛力,或是通過降低生產成本向市場低價滲透,或是利用現有產品開拓新的消費者市場。雖然這兩種戰略對於企業的成長也有著重要的意義,但從長遠看來,當這兩種戰略被充分應用以後,企業要想保持成長,必須不斷地推出新的產品,即應用產品開發或者多樣化成長戰略。

	當前產品	新產品
當前市場	市場滲透	產品開發
新市場	市場開發	多樣化成長

圖 11-4 企業成長戰略

當公司推出新的產品時,可以採取以下三種品牌命名策略:品牌延伸策略,即利用現有的品牌名稱推出新的產品;品牌認可策略,即通過認可品牌,採用一個新的品牌名稱;多品牌策略,即通過新的品牌名稱推出新的產品。

隨著市場競爭越來越激烈,以及開發新品牌的高額成本,大部分企業都放棄了傳統的一種產品一個品牌的做法,而越來越多地採用品牌延伸來推出新產品。一項針對消費品生產商的調查發現,新產品中 89% 為品牌延伸產品,6% 為名稱延伸和概念延伸產品,只有 5% 為真正的新品牌下的新產品。另一項針對美國超級市場快速流通商品的研究顯示,過去 10 年來的成功品牌(指年銷售額在 1,500 萬美元以上)有

2/3 是延伸品牌①。

由此，我們可以得出結論，開發新產品是企業長期成功的關鍵所在，而品牌延伸在企業的新產品開發中占據了極其重要的位置，所以說，品牌延伸對於企業的發展有著重要的戰略意義。除此之外，品牌延伸還有以下方面的好處：

（一）減少消費者感知風險

俗話說，「愛屋及烏」。企業通過品牌延伸可以把「旗艦產品」的形象迅速轉移到新產品上，使消費者對旗艦產品的信賴也隨之轉移到新產品上。企業推出新產品時，採用深受廣大顧客歡迎的、具有高品牌附加值的現有品牌名稱，就會使消費者在短期內打消對新產品是否可靠的疑慮，進而使新產品迅速地占領市場。假設華為剛剛推出了一款新手機，如果新產品冠以「華為」品名的話，那麼消費者就會根據以往使用該品牌產品時的經驗或朋友的介紹、從其他媒體得到的信息等來預測這款新手機的品質。與採用新品牌策略相比，這無疑能夠減少消費者感知的風險。

（二）增加產品分銷及試銷的可能性

現代商品種類繁多，零銷商的貨架上擺滿了各種各樣的商品，即使是同一種商品也有許多不同的品牌，某品牌要想擠占零售商有限的貨架顯得十分困難。斯坦福大學的大衛・蒙哥馬利（David B. Montgomery）教授的一項研究表明，品牌聲譽是超級市場進貨人員採購新產品時關鍵的篩選標準。品牌延伸把由旗艦產品激發的聯想轉移到新產品上，新產品因而也享和旗艦產品差不多的品牌聲譽，這也使延伸產品較容易擠上分銷商的貨架。

（三）降低推出新產品的成本

首先，從營銷溝通的角度看，企業運用品牌延伸推出新產品時不必為新產品重新創造知名度，只需著力於新產品與旗艦產品的聯結點，因而廣告促銷費用大大降低。其次，品牌延伸還避免了企業開發新品牌時的高額成本。企業開發新品牌既是一門科學，也是一門藝術，需要進行消費者調研，聘請專業的設計人員設計高質量的品牌名稱、標誌和廣告語，還要開展一系列的廣告促銷、分銷活動。這些都需要花費大量的費用，而且即使投入很大也並不能保證新品牌一定成功。據估計，企業在全美市場上推出一個全新品牌產品至少需要 3,000 萬～5,000 萬美元，而運用品牌延伸策略則能節省 40%～80% 的費用。步步高老總段永平說：「品牌的高知名度與威望，可以使品牌具有很強的擴張力。步步高從無繩電話與 VCD 延伸到語言復讀機，沒做一分錢的廣告，但仍供不應求，以至加班加點也來不及生產。1999 年我們為進一步擴大市場佔有率才請張惠妹做廣告。」而且，當多種產品使用共同的品牌名稱時，一種產品做廣告促銷活動，其他產品也跟著受益，因而提高了廣告的使用效率。最後，如果延伸產品與旗艦產品使用同樣或類似的包裝時，不僅有利於它們之間的形象轉移，而且由於企業不必為新產品重新設計包裝以及規模生產效應，使生產包

---

① [美] 大衛・艾克. 管理品牌資產 [M]. 奚衛華，董春海，譯. 北京：機械工業出版社，2006：202.

裝物的成本降低，從而減少新產品包裝的成本。

（四）滿足消費者的多樣化需求

不同的消費者一般都具有不同的品牌偏好，即使是同一個消費者，他的偏好也會隨著時間及消費數量的變化而改變。因而，企業在同一產品大類裡向消費者提供多種有差異的產品，可以使消費者在對某種產品感到厭倦時，在原品牌家族內能夠找到滿足其需要的對應替代品。另外，企業為了有效地開展競爭，也有必要開發多種延伸產品，以避免顧客轉換產品時使用競爭對手的產品。譬如，「康師傅」方便面有如下的延伸產品：康師傅香菇炖雞面、康師傅八寶肉醬面、康師傅鮮湯蝦仁面、康師傅椒香牛肉面、康師傅辣味八寶面、康師傅香辣牛肉面、康師傅麻辣排骨面、康師傅麻辣牛肉面等。這麼多的延伸產品一方面可以滿足消費者的多樣化需求，另一方面也能盡量減少顧客購買其他品牌的方便面，如統一、今麥郎、華龍等。

（五）明確品牌含義，豐富品牌形象

成功的品牌延伸能夠增加某一品牌下的產品種類，進而明確並擴展品牌的含義。例如，「海爾」最初在消費者看來代表著高質量的冰箱，隨後，海爾延伸到洗衣機、空調、電視、影碟機、電腦、手機、電熱水器、微波爐、吸塵器等產品，成了中國家電第一品牌，海爾在消費者心目中樹立了家電王國的形象。再如娃哈哈的創始人宗慶後發現市場上缺少一種專門針對兒童的口服液，於是馬上抓住這個市場機會，開發了「娃哈哈兒童營養液」，在強力的廣告宣傳下，娃哈哈在兩年之內成功成長為一個有極大影響力的兒童營養液品牌。1992年，娃哈哈又開發出針對兒童消費者的第二個產品——果奶。依靠娃哈哈強大的兒童品牌形象，娃哈哈果奶取得成功，占據了一半以上的市場。而娃哈哈這次品牌延伸更重要的意義是，突破了娃哈哈品牌單一產品的概念，並鞏固了娃哈哈作為一個強勢兒童營養飲品品牌的地位，使品牌形象更為豐滿。自此，「兒童」「營養」「健康」真正成為娃哈哈品牌的核心價值。可惜的是，娃哈哈後來沒有堅持兒童食品的定位，推出了許多其他性質的產品，致使品牌形象弱化。

（六）強化品牌形象

任何產品的品牌形象都不是一成不變的，品牌形象既可能朝好的方向發展，也可能朝壞的方向發展。根據形象轉移理論，企業在進行品牌延伸的初期，來源體（旗艦產品）對目標體（新產品）的影響遠遠大於目標體對來源體的反饋，然而隨著時間的推移，新產品的形象日趨豐滿，其對旗艦產品的反饋作用也越來越大。倘若這種影響是積極的，那麼旗艦產品的形象會特別強化。例如，海爾從冰箱延伸到了洗衣機，推出了一種海爾「小小神童同心洗」洗衣機，在洗衣機行業疲軟的情況下，「小小神童」憑藉其創新型的產品設計，贏得了消費者的喜愛，一問世即兩次「遭搶」，先是全國各地經銷商們的「好大胃口」——紛紛搶先訂購，接著海爾「小小神童同心洗」洗衣機在北京、上海、廣州、青島等全國各大城市上市後又被消費者搶購一空，創下了夏日洗衣機市場的新品銷售新紀錄。據統計，海爾「小小神童」

上市5年來賣了200萬臺。顯然這一成功的品牌延伸無疑大大增強了人們對海爾品牌高品質、富於創新的印象。

（七）為後續延伸做鋪墊

成功的品牌延伸的好處之一就是它可以作為產品繼續延伸的基礎，因為品牌擁有者可以圍繞這一延伸產品創造出一個全新的產品組合。例如，海爾在1997年延伸到了彩電，推出了中國第一臺數字彩電。1998年5月，國家統計局中怡康有限公司對全國600家大商場的調查結果顯示，海爾彩電市場佔有率躍居全國第4位。在北京，海爾彩電以21.4%的市場佔有率搶到頭把交椅。海爾的這次品牌延伸取得了初步的成功，之後，海爾通過技術創新，又陸續開發了多種類別的彩電產品，如海爾亮屏液晶電視、V6系列、美高美系列、等離子電視、背投彩電、影麗系列、青蛙王子系列等。

二、品牌延伸的潛在風險

雖然品牌延伸能給企業帶來多方面的利益，但是不恰當的品牌延伸反而會給企業帶來各種危害。這些不利的影響有產品之間相互蠶食，聯想互不轉移或有害，負面反饋，品牌形象淡化，可能錯過開發新品牌的機會。

（一）產品間相互蠶食

這種情況發生的原因在於延伸產品與旗艦產品屬於同一產品類別，所滿足的消費者需求也大同小異，因而新的延伸產品總會多多少少蠶食現有產品的市場份額。例如，健怡可樂與傳統的可口可樂都有「口感好」的特點，同時健怡可樂又有自己的差異點「低卡路里」，這無疑會使一些關注健康的傳統可樂的消費者轉向健怡可樂。1980—1986年，雖然可口可樂公司的可樂產品的銷量在美國起伏不大，基本上都維持在每年130萬箱的水平，但是在1986年，健怡可樂、櫻桃可樂（Cherry Coke）和不含咖啡因的可樂這幾種延伸產品對總的銷售額的貢獻卻很大。

（二）聯想互不轉移或有害

旗艦產品的品牌形象可能未轉移到延伸產品身上。一方面，在品牌延伸策略的實施階段，消費者可能認為旗艦產品的主張與延伸產品的關聯不大，因而形象無法轉移；另一方面，還可能是由於旗艦產品本身的品牌附加值水平偏低，其品牌形象對消費者意義不大，因而也就無形象可轉移；更糟糕的情況是旗艦產品所喚起的聯想有損於延伸產品所期望的聯想的形成。例如，三九集團將「999」延伸到啤酒，並推出廣告「999冰啤酒，四季伴君好享受」。消費者對999啤酒的第一反應是聯想到999的胃藥形象，於是產生了心理衝突：怎能接受這種感覺上帶有藥味的啤酒呢？

（三）負面反饋

延伸產品還可能給旗艦產品帶來負面的影響。雖然在企業實施品牌延伸的初期，延伸產品的形象還未在人們心目中強有力地建立起來，因而這時它對於旗艦產品的

反饋很少。但是，隨著時間推移，延伸產品自身的形象將逐漸豐滿起來，它對於旗艦產品的反饋也會越來越多。如圖 11-5（a）所示，起初，倘若消費者對於延伸產品（目標體）的印象是消極的，對旗艦產品（來源體）的印象是積極的，旗艦產品與延伸產品之間的聯繫也是積極的（由於它們使用同一品牌名稱）。根據形象轉移的原則，消費者在認知上就產生了矛盾，為了重新達到認知上的平衡，消費者只有重新調整對旗艦產品的印象，如圖 11-5（b）所示，這時旗艦產品在消費者心目中的形象也變為負面的了。例如，派克鋼筆曾號稱「鋼筆之王」，是一種高檔的產品，人們購買派克鋼筆不僅僅是為了書寫的目的，更重要的是為了顯示自己尊貴的社會地位。然而，1982 年，派克公司新任總經理彼得森上任後，不是鞏固發展自己的市場強項，卻利用「派克」的品牌優勢進軍低檔鋼筆市場。結果沒過多久，派克不僅沒有打入低端筆市場，反而讓老對手克羅斯公司乘虛而入，高端市場也被衝擊，市場佔有率下降到 17%，銷量只及克羅斯公司的一半。派克的延伸產品的低檔形象對派克的旗艦產品高檔鋼筆的形象產生了巨大的負面衝擊，使得人們對派克的高檔形象產生了懷疑，因而導致了派克品牌延伸的全面失敗。

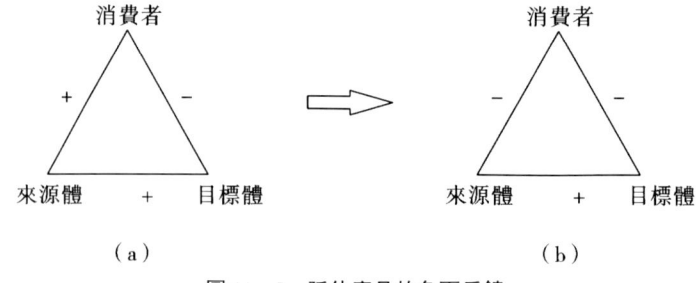

圖 11-5　延伸產品的負面反饋

（四）品牌形象淡化

　　延伸產品的推出，會使長期建立起來的強有力的品牌形象在消費者心目中逐漸失去光澤，變得越來越模糊。特別是品牌延伸到其他類型的產品（名稱延伸和概念延伸）時，品牌不再引起任何對產品的具體聯想，這種情況就被稱為品牌形象的淡化。品牌形象淡化的具體表現為消費者在列採購清單時，不再列出品牌名稱，而只是寫出產品名稱或另一品牌名稱。例如「康師傅」在未進行品牌延伸之前，幾乎成了「方便面」的代名詞，人們一提起「康師傅」頭腦中馬上就會浮現出方便面的形象，人們在寫購物清單時往往也只寫上「康師傅」。但是，「康師傅」延伸到飲料、糕餅等其他產品以後，它的「方便面」形象也就隨之減弱了，人們在列購物清單時也就改寫「方便面」了。另一個例子是皮爾·卡丹的全面品牌延伸。皮爾·卡丹是靠做服裝而成名的。當取得服裝業的穩固地位後，皮爾·卡丹開始了它的品牌延伸之路。從服裝到香水，從鐵鍋到咸肉，有上千種產品共享皮爾·卡丹名字的「榮耀」。這種全方位的品牌延伸雖然使企業獲得了一時的利潤，卻動搖了初始品牌以高檔、典雅時裝為特徵的市場地位。在中國市場上，它面向工薪階層開發的中檔西服，市場反應冷淡；同時也破壞了高檔西服形象。因而，上流社會消費者認為穿皮爾·

卡丹已經不能顯示其高高在上的身分，於是不再買它。

(五) 可能錯過開發新品牌的機會

這是一個經常被人忽略的問題：以品牌延伸的形式推出新產品，可能使公司錯失一次創造具有獨特形象和附加值的全新品牌的機會。例如，娃哈哈進入碳酸飲料時沒有使用品牌延伸策略，而是推出了另一個新品牌「非常可樂」，並通過「非常可樂，中國人自己的可樂」的廣告訴求，在消費者心目中建立了民族可樂品牌的形象。2003 年，非常可樂全年的產銷量超過了 60 萬噸，直逼百事可樂在中國的 100 萬噸銷量。同時，娃哈哈在「非常可樂」下又延伸出「非常檸檬」「非常甜橙」等產品，完善「非常」產品線，全面挑戰「兩樂」旗下的「雪碧」「芬達」「七喜」和「美年達」。另外，娃哈哈還推出了「非常茶飲料」，向統一、康師傅主導的茶飲品細分市場滲透。假設娃哈哈集團將「娃哈哈」品牌名稱延伸到它的碳酸飲料產品上，一方面它可能沒有使用「非常可樂」這個品牌成功；另一方面也就錯失了一次開發新品牌的機會。

第三節　品牌延伸的策略及基本原則

品牌延伸按照延伸產品的性質可以分為三類：倘若延伸產品與旗艦產品屬於同一類產品，則這種延伸就稱為產品延伸；如果延伸產品與旗艦產品不屬於同類產品，但性質一樣，例如兩者都是食品，這種延伸便稱為名稱延伸；若是兩者既不是同類產品，也不是同性質的產品，這種延伸則稱為概念延伸。這三種延伸策略的成功運用需要的前提條件不盡相同，以下就分別對這三種策略進行討論。

一、產品延伸策略

產品延伸中不同的產品擁有相同的品牌名稱。倘若產品延伸中不同的產品在價格上差異不大，這種延伸就是橫向產品延伸；倘若價格有較大差異的話，就是縱向產品延伸。橫向產品延伸的例子有農夫果園由混合果汁飲料延伸出農夫果園 100% 橙汁、農夫果園 100% 胡蘿蔔果蔬汁、農夫果園 100% 番茄汁，喜之郎延伸出各種不同口味的果凍。縱向產品延伸的例子有，同一輛車品牌中不同價格檔次的車型，如寶馬除了有豪華款轎車外，還有一些小型和較便宜的車型。橫向產品延伸多見於非耐用消費品，而縱向產品延伸則多見於耐用消費品。

相對於橫向產品延伸，向上或向下的延伸遭遇失敗的可能更大。對於中低檔的旗艦產品，如果採取向上延伸策略的話，那麼由於旗艦產品在消費者心目中只是中低檔產品形象，延伸產品通過形象轉移從旗艦產品上獲得的也只是中低檔的產品形象，與延伸產品期望的高檔形象是相矛盾的，因而這種形象轉移是有害的。即使這種產品延伸能夠成功，但為了消除有害的形象轉移的影響，與推出全新的品牌相比，這種向上延伸還可能要花費更多的營銷費用以改變該品牌的形象。因此，這種情況下企業與其採取向上延伸策略還不如推出一個全新的品牌。日本的許多轎車生產商在進入高端市場時，大都使用新的品牌名稱推出它們的高檔車型。例如，豐田為其

高檔車型取名為「雷克薩斯」（Lexus），並為之進行了大量的營銷宣傳以建立起高檔車的形象，在宣傳 Lexus 時絕口不提「豐田」，以淡化「豐田」對新車形象的不利影響。等到 Lexus 的高檔的品牌形象被消費者接受以後，再強調 Lexus 與豐田的聯繫，以便使 Lexus 的形象能夠轉移到豐田上，從而反過來提高豐田的品牌形象。對於社會心理涵義很高的旗艦產品，倘若採取向下延伸策略的話，雖然開始時旗艦產品轉移給延伸產品的高檔形象有利於促進延伸產品的銷售。但隨著時間的推移，延伸產品的形象豐滿以後，它對旗艦產品的負面反饋也會越來越大，從而損害旗艦產品的高檔形象。比如，都彭的一條領帶一般都在 1,000 元左右，如果有一天都彭推出 100 元一條的領帶，消費者可能會蜂擁而至，花 100 元就能夠買到平常花十倍價錢才買得到的都彭領帶，多值啊！但從長期來看，這種延伸最容易損害品牌的高檔形象，導致企業失去高端市場的老顧客；而高端市場給企業帶來的利潤也是最豐厚的，可想而知，企業失去這些顧客的損失將是非常大的。

產品延伸的目的是為了留住現有顧客，提高現有顧客的消費量，甚至吸引新的顧客。我們可以把產品延伸的目的歸結為：產品延伸作為攻擊性手段；產品延伸作為防禦性手段；產品延伸用於重新刺激市場需求。

當產品延伸用於市場滲透（進攻性策略）時，在產品生命週期的初期更為有效。萊迪（Reddy）等人對美國卷菸市場的產品延伸的研究表明[1]：

（1）企業在產品生命週期初期進行產品延伸比後期進行能夠贏得更高的市場份額。然而，倘若旗艦產品在生命週期後期具有更高的品牌附加值水平的話，延期進行產品延伸會在很大程度上補償過晚進入市場帶來的損失。

（2）企業在產品生命週期初期進行產品延伸有助於旗艦產品的迅速擴張。

（3）品牌若具有高的附加值水平，會使產品延伸更加成功。

（4）倘若品牌有廣告支持，產品延伸會更加成功。

（5）由產品延伸策略帶來的銷售增加會大大補償產品間相互蠶食導致的損失。

從以上的研究結果可以看出，為推進品牌迅速向市場擴張，產品延伸應該在產品生命週期的早期進行，如農夫果園為了贏得更大的市場所進行的橫向產品延伸。然而，這並不是說產品延伸不能在產品生命週期的中期或晚期進行。在產品生命週期的中期或晚期，倘若消費者偏好發生了變化，則產品延伸有助於品牌適應新的市場形勢。

當競爭對手成功地推出一種新產品以後，公司可以採取產品延伸的方式模仿競爭對手的產品，以盡量減少現有顧客的流失。手機的發展可謂是一日千里，2004 年手機業界的一件大事莫過於高端拍照手機紛紛步入百萬像素時代，日本電氣股份有限公司（NEC）在中國內地第一個推出百萬像素手機 NEC N830，更憑藉 130 萬像素 CCD 的高階參數成為市面上最高像素的拍攝手機。不久，諾基亞也推出了一款 100 萬像素拍照手機諾基亞 7610，夏普推出 Sharp GX32，索尼愛立信推出 S700，西門子推出了 S65，國內的手機生產商也在幾個月之後紛紛推出了自己的百萬像素手機。這時產品延伸便成了一種防禦性手段，以避免自己被市場淘汰。

---

[1] ［荷］里克·萊茲伯斯，等．品牌管理［M］．李家強，譯．北京：機械工業出版社，2004：97.

在某些情況下，產品延伸被用來重新刺激市場需求。產品延伸可以為萎縮的市場注入活力，從而吸引消費者，擴大產品需求。這種現象我們可以在飲料市場中看到。現在的消費者越來越關注自身的健康問題，因而許多廠商抓住這一點推出了有益健康的飲料（如各種品牌的礦泉水、果汁飲料、茶飲料等），從而擴大了市場對飲料產品的需求。

二、名稱延伸策略

　　當延伸產品處於生命週期的成熟階段時，名稱延伸策略尤其有效。名稱延伸策略可以成為突破消費慣性的手段。這裡的消費慣性指的是消費者對現有成功品牌的偏好。根據前面的講述我們知道，產品延伸在產品生命週期的早期最有效，而單從進入市場的角度來看，名稱延伸則在產品生命週期的晚期更為有效。

　　名稱延伸策略也是為了把旗艦產品的形象轉移到延伸產品上。因此，影響名稱延伸策略成功的因素和影響形象轉移實現的因素相似。這些因素有品牌附加值水平和旗艦產品與延伸產品的相匹配程度。品牌附加值包含三個元素：感受功效、社會心理涵義以及品牌名稱認知度。旗艦產品與延伸產品的相匹配程度也包含了三個因素：產品相關性、目標群體的相似性及視覺上的相似性。

　　就感受功效而言，倘若旗艦產品具有高水準的感受功效，名稱延伸更可能成功。有研究表明，消費者對旗艦產品的質量感受相當重要，企業如果能將這種質量感受功效成功轉移到延伸產品上，延伸產品就越有可能成功。延伸產品帶給消費者的質量感受決定延伸產品的成敗。

　　就品牌的社會心理涵義而言，我們也可以得到類似的結論。例如，保時捷對於消費者來說比豐田代表著更高的社會地位，因此以保時捷命名的延伸產品比以豐田命名的延伸產品更可能成功。具有高的社會心理涵義的品牌要比低的社會心理涵義的品牌更適合於名稱延伸。倘若這種高的社會心理涵義成功地轉移到了延伸產品上，延伸產品無疑將更加成功。

　　就品牌認知度而言，消費者對旗艦產品的品牌認知度越高，從旗艦產品上轉移給延伸產品的感受功效和社會心理涵義的強度也更高。因而，消費者會更快地接受知名品牌的延伸產品。

　　我們得出的結論是，感受功效、社會心理涵義和品牌名稱的認知度每一方面水平的提高都會對名稱延伸產生正面的影響。除此以外，我們還應考慮它們之間的交互作用，比如說品牌名稱的認知度高，同時其旗艦產品的感受功效也高時，才對延伸產品產生積極的影響，倘若感受功效較低，這時品牌的知名度越高對延伸產品產生的不利影響反而越大。

　　產品相關性涉及三個方面：消費者認為旗艦產品與延伸產品在產品類別方面的相似性、品牌的定位基礎以及品牌的現有產品廣度。就產品類別的相似程度而言，消費者認為兩種產品越相似，旗艦產品的形象越容易轉移到延伸產品上，因而延伸產品成功的希望也就越大。就品牌的定位基礎而言，當品牌的定位著重的是產品的內在屬性（功能角度）時，名稱延伸就會比較困難，而當品牌的定位基礎強調的是表意時，名稱延伸將更加容易。例如，方便面中的康師傅與今麥郎，前者的定位強

調的是一種健康親切的形象（表意），而後者強調的是它的麵條「彈」的屬性，顯然康師傅更容易延伸到其他種類的產品。產品相關性的第三個方面是品牌現有的產品廣度，它是指同一品牌之下已經開發產品數目。與此相關的概念是常規延伸與非常規延伸，常規延伸是指在消費者眼中，旗艦產品與延伸產品的關聯性比較強，而非常規延伸是指兩種產品沒有什麼關聯性。產品廣度越小，常規延伸成功的可能性越大。企業應認識到的是品牌的產品廣度不是恒量，品牌在經歷多年的發展之後其產品廣度也會由小變大。

目標群體的相似度也會影響名稱延伸。消費者已經在心目中建立了對旗艦產品強烈的印象，如果延伸產品與旗艦產品具有相似的目標消費群體，那麼這些消費者就很容易把對旗艦產品的印象轉移到延伸產品上，因而，延伸產品成功的可能性也就更大。譬如，「七匹狼」的目標消費群體是男性，而男性與抽菸有著天然的內在聯繫。於是，1995年龍菸（龍岩卷菸廠）借船出海，聯手晉江制衣公司（七匹狼集團的前身）和晉江菸草公司將「七匹狼」由男裝延伸到卷菸。七匹狼卷菸的銷量，2003年是13.2萬箱，2004年變為了22萬箱，可謂芝麻開花節節高，成績斐然。七匹狼香菸與七匹狼男裝的目標市場都是男性，這得使七匹狼男裝的男子漢的形象更容易轉移到七匹狼香菸上，因而七匹狼卷菸也就更容易成功了。在這種情況下，延伸產品最初的高銷量往往歸功於旗艦產品的消費者。倘若延伸產品的目標市場不同於旗艦產品的目標市場，那麼延伸產品的最初銷量與使用新品牌的情況應相差不大。

影響名稱延伸成敗的最後一個因素是產品視覺風格上的相似性。這種相似性指的是延伸產品與旗艦產品外觀幾乎一樣，消費者只憑產品包裝或產品外形、色彩，就能很容易地斷定兩種產品屬於同一「家族」。由於消費者很容易受到色彩與象徵物的影響，因而統一的視覺風格有助於消費者將由旗艦產品喚起的聯想轉移到延伸產品上。

企業一旦做出了名稱延伸的決策，就需要考慮許多實際問題。首先，倘若企業擁有的是一個品牌組合而非單個品牌的話，那麼就要考慮使用哪個品牌進行名稱延伸。根據形象轉移原理，只有在品牌擁有良好的形象和較高的品牌附加值水平時，形象轉移才能實現。在品牌組合中，主力品牌的形象較好且品牌附加值高，目標市場的規模也較大；進攻品牌給人的感覺往往是質量低下的；而側翼品牌和威望品牌的市場範圍都較窄，很難通過名稱延伸獲得理想的經濟利益。這樣看來，主力品牌經常是最適合於名稱延伸的了。然而，企業利用主力品牌延伸一旦失敗，將給主力品牌帶來極壞的影響，這一品牌下的產品有全軍覆沒的危險。倘若品牌組合中還有一個「次最好」的品牌可供選擇的話，那麼利用這一「次最好」的品牌進行延伸也許是最合適的。例如，荷蘭喜力（Heineken）啤酒公司從來沒以「喜力」品名做過任何「低酒精或無酒精啤酒」的產品延伸，因為企業不願冒淡化喜力品牌形象的風險；而是通過推出Buckler品牌進行相應的延伸。

與名稱延伸相關的另一個問題是，哪種產品應該採用名稱延伸以及品牌哪一方面的特點應該成為名稱延伸的核心要素。理想地進行名稱延伸的新產品應該與品牌的核心能力及品牌的核心聯想統一起來，這樣就能使消費者更易將與旗艦產品相關的聯想轉移到延伸產品上。譬如，海爾的核心能力在於製造高品質的家電產品，基

於這種核心能力，海爾延伸到吸塵器、電熱水器等產品上，並且都取得了成功。

三、概念延伸策略

概念延伸是指將現有品牌用於不同於旗艦產品性質的新產品上，例如，娃哈哈由食品延伸到童裝上。這類品牌延伸的命名來源於「品牌是一種概念（或觀念）」的理念，如李寧的「一切皆有可能」、耐克的「Just do it」等。

影響概念延伸成功的因素有旗艦產品與延伸產品的相匹配程度和品牌的附加值水平。在兩種產品匹配性方面，概念延伸中旗艦產品與延伸產品的差別往往非常大，兩者在外觀上也可能顯著不同。這時，一般來說表意的品牌定位基礎和相似的目標消費群體能夠使兩者盡可能地匹配，這樣形象轉移也就更加容易實現，概念延伸成功的可能性也就越大。而在品牌附加值水平方面，品牌的社會心理涵義是概念延伸成敗的關鍵因素之一。這裡舉一個例子加以說明，「寶馬」具有高的社會心理涵義，在人們心目中幾乎成了一種社會地位的象徵。寶馬公司將「寶馬」品牌延伸到了服裝上，並且得到了消費者的認可。寶馬的概念延伸是有道理的。不難想像的是，「馬自達」牌用於服裝對於消費者的吸引力可能要低得多，原因在於，多數日系品牌轎車的社會心理涵義都較低。研究表明，社會心理涵義的水平關係到概念延伸的成敗。只有在轎車品牌的社會心理涵義高的情況下，消費者才願意購買同一品牌的服裝或剃鬚產品；而品牌的感受質量對消費者購買概念延伸產品的意願所起的作用不大。

概念延伸決策要解決的實際問題是，確定哪個品牌的社會心理涵義較高，這種社會心理涵義（或稱為感受世界）能給消費者帶來哪些品牌附加值，哪些新產品有助於強化該品牌給消費者帶來的感受世界。通過概念延伸，品牌概念應在消費者心目中得到強化，只有這樣的概念延伸才是成功的。「寶馬」由汽車延伸到服裝，「萬寶路」由香菸延伸到牛仔服、腰帶等，都使得原有品牌形象得到了加強，可謂是成功的概念延伸例子。

概念延伸中旗艦產品與延伸產品往往差別很大，因此概念延伸產品很多是採取許可證的方式生產。這種方式往往使得品牌擁有者失去對其品牌的控制，因此，許可證合同除了注重財務和法律方面的條款外，還應加上營銷方面的條款，以保持企業對品牌的控制權，避免延伸產品可能對品牌形象造成的損害。

四、品牌延伸的基本原則

從以上對品牌延伸策略的分析，我們可以得出品牌延伸的基本原則。這些原則有：

（1）企業應選擇具有良好品牌形象和高品牌附加值水平的品牌進行延伸。企業進行品牌延伸的目的是為了將旗艦產品的形象轉移給延伸產品，旗艦產品首先必須有東西轉移才行，良好的品牌形象和較高的品牌附加值水平是實現形象轉移的前提條件。

（2）企業進行品牌延伸時，應避免損害原品牌的形象。消費者所期望的延伸產品的形象應該與旗艦產品的形象保持一致，這樣的品牌延伸能夠強化與鞏固旗艦產品的形象，可以使旗艦產品更加成功。反過來，如果延伸產品的形象與旗艦產品的

形象不一致甚至相衝突的話，一方面消費者不會接受這種延伸產品，另一方面旗艦產品的形象也會受到一定程度的損害。

（3）延伸產品應當與旗艦產品相匹配。延伸產品與旗艦產品具有某種相關性，具有相似的目標顧客群，相近的技術，相近的產品屬性，相似的營銷渠道以及相似的視覺感受等都能夠增加它們的相匹配程度。它們相匹配的程度越高，形象轉移越容易實現。

（4）企業應謹慎施行縱向產品延伸。縱向的產品延伸容易引起旗艦產品與延伸產品之間的價格形象衝突，因而更容易遭受失敗。

（5）企業應穩步推進品牌延伸。如果品牌延伸得過快、過寬，就容易造成企業資源分散和人財物供給不足等問題，從而影響延伸的效果，同時也給競爭對手留下了較佳的進攻機會。正如定位大師艾·里斯的勸誡，品牌就像一根弦，拉得越長，它就會越脆弱。

（6）企業應選擇具有高的社會心理涵義的品牌進行概念延伸。旗艦產品社會心理涵義高是進行概念延伸的關鍵條件之一。

第四節　品牌延伸與品牌認可策略的對比

企業除了使用品牌延伸策略開發品牌潛在價值之外，還可以採取品牌認可策略。品牌延伸策略中新產品使用與旗艦產品相同的品牌名稱，而認可策略中新產品卻使用全新的品牌名稱。品牌認可策略除了採用新的品牌名稱外，還會為新產品提供一個「認可」品牌。認可品牌的作用有兩個，一是為新產品提供支持和保證，這裡獲得保證的品牌稱為「被認可」品牌。認可品牌對被認可品牌的擔保既可能是直接的也可能是間接的，例如上海農心食品有限公司生產的農心方便面的包裝上都顯著地標明了「韓國農心（株）監制」的字樣，顯然這種擔保是直接的。雀巢在它的子品牌「奇巧」（Kitkat）的產品包裝上顯著地標示了「雀巢」（Nestle）的品牌名稱及標誌，這裡「雀巢」沒有用語言直接為「奇巧」巧克力提供擔保，而是讓消費者由「奇巧」巧克力的包裝聯想到「奇巧」是「雀巢」認可的一個子品牌，目的是期望消費者能把對「雀巢」的信任轉移到「奇巧」上來，這種擔保作用是間接的。認可品牌的作用二是將旗艦產品的形象轉移給延伸產品，在形象轉移過程中，認可品牌為來源體，而被認可品牌即為目標體，企業實行品牌認可策略可以把消費者由認可品牌喚起的聯想轉移到被認可的品牌上。為實現形象轉移，認可品牌應當具有較高的品牌附加值水平才行。在產品包裝上，認可品牌應被顯著地標註在品牌商品名稱的旁邊，否則的話就起不到認可的作用。

在品牌認可策略中最為常見的是以企業名稱作為認可品牌。如雀巢幾乎對它所有的產品都進行了認可，如美極鮮味汁、奇巧巧克力、咖啡伴侶、三花全脂淡奶等。在這些產品的包裝顯著的位置都顯著地標註著「雀巢」及其標誌。

相關的研究表明，消費者對企業的認識可以影響被認可品牌的形象。這些研究提出了企業應關注的兩類消費者聯想：企業能力聯想和企業社會責任聯想。消費者有關這兩方面的聯想能夠直接影響認可者的品牌附加值的水平，然後再通過認可者

影響被認可的品牌。

企業採用品牌認可策略可以起到兩個作用：一是利用消費者熟知的品牌促進消費者對新品牌的迅速認同，提高新產品的銷量。形象轉移，一方面可以提高被認可品牌的產品質量形象；另一方面，通過認可者品牌的保證作用，可以減少消費者對新品牌感受到的風險。一旦被認可品牌被消費者熟知以後，企業就可不再使用認可策略。從這個意義上來說，認可策略只是為企業開發新品牌提供了推動作用。二是倘若認可品牌為企業名稱，被認可品牌一旦成熟之後反過來又可以豐富企業的形象，為後續的品牌認可做鋪墊。

在品牌延伸策略中，旗艦產品對於延伸產品積極的影響是通過形象轉移實現的。其中旗艦產品為來源體，延伸產品為目標體。旗艦產品形象包含三個方面的內容：聯想內容（指由產品喚起的聯想）、宜人性（聯想是積極的還是消極的）、聯想的強度（主要由品牌知名度決定）。一旦形象轉移的條件具備，旗艦產品引發的聯想就會轉移到延伸產品上，同時聯想的宜人性和強度也會隨之轉移。這意味著延伸產品與旗艦產品在這三個方面不會有多大的差異。同時，延伸產品也會為旗艦產品帶來積極或消極的反饋，積極反饋可以鞏固消費者對旗艦產品的聯想，延伸產品甚至可以改變人們對旗艦產品的印象。

在品牌認可策略中，認可品牌對於被認可品牌開發的促進作用也是通過形象轉移的過程實現的。但是品牌認可策略與品牌延伸策略在形象轉移的過程中有兩點區別：相對於延伸策略來說，來源體形象中聯想的內容對於目標體（被認可品牌）的作用要小一些；在認可策略中，目標體（被認可品牌）對來源體（認可者）反饋的作用要小一些。

就第一點而言，來源體形象的宜人性和強度比聯想內容更加重要。認可者的主要作用是為被認可者的「質量水準」提供保證，因而認可策略相對於延伸策略來說適用的範圍可能更大一些。

與延伸策略相似的是，來源體（認可者）也應具有較高的品牌附加值水平。若認可品牌的附加值水平中等或較低，企業首先應增加對認可品牌的營銷投入，等到其品牌附加值提高到一定的水平以後，再實施品牌認可策略。另外，由於認可策略中，被認可品牌對認可品牌的反饋要小得多，因而企業期望被認可品牌獲得成功而迅速提升認可品牌的聲譽是不切實際的，這一過程相對於延伸策略來說可能要長得多。

品牌認可策略中新產品擁有一個獨特的全新的品牌名稱，因而可能代表著與現有品牌不同的形象，從而企業就能夠吸引現有目標市場以外的消費者。倘若企業希望開拓新的細分市場的話，品牌認可策略比品牌延伸策略更具優勢。另外，延伸策略中旗艦產品與延伸產品使用相同的品牌名稱，延伸產品或多或少要受到旗艦產品的影響，而認可策略中這種影響較小，因此認可策略可以成為發展新業務以及避免業務衝突的手段。

品牌認可策略與延伸策略相比需要耗費更多的營銷傳播費用。在延伸策略中，延伸產品與旗艦產品使用相同的品牌名稱，消費者對延伸產品品牌的熟悉過程可以省略，他們把由旗艦產品喚起的聯想轉移到延伸產品上也更容易。在認可策略中，

認可者的主要作用是對被認可品牌提供質量的保證，被認可品牌使用新的品牌名稱，它需要更多的促銷使消費者熟悉這一品牌並塑造一個新的品牌形象。所以，企業使用認可策略需要花費更多的費用。但是認可策略與多品牌策略（即採用新的品牌名稱推出新的產品，除了法定出品人以外不與任何其他品牌相聯繫）相比，還是可以節約許多費用的。

最後，企業使用品牌認可策略比延伸策略面臨的風險要小得多。在延伸策略中，旗艦產品與延伸產品使用同一品牌名稱，容易出現負面事件的連鎖反應；而在認可策略中，被認可品牌對認可者的反饋作用要小得多，因此它要比使用品牌延伸策略安全得多。例如，斯科特（Scott）的產品線延伸就是一個很好的例證。美國斯科特公司生產的舒潔牌衛生紙曾經是世界衛生紙市場的第一（NO.1）品牌，但是該公司將品牌名稱使用在餐巾紙市場。隨著舒潔（Kleenex）餐巾紙的出現，消費者心理發生了微妙的變化。對此，艾·里斯幽默地評價說，「舒潔餐巾紙與舒潔衛生紙，究竟哪個產品才是為鼻子生產的？」結果，舒潔牌衛生紙的市場優勢很快被寶潔公司的「Charmin」牌衛生紙所取代。

第五節　品牌延伸的步驟

企業按照科學合理的方法有序地進行品牌延伸，可以減少品牌延伸的盲目性及風險，提高品牌延伸的成功概率。附帶的好處還可以使企業瞭解品牌在消費者心目中的形象及品牌附加值水平，與企業期望的品牌形象進行比較，找出差距，從而為改善品牌形象及提高品牌附加值水平找到方向。

（一）選擇一個適合的母品牌進行品牌延伸

品牌延伸的目的是為了開發現有品牌的潛在價值，因此該品牌應該首先是有潛力可挖的才行，即它應具有較高的品牌附加值水平。這樣旗艦產品的形象才能成功地轉移到延伸產品上，畢竟，形象轉移需要有東西可轉移。主力品牌是企業利潤的主要來源，一旦品牌延伸失敗將給主力品牌帶來很大的負面影響，企業也將遭受重大的打擊。因而，我們應該意識到，採用主力品牌進行延伸的風險非常大。如果企業品牌組合中有另外一個「次最好」的品牌，那麼利用該品牌進行延伸也許是最好的選擇。

（二）調查母品牌的品牌形象和附加值水平

雖然企業可能大概瞭解品牌在消費者心目中的形象，但是進行品牌形象的調查還是有益的。一方面，企業可以發現真實的品牌形象與企業內部假定的品牌形象之間的差別；另一方面，企業還可能發現過去所忽略的重要的品牌聯想。

用於調查品牌形象和品牌附加值水平的方法可分為定性與定量兩類。定性的方法有自由聯想、投射法、扎特曼隱喻推導法等。而定量的方法則是把消費者心目中的品牌形象和附加值水平量化。例如，我們要評價某品牌所代表的社會心理涵義時，可以使用李克特量表，如圖11-6所示。

××品牌所代表的社會地位

1	2	3	4	5	6	7
很低			中等			很高

圖 11-6　李克特量表

我們通過調查發現母品牌（用於延伸的品牌）附加值水平確實較高時，才能進入下一步驟；否則，只有回到第一步選擇其他的母品牌或是通過增加對該品牌的營銷宣傳提高這個品牌的附加值水平。

（三）列出可能的延伸方案

能夠產生可能的延伸方案的方法有：經理人員會議、銷售人員建議、消費者訪談等。企業召開經理人員會議，特別是在一種無拘無束的輕鬆的氛圍中時，能夠集思廣益，激發每一個人的想像力。一線的銷售人員與顧客的聯繫最緊密，他們瞭解消費者的需求，往往能提出好的延伸方案。此外，企業還可以直接訪問消費者，詢問他們可以把某個品牌延伸到哪些產品上，還可以試探他們對某個延伸方案的反應。

（四）評價和選擇延伸方案

企業對備選的方案可以從以下幾個方面進行評價：形象轉移、市場潛力、企業資源和競爭。

在形象轉移方面，企業首先要考慮的是延伸產品所期望的品牌形象是否與母品牌的形象相同或相似；其次是形象轉移的難易。一般來說，如果延伸產品與旗艦產品具有相同的目標市場、相似的視覺感受並且兩種產品具有關聯性，則形象轉移相對容易。此外，企業還需考慮延伸產品可能會給母品牌帶來哪些影響，應盡量避免給品牌帶來負面影響的延伸，選擇能夠強化品牌聯想的品牌延伸。

在市場潛力方面，企業應評估一下市場潛力的大小以及市場成長率的高低。企業還要考慮進行這項品牌延伸需要哪些企業資源，如人員、資金、技術等，企業是否擁有這些資源。最後，企業還需考慮與可能的競爭對手相比有哪些優勢和劣勢，企業能否取得競爭優勢。

（五）設計和實施品牌延伸計劃

一旦選定了品牌延伸的方案，企業還要根據方案中所選定的目標消費群體的需求，確定是否要為延伸產品創造一些不同於旗艦產品所喚起的聯想，從而確定對延伸產品所期望的產品形象；然後，根據期望的產品形象計劃並執行產品設計、定價、製造、分銷、廣告促銷、銷售促進等活動。

（六）監控品牌延伸效果

延伸產品推出以後，企業應持續檢查是否達到了預期的目標，如預定的銷售額、利潤等，如果沒有達到，應追尋是什麼原因導致的，找到原因後，應迅速改進營銷方法。此外，企業還要考察品牌延伸以後，對旗艦產品的品牌形象、銷售額有何影響。

總之，品牌延伸的這些步驟之間是環環相扣的，上一步的決策往往決定了下一步的選擇，下一步執行失敗時，又可回到上面的某一步驟，例如第四步中沒有合適的延伸方案可供選擇時，可以回到第三步繼續尋找可能的延伸方案。

本章小結

品牌延伸是指企業將現有的品牌名稱用於新產品上。若旗艦產品與延伸產品是同種類的產品，這種延伸稱為產品延伸；倘若旗艦產品與延伸產品是同性質但不是同種類的產品，則這種延伸稱為名稱延伸；倘若旗艦產品與延伸產品屬於不同性質的兩種產品，則這種延伸稱為概念延伸。

企業進行品牌延伸是為了將旗艦產品的品牌形象轉移到延伸產品上，以便挖掘旗艦產品品牌的潛力，實現品牌增值。影響形象轉移成敗的因素有旗艦產品的品牌附加值水平及旗艦產品與延伸產品的相匹配程度。只有在旗艦產品的品牌附加值水平較高時，才能實現形象轉移。在這兩種產品具有相關性、相似的目標市場及相似的視覺感受時，形象轉移更容易實現。

品牌延伸對於企業成長具有重要的戰略意義。品牌延伸可以減少消費者感知到的風險，降低企業推出新產品的成本，滿足消費者的多樣化需求，還能明確品牌涵義，強化品牌形象。但是不謹慎的品牌延伸也可能給企業帶來很大的風險，例如產品間相互蠶食、聯想互不轉移或有害、負面反饋、品牌形象淡化、錯過開發新品牌的機會等。

本章接著探討了品牌延伸的策略。產品延伸可以分為橫向產品延伸和縱向產品延伸，其中縱向延伸更容易失敗。產品延伸策略在產品生命週期的初期進行更有效，而名稱延伸策略在產品處於生命週期的成熟階段更為有效，它是突破消費慣性的有效手段。最後，品牌附加值中社會心理涵義的高低是概念延伸的關鍵因素之一。

本章隨後探討了品牌延伸策略與品牌認可策略的區別。認可策略比延伸策需要更多的營銷費用的支持，但是認可策略面臨的風險卻小得多。

最後，品牌延伸的步驟是：選擇進行品牌延伸的母品牌，調查母品牌的品牌形象和附加值水平，列出可能的延伸方案，評價並選擇延伸方案，設計與實施品牌延伸計劃，監控品牌延伸結果。

[思考題]

1. 什麼是品牌延伸？品牌延伸可以分為幾種類型？
2. 什麼是形象轉移？實現形象轉移的影響因素有哪些？
3. 企業進行品牌延伸的動因是什麼？它有哪些潛在的風險？
4. 為什麼縱向產品延伸容易失敗？
5. 影響名稱延伸成功的因素有哪些？
6. 為什麼說旗艦產品的社會心理涵義是概念延伸的關鍵因素之一？
7. 品牌認可與品牌延伸策略有哪些異同？
8. 品牌延伸有哪些步驟？

案例

華為面向手機市場的品牌延伸

提起「華為」二字，人們的第一印象還是傳統的通信設備供應商，是一個地地道道的B2B品牌。華為自1987年成立以來，一直致力於為世界各地通信營運商及專業網絡擁有者提供硬件設備、軟件、服務和解決方案，在業界華為給人的印象是「低調」「可靠」。正是這種品質，使華為的產品和服務賣到了全球100多個國家，為「世界電信營運商50強」中的48家提供解決方案，覆蓋全球1/3的人口。

一、白牌手機時代

一次偶然事件令華為誤打誤撞之下踏入了手機領域，可謂是「有心栽花花不開，無心插柳柳成蔭」。這件事發生在2003年。當時華為在阿拉伯聯合酋長國獲得了第一個3G（第三代移動通信技術）合同，但是這個合同需要手機配套。後來，華為去找手機供應商時卻發現，所有的手機供應商都是系統供應商，這促成了華為手機的誕生。2003年7月，華為技術有限公司手機業務部（隸屬於華為終端事業部）正式成立。按照任正非的說法，「當年我們沒想過做終端，我們是被逼上馬的。因為，我們的3G系統賣不出去，沒有配套手機，要去買終端，買不到，才被逼上馬。」在接下來的很長一段時間裡，負責華為手機業務的只是公司內部的一個部門，是一個「不起眼」的小角色，不受重視。

2010年以前，華為終端基本以定制形式為營運商生產手機（即ODM模式，原始設計製造商），與其他3G網絡設備一起，捆綁式地銷售給營運商，交易之中的手機基本上屬於「添頭」，不直接賣給消費者，也很少進行廣告宣傳。另外，還有少量手機通過非常渠道，流向了終端手機市場，俗稱「山寨機」，業內稱為「白牌手機」。

2005年3月，華為在獲得電信手機生產牌照後，仍然局限於營運商手機定制企業，沒有屬於自己的市場銷售渠道。此後不久，終端部成為華為一個獨立事業部，但在華為四大事業部中，地位一直較低，在公司內部被看作是遊離於主營業務之外的業務單位。

其實，這個「小部門」的業績數年來一直保持著兩位數的增長。比如，2007—2009年，華為終端事業部的業績實現了從26億美元到40億美元、50億美元的增長。儘管無從獲知其利潤水平，但顯然其低價格的手機，一直是公司輔助通信設備銷售的附屬品。手機業務也因過度依賴於營運商這一單一的銷售渠道，長期陷於「白牌陷阱」之中——有銷量、無利潤。

2010年，中國開始步入智能手機時代。這年也是華為手機出現大變革的一年。華為開始開拓包括電商在內的終端市場銷售渠道。任正非表示，「華為終端要成為這個領域重要的玩家，到2012年，銷售額要超過100億美元。」自此，終端事業部的地位開始提高，並成為公司核心部門之一，華為手機也告別了單純的「添頭營銷」時代。

二、創牌手機時代

多年來，白牌手機的窘境使華為得到了深刻的教訓：渠道要轉型，產品要走高

端路線，必須面向終端市場創立自主品牌，否則賺不到錢。正如華為終端總裁餘承東所說：「華為做低端手機是沒前途的，就像米缸裡的老鼠，長期在米缸裡吃米，吃得很舒服，但等米吃完了以後也就死掉了。」2011年，華為終端事業部將手機終端業務與網絡終端業務進行了再分割。手機終端通過發力千元智能手機，開拓新的銷售渠道，構建雲手機、雲戰略平臺和轉變營銷策略等措施，力圖轉型。

自 2011 年年初餘承東上任以來，華為手機不斷嘗試走精品、高端路線，並試圖以產品的「最」（最快、最薄、最高性價比）和「先」（世界最先進）進行口碑營銷，打開終端市場。

2011 年，華為推出華為榮耀手機 Honor 和華為遠見手機 Vision。2012 年 1 月 10 日，華為在美國拉斯維加斯國際消費類電子產品展覽會（CES）上高調發布了世界最薄智能手機 Ascend P1 S，並於同年 4 月上市；1 月 18 日，華為再次發布華為 Android（安卓）4.0 手機，成為此類手機中的首個中國品牌；2 月 26 日，華為在巴塞羅那世界移動通信大會（WMC）上發布了全球最快、最緊湊四核智能手機 Ascend D quad，並搭載公司自主研發的、封裝最小的四核手機處理器，此舉對於打破國外壟斷手機處理器的局面具有重要意義。2013 年 6 月 18 日，華為在倫敦發布，華為 Ascend P6 以 6.18mm 的機身厚度成為全球最薄手機。2014 年，華為在全球手機品牌市場份額中排名第三，僅次於蘋果和三星。

近年來，華為在手機市場上的品牌延伸取得了巨大的成功。但是，面對蘋果、三星這樣強勁的競爭對手，華為要解決好自身的問題，尤其是由 B2B 品牌真正轉變為 B2C 品牌還有漫長的路要走，否則，不進則退。正如餘承東表示：「華為終端未來只有兩條路，要麼快速成長，要麼死亡。而要快速成長，需加快品牌建設，今年華為全球名牌度目標是 60%，明年是 80%，只有這樣才不會死亡。」

[討論題]
1. 華為面向手機市場的品牌延伸屬於哪種品牌延伸類型？
2. 為什麼華為要在手機市場上進行品牌延伸？
3. 華為品牌延伸歷程的借鑑意義是什麼？

第十二章　品牌國際化

在前面我們講述了品牌創新，品牌創新是防止品牌老化、保持品牌常青的秘訣。在品牌創新的基礎上，隨著品牌的發展、壯大，隨著經濟全球化的快速發展，企業如何將品牌成功地延伸到不同的國家、地區乃至全球市場上？這就使品牌國際化就成了一個無法迴避的問題。本章主要講述三個方面的內容：品牌國際化趨勢、品牌國際化障礙以及品牌國際化策略。

第一節　品牌國際化趨勢

一、品牌國際化的定義

品牌國際化（Global Branding），又稱為品牌的全球化經營，其目的是企業通過品牌向不同的國家和地區進行擴張，來獲取規模經濟效益，實現低成本營運，最終實現品牌增值。

品牌的國際化營運產生了一大批全球化的品牌，全球化品牌[1]是指：
（1）在各地提供的產品或服務基本上是相同的，只有些細小的差別，就像可口可樂和吉尼斯啤酒；
（2）有同樣的品牌本質、特徵和價值觀，像麥當勞和索尼所做的那樣；
（3）使用相同的戰略原則和市場定位，比如吉列；
（4）盡可能地使用相同的營銷組合。

二、品牌國際化的動因

品牌國際化的動因在於獲得品牌國際化的意義。著名品牌專家凱文・萊恩・凱勒（Kevin Lane Keller）對此做了卓有成效的研究。他認為，企業實施品牌國際化具有以下優勢：

1. 實現生產與流通的規模經濟

在經濟全球化的今天，對許多行業來說，在世界範圍內開展經濟活動所帶來的規模經濟效益，已經成為獲得競爭優勢的重要因素。學習曲線（Learning Curve）告訴我們，大規模運作能夠實現生產和流通的規模經濟，可以有效地提高生產效率，

---

[1]　［英］杰弗里・蘭德爾. 品牌營銷［M］. 張相文, 吳英娜, 譯. 上海：上海遠東出版社, 1998：148.

顯著地降低生產成本，使品牌產品更具價格競爭力。

2. 降低營銷成本

企業實施品牌國際化，可以在包裝、廣告宣傳、促銷以及其他營銷溝通方面實施統一的活動。企業如果在各國實施統一的品牌化行為，其經營成本降低的潛力很大，實施全球品牌戰略成為分攤營銷成本最有效的手段。如可口可樂、麥當勞、索尼等企業分別在世界各地採取了統一的廣告宣傳。通過全球化的廣告宣傳，可口可樂公司在近二十多年裡節省了數億美元的營銷費用。

3. 大範圍的感染力

品牌國際化可以創造有益的品牌聯想，讓人感到該品牌實力雄厚。全球品牌向世界各地的消費者傳達一種信息：他們的產品和服務是信得過的。品牌產品能夠在全球範圍內暢銷，為廣大消費者所接受並擁有忠誠的顧客群，說明該品牌具有強大的技術能力或專業能力，能提供高質量的產品及服務，說明該品牌能夠給消費者帶來生活上的便利，從而反過來又增強了品牌在其母國內的影響力。

4. 品牌形象的一貫性

企業在全球市場遵循同樣的營銷戰略有利於保持品牌形象和公司形象的一貫性。一個統一的產品形象，使顧客無論身在何處，都能購買到他/她熟悉的產品或服務，感受到獨特的品牌文化帶來的精神愉悅。

5. 知識的迅速擴散

品牌國際化可以使在一個國家產生的好的建議或構想，無論是研發、生產製造方面的，還是營銷或銷售方面的，都能迅速廣泛地被企業吸取或利用。另外，品牌國際化還可以做到，在品牌及其營銷組合宣布後，立即覆蓋各大目標市場，不給競爭者留下搶先的時間，從而能提高企業整體的競爭力，如微軟的視窗產品推出、英特爾電腦芯片的推出等，都得益於國際化的品牌策略。

6. 營銷活動的統一性

由於營銷者對品牌產品的屬性、生產方法、原材料、供應商、市場調查、價格定位等都非常熟悉，並且對該品牌的促銷方式也有詳細的記錄，因此在品牌國際化過程中，就能夠最大限度地利用公司的資源，大大減少和消除重複性的工作，以便迅速在全球展開該品牌的營銷活動。

正是由於這些重要的意義，越來越多的企業認識到品牌國際化的重要性，並開始著手進行品牌的國際化運作。然而並不是所有的品牌都適合國際化的運作，評估品牌是否適合國際化的標準有以下幾個方面：目標市場是否有真正一致的需求；全球主義是否為品牌訴求的一部分；品牌是否能超越國界，滿足人類的基本需求；是否存在一個大眾化的全球市場，而且沒有更小的區隔；在運作上是否有經濟規模和有能力經營全球市場；目標市場消費者是否重視價格；全球定位是否符合營銷組合的各個元素，是否確實可行。

已有研究顯示，下列類別的品牌更適合於品牌的全球化：高科技品牌，如 IBM、Intel、Apple、三星（Samsung）等；高表意性品牌，如化妝品、服裝、汽車、珠寶等能與時尚、地位和財富相關並能引起強烈聯想的品牌；服務性品牌和產業品牌，如航空、銀行、保險、證券、零售和以理性購買為主的產業用品品牌；有深厚文化

底蘊的品牌，如李維斯、萬寶路等。

如果品牌符合以上標準，則企業可以考慮品牌的國際化營運。此時，企業有必要停下來先思考一下，現在進行品牌的國際化運作面臨怎樣的契機和障礙。契機為品牌的國際化運作提供了便利的條件，企業對障礙的認識有助於走出國際化過程中的誤區。所以下面簡要講述品牌國際化的契機，而品牌國際化的障礙將放在下節講述。

三、品牌國際化的契機

品牌國際化的契機主要有以下幾個方面：

（一）貿易壁壘的減少

在世界範圍內，貿易壁壘正在減少，也將繼續減少，這是全球一體化所帶來的不可逆轉的趨勢。北美自由貿易區早已形成；歐盟不僅實現了經濟一體化，而且貨幣也已經統一；東盟也已經建立並發揮作用。貿易壁壘減少的最直接的結果是大大地促進了產品及服務的跨國界流通，增加了消費者與來自不同國家的商品溝通的機會，使世界性的共同的消費價值觀的形成成為可能，為品牌的國際化提供了廣闊的舞臺。

（二）全球性傳播媒體的發展

全球有線電視網的建立、衛星電視頻道的日益普及、國際互聯網的飛速發展，這些全球性媒體的出現為國際性品牌的形成搭建了良好的平臺。首先，營銷人員可以利用這些媒體以相同的主題面向多個國家同時進行廣告宣傳，迅速建立品牌的國際性知名度，從而更容易地創造世界性的品牌。比如，國際性的體育賽事，像奧運會、世界盃足球賽、一級方程式車賽等，都是全球性直播，一些品牌可以借助這種大型的體育公關而一舉成名，由國家品牌變成國際品牌。其次，也是很重要的一點，根據傳媒理論，個人傾向於利用從大眾媒體獲得的信息來看待周圍的世界，全球性媒體可以使世界各地的人接收類似的信息，他們對現實也會產生類似的看法，這一效應被稱為主流化，它意味著像音樂電視網（Music Television，簡稱 MTV）和美國有線電視新聞網（Cable News Network，簡稱 CNN）這樣的全球電視網及國際互聯網等，正在全球範圍內促進一種類似的標準和價值觀的形成，其中包括消費價值觀。

（三）跨國旅遊及文化交流的發展

交通的極大便利促進了跨國旅遊的飛速發展，不論是商務旅行還是休閒旅遊，它們不可避免地產生兩方面的重要意義。其一，旅遊者會把他一生難以更改的偏好帶到世界各地。比如，他去非洲採風，喜歡用佳能數碼相機，駕駛吉普（Jeep）切諾基；他喜歡一邊喝可口可樂，一邊抽著萬寶路香菸。當這類跨國界旅遊者的數量達到一定程度時，客觀上就為品牌的國際化提供了切切實實的需求基礎，促進了品牌的國際化。其二，也是很重要的一點，像全球性媒體的主流化效應一樣，跨國旅遊有助於各國人民相互之間的文化交流和觀念互動，有助於形成共同的消費價值觀。

（四）全球性年輕人的出現

由前面的分析可知，貿易壁壘的減少、全球性媒體的出現和跨國旅遊的發展，大大地促進了跨越國界的共同消費群體的形成。這一共同的消費群體突出地體現在現在的年輕人身上，他們已經接受並認可當今世界上最流行的消費價值觀，這一消費價值觀不是美國化的，而是全球性的。他們購買相同的產品、看相同的電影、聽相同的音樂。泰國、法國和巴西的年輕人穿著同一品牌的牛仔褲，而亞洲、西歐和拉丁美洲的年輕人同樣使用蘋果手機。他們代表了人類歷史上第一個真正意義上的國際市場。全球性年輕人的出現，不僅使品牌國際化有了強大的市場基礎，而且使得市場營銷人員可在不同文化下使用相同的策略和手段來發展全球性品牌，極大地降低了營銷成本，全球化品牌的意義凸顯，品牌的國際化成為一種趨勢。

第二節　品牌國際化障礙

一、普遍意義上的品牌國際化障礙

品牌國際化，是品牌擁有者的主觀願望。在品牌國際化的過程中，品牌標示、品牌內涵及其定位、品牌營銷策略和活動如包裝、廣告、促銷和其他營銷活動，相互協調越是一致，收益就越顯著；但與此同時，品牌在跨越國界的擴張中成功的概率就會下降。因為，不同國家的法律、文化和競爭環境不同，消費者對品牌的瞭解、認知和理解也不完全一樣，而且其需要和使用目的也不盡相同。因此，品牌國際化雖然有利、有機會，但同時也面臨各種障礙。[1]

（一）環境性障礙

1. 法律環境

不同國家有不同的法律體系，在一個國家是合法的營銷行為、品牌內涵及定位的表達方式，在他國有可能是非法的。如在歐美國家，性的訴求是合法的，但在中國是不被允許的，在伊斯蘭國家則是被禁止的；在英國英雄人物不允許作為菸草廣告的代言人，即使是萬寶路中的牛仔（Marlboro Man）也不允許；新加坡、中國不允許做「對比性」廣告，以顯示品牌優勢；奧地利不允許用兒童做廣告；波蘭要求廣告片中的插曲必須以波蘭語演唱；等等。這就很可能使在一國極為成功的品牌及其營銷組合無法延伸到他國。

2. 競爭結構

品牌競爭的市場結構主要包括競爭對手的數量和實力、品牌知名度、分銷類型和水平、產品生命週期階段等。這些因素都可能要在品牌國際化過程中做一定調整，除非這種產品沒有任何競爭對手，是一種全新的產品，如微軟的視窗、英特爾的奔騰處理器，能刺激並滿足跨國界的需要。

我們對美國、歐洲、日本和世界其他地方的調查結果顯示（如表 12-1 所示），

---

[1] 宋永高. 品牌戰略和管理 [M]. 杭州：浙江大學出版社，2003：217.

品牌的心理位置（Share of Mind，簡稱 SOM）和受尊敬程度有明顯的差異。在美國排名前十位的品牌全為美國公司；在歐洲有三個品牌分屬於美國和日本公司，其餘七個均為歐洲品牌；在日本除了兩個歐洲品牌外，其餘均為日本品牌。在世界十大品牌中，雀巢和IBM均未能出現在三大市場的前十位。可見，世界不同國家和地區對品牌地位的認知有明顯的差異。事實上，除了可口可樂、索尼、奔馳和柯達出現在其中的兩大市場之外，其他品牌均未能同時具有這樣的地位。這說明在品牌國際化過程中，企業要根據當地的競爭格局，適當調整品牌定位、品牌促銷的模式，品牌聯想的建立方式也應該有所不同。

表 12-1　　　　世界著名品牌的心理位置和受尊敬程度

序號	美國			歐洲			日本			世界		
	品牌	SOM	尊敬	品牌	SOM	尊敬	品牌	SOM	尊敬	品牌	SOM	尊敬
1	可口可樂	1	5	可口可樂	1	10	索尼	1	1	可口可樂	1	6
2	坎貝爾	6	1	索尼	3	1	松下	4	9	索尼	4	1
3	迪士尼	10	2	奔馳	8	3	奔馳	50	2	奔馳	12	2
4	百事	4	11	寶馬	11	2	豐田	9	18	柯達	5	9
5	柯達	8	4	飛利浦	2	6	高島屋	5	25	迪士尼	8	5
6	NBC	3	16	大眾	4	7	勞斯萊斯	100	1	雀巢	7	14
7	布萊克＆戴克爾	15	3	妮維雅	5	14	精工	21	14	豐田	6	23
8	凱樂格	9	7	阿迪達斯	6	9	三菱	18	20	麥當勞	2	85
9	麥當勞	2	84	柯達	7	8	日立	6	44	IBM	20	1
10	好時	22	6	保時捷	18	4	三得利	8	42	百事	3	92

3. 社會文化環境差異

社會文化因素對品牌國際化的影響實際上是多方面的。這主要包括以下幾個方面：

（1）語言障礙。語言是企業利用廣告進行有效溝通所遇到的主要障礙之一。幾乎在許多國家都因為忽視語言翻譯而產生過問題，從而妨礙溝通。可口可樂公司在使用其著名的口號「享用可口可樂」（Enjoy Coca-Cola）時發現，有些國家如俄羅斯，Enjoy 即「享用」一詞帶有「性感受」的含義。為解決這一問題，在俄羅斯，公司將「享用可口可樂」更改為「請喝可口可樂」（Drink Coca-Cola）。高露潔的「CUE」牌牙膏在法國銷售時遇到了問題，因為在法文裡，CUE 是對菸頭的一種粗俗

263

叫法，即「茇屁股」。

（2）風俗不同。文化差異遠比語言差異複雜深刻得多。文化涉及範圍很廣，包括某一社會內部成員行為的各個方面。企業在實施全球性營銷策略時，若不瞭解文化差異，將會招致更嚴重的問題。美國電話電報公司（AT&T）在俄羅斯和波蘭不得不更改其大拇指朝上的廣告鏡頭，因為這種方式被認為帶有侵犯的意味。百事可樂將其在南亞的霸主地位拱手讓給可口可樂，原因之一是該公司不適當地將其銷售設備和冷藏箱的顏色由原來很莊重、豪華的深藍色改變為淺藍色，而淺藍色在南亞與死亡、奔喪相聯繫。

（3）媒體傳播的差異。不同國家和地區的媒體在受眾偏好、發展水平、廣告效力以及時間和空間的成本上都是不一致的。例如，美國的媒體因素絕不能與非洲國家相比，甚至也不能和亞洲國家相比，因為各國媒體有各國的特點和發展水平。廣播在非洲是人們最普遍接觸的媒體，其權威性也相對較高，而在中國，廣播收聽者基本上都是老人、學生、司機等受眾。

4. 品牌認知和消費模式

同一種產品，在不同的國家所處的生命週期階段是不同的。與產品生命週期各個階段相對應，人們對特定品牌的知覺和定位也有所不同。在本國該品牌可能早已家喻戶曉，企業不需要強調品牌產品的性能和利益點。但在國際化過程中，該品牌剛進入某一新國度時，企業就需要多個層面地介紹品牌產品的特徵，甚至借助定位和廣告來改變消費者的觀念，才能促銷這一產品。如美國的寶利來（Polaroid）即拍成像照相機在美國以 20 美元的價格出售，在進入法國市場時，定價低於 100 法郎。公司在促銷時套用在美國的價格定位，把廣告語由原來的「The Polaroid System Now at Only ＄20!」改為「The Polaroid System Now at Only 99F!」，然而這卻是一個徹頭徹尾的失敗，因為法國人並不像美國人那樣瞭解寶利來。

世界各國的消費價值觀念也不盡相同，所以完全統一的營銷組合在全球推廣時，可能會遇到一些障礙。比如著名的寶潔公司名牌之一的海飛絲（Head & Shoulders），在推向英國、荷蘭市場時取得了成功。然而，當公司把這一模式推廣到法國時，在 1989 年只取得了不足 1% 的市場份額。原來，法國人習慣在藥店購買洗髮香波（猶如在中國銷售的由西安楊森製造的「採樂」），以便保證產品的護理作用，或者在超市購買他們經常使用的品牌（如橄欖油洗髮香波），但海飛絲卻強調有去屑護理功能而又在超市銷售，結果，這兩類消費者都對海飛絲不信任。此外，頭屑在法國被認為是社會問題，人們不應對此指責而應予以同情，而海飛絲的促銷中對有頭屑者表現為批評態度，結果海飛絲在法國失敗了。所以，消費者有關品牌的認知、消費觀念、購買習慣也會影響品牌國際化的成功進程。

（二）品牌性障礙

所謂品牌性障礙是指由品牌的構件（文字、圖案、名稱、色彩、含義等）所帶來的品牌國際化障礙。如某種文字或圖案在不同的國家有不同的含義和不同的理解，在一國一個被認為是非常優秀的品牌元素，在國際化時卻可能成為很不利的因素。

1. 品牌圖案

它是品牌的基本而又重要的構件。對不認得文字的小孩、文盲和不通曉一國語言的外國人來說，品牌就是圖案。品牌圖案雖然是品牌國際化中最易於被接受的要素，但並不是沒有任何障礙。在不同的國家，它們會有不同的象徵和聯想，有的圖形甚至成為禁忌。如大象，在中國和東南亞國家，是人們最喜愛的動物之一，是大力士的象徵，但在英國，大象有笨拙、大而無用的意思。《牛津現代高級英漢雙解辭典》對「White Elephant」的解釋是「昂貴而無用的東西；累贅」。因此，以「白象」作為品牌圖案在亞洲國家寓意很好，到英美國家就不行。再如兔，在中國是一種深受小朋友喜愛的動物，因而用「兔子」作為品牌圖案對兒童產品的銷售是很好的。但澳大利亞經常遭受兔害，莊稼被毀壞，有兔標示的品牌圖案在澳大利亞就會遇到麻煩。

2. 品牌名稱

公司在為其產品選擇品牌名稱時，未必考慮到未來的國際化經營需要，往往取了一個帶有當地文化色彩的品牌名稱。這樣的品牌在本國可能會非常成功，然而在國際化時就可能遇到嚴重障礙。如日本「小西六」是一家老字號的公司，始創於1873年。1900年後，「小西六」開始從事照相器材的生產經營，公司把其產品取名為「櫻花」。「櫻花」在日本是一個著名品牌，直到1980年前後幾乎可以與「富士」媲美。然而，「櫻花」的國際化遠不如富士成功，因為櫻花雖然是日本的國花，但在其他國家卻並不多見。再加上「櫻花」對應的公司名稱「小西六」，更加難以國際化。為此，公司在1986年對品牌和公司名稱進行了徹底改變，取名為柯尼卡（Konica），「櫻花」之名不復存在。

從目前來看，歐美文字接近，容易認同；亞洲文字（包括中文、日文、韓文及伊斯蘭文字等）與歐美文字相差較大。這種文字上的差距對雙方而言都是溝通上的一大障礙。歐美國家的品牌在進入亞洲國家時，也時常為名稱的翻譯大傷腦筋，反過來亦然。因此，品牌名稱是品牌國際化中必須面對和跨越的一道障礙。

3. 品牌色彩和包裝

品牌是一個完整的統一體。一個好的品牌總是借助於一定的色彩和包裝來傳達其內涵。如可口可樂以其特有的外形和紅顏色遍布全世界，即使略去可口可樂曲線字樣也能迅速被認知。每種色彩都能表達一種意義，而不同國家的國民對色彩又有不盡相同的理解和感覺。所以，企業在品牌國際化中，對於色彩應適當加以注意。

4. 品牌的含義

品牌國際化過程中，品牌含義是品牌的又一內在障礙。以健康為例，「健康」意味著什麼？在歐美等發達國家，肥胖已成為影響消費者健康的一大公害，因此對他們來說，健康食品就是低熱量的食品。但對發展中國家的消費者而言，健康則有完全不同的內涵，它要求食品營養豐富，含有較高的熱量。

再如，「張小泉」在中國已有340年歷史，是「剪刀」的代名詞，兩者有著強烈的聯想。但是，「張小泉」對外國人而言可能毫無意義，沒有任何聯想。對德國人而言，汽車是寶馬（BMW）、奔馳（Benz），電器是西門子（Siemens）、博世（Bosch）；對日本人而言，電器是日立（Hitachi）、松下（Panasonic）、索尼

(Sony），汽車則是豐田（Toyota）、本田（Honda）等。

因此，對不同國家的消費者而言，同一個品牌在消費者眼裡有不同的意義。這就決定了在品牌國際化過程中，企業需根據實際情況變通品牌的含義。

二、中國品牌國際化特有的障礙

中國品牌在走向國際化的過程中除了要面對普遍障礙外，還有其特殊的障礙，主要體現在以下兩個大的方面，即自身存在的問題和面臨的國際障礙。

（一）中國品牌國際化的劣勢

1. 品牌資源匱乏

中國現有品牌中高技術、高質量、高文化含量的品牌較少。商標是最好的品牌。據統計，中國每年出口的 1,600 多億美元的商品中，標有中國自己品牌的商品僅占 1/3 左右，1/3 的商品沒有品牌，另外有 1/3 的商品打的是「洋品牌」，大量的利潤流入國外經銷商和代理商的腰包。

2. 品牌的自我保護意識淡薄

多年的計劃經濟使中國眾多企業品牌意識淡薄，缺乏品牌的自我保護，有些企業甚至為了眼前利益不惜放棄自己的品牌，將寶貴的無形資源拱手讓給對方，痛失長遠發展的基礎。據統計，20 世紀 80 年代以來，中國出口商品中商標被他國搶註的就有 2,000 多起。品牌意味著市場，企業失去了自己的品牌也就失去了自己的市場。

3. 品牌附加值低，競爭力不強

中國商品品牌經過大浪淘沙，其附加值已有顯著增長，但與國際知名品牌相比仍然較低，品牌競爭力明顯不強，如可口可樂的品牌價值約是海爾的 10 倍，萬寶路的品牌價值也是海爾的 3 倍左右。

4. 品牌戰略意識不強，營銷手段單一

由於中國品牌戰略起步比較晚，相當多的企業還未意識到如何通過國內外宣傳渠道推廣自己的品牌，開展品牌營銷；能夠綜合運用網絡、廣告、公共關係、營業推廣和人員促銷等手段開展品牌推廣戰略的企業就更少。許多企業還停留在只通過少量的且素質不高的職工向外推銷自己的產品。

（二）中國品牌國際化的國際障礙

與歐美國家和日本相比，中國品牌走向國際化更加困難。這種困難與西方發達國家的消費者對中國的瞭解不夠密切相關，也與中國自身的文化、語言特點密切相關。[1]

1. 西方國家對中國歷史文化瞭解少

中國有五千年的文明史，中國的絲綢、陶瓷、中醫藥世界聞名。但總體上說，外國對中國的瞭解遠不如我們中國對歐美國家和日本的瞭解多。儘管隨著中國的改革開放和經濟實力的增強，學習漢語的外國人越來越多，但畢竟只是少數。漢語不

---

[1] 宋永高. 品牌戰略和管理［M］. 杭州：浙江大學出版社，2003：228.

像英語、法語等語言,在世界上那麼普及。再者,中國國力相對不強,西方國家對中國的介紹也十分有限,甚至有失偏頗。這樣,中國品牌走向世界時,許多消費者會持懷疑的態度:他們能生產出高質量的產品嗎?

當然,近年來,以海爾、華為等為代表的中國品牌,日益引起歐美國家和日本一些著名新聞媒體和專業雜誌的關注,甚至推薦。不過,不可否認的是,中國有著悠久歷史和文化傳統的一些著名品牌,要想走出國門仍然困難重重。如同仁堂藥業有 300 多年歷史,瀘州老窖有 400 多年歷史,但國外的人不知道這些品牌的歷史,因而品牌的文化積澱和優良口碑在西方國家幾乎為零。不像美國的 AT&T、GE,德國的西門子、奔馳等,在百年歷史中到處宣傳,在中國也廣為人知。當它們來到中國時,受過一定文化教育的人都對此有所瞭解。一正一反的現象給中國的品牌國際化平添了不小的障礙。

2. 西語與漢語文字的差異,給辨認和記憶帶來困難

西方國家文字與漢語言文字最大的區別是,前者是字母式的,而我們是方塊式的。換言之,西語系是一個字母一個字母通過橫向組合來認知的,而中文是一個筆畫一個筆畫通過格式的組合來認知的。這樣,中國品牌名稱就很難讓歐美國家的人辨認和記憶。

目前,中國品牌大多在註冊一個中文商標的同時,把其拼音也註冊了,如長虹 Changhong,春蘭 Chunlan。這樣,它們在國內主打文字品牌「長虹」和「春蘭」,進入國際市場後,主打拼音字母式品牌「Changhong」和「Chunlan」。這當然是可以選擇的策略,但問題仍然存在。一是拼音的字母組合模式與以英語為代表的西語明顯不同。以長虹為例,Changhong 中,「ang」和「ong」是一個整體組合,但在西文中卻不是。對他們來說,記憶性問題依然存在。二是發音不同。我們在電視上看到西方人講漢語,很難準確發音,不僅我們中國人聽起來不順,他們自己也感覺不爽。如果他們無法正確發音和指認商品,那麼該品牌就很難成功。

3. 進入國際市場後中文品牌名稱聯想的喪失

這個現象在世界各國普遍存在,但對我們中文品牌來說,問題尤為嚴重。如長虹,作為彩電的品牌名稱,「天上彩虹,人間長虹」,長虹能給人帶來「色彩斑斕,逼真再現」的美好聯想。又如「春蘭」的品牌聯想是:在炎炎夏日,空調一開,如回到春天一般的感覺。對我們中國人來說,「長虹」和「春蘭」分別是彩電和空調的理想品牌名稱。然而,它們如果翻譯成西文,加用拼音,即音譯「Changhong」和「Chunlan」,則由其品牌名產生的美好聯想,立刻消失殆盡。又如「娃哈哈」,作為國內當紅的飲料品牌,特別是兒童飲料品牌,有著十分理想的特徵:兩個同音雙疊字,朗朗上口,十分響亮;易於記憶;能產生美好的聯想——小孩開心大笑的快樂情景。然而,一旦其進入國際市場用「Wahaha」,那麼美好聯想即刻消失,與日本的「Yamaha」就沒有什麼區別了。

4. 中文品牌名稱直譯可能引發歧義[1]

中國過去的一些名牌產品在參與國際市場競爭時,由於品牌名稱翻譯失誤而受

---

[1] 賀川生. 國際品牌命名案例及品牌戰略 [M]. 長沙:湖南人民出版社,2000:288.

損的大有其例。上海生產的「白翎」牌鋼筆物美價廉，在進入國際市場時，它的品牌譯為「White Feather」，該產品在英語國家備受冷落。究其原因，是這個譯名不符合英語文化。英語裡有個成語叫「To show the white feather」，意思是臨陣脫逃，表示軟弱膽怯。據傳舊時宮廷鬥雞講究毛羽一色的純種雞，而品種不純的雞膽小怕死，垂翅逃走時露出羽下的白色雜毛。在英語國家如果要侮辱人，就送他一根白色羽毛（White feather）。這樣的譯名叫產品如何好銷呢？再如，「大躍進」牌地板蠟的英譯為「Great Leap Forward」，不僅太長，不符合商標應該簡短的特點，而且使人聯想到摔跟頭的窘態。「紫羅蘭」男士襯衣品牌譯為「Pansy」，殊不知這個詞在英語裡是指沒有男人氣和搞同性戀的男人。

第三節　品牌國際化策略

在釐清了品牌國際化的契機及障礙後，我們便需要思考品牌國際化策略的問題了。本節先介紹進入新市場的可供選擇的三種方式，然後介紹進入市場後可以選擇的幾種國際化模式，最後針對其中一種模式，重點分析如何進行品牌國際化。

一、品牌國際化時進入新市場的方式

1. 利用公司現有品牌實施地域擴張

地域擴張的主要問題是速度慢。因為大多數公司缺乏足夠的資金和營銷經驗將產品同時投入很多國家，所以常見的品牌全球化擴張是從一個市場到另一個市場的緩慢進程，難以適應企業迅速擴張的需要。萬寶路徵服世界用了35年，而麥當勞用了22年。

2. 收購擬進入市場中已存在的品牌

收購品牌是簡便快捷的一種進入方式，但收購的代價是昂貴的，並存在各種風險，不同品牌間的文化整合往往比預想的更難控制。雀巢公司在過去10年左右的時間裡，花費了180億美元用於收購品牌，收購的代價十分巨大。

3. 建立品牌聯盟

建立品牌聯盟，如合資、結成夥伴關係、許可證協議等是一種快速、方便的辦法，不需要投資或只需少量投資。企業建立品牌聯盟還有利於培育品牌的全球性聲譽，塑造企業形象，特別是兩個強勢品牌的「強強聯合」，能起到共榮互利的作用。但由於聯盟通常在產權上的紐帶較弱，因此對品牌資產經營與發展的控制力也較弱。

企業在這些不同的市場進入方式中如何做出選擇，要視其所擁有的資源和經營目標，對每一種策略方式都要進行成本收益分析。

二、品牌進入新市場後可供選擇的國際化模式

第一種模式：標準全球化。這種模式的基本特點是，在所有的營銷組合要素中，除了必要的戰術調整外，企業對其餘要素均實行統一化和標準化，即將全球視為一個完全相同的市場，每一個國家或地區都是具有無差異性特徵的子市場。從行業和產品上來看，實行這種策略的主要是一些高檔奢侈品和化妝品品牌，也有部分食品

品牌，比較典型的有 Mars 和 Twix 等品牌。這部分品牌約占全球品牌總數的 25%。

第二種模式：模擬全球化。即除了品牌形象和品牌核心識別要素等重要的營銷要素實行全球統一化以外，其他要素都要根據當地市場的具體情況加以調整，以提高品牌對該市場的適應性。我們所說的其他要素，包括產品、包裝、廣告策劃等。從行業上來看，比較典型的是汽車行業。例如，「歐寶」（Opel）汽車在歐洲的銷售量很大，但是除了品牌標誌、品牌個性等至關重要的要素以外，從產品的設計到價格的制定，基本實行本土化策略。也就是說，生產什麼款式、賣多少錢，全部由通用汽車公司設在歐洲的子公司來決定，總公司不予干預。這部分品牌約占品牌總數的 27%。

第三種模式：標準本土化。這是一種國際化程度最低的品牌國際化策略。企業在國際化策略實施的過程中，對所有的營銷組合要素的出抬，都要充分考慮所在國的文化傳統、語言，並根據當地市場情況加以適當的調整。這主要是一些食品和日化產品，約占品牌總數的 13%。例如，在歐洲市場上銷售得非常好的 Playtex 胸罩品牌，其產品的設計在義大利是專門化的，即產品的含棉量要高於其他國家。而且，它的品牌名稱在不同的國家也不相同，在法國是 Coeur Croise，而在西班牙則是 Crusado Magico。這家公司生產的另外一種無絲夾胸罩同樣如此，在美國的品牌名稱是 Wow，到了法國則變成了 Armagigues。

第四種模式：體制決定型。所謂體制決定是指由於某些產品的特殊性，它們的營銷並不完全取決於企業本身，而且要受所在國貿易和分銷體制的巨大影響，因而企業只能在體制約束的框架內做出統一化或者本土化的決策。典型的行業是音像製品行業，它們約占品牌總數的 35%。一般來說，這些產品品牌的國際化進程通常要受體制的極大影響，國際化程度也非常低。像美國的電影業，雖然在全球都佔有很大的市場份額，但是從總體上說，由於各國對電影業的政策存在差異，所以它的發展呈現出明顯的不平衡性。

我們需要明確的是，純粹的全球化品牌是不存在的，這只是一種理想的模式。企業不管採用什麼模式，有兩點必須嚴格把握：第一，品牌的形象和定位一般不實行本土化策略，但如果完全實行標準全球化策略，將極有可能影響品牌的促銷力。第二，企業如果一味地實行標準本土化，一方面由於分散使用資源，會降低資源配置的水平和資源利用效率；另一方面不利於品牌整體形象的形成。所以最優秀的品牌往往採用第二種策略。

凱文・萊恩・凱勒考察了公認的全球化品牌的成功範例可口可樂、麥當勞和萬寶路後，在《戰略品牌管理》一書中指出，即使是這些世界頂級品牌，在某些國家和地區也不得不對品牌做必要的修正。如 Diet Coke（健怡可口可樂），在歐洲出於法律原因改名為「Coca-Cola Light」。越來越多的實踐表明，營銷者在品牌國際化和全球化過程中，需要對品牌給予地域關懷。品牌專家拉里・賴特（Larry Light）的觀點可以認為是品牌國際化的最高準則：Think globally, Compete locally, Sell personally（全球化思考，本土化競爭，個性化銷售）。

因此，品牌國際化不是「全球化」與「本土化」之爭，而是「全球化」與「本土化」的整合，即品牌國際化是「全球一體化」與「本土化」的有機統一。

三、如何做到全球一體化

(一) 品牌識別系統的全球化

企業在推進品牌國際化進程中，要全面引進國際通行的行為識別（Behavior Identity，簡稱 BI）系統，特別是視覺識別（Visual Identity，簡稱 VI）系統。一般而言，國際化 VI 特別是其核心要素——品牌標誌與品牌名稱（包括標準字），應具有如下基本特徵[1]：線條簡潔、色彩鮮明、視覺衝擊力強、凸顯品牌的個性特色；拼讀簡單、音律優美、朗朗上口、容易記憶、傳播廣泛；品牌標誌和標準字易於被世界各地盡量多的人們所認知接受和拼讀發音，即任何地域、膚色、人種、文化的人對其都能有基本一致的認知。

為了使品牌標誌與標準字具有上述的國際化特徵，企業需要進行精心的設計。品牌名稱的表現策略是：

1. 英文字母或阿拉伯數字作為品牌名稱的構成元素

由於英文字母與阿拉伯數字是世界各地不同民族、文化、膚色的知識人群都認識的符號，並且通俗明瞭、容易記憶，故以英文字母與阿拉伯數字為元素的品牌標誌與標準字放之四海皆準。像著名的電腦品牌 IBM 以企業名稱的首字母縮寫形成的三個字母組合，簡單易記，又符合企業的個性。而像英國的「555」牌香菸，中國的「163」網站等就是純粹的數字名稱，也給人留下了深刻的印象。

2. 以自創的英文單詞作為品牌名稱

以英文字母為元素組成的名稱一般是一個單詞，且這個單詞在英文中並不存在，屬某一企業專用。此類標準字單詞所包含的內涵和信息量，基本上是企業長期傳達給消費者的所有信息和形成的印象。一般來說，某個有意義的品牌名稱差異性大，容易導致歧義。當公眾接觸到一個原本就有意義而又作為品牌名稱的單詞時，腦海反應出的這一單詞的信息比較雜亂，從而影響企業信息準確清晰地對外傳達。有時一個詞在某國是褒義的，而在另一個國家可能是貶義的，不符合世界通行的原則。比如「Mistatick」髮夾，在英國十分暢銷，但在德國卻受到了冷落，原因是「Mist」在德語中是指動物的糞便。而像美的（Midea）、康佳（Konka），在出口或跨國經營時就不會遇到這類麻煩。

除了上述的幾個例子外，中國還有一些品牌表現不錯。比如，上海實化的美加淨（Max）是中國知名度很高的商標。其產品有牙膏、香皂、化妝品等日用消費品。「美加淨」這三個字能說明產品的特點，同時它的英文名稱是「Max」，是一個比較符合國際慣例的品牌名稱。它本身無詞彙上的意義，是一個新創詞，看上去是來源於 Maximum（最大）。它左右對稱，顯著醒目。另外，河南新飛冰箱的外文品牌是一個新創詞——Frestech，來源於 Fresh（新鮮）和 Technology（技術）的組合，很能說明冰箱這種產品的特點。

---

[1] 周意華，何人可. 品牌的洋名——中國品牌國際化的起點 [J]. 裝飾，2003（12）：6.

3. 拼讀容易、音律優美、易於記憶和口頭傳播

海信公司為了適應全球營銷戰略，在「海信」的基礎上加上一個諧音的英文品牌——「Hisense」。它來自「High Sense」，意思是「高靈敏、高清晰」，作為電子產品商標十分合適，同時它又可引申為「卓越的遠見」，體現了企業的經營思想，堪稱中西合璧的典範。聯想的英文品牌名稱是「Lenovo」，單詞本身雖無任何意義，但讀來朗朗上口，也給人一種傳奇之於高科技的感覺與聯想，有助於聯想品牌的對外宣傳，提升品牌價值。

當然，企業設計品牌名稱、標誌及標準字也非簡單想像，而是要在著手設計之前，對企業的方方面面實施調查。這主要包括：是否符合行業、產品的形象；是否具有創新的風格、獨特的形象；是否能為商品購買者所喜好；是否能表現品牌的發展性並值得依賴。

(二) 品牌核心價值的全球化

品牌的核心價值不僅要在時間上保持連貫性，在空間上也要保持一致性。當代社會，信息技術、通信手段、交通工具迅猛發展，使得信息、人員在全球流動更方便、更快捷。如果品牌在不同國家、不同地區的核心價值不一致，品牌定位多變，會令全球客戶困惑：品牌到底代表什麼？品牌國際化要求品牌行銷全球時，核心價值保持相對穩定。

李維斯牛仔褲在遠東和歐洲市場都是高端市場的著名品牌，在美國卻是主流的、實用的品牌。由於這兩個市場之間的地理位置相距遙遠，品牌形象衝突問題得到了一定程度的緩解。但是，即使有這樣一個緩衝器，公司仍然面臨困難。李維斯公司一直被所謂的「灰色銷售」所困擾（即商品通過未經授權的，但仍是合法的渠道銷售出去了），因為它的產品在美國的零售價格，往往要比在歐洲的批發價格低得多。例如，一家在英國居市場領先地位的零售連鎖店特易購（Tesco），近來在地下市場購買了 45,000 件男式李維斯 501 型牛仔褲，並以遠遠低於那些由李維斯公司直接供貨的店鋪價格出售。結果怎樣？授權零售商失去了推薦或銷售這些產品的動力，而消費者則失去了全價購買真正的李維斯牛仔褲所能帶來的情感價值。

寶潔在推廣全球性品牌時，特別注重使品牌在各個國家和地區的消費者心目中有一個清晰且始終如一的識別。護舒寶（Whisper）是寶潔在全球範圍內都十分著名的品牌。護舒寶的核心價值是「一種更清潔、更干爽的呵護感覺」，在不同國家都堅持這一訴求。勞斯萊斯（Rolls-Royce）在全世界人的心目中都是「皇家貴族的坐騎」；寶馬（BMW）在全球宣傳的是「駕駛的樂趣」；萬寶路（Marlboro）在世界各地宣傳其「勇敢、冒險、激情、進取的男子漢形象」。第二次世界大戰期間，可口可樂跟隨美國軍隊海外戰場的推進而不斷開拓國際市場。可口可樂宣布：每位美國士兵無論在哪裡執行任務，也無論參加的是什麼戰鬥，都能以 5 美分的低價買到一瓶可口可樂。美國士兵的特別飲料——可口可樂以這種獨特的方式得到了前所未有的宣傳和推廣，幾乎成了美國的標誌。可口可樂的成功，在於它連結到美國文化，而強勢的美國文化就是它行銷世界的最強支持。

(三) 產品質量標準的全球化

隨著技術力量的不斷增強，全球工業正在向標準化發展。所謂國際標準，通常是指國際標準化組織（ISO）和國際電工委員會（IEC），以及其他權威國際組織所制定與頒布的標準。

哈佛大學的西奧多·萊維特（Theodore Levitt）教授為全球標準化奠定了理論基礎，他曾講道：世界日益成為一個共同的市場，世界各地的人們——不管他們身處何地——都渴望得到共同的產品，並尋求相同的生活方式。全球公司必須忘掉國家、文化間的個體差異，致力於滿足人類社會共同的需要和慾望。因此，企業只有從長遠的發展考慮，盡快建立起高水平的管理技術系統，才能與全球標準接軌，才能確保產品質量的一致性。

(四) 資源配置運用的全球化

為使品牌國際化成功，一個非常重要的問題就是企業如何在全球範圍內組織、協調和利用全球資源。在經濟全球化的今天，在全球範圍採購，以全球為市場進行產品研發、生產製造以及銷售，是一些著名品牌的顯著特徵。一些著名品牌企業在一些國家設置了研發機構，在另一些國家開設了生產工廠，而在第三國組裝，再把產品銷售到其他國家。企業的資源除了原料資源、市場資源外，還有資本資源、技術資源和人力資源，這裡簡述各自的全球化策略。

1. 資本全球化策略

資本的全球化運作，不僅為企業國際化提供資金，更重要的是，它為品牌國際化提供了資金運作機制保障以及由股東構成的全球化資源和視野。在這方面，創維數碼走在了前面。1997年7月至9月，歐洲最大的投資集團「ING集團」「瑞士東方匯理」以及設在美國硅谷的「中國華登」三家基金入註創維17%的股權。這次股權國際化為創維帶來了很高的國際聲譽，並為其進一步進入國際融資市場奠定了基礎。

2000年8月，保險業的新華人壽保險公司成功地向瑞士蘇黎世保險公司、國際金融公司、日本明治生命保險公司、荷蘭金融發展公司四家國外保險公司和金融集團增發了占總股本24.9%的股份，而且入股資金已在2000年年底全額到帳，在國內保險企業中率先實現了資本國際化，駛入了國際化發展的快車道。

2. 技術全球化策略

全球化的營銷需要品牌具有代表國際先進技術水準的產品品質。利用全球範圍內的領先技術是企業實現品牌跨國經營最重要的支撐點之一，中國已有一些企業通過引進或者合作擁有國際性的先進技術而有效推進了品牌國際化進程。如創維請來了日本大阪松下電視廠長五百井洪，幫助公司進行技術開發和管理研究；2000年11月美的與日本東芝簽訂了「面向21世紀戰略合作協議」；長虹與世界知名跨國公司組建九大聯合實驗室（長虹—微軟聯合實驗室）；等等。

科龍在美國、歐洲增設了兩個辦事處，以便與世界著名的電器製造商、經銷商建立更為密切的合作關係，與客戶一起研究當地市場，開發適宜產品。如科龍生產的DH系列抽濕機，就是與美國某知名企業共同研究開發的，首宗業務就接了5萬臺

訂單。過硬的質量、領先的研究開發技術實力、先進的生產線、具有競爭力的價格，以及已通過的德國 GS、美國 UL、歐洲 CE 等必不可少的國際質量安全認證，使科龍電器在國際市場上嶄露頭角，受到國際電器經銷商的青睞。另外如華為、康佳等高科技企業在美國、日本等國建立了研究開發機構，密切跟蹤國際科技前沿的最新成果，這些企業開發出來的產品都受到了國際市場的歡迎。

3. 人才全球化策略

事實證明，只有國際化的人才團隊才是推動品牌國際化進程的強大動力。企業要形成國際名牌需要國際化的人力資源，按照國際待遇聘請國外專家。從國際化運作實務的角度來看，這批人必須是精通國際化運作的干將。他們或應該有多年在跨國外資企業從事國際業務運作的經驗，或應該有在國外工作的經歷，或應該具有較為廣泛的國際人際關係，或應該直接是目標市場的本土人士，企業只有得到了這些將才的助力，才有可能實現品牌國際化之夢。

四、如何做到本土化

本土化主要指營銷的本土化，包括傳播方式的本土化、產品品質的本土化和產品包裝的本土化。品牌要實現本土化可採取以下策略：

（一）採用本土化的廣告策略

全球性品牌的本土化廣告策略是指：在全球傳遞標準化的基本信息，但是允許根據當地情況進行適度的修改，即「規劃全球化，執行本土化」。由此，企業既可以在一定程度上獲得標準化所帶來的成本節約，又能適應文化之間的差異。

李維斯公司在其國際經營中，就遵循了這樣一個基本原則：該公司認識到，國外的消費價值觀越來越美國化，這反應在越來越多的消費者熱衷於美國產品。李維斯牛仔褲是唯一的一個能夠被稱為世界品牌的美國服裝品牌。該公司通過在營銷中宣傳「將李維斯公司的產品作為一件值得珍藏的美國產品」從而獲得了世界品牌的地位。穿著李維斯牛仔褲的年輕人，無論是在曼谷、聖彼得堡、巴黎，還是在里約熱內盧，都表現出了一種相同的價值觀。因此，李維斯牛仔褲在質量和其美國特色兩個基本信息上在世界各地一成不變，而表達這兩點的方式在各國則有所不同。

目前，李維斯產品在世界 70 多個國家銷售，其廣告主題因不同文化和政治因素而有所不同。下面是它使用的一些主題：①在法國，該公司將其生產的牛仔褲與全球年輕人的自由聯繫在一起；②在印度尼西亞，廣告展示的是一群李維斯裝束的年輕人開著一部 20 世紀 60 年代生產的敞篷車兜風的場面；③在日本，地區經理們利用了過去的一些電影明星如瑪莉蓮·夢露，因為日本年輕人普遍存在著對美國電影偶像的崇拜；④在新加坡，廣告顯示了李維斯牛仔服的結實，具體為一個充滿活力的瓦工脫下他的李維斯牛仔服，從一家著火的旅館救出一名婦女，用李維斯牛仔服把她從繩子上滑到另一幢大樓；⑤在英國，廣告強調李維斯是美國品牌，將一個十足的美國式英雄「牛仔」置身於夢幻般的西部背景中。

（二）採用本土化的產品品質策略

全球性品牌的本土化產品品質策略是指企業將產品中的核心部分標準化的同時，

對其他特徵進行定制，從而在滿足不同地區消費需求的基礎上提高效益。因此，本土化產品策略的實質在於企業要搞清有多少東西需要調整和在多大程度上可以使產品實現標準化。

隨著對全球市場概念的逐步成熟，企業所採取的態度可能是能標準化的地方就標準化，該調整適應的地方就調整適應；盡可能從標準化中獲益，同時又要滿足當地文化的不同需求。

一些全球性品牌正是抱著這種觀點，研製含有關鍵技術的核心平臺，並在此基礎上生產不同的產品。

例如，達美樂比薩餅（Domino's Pizza）也是通過所謂的「文化表象」來改變比薩餅的味道，以此作為一種當地化的策略。在英國比薩餅的表皮被蓋上了一層甜玉米，在德國則使用了義大利臘腸，而在澳大利亞用的是對蝦。再如，儘管麥當勞擁有國際品牌的地位，也要不斷地改變其產品：在德國出售啤酒，在法國出售葡萄酒，在香港出售芒果奶，在澳大利業出售干肉餅，在菲律賓出售麥當勞通心粉。

（三）採用本土化的產品包裝策略

包裝不僅起著保護商品、便於運輸的作用，而且起著促進銷售，便於消費者挑選、攜帶和使用的作用。包裝的設計除了要考慮美化商品、促進銷售、便於使用，注意特色、時尚、提高檔次外，還應注意目標市場當地的情況，不能與當地的民族習慣、宗教信仰發生抵觸。

在信奉伊斯蘭教的國家和地區忌用豬作裝飾圖案；歐洲人認為大象含有呆頭呆腦的意思；法國人認為孔雀是禍鳥；瑞士人把貓頭鷹看成死亡的象徵；烏龜的形象在許多國家被認為是醜惡的；但在日本卻被當成長壽的象徵。有的色彩、圖案或符號在特定的地區有特定的含義，如在捷克紅三角是毒品的標記，在土耳其綠色三角表示免費樣品，等等。因此，企業在設計產品包裝時，一定要考慮世界各地不同目標市場上消費者不同的愛好和禁忌，搞好產品包裝的本土化工作。

本章小結

品牌國際化（Global Branding），又稱為品牌的全球化經營，其目的是通過品牌向不同的國家和地區進行擴張，來獲取規模經濟效益，實現低成本營運，最終實現品牌增值。品牌國際化意義在於實現生產與流通的規模經濟，降低營銷成本，使品牌有大範圍的感染力，促成品牌形象的一貫性、知識的迅速擴散和營銷活動的統一性。品牌國際化的契機主要是貿易壁壘的減少，全球性傳播媒體的發展，跨國旅遊及文化交流的發展和全球性年輕人的出現。

品牌國際化的障礙包括普遍意義上的品牌國際化障礙和中國品牌國際化特有的障礙。普遍意義上的品牌國際化障礙主要有環境性障礙和品牌性障礙。中國品牌國際化特有的障礙是由中國品牌國際化的劣勢造成的，主要有西方國家對中國歷史文化瞭解少，西語與漢語文字的差異，進入國際市場後中文品牌名稱聯想的喪失和中文品牌名稱直譯可能引發歧義。

品牌國際化時進入新市場的方式主要有利用公司現有品牌實施地域擴張，收購擬進入的市場中已存在的品牌，建立品牌聯盟。品牌進入新市場後可供選擇的國際化模式有標準國際化、模擬全球化、標準本土化和體制決定型。品牌國際化是「全球一體化」與「本土化」的有機統一。全球一體化包括品牌識別系統的全球化、品牌核心價值的全球化、產品質量標準的全球化和資源配置運用的全球化。本土化主要指營銷的本土化，包括傳播方式的本土化、產品品質的本土化和產品包裝的本土化。

[思考題]

1. 什麼是品牌全球化？
2. 品牌國際化的動因有哪些？
3. 品牌國際化的障礙有哪些？
4. 品牌進入國際市場的方式有哪些？
5. 如何理解全球一體化和本土化的關係？
6. 品牌如何做到全球一體化？
7. 品牌如何做到本土化？
8. 麥當勞、可口可樂、耐克、微軟、蘋果、奔馳、寶馬等品牌的國際化如此成功，並成了全球著名品牌。你認為，它們的優勢在哪裡？它們對於中國品牌國際化有何借鑑意義？

案例

聯想的品牌國際化道路

2004年中國IT界最令人矚目的頭等大事，無疑是聯想收購IBM全球個人電腦（PC）業務。這場中國企業收購國際巨頭的事件不但意義重大、鼓舞人心，而且成為聯想由中國本土品牌成長為國際品牌的里程碑。事實上，中國品牌如何成長為國際品牌，一直是所有有志於品牌國際化的中國企業所面臨的共同問題。

一、輝煌的20年

1984年11月1日，40歲的柳傳志感到「憋得不行」，於是同其他10位中科院計算所科研人員一起用所裡投資的20萬元人民幣，在租來的一間20平方米傳達室裡，創辦了聯想集團的前身——中國科學院計算技術研究所新技術發展公司。創業初期，公司奉行「貿工技」路線。拿柳傳志的說法就是，「不把貿易做通了，再好的科研產品你也不知道怎麼賣。不把製造業搞精良了，好的科研產品的特點也會被製造業的粗糙掩蓋了。會做貿易以後，看問題才會有穿透力。」

1985年，柳傳志組織公司全體員工通過提供維修計算機、培訓人員等技術勞務，累積了70萬元人民幣。1986年，聯想漢卡系統誕生，並獲得1988年度國家科學技術進步一等獎。時間走到1988年，聯想開始想要生產自己的PC。「但當時是計劃經濟，聯想很小，國家不可能給我們生產批文，我們怎麼說，都沒有用，因為潛在的能力沒有人相信。我們決定到海外試試，海外沒有計劃管著你。就這樣，我們把外向型和產業化並作一步跨了。」這年，柳傳志和幾個人手裡攥著30萬港幣來到香港，

聯合導遠公司和中國技術轉讓公司共同創辦香港聯想，第一次採用聯想（Legend）作為公司名稱，並開始生產聯想板卡。

接著，聯想利用香港公司這個平臺，獲得了當時具有先進技術與優勢價格的美國虹志公司 AST 品牌電腦的總代理權，不僅通過自己渠道銷售，同時給其他的國內代理商供貨。聯想給 AST 電腦裝配了聯想漢卡系統，這在當時是少有的殺手鐧，助力 AST 電腦在中國這片熱土上旺銷。聯想從代理中累積了資金，學會了做貿易，打通了銷售渠道。

1989 年年初，聯想決定由代理國外電腦轉為「做開發，做自己品牌」，一開始想與 AST 公司商量一起搞「AST 聯想」聯合品牌電腦。「在中國沒有一家企業能在技術上和 AST 合作」，AST 傲慢的回答讓聯想踏上了主攻自主品牌電腦之路，並決定把主力部隊全部轉向聯想電腦的生產、採購和銷售，只留一部分銷售力量繼續撐著 AST 代理業務。

1990 年 10 月 26 日，聯想系列微機通過技術鑒定和「火炬計劃」驗收，公司計算機和軟件開發納入國家計劃。聯想由進口電腦產品代理商轉變為擁有自己品牌的電腦產品生產商和銷售商。1992 年，聯想推出家用電腦概念，聯想「1+1」家用電腦正式投入國內市場。1993 年，聯想推出第一臺國產「奔騰」個人電腦。1994 年 2 月 14 日，香港聯想控股有限公司在港掛牌上市。同年 3 月 19 日，聯想集團成立微機事業部，楊元慶擔任部長，改直銷為分銷。

1996 年 3 月 15 日，聯想率先發動「萬元奔騰電腦大戰」。當時，國際市場上主流機型已經從 486 轉向奔騰 586，而國外廠商仍然在國內傾銷庫存的 486 電腦。聯想抓住機會，第一個將 1.5 萬元以上的奔騰電腦標價 9,999 元，並在一年內連續 4 次把更高檔的奔騰 PC 定位在用戶能夠接受的價位上，引發了聯想電腦的熱銷高潮，並一舉改變了中國 PC 市場的競爭格局。當年公司銷售總臺數增加 100%，首次登上了國內 PC 市場佔有率冠軍的寶座，且至今無人能撼動。

2001 年 4 月，柳傳志應邀到哈佛商學院參加聯想案例討論時的這席話概括了聯想的管理架構。「我對管理的理解就像一棟房屋的結構一樣，房子的屋頂部分是價值鏈的直接相關部分——怎麼去生產、怎麼銷售、怎麼去研發等；第二部分是圍牆，這主要是管理的流程部分，如信息流、資金流、物流等；第三部分是地基，也就是機制、管理、文化等。對於美國企業來講，由於商業環境的成熟，沒有必要更多討論地基這部分的問題，像法人治理結構、董事會與股東及管理層的關係、商譽誠信等這些都沒有必要去討論，但在中國是很大的問題。所以我們十幾年來的主要工作，除了研究屋頂和圍牆部分怎麼賺取利潤，另外一個主要工作是怎樣把地基打好，使我們長期發展下去。」

二、從 Legend 到 Lenovo

經過 20 年的發展，到 2004 年聯想在中國 PC 市場中的市場份額已經達到 30%，取得了絕對的領導地位。在這樣的情況下，聯想如果要再往上提升一個百分點，就要付出很大的代價。面對企業發展的「天花板」，走國際化的道路成為聯想領導層的共識。聯想確立了下一個三年發展目標「高科技的聯想，服務的聯想，國際化的聯想」，決定了專注於 PC 業務、走國際化道路的企業戰略，希望通過地域擴張的方式

來實現業務增長。產品走向國際，品牌要先行，國際化的品牌是企業走向國際的通行證。聯想國際化的必備條件之一，是擁有一個全球通行的品牌標示。

早在幾年前聯想就發現，自己沿用多年的英文標示「Legend」已經在多個國家被搶先註冊。聯想作為一個中國 IT 業的旗艦，在今天這樣一個品牌至上的時代，「換標」行為的成敗關乎企業的生死存亡。如何在最短的時間內，以最有效的方式將聯想換標的信息和意義準確地傳遞給最廣泛的公眾，吸引社會各界對聯想品牌的持續關注，成為聯想面臨的一大挑戰。

（1）2002 年 5 月，聯想成立了以楊元慶為組長的品牌切換小組，通過對包括聯想老員工、原副總裁在內的數千聯想員工的訪談，徵詢聯想人自己對聯想品牌精神的感知。

（2）聯想委託國際知名的品牌管理顧問公司，針對品牌議題進行了長達 2 年的深入調研，共走訪了 2,800 名消費者，700 多位企業客戶，並在海外 5 個國家進行了 6 場訪談。

（3）聯想成立了專門的品牌研究小組，反覆研究了歷史上其他廠商（如 Sony、BenQ、MOTO 等）更換品牌標示的案例以及聯想的品牌歷史。

（4）聯想委託專業調查公司，抽樣調查和跟蹤訪問了 500 名消費者，研究了他們在一個品牌更換標示後對此品牌的重新認知過程和主要認知途徑。

最後，公司確定以「Lenovo」作為品牌標示，以替代原有的英文標示「Legend」。其中：「Le」取自原先的「Legend」，承繼「傳奇」之意；「novo」代表創新。整個名稱的寓意為「創新的聯想」。2003 年 4 月，由於商標國際註冊存在問題，聯想集團在北京正式對外宣布啟用集團新標示「Lenovo」，並在全球範圍內註冊和統一管理商標，由此拉開了品牌國際化的序幕。

三、簽約奧運，搭載國際化推廣平臺

成功「換標」後，通行證問題已經解決，此時如何搭建一個與聯想新的品牌形象匹配的傳播平臺，將國際化的品牌形象傳播出去，成為聯想思考的重要問題。在國外人們並不知道來自中國的 Lenovo 是一家專業的計算機產品生產企業。聯想解決這一問題的目標是要在全球範圍內樹立品牌的知名度和美譽度。很容易被想到的一個方式是投放海量的廣告，但全球範圍內海量廣告的投放對於尚未在海外開展具體業務的聯想來說，風險也很大——消費者無法對聯想的產品和業務產生直接有效的認知。有沒有更好的方式呢？奧運 TOP 進入了聯想的視野。

2004 年，聯想成為國內第一家贊助 2008 年北京奧運會的企業，並取得了「國際奧委會全球合作夥伴」稱謂，成為奧運 TOP 的一員，由此獲得在全球範圍內使用奧林匹克知識產權、開展市場營銷等權利及相關的一整套權益回報。公司通過「媒體溝通、立體傳播、政府公共和持續傳播（如筆記本奧運品質發布、奧運採購季、楊元慶擔任雅典奧運火炬手）」方式，使聯想品牌在海外的知名度和美譽度以及在國內的影響力得到有力提升。

尤其值得一提的持續傳播事件是，2005 年 5 月 25 日，聯想筆記本一口氣推出四款全新高品質筆記本。這是聯想贊助奧運會後第一次推出新產品。為了有效地利用這一傳播契機，傳達「聯想筆記本具有國際化的品質」的核心信息，聯想精心設計

了傳播內容，並獨闢蹊徑地採用了情感訴求的策略，通過「講故事」的方式，講述了聯想筆記本經歷了苛刻測試，在極端環境下工作如常的故事，使媒體充分瞭解到聯想筆記本的高品質。這種方式由於深入淺出，形象生動而最終打動了媒體，收到了良好的傳播效果。此外聯想筆記本的「用戶研究、研發設計、部件及整機質量控制、應用品質開發、用戶反饋及品質持續改進」的概念恰好與奧運五環貼合，以此為內涵的「奧運品質」概念膾炙人口，通過本次的發布也有效地傳遞給了公眾。

四、收購 IBM，全球品牌終成王道

2004 年 12 月 8 日，以「強強聯手、共贏未來」為主題的聯想收購 IBM 全球 PC 業務新聞發布會在北京舉行。由於此前聯想在與 IBM 的談判中約定，在雙方未達成最終的併購協議前，如果有任何關於本次交易的信息被洩漏，談判將中止，因此這一交易正式公布前的保密工作就顯得尤為重要。得益於嚴密的信息安防措施和事先準備的規範的媒體應對制度，在此次交易長達一年多的談判過程中，沒有發生任何嚴重的洩密事件，而本次新聞發布會的邀請也同樣採取反常規的僅提前 16 小時通知記者的做法。為使這一重大新聞能夠深入影響最廣泛的公眾，此次發布會不僅邀請了所有重要的在華境外媒體，同時利用聯想遍及全國的 18 個分區的龐大宣傳體系，使不能到現場參會的其他地區的媒體也在第一時間獲得了本次發布會的全部信息。

「忽如一夜春風來，千樹萬樹梨花開」。在本次新聞發布會舉行後的第二天，幾乎所有的媒體都對此事做了及時的深度報導，從中央級的大報到縣市一級的地方黨報，從千里冰封的「北國」邊陲到萬里海疆的「南國」小城，中國的聯想收購了曾經是美國文化與高科技象徵的 IBM 電腦的消息令國人振奮。

自古好事總多磨。就在聯想宣布併購 IBM 全球 PC 業務不久，2005 年 1 月，美國政府以涉嫌國家安全為由，宣布將對此次交易進行審查。消息傳來，輿論為之大嘩。在此期間，聯想採取了有理、有利、有節的積極應對策略，並組成了以楊元慶為首的新聞發言體系，及時向媒體溝通聯想對此的態度，並於 3 月初在眾多國內媒體的廣告版面刊登了一封由楊元慶和新聯想候任總裁沃德親手簽名的「致 ThinkPad 用戶的公開信」。聯想選擇這一方式向用戶傳達他們的承諾和目標，充分表達了對交易能夠通過審查的信心，贏得了輿論的廣泛支持，有效配合了「正面戰場」的談判工作。2005 年 3 月 9 日，聯想正式對外宣布，與 IBM 的收購交易獲得美國政府批准；2005 年 5 月 1 日，聯想又對外宣布，聯想順利完成對 IBM 的 PC 業務的全部收購交易。至此，收購宣告結束。合併後的新聯想 PC 業務有望實現 130 億美元的年銷售額，約占全球 PC 市場份額的 8%，一舉從 2004 年世界 PC 市場排名第 7 位上升為第 3 位，實現了大躍進。

[討論題]
1. 聯想品牌國際化戰略及其意義是什麼？
2. 結合聯想案例，分析中國企業品牌國際化面臨的主要問題是什麼？
3. 收集數據，說明聯想收購了 IBM 全球 PC 業務後會不會消化不良呢？
4. 你贊同柳傳志應邀到哈佛商學院參加聯想案例討論時說的那席話嗎？

國家圖書館出版品預行編目(CIP)資料

品牌營銷學 / 郭洪 主編. -- 第二版.
-- 臺北市 : 崧博出版 : 財經錢線文化發行, 2018.11

　面 ；　公分

ISBN 978-957-735-611-6(平裝)

1.品牌行銷

496　　107017330

書　名：品牌營銷學
作　者：郭洪 主編
發行人：黃振庭
出版者：崧博出版事業有限公司
發行者：財經錢線文化事業有限公司
E-mail：sonbookservice@gmail.com
粉絲頁　　　　　網　址：
地　址：台北市中正區延平南路六十一號五樓一室
8F.-815, No.61, Sec. 1, Chongqing S. Rd., Zhongzheng Dist., Taipei City 100, Taiwan (R.O.C.)
電　話：(02)2370-3310　傳　真：(02) 2370-3210
總經銷：紅螞蟻圖書有限公司
地　址：台北市內湖區舊宗路二段 121 巷 19 號
電　話：02-2795-3656　傳真：02-2795-4100　網址：
印　刷：京峯彩色印刷有限公司（京峰數位）

　　本書版權為西南財經大學出版社所有授權崧博出版事業有限公司獨家發行電子書及繁體書繁體版。若有其他相關權利及授權需求請與本公司聯繫。

定價：500元

發行日期：2018 年 11 月第二版

◎ 本書以POD印製發行